高等教育安全科学与工程类系列教材

消防工程专业系列教材

电气防火技术

第2版

主　编　高庆敏

副主编　白国强　高　磊

参　编　陈长飞　张智慧　王秀斋　魏锦美　张　盟

主　审　徐志胜

机械工业出版社

本书是在第1版的基础上，依据当前高等院校消防工程专业的主干课程教学大纲编写而成的。本书通过对电气火灾事故原因的深入分析，系统地阐述了电气防火的基本原理、技术基础及发展趋势。全书共11章，主要内容包括：绪论，电力供配电与消防电源系统，电气设备及载流导体发热与计算，变电所的防火设计，导线电缆的防火设计，短路电流计算，用电设备的防火，接地、接零安全与防火，爆炸和火灾危险环境电气设备的选择，建筑物防雷，静电危害及其防护等。

本书内容涉及电气防火的理论与技术、设计与施工、运行与维护管理等各个方面，体系新颖完整，理论阐述严谨，重点精练突出，具有实用性、针对性、可操作性强等特点。

本书主要作为高等院校消防工程、安全科学与工程等专业的本科教材，也可作为建筑电气与智能化工程、给排水工程、建筑环境与设备工程等其他专业的教学参考书，还可作为注册消防工程师考试的应试辅导教材，并可供建筑消防施工技术人员、企业电气技术人员、安全生产管理人员学习参考。

图书在版编目（CIP）数据

电气防火技术 / 高庆敏主编. -- 2版. -- 北京 : 机械工业出版社，2025. 3. -- (高等教育安全科学与工程类系列教材) (消防工程专业系列教材). -- ISBN 978-7-111-78159-2

Ⅰ. TM92

中国国家版本馆CIP数据核字第20253W1T64号

机械工业出版社（北京市百万庄大街22号　邮政编码100037）

策划编辑：冷　彬　　　　责任编辑：冷　彬

责任校对：韩佳欣　张　薇　　封面设计：张　静

责任印制：张　博

北京新华印刷有限公司印刷

2025年7月第2版第1次印刷

184mm×260mm・23印张・498千字

标准书号：ISBN 978-7-111-78159-2

定价：69.00 元

电话服务　　　　　　　　网络服务

客服电话：010-88361066　　机　工　官　网：www.cmpbook.com

010-88379833　　机　工　官　博：weibo.com/cmp1952

010-68326294　　金　书　网：www.golden-book.com

封底无防伪标均为盗版　　机工教育服务网：www.cmpedu.com

前 言

本书自2012年第1版出版后，被众多高等院校所采用，反映良好，同时也受到社会上读者的欢迎。近年来，消防工程领域新材料、新技术、新设备不断出现，国家标准、行业规范也不断更新，为及时反映消防工程技术的发展及相关标准规范，并满足当前高校的教学需求，我们在本书第1版的基础上，根据各高等院校使用者的建议，结合近年来的教学改革动态和课程建设经验，对全书进行了补充、润色和修订。

本次修订保留了第1版的篇章顺序，对各章原有技术理论方面的内容未做大变动，只进行了局部修改。删除了已经废止的标准、规范的内容，增加和补充了新标准、新规范的相关内容，提升了本书的时效性和参考性。另外，补充了各章节相关的防火措施，使本书更具有实用性和可操作性。

本书由华北水利水电大学高庆敏（郑州西亚斯学院特聘教授）担任主编。具体的编写分工为：第1、2章由高庆敏编写，第3、4章由华北水利水电大学白国强编写，第5章由华北水利水电大学陈长飞编写，第6章由华北水利水电大学张盟编写，第7章由郑州西亚斯学院王秀斋编写，第8章由河南中医药大学高磊编写，第9章由郑州大学综合设计研究院有限公司魏锦美编写，第10、11章郑州西亚斯学院张智慧编写。

本书由中南大学徐志胜教授主审。徐教授对本书的编写提出了许多宝贵的意见和建议，在此对他表达诚挚的谢意。同时，本书的编写除参考了相关国家规范、标准，还参考了其他相关文献，在此谨向这些文献的作者表示衷心的感谢。

由于编者水平有限，书中不可避免地存在不当之处，烦请各位读者批评指正。

编 者

目　录

第1章 绪论

内容提要

本章主要介绍电气防火的基本概念、电气防火的研究对象及电气防火技术的产生发展过程，各类建设工程电气防火设计、审查与验收的内容与方法。

本章重点

重点掌握电气火灾事故发生的原因，建筑工程电气防火设计审查的主要内容，以及由于电气原因引发火灾事故的主要原因。

1.1 电气防火的概念和研究对象

电是能源形式之一，它是现代文明的基础，是衡量一个国家现代化程度的标志，也是决定其社会经济发展的重要因素。在给社会创造经济财富的同时，也给人们带来了舒适的电气化生活，但若使用不当会成为一种新的灾害——电气火灾。一旦发生将会给国家经济和人民财产造成巨大损失，因此必须引起高度重视，并采取有效的技术防范措施，遏制电气火灾的发生。

电能通过电气线路、用电设备、器具以及供配电设备出现故障释放的热能，如高温、电弧、电火花及非故障性释放的能量，如电热器具的炽热表面，在具备燃烧条件下引燃本体或其他可燃物而造成的火灾，也包括由雷电和静电引起的火灾，统称为电气火灾。

为了抑制电气火灾的产生而采取的各种技术措施和安全管理措施，称为电气防火。

电气防火技术是研究电气火灾形成机理及电气安全防火设施，防止电气火灾事故发生的一门科学，内容包含电气火灾形成理论，变配电装置防火，电气设备和家用电器火灾预防，爆炸和火灾危险场所电气设备的选择，消防电源与配电系统，防雷和防静电等。它与电气的设计、安装、运行和维护等工程问题密不可分，归纳起来可分为四大类，即电气防火技术，消防电源及其配电的可靠性，电气火灾原因鉴别，电气火灾报警与控制问题。所涉及的学科有电机学、电器学、绝缘材料、高电压技术、工业企业供电等。由此可以看出，电气防火是建立在多学科基础上的一门应用性和实用性很强的综合学科。

电气防火与电气安全是研究的两大课题，那么二者的关系又如何呢？电气防火的重点要贯彻“以防为主”的方针，从电气的设计、施工、运行和维护等方面研究电气火灾形成的机理及防止电气火灾事故发生的具体措施，保证人民的生命和财产安全，最大限度地将损失降到最低。而电气安全则是以安全生产和人身安全为出发点，讨论如何用电气技术手段保障电气设备在生产过程中的安全运转，为人们创造安全的劳动条件，从而提高劳动生产率。从上面的分析可以看出，电气防火与电气安全二者是相辅相成的，它们既密切相关又有所区别，它们在研究内容上既相互渗透又各自有自己的侧重。比如电磁伤害只在电气安全中研究，但短路问题双方却都有研究，然而它们研究的重点却有所不同，电气防火着重于火灾起因的研究，电气安全则着重于可能对人体伤害的研究，二者都是一项综合性很强的学科，不仅涉及工程技术问题，也涉及安全管理问题。

电气防火是消防工程专业的一门重要的专业课。在学习中要学会电气防火检查和电气设计图的防火审查，以便将来步入社会能代表国家履行消防监督职能。在学习中，首先必须掌握有关电的基础知识，掌握电气防火原理、电气设备的设计原理、构造原理、安装方法及安全运行的基本知识，在掌握好这些基础知识的同时，还需熟悉国家的相关法律法规，注重实践的重要性，做到理论和实践相结合。

1.2 电气火灾的原因

电能是我国重要的能源之一，随着社会主义现代化建设的迅速发展和人民生活水平的不断提高，社会对电力的需求也越来越大。据资料显示，随着国民经济发展对电力需求的增长，我国的电力工业发展迅猛。2004—2024 年，我国发电量不断增长，2004 年全国的发电量为 21870 亿 kW · h，2024 年为 100869 亿 kW · h，增长 3.6 倍。城乡居民生活用电量 14942 亿 kW · h，是 2014 年的 6928 亿 kW · h 的 2.16 倍。

1.2.1 我国电气火灾的基本情况及发展趋势

随着我国人均用电量的大幅度增加，人民生活水平的不断提高，电作为一种潜在的点火源，悄然进入了生产和生活的各个方面，走进了千家万户，如果使用不当也会带来危害。由于人们忽视安全用电，加之电气火灾的突发性和隐蔽性，所造成损失十分严重。统计数据表明：由电气原因引发的火灾事故一直高居首位，已成为各类火灾事故中发生频率最多、造成损失最大一类火灾。2014—2022 年全国火灾情况见表 1-1。

表 1-1 2014—2022 年全国火灾情况

年份	2014	2016	2018	2020	2022	2024
火灾起数/万起	39.5	31.2	23.7	25.2	82.5	90.8
死亡人数/人	1815	1582	1403	1183	2053	2401
受伤人数/人	1513	1065	798	775	2122	2665
直接经济损失/亿元	47	37.2	36.75	40.09	71.6	77.4
电气火灾比例（%）	27.4	30.4	34.6	33.6	30.9	32.3

由表 1-1 可见，电气火灾的比例，最低的年份是 2014 年，为 27.4%，最高的年份是 2018 年，上升到 34.6%；有的省、市局部地区占到火灾总起数的 70%以上，远远超过全国的平均数。

（1）近十年我国电气火灾的情况分析

近十年我国因电气设备引发的火灾逐渐增多，电气火灾数量占据全部火灾总数的首位。我国电气火灾日益严重的原因是多方面的，主要有：电气线路陈旧老化造成短路，违反用电安全规定设计或安装电气设备，家用电器使用不当等，例如，2017 年因电气原因引发的火灾占全国火灾总数的 35.7%，其中，电气线路问题引发火灾占电气火灾总数的 62.2%，电气设备故障引发火灾占电气火灾总数的 31.3%，其他电气方面原因引发火灾占电气火灾总数的 6.5%。据统计，电气设备引发的火灾加上用火不慎引发的火灾，这两类原因的火灾占到了火灾总数的一半以上。对此，不仅需要从技术与管理方面采取防范措施，预防电气火灾发生，而且还需要采用科学的手段对电气线路和设备的运行进行即时监控，将电气火灾控制在火灾源头。

（2）国内外重大火灾事故案例

1）2021 年 7 月 24 日 15 时 40 分许，吉林省长春市净月高新技术产业开发区李氏婚纱梦想城发生火灾事故，造成 15 人死亡、25 人受伤，过火面积 6200m^2；直接经济损失 3700 余万元。发生原因：李氏婚纱梦想城二层“婚礼现场”摄影棚上部照明线路漏电，击穿其穿线蛇皮金属管，引燃周围可燃仿真植物装饰材料所致。

2）2017 年 9 月 25 日，上海一高层住宅楼发生火灾，造成 58 人死亡、9 人受伤。火灾的直接原因是住户私拉电线，导致电气线路短路引发火灾。

3）2018 年 12 月 27 日，广西北海市某小区发生火灾，造成 29 人遇难、5 人受伤。火灾原因是电线老化引发。这起火灾警示老旧电器设施的定期检查和维护是非常必要和重要的。

4）2018 年 11 月，加州小镇天堂遭遇大火，罪魁祸首是电力公司的老旧输电线路短路产生电火花，在大风作用下引燃周边植被。大火以摧枯拉朽之势席卷小镇，造成 85 人丧生，1.8 万多座建筑损毁，小镇近乎从地图上抹去，经济损失超过 165 亿美元。这场大火是美国史上最严重的十大火灾事件之一。

5）2017 年 6 月 14 日凌晨，位于英国伦敦西部一栋 24 层公寓大楼四楼的一住户家中因冰箱电气故障发生起火，火焰窜出窗外，引燃外墙保温层形成立体燃烧，火势猛烈，最终导致 72 人死亡此次火灾成为英国自第二次世界大战以来最严重的火灾。

1.2.2　电气火灾的原因

电气火灾的原因

电气火灾的直接原因是多种多样的，例如过载、短路、电弧、火花、接触不良、漏电、雷电或静电。有些火灾是人为的，比如疏忽大意、操作不当、不遵守有关防火法规等；有些火灾是由于线路老化造成的。从电气防火的角度看，安装使用不当、劣质电气设备、接地故障、雷电和静电是造成电气火灾的几个重要原因。下面来具体分析这些原因。

（1）过载

过载是指电气设备或导线的功率和电流超过了其额定值。造成过载的原因有以下几个方面：

1）设计、安装时选型不正确，使电气设备的额定容量小于实际负载容量。

2）设备或导线随意装接，增加负荷，造成超载运行。

3）检修、维护不及时，使设备或导线长期处于带病运行状态。

过载使导体中的电能转变成热能，当导体和绝缘物局部过热达到一定温度时，就会引起火灾。

（2）短路、电弧和火花

短路是电气设备最严重的一种故障状态，发生短路时，线路中的电流增加为正常时的几倍乃至几十倍，而产生的热量又与电流的二次方成正比，使得温度急剧上升，超过允许范围，产生短路的主要原因有：

1）电气设备的选用、安装和使用环境不符合要求，致使其绝缘体在高温、潮湿、酸碱环境条件下受到破坏。绝缘导线由于拖拉、摩擦、挤压、长期接触尖硬物体等，绝缘层造成机械损伤。

2）使用时间过长，超过使用寿命，绝缘老化发脆。

3）使用维护不当，长期带病运行，扩大了故障范围。

4）过电压使绝缘击穿。

5）错误操作或把电源投向故障线路。

6）恶劣天气，如大风、暴雨造成线路与金属相连接。

短路时，在短路点或导线连接松弛的接头处，会产生电弧或火花。电弧温度很高，可达 6000℃以上，不但可引燃它本身的绝缘材料，还可将它附近的可燃材料、蒸气和粉尘引燃。由于接地装置不良或电气设备与接地装置间距过小，过电压时使空气击穿可能引起电弧。切断或接通大电流电路、大容量熔断器爆断时，也可能产生电弧。

（3）接触不良

接触不良实际上是电器触头接触电阻过大，导致功耗增大，当工作电流通过时，会在接触电阻上产生较大的热量，使连接处温度升高，高温又会使氧化进一步加剧，使接触电阻进一步加大，形成恶性循环，产生很高的温度而引发火灾。接触不良主要发生在导线与导线或导线与电气设备连接处，其原因主要有：

1）电气接头表面污损，接触电阻增加。

2）电气接头长期运行，产生导电不良的氧化膜，未及时清除。

3）电气接头因振动或由于热的作用，使连接处发生松动、氧化。

4）铜铝连接处未按规定方法处理，潮湿时会发生电解作用，使铝腐蚀，造成接触电阻增大或接触不良，会形成局部过热，形成潜在引燃源。

（4）烘烤

电热器具（如电炉等）、照明灯具在正常通电的状态下，就相当于一个火源或高温热源。当安装不当或长期通电无人监护管理时，就可能使附近的可燃物受高温而起火。

（5）摩擦

发电机和电动机等旋转型电气设备，轴承出现润滑不良、干枯产生摩擦发热或虽润滑正常但出现超高速旋转时，都会引起火灾。

（6）机械故障

对于带有电动机的设备，如果传动部分被卡死或轴承损坏，造成堵转或负载转矩过大，都会导致电动机过热。若发生电磁铁卡死，衔铁吸合不上，线圈中的大电流持续不减小，也会因过热使绝缘破坏，引起电源短路造成火灾。

（7）漏电

漏电电流一般不大，不能促使保护电器熔丝动作。如漏电电流沿线路比较均匀地分布，则发热量分散，火灾危险性不大；但当漏电电流集中于某一点时，可能引起比较严重的局部发热，造成火灾。漏电电流经常流经金属螺钉或钉子，使其发热而引起木制构件起火。

（8）铁心过热

对于电动机、变压器、接触器等带有铁心的电气设备，如果铁心短路（片间绝缘破坏）或线圈电压过高，或通电后铁心不能吸合，由于涡流损耗和磁滞损耗增加，都将造成铁心过热并产生危险温度。

（9）散热不良

各种电气设备在设计和安装时都要考虑一定的散热或通风措施，电气设备温升与热量散失条件之间存在因果关系。环境温度过高，或使用方式不当，以及散热设施工作条件遭到破坏，如散热油管堵塞、电动机通风道堵塞等，使散热条件恶化，可能导致电气设备和线路过热而引发火灾。

（10）电压太高或太低

如果电压太高，除使铁心发热增加外，对于恒阻抗设备，还会使电流增大而发热。电压过低，除可能造成电动机堵转、电磁铁衔铁吸合不上，使线圈电流大大增加而发热外，对于恒功率设备，还会导致电流增加而发热。

（11）劣质电气设备

施工安装人员质量意识较差，不按设计图要求和施工规范进行施工，在工程中使用不符合国家及国际电工委员会（IEC）标准的劣质电气产品或已淘汰的电气产品，最后导致各类事故和电气火灾的发生。

（12）接地故障

接地故障是指带电导体与水管、钢管、设备金属外壳的接触短路。接地故障比较隐蔽，不易发觉，也比较复杂，故接地故障起火的危险性较大。按照规范，民用建筑电气接地一般采用TN-C-S接地系统，即中性线在进户处做重复接地，入户后中性线（N线）和保护接地线（PE线）分开敷设，在插座和人体易接触外壳的用电设备或灯具回路中装设剩余电流断路器（漏电开关），以达到人体接触漏电的电器或设备外壳时，剩余电流断路器及时动作，切断电源，避免发生触电伤亡事故。

（13）雷电

1）引发火灾。雷电是在大气中产生的，雷云是大气电荷的载体。雷电的电位为10～10^4kV，雷电流的幅值为数千安到数百千安。雷击时产生的功率很大，且放电时间一般约为几十微秒，放电区最高温度可达20000℃。雷电产生的高电压会沿金属物体侵入用户，使室内金属结构、供电线路回路之间产生放电、起火或爆炸。

2）造成人员伤亡。雷电造成破坏的原因主要是电压击穿效应和电流的热效应。当地面建筑物遭到雷击后会使建筑物破坏（即建筑物倒塌、起火或爆炸等），甚至造成人员伤亡。

3）造成经济损失。雷电的危害类型除直击雷外，还有感应雷（含静电和电磁感应）、雷电反击、雷电波的侵入和球雷等。这些雷电危害形式的共同特点就是放电时总要伴随机械力、高温和强烈火花的产生，会使建筑物破坏，输电线或电气设备损坏，油罐爆炸，堆场器材物料着火。

（14）静电

静电是物体中正负电荷处于平衡状态或静止状态下的电形式，当平衡状态遭到破坏时物体才显电性。静电是由摩擦或感应产生的。

静电在一定条件下，会对金属物或地放电，产生有足够能量的强烈火花。此火花能使飞花麻絮、粉尘、可燃蒸气及易燃液体燃烧起火，甚至引起爆炸。

随着石油化工、塑料、橡胶、化纤、造纸、印刷、金属磨粉等工业的发展，静电火灾越来越受到人们的高度重视。

1.3 电气火灾的研究和发展

电气火灾是和电的发现与广泛应用分不开的，不管是强电领域还是弱电领域都可能有电气火灾问题。随着工业生产的发展，电气防火问题越来越引起了人们的重视，电气防火是伴随着消防科学的发展而发展起来的。为了提高电气防火的科学技术水平，近年来国内外有关科研部门和院校就相关课题做了大量研究工作。

消防科学发展到今天，已有 200 多年的历史。起初仅仅是对一般火灾灭火的研究，这些研究首先在国外开始。18 世纪中后期，法国最先研制了灭火用的阻火剂，到 19 世纪，在这方面有了大的发展，在英国和美国都出现了私人火灾保险机构，逐渐开始了消防器材的研制工作。但与其他科学相比，消防科学的发展还是比较缓慢的，它长期停留在试验阶段，没有固定的模式，最近的 30 年才能说是消防科学的真正形成阶段，所以说消防科学还是一个比较年轻的、有美好发展前景的学科。

由于电力应用范围的扩大，不同的发电厂也开始组网，联成电力系统。电网容量不断增加，短路电流也随之上升，电弧的威胁日趋严重。电力需求的不断增长，安全供电和安全用电问题便日益突显。美国、英国等在进行建筑材料和建筑构件耐火试验、阻火剂和防火涂料的试验及建筑火灾研究的同时，开展了电气防火基础理论的研究工作，如对雷电火灾规律和控制技术的研究。不过这一时期的侧重点仍然是放在对明火源的控制和建筑火灾的预防上。电气防火的研究还不是首要工作。

随着科学技术的飞速发展和火灾隐患的不断增多，社会对消防越来越重视，这就促进了消防事业的快速发展，消防科学也随之进入一个新的时期。与此同时，研究水平也有了大幅度提高，主要表现为增加了消防研究机构、扩大了消防研究队伍、改善了科研条件、扩充了研究领域和增加了研究经费。

1984 年我国在创建中国消防协会的同时，组建了电气防火专业技术委员会，并吸收有关专家和教授参加电气防火的研究工作。到目前为止，国内多所大学开设了消防专业，用来培养专门的消防科研人员。与此同时，随着电气化时代发展的高峰期，电气防火不得不成为人们主要关注和研究的课题，电气防火教育也开始起步，到今天为止也有了很好的发展，为消防队伍培养了许多专门的技术人才。

1998 年 9 月 1 日《中华人民共和国消防法》的实施，为预防火灾发生，加强应急救援工作，保护人身、财产安全，提供了法律保证。必须贯彻落实消防工作“预防为主、防消结合”的方针，开展经常性的消防宣传教育，提高公民的消防安全意识，加大对电气火灾早期预警、预报工作，在政府统一领导下实行消防安全责任制，采取有效监控防范措施，减少火灾事故的发生，为我国的消防事业做贡献。

1.4 建筑工程电气防火与建设工程消防设计审查及验收

讲到电气防火技术，就不得不提到建筑电气防火。建筑是人的居住空间，与人的生存安全和生活质量息息相关，全面细致地做好建筑电气防火设计是预防和减少建筑物火灾，特别是电气火灾的有效手段。对建设工程的消防设计进行防火审核，是国家赋予消防监督机构的一项神圣职责，而电气防火设计审核又是消防监督机构进行建筑审核的中心任务之一。

1.4.1 建设工程消防设计审查及验收

建设工程消防设计审查及验收是以防范建筑工程火灾，并减少火灾对建筑工程造成的损失为目的，有效地减少建筑工程的火灾隐患，减少火灾对建筑物造成的损害，确保使用者的生命和财产安全不受损害的一种强制规范性措施。建设工程消防设计审查制度的实施，意味着我国加大了对建设工程消防安全的监督与控制力度，通过对建设工程设计、施工的全过程进行管理调控，采用先进的施工技术和科学的管理措施，来增强建筑物的防火抗灾能力，全面保障人民群众的生命财产安全。

（1）消防设计审查机构

国务院住房和城乡建设主管部门负责指导监督全国建设工程消防设计审查验收工作，县级以上地方政府住房和城乡建设主管部门依职责承担本行政区域内建设工程的消防设计审查、消防验收、备案和抽查工作。

建设工程的设计、施工、监理和建设工程消防设计图技术审查机构，消防设施检测或者建设工程消防验收现场机构，对建设工程消防施工质量依法承担相关责任。

（2）对特殊建设工程实行消防设计审查制度

特殊建设工程的建设单位应当向消防设计审查验收主管部门申请消防设计审查，消防设计审查验收主管部门依法对审查的结果负责。

特殊建设工程消防设计审查必须在工程施工前进行，未经消防设计审查或者审查不合格的，建设单位、施工单位不得施工。

（3）其他建设工程的消防设计备案与抽查制度

其他建设工程，建设单位申请施工许可或者申请批准开工报告时，应当提供满足施工需要的消防设计图及技术资料。

未提供满足施工需要的消防设计图及技术资料的，有关部门不得发放施工许可证或者批准开工报告。

国家对其他建设工程实行备案抽查制度。其他建设工程经依法抽查不合格的，应当停止使用。

1. 特殊建设工程的消防设计审查及消防验收

（1）特殊建设工程的类别

1）总建筑面积大于 20000m^2 的体育场馆、会堂、公共展览馆、博物馆的展示厅。

2）总建筑面积大于 15000m^2 的民用机场航站楼、客运车站候车室、客运码头候船厅。

3）总建筑面积大于 10000m^2 的宾馆、饭店、商场、市场。

4）总建筑面积大于 2500m^2 的影剧院，公共图书馆的阅览室，营业性室内健身、休闲场馆，医院的门诊楼，大学的教学楼、图书馆、食堂，劳动密集型企业的生产加工车间，寺庙、教堂。

5）总建筑面积大于 1000m^2 的托儿所、幼儿园的儿童用房，儿童游乐厅等室内儿童活动场所，养老院、福利院，医院、疗养院的病房楼，中小学校的教学楼、图书馆、食堂，学校的集体宿舍，劳动密集型企业的员工集体宿舍。

6）总建筑面积大于 500m^2 的歌舞厅、录像厅、放映厅、卡拉 OK 厅、夜总会、游艺厅、桑拿浴室、网吧、酒吧，具有娱乐功能的餐馆、茶馆、咖啡厅。

7）国家工程建设消防技术标准规定的一类高层住宅建筑。

8）城市轨道交通、隧道工程，大型发电、变配电工程。

9）生产、储存、装卸易燃易爆危险物品的工厂、仓库和专用车站、码头，易燃易爆气体和液体的充装站、供应站、调压站。

10）国家机关办公楼、电力调度楼、电信楼、邮政楼、防灾指挥调度楼、广播电视楼、档案楼。

11）设有上述第 1）~第 6）项所列情形的建设工程。

12）上述第 10）项、第 11）项规定以外的单体建筑面积大于 40000m^2 或者建筑高度超过 50m 的公共建筑。

（2）建设单位申请特殊建设工程消防设计审查应当提交的材料

1）特殊建设工程消防设计审查申请表。

2）设计单位资质证明文件；设计人员具有相应专业技术能力的证明材料。

3）消防设计文件。消防设计文件包括：全套设计图纸（蓝图）、设计任务书、计算书、消防设计专篇，内装饰中将要使用材料的品种、数量使用部位及其防火性能检测报告；工业建筑应有可行性研究报告、生产工艺流程危险品的储存、运输方式等；特殊消防设计技术资料。

4）依法需要办理建设工程规划许可的，应当提交建设工程规划许可文件。

5）依法需要批准的临时性建筑，应当提交批准文件。

6）特殊建设工程中如果采用特殊消防设计技术资料，则需要通过省级住房和城乡建设主管部门组织的专家进行评审（仅涉及时提供），其评审意见应书面报请评审的消防设计审查验收主管部门，同时报国务院住房和城乡建设主管部门备案。

（3）消防设计审查内容及流程

1）消防设计审查验收主管部门应当自受理消防设计审查申请之日起 15 个工作日内出具书面审查意见。

审查内容为：建筑内部装修防火，消防给水和灭火设施，防烟排烟系统防火（建筑专业）设计，供暖、通风和空气调节系统防火设计和防火措施，电气系统、火灾自动报警系统，消防应急照明和疏散指示系统，建筑防爆，热能动力系统防火、防爆。

2）设计审查单位在审查工程中针对相关审查内容认真填写特殊建设工程消防设计技术审查记录，对审查中发现的不合格内容要据实填写技术审查意见反馈表。设计审查单位对设计审查的特殊工程要填写特殊建设工程消防设计技术审查意见汇总表。

3）对符合下列条件的，消防设计审查验收主管部门应当出具消防设计审查合格意见：

① 申请材料齐全、符合法定形式。

② 设计单位具有相应资质。

③ 消防设计文件符合国家工程建设消防技术标准。

④ 特殊消防设计技术资料通过专家评审。

对不符合上述规定条件的，消防设计审查验收主管部门应当出具消防设计审查不合格意见，并说明理由。

4）实行施工图设计文件联合审查的，应当将建设工程消防设计的技术审查并入联合审查。

5）建设、设计、施工单位不得擅自修改经审查合格的消防设计文件。确需修改的，建设单位应当依照规范规定重新申请消防设计审查。

（4）特殊建设工程的消防验收

国家对特殊建设工程实行消防验收制度。特殊建设工程竣工验收后，建设单位应当向消防设计审查验收主管部门申请消防验收；未经消防验收或者消防验收不合格的，禁止投入使用。

1）建设单位组织竣工验收时，应当对建设工程是否符合下列要求进行查验：

① 完成工程消防设计和合同约定的消防各项内容。

② 有完整的工程消防技术档案和施工管理资料（含涉及消防的建筑材料、建筑构配件和设备的进场试验报告）。

③ 建设单位对工程涉及消防的各分部分项工程验收合格；施工、设计、工程监理、技术服务等单位确认工程消防质量符合有关标准。

④ 消防设施性能、系统功能联调联试等内容检测合格。

经查验不符合规定的建设工程，建设单位不得编制工程竣工验收报告。

2）建设单位申请消防验收应提交的材料如下：

① 特殊建设工程消防验收申请表。

② 工程竣工验收报告。

③ 涉及消防的建设工程竣工图。

消防设计审查验收主管部门收到建设单位提交的消防验收申请后，对申请材料齐全的，应当出具受理凭证；申请材料不齐全的，应当一次性告知需要补正的全部内容。

3）现场评定。消防设计审查验收主管部门受理消防验收申请后，应当按照国家有关规定，对特殊建设工程进行现场评定。现场评定包括对建筑物防（灭）火设施的外观进行现场抽样查看；通过专业仪器设备对涉及距离、高度、宽度、长度、面积、厚度等可测量的指标进行现场抽样测量；对消防设施的功能进行抽样测试、联调联试消防设施的系统功能等内容。

4）消防验收审查结论。消防设计审查验收主管部门应当自受理消防验收申请之日起 15 日内出具消防验收意见。对符合下列条件的，应当出具消防验收合格意见：

① 申请材料齐全、符合法定形式。

② 工程竣工验收报告内容完备。

③ 涉及消防的建设工程竣工图与经审查合格的消防设计文件相符。

④ 现场评定结论合格。

⑤ 对不符合前款规定条件的，消防设计审查验收主管部门应当出具消防验收不合格意见，并说明理由。

实行规划、土地、消防、人防、档案等事项联合验收的建设工程，消防验收意见由地方人民政府指定的部门统一出具。

2. 其他建设工程的消防设计备案与抽查

前文介绍的特殊建设工程类别中 1）~12）以外的工程均为其他建设工程。国家对其他建设工程的消防设计实行备案抽查制度。

（1）设计资料提交

1）其他建设工程，建设单位申请施工许可或者申请批准开工报告时，应当提供满足施工要求的消防工程设计图及技术资料。

未提供满足施工需要的消防工程设计图及技术资料的，有关部门不得发放施工许可证或者批准开工报告。

2）其他建设工程竣工验收合格之日起 5 个工作日内，建设单位应当报消防设计审查验收主管部门备案。

3）建设单位办理备案，应当提交下列材料：

① 建设工程消防验收备案表。

② 工程竣工验收报告。

③ 涉及消防的建设工程竣工图。

（2）建设单位竣工验收消防查验

建设单位组织竣工验收时，应当对建设工程是否符合下列要求进行查验：

1）完成工程消防设计和合同约定的消防各项内容。

2）有完整的工程消防技术档案和施工管理资料（含涉及消防的建筑材料、建筑构配件和设备的进场试验报告）。

3）建设单位对工程涉及消防的各分部分项工程验收合格；施工、设计、工程监理、技术服务等单位确认工程消防质量符合有关标准。

4）消防设施性能、系统功能联调联试等内容检测合格。

经查验不符合上述规定的建设工程，建设单位不得编制工程竣工验收报告。

（3）备案抽查与结论

1）消防设计审查验收主管部门收到建设单位备案材料后，对备案材料齐全的，应当出具备案凭证；备案材料不齐全的，应当一次性告知需要补正的全部内容。

2）消防设计审查验收主管部门应当对备案的其他建设工程进行抽查。抽查工作推行“双随机、一公开”制度，随机抽取检查对象，随机选派检查人员。抽取比例由省、自治区、直辖市人民政府住房和城乡建设主管部门，结合辖区内消防设计、施工质量情况确定，并向社会公示。

3）消防设计审查验收主管部门应当自其他建设工程被确定为检查对象之日起15个工作日内，按照建设工程消防验收有关规定完成检查，并制作检查记录。检查结果应当通知建设单位，并向社会公示。

4）建设单位收到检查不合格整改通知后，应当停止使用建设工程，并组织整改，整改完成后，向消防设计审查验收主管部门申请复查。

5）消防设计审查验收主管部门应当自收到书面申请之日起7个工作日内进行复查，并出具复查意见。复查合格后方可使用建设工程。

其他建设工程经依法抽查不合格的，应当停止使用。

1.4.2 建筑工程电气防火设计审查

电气火灾是建筑物火灾的主要原因之一，通常由电气设备老化、过载或安装不当引起。通过电气防火设计审查，可以及时发现和解决电气系统中的安全隐患，如线路老化、接触不良、过载运行等问题，从而有效预防电气火灾的发生，保障人们的生命财产安全；同时，可以确保电气设备在最佳状态下运行，对减少因电气故障导致的设备损坏和人员伤害具有重要意义。

1. 审查依据

（1）规范、标准

1）建筑设计防火规范（GB50016）。

2）建筑防火通用规范（GB55037）。

3）建筑内部装修设计防火规范（GB50222）。

4）建筑内部装修防火施工及验收规范（GB50354）。

5）汽车库、修车库、停车场设计防火规范（GB50067）。

6）住宅装饰装修工程施工规范（GB50327）。

7）民用建筑电气设计标准（GB51348）。

8）火灾自动报警系统设计规范（GB50116）。

9）火灾自动报警系统施工及验收标准（GB50166）。

10）消防设施通用规范（GB55036）。

11）供配电系统设计规范（GB50052）。

12）低压配电设计规范（GBGB50054）。

13）爆炸危险环境电力装置设计规范（GB50058）。

14）消防应急照明和疏散指示系统技术标准（GB51309）。

15）其他有关国家设计防火规范和电气设计规范、规定等。

（2）设计图

建筑电气设计图应装订成册和特殊建筑工程设计图一并送审。

1）所送审设计图应为全套正式蓝图，其中包括：建筑电气总平面图（包含变配电房、柴油发电机房、消防控制室）、系统图，各楼层电力、照明、闭路电视、安防、通信平面图和系统图。对于特殊建设工程必须提供：电气火灾监控系统的系统图和平面图、消防设备电源监控系统、防火门监控系统、火灾自动报警系统的系统图和平面图，消防应急广播的系统图和平面图，以及消防应急照明和疏散指示系统的系统图和平面图等。建筑电气设计说明书中必须包括：消防电源、电气防火措施（含配电线路及电器装置）、消防应急照明和疏散指示系统、火灾自动报警系统等内容。

2）建筑工程内装修工程的电气设计图。

2. 建筑工程电气防火设计审查要点

（1）消防用电负荷等级

1）审查消防用电负荷等级；审查建筑物的消防用电负荷等级是否符合规范要求。

2）建筑高度大于150m的工业与民用建筑的消防用电应按特级负荷供电，应急电源的消防供电回路应采用专用线路连接至专用母线段，消防用电设备的供电电源干线应有两个供电回路。

3）二类高层住宅建筑的消防供电不应低于二级负荷要求。

（2）消防电源

1）消防电源设计供电方案是否与相关规范规定的相应用电负荷等级要求一致。

2）消防应急电源采用自备发电机、蓄电池、干电池时，功率、设置位置、起动方式、供电时间等是否符合规范要求。

3）消防备用应急电源的供电时间和容量，是否满足该建筑物火灾延续时间内各消防用电设备的要求；应急照明和疏散指示标志的蓄电池连续供电时间和容量是否符合规范要求。

4）建筑高度大于250m民用建筑的消防水泵房、消防控制室、消防电梯及其前室、辅助疏散电梯及其前室、疏散楼梯间及其前室、避难层（间）的应急照明和灯光疏散指示标志，应采用独立的供配电回路。

5）灯具采用集中电源供电时，灯具的主电源和蓄电池电源应由集中电源提供，灯具主电源和蓄电池电源在集中电源内部实现输出转换后应由同一配电回路为灯具供电。

6）当灯具采用自带蓄电池供电时，灯具的主电源应通过应急照明配电箱一级电力分配后为灯具供电，应急照明配电箱的主电源输出断开后，灯具应自动转入自带蓄电池供电。

（3）消防配电

1）回路设计。消防用电设备是否采用专用供电回路，当建筑内生产、生活用电被切断时，要求仍能保证消防用电。

2）配电设施。按一、二级负荷供电的消防设备，其配电箱是否独立设置。消防配电设备是否设置明显标识和相应防火保护措施。消防控制室、消防水泵房、防烟和排烟风机房的消防设备、消防电梯等的供电，是否在其配电线路的最末一级配电箱处设置自动切换装置。应急照明配电箱是否在每个防火分区最末一级配电箱设置自动切换装置。

3）线路及其敷设。消防配电线路（包含电线、电缆及桥架）是否满足火灾时持续运行时间要求需要，燃烧性能等级和敷设是否符合规范要求。

4）消防专用配电设备的过载保护器只报警、不跳闸，消防水泵、防烟风机和排烟风机是否采用变频调速器控制，消防泵控制柜防护等级设置及水泵机械应急启泵控制功能是否满足要求。

5）应急电源与正常电源之间，应采取防止并列运行的措施。当有特殊要求，应急电源向正常电源转换需短暂并列运行时，应采取安全运行的措施。

6）各级负荷的备用电源设置可根据用电需要确定。

7）备用电源的负荷严禁接入应急供电系统。

8）火灾自动报警系统的供电线路、消防联动控制线路应采用耐火铜芯电线电缆，报警总线、消防应急广播和消防专用电话等传输线路应采用阻燃或阻燃耐火电线电缆。

（4）用电系统防火

1）供电线路。架空电力线与甲、乙类厂房（仓库）、可燃材料堆垛及其他保护对象的最近水平距离是否符合规范要求，电力电缆及用电线路等配电线路敷设是否符合规范要求。

2）用电设施。开关、插座和照明灯具靠近可燃物时，是否采取隔热、散热等防火措施；可燃材料仓库灯具的选型是否符合规范要求，灯具的发热部件是否采取隔热等防火措施，配电箱及开关的设置位置是否符合规范要求。

3）丙类库房配电设备设置位置是否符合规范要求。

4）防止电气火灾蔓延的保护措施设计是否符合规范要求。

5）石化企业电缆沟防止可燃气体或液体积聚的措施是否符合规范要求。

6）气体或液体燃料管道的静电接地装置设计是否符合规范要求。

7）电气火灾监控。火灾危险性较大场所是否按规范要求设置电气火灾监控系统。

8）消防电源监控系统的设计是否符合规范要求。

9）防火门监控系统的设计是否符合规范要求。

10）太阳能光伏发电系统的防火设计是否符合规范要求。

11）配电线路不得穿越通风管道内腔或直接敷设在通风管道外壁上，穿金属导管保护的配电线路可紧贴通风管道外壁敷设。

12）开关、插座靠近可燃物时，应采取隔热、散热等防火措施。

13）卤钨灯和额定功率不小于 100W 的白炽灯泡的吸顶灯、槽灯、嵌入式灯，其引入线应采用瓷管、矿棉等不燃材料做隔热保护。

14）额定功率不小于 60W 的白炽灯、卤钨灯、高压钠灯、金属卤化物灯、荧光高压汞灯（包括电感镇流器）等，不应直接安装在可燃物体上。

15）可燃材料仓库内宜使用低温照明灯具，并应对灯具的发热部件采取隔热等防火措施，不应使用卤钨灯等高温照明灯具，配电箱及开关应设置在仓库外。

16）电气线路敷设应避开炉灶、烟囱等高温部位及其他可能受高温作业影响的部位，不应直接敷设在可燃物上。

17）室内明敷的电气线路，在有可燃物的吊顶或难燃性、可燃性墙体内敷设的电气线路，应具有相应的防火性能或防火保护措施。

18）隧道内严禁设置可燃气体管道，城市交通隧道内的供电线路应与其他管道分开敷设，在隧道内借道敷设的 10kV 及以上的高压电缆应采用耐火极限不低于 2.00h 的耐火结构与隧道内的其他区域分隔。

19）导线的选型应与使用场所的环境条件相适应，其耐压等级、安全载流量和机械强度等应满足相关规范要求。

20）1kV 及 1kV 以上的架空电力线路不应跨越可燃性建筑屋面。

（5）火灾自动报警系统

1）根据建筑的使用性质、火灾危险性及疏散和扑救难度等因素，审查系统的设置部位、系统形式的选择、火灾报警区域和探测区域的划分。

2）根据工程的具体情况，审查火灾报警控制器和消防联动控制器的选择及布置是否符合规范要求。

3）审查火灾报警控制器和消防联动控制器容量和每一总线回路所容纳的地址编码总数。

4）审查总线短路隔离器、火灾探测器、火灾手动报警按钮、火灾应急广播、火灾警报装置、消防专用电话、模块的设置及其他所有系统设备的设置是否符合规范要求。

5）系统的布线设计，着重审查系统导线的选择，系统传输线路的敷设方式。审查系统供电的可靠性，系统的接地等设计是否符合规范要求。

6）根据建筑使用性质和功能不同，审查消防联动控制系统的设计时，着重审查系统的自动喷水灭火系统、室内消火栓系统、气体灭火系统、泡沫和干粉灭火系统、防烟排烟系统、空调通风系统、防火门及卷帘系统、电梯、火灾警报和应急广播、消防应急照明和疏散指示系统、消防通信系统、相关联动控制等的联动和连锁控制设计。

7）根据建筑物内是否有散发可燃气体、可燃蒸气，审查是否按规范设置可燃气体报警系统，系统是否独立组成。

8）审查消防控制室选址、室内设施的设计是否符合规范要求。

9）石化企业生产及辅助区域设置火灾自动报警系统和火灾电话报警系统等设计是否符合规范要求。

10）不同电压等级的线缆不应穿入同一根保护管内，当合用同一线槽时，线槽内应有隔板分隔。

11）火灾自动报警系统应设置火灾声光警报器，并应在确认火灾后启动建筑内的所有火灾声光警报器。

12）火灾声警报器设置带有语音提示功能时，应同时设置语音同步器。

13）同一建筑内设置多个火灾声警报器时，火灾自动报警系统应能同时启动和停止所有火灾声警报器工作。

14）集中报警系统和控制中心报警系统应设置消防应急广播。

15）消防应急广播与普通广播或背景音乐广播合用时，应具有强制切入消防应急广播的功能。

16）建筑高度大于100m的住宅建筑应设置火灾自动报警系统。

（6）应急照明和疏散指示系统

1）设置。应急照明和疏散指示系统的设置部位是否符合规范要求，特殊场所是否增设能保持视觉连续的灯光疏散指示标志。

2）系统。应急照明和疏散指示系统类型的选择是否符合规范要求。

3）灯具。系统内蓄电池供电时的持续工作时间、系统内应急照明灯、标志灯的选择和设计是否符合规范要求。照明灯具表面的高温部位应与可燃物保持安全距离，当照明灯具或镇流器嵌入可燃装饰装修材料中或靠近可燃物时，应采取隔热、散热等防火保护措施；卤钨灯和额定功率超过100W的白炽灯泡的吸顶灯、槽灯、嵌入式灯，其引入线应采用瓷管、矿棉等不燃材料做隔热保护。

4）系统配电、控制器和通信线路。应急照明和疏散指示系统的配电、应急照明控制器及集中控制型系统通信线路的设计是否符合规范要求。

5）线路选择。系统线路的选择是否符合规范要求。

6）控制设计。集中控制型系统和非集中控制型系统的控制设计是否符合规范要求。

7）备用照明。备用照明设计是否符合规范要求。

8）建筑高度大于 250m 民用建筑应急电源应采用柴油发电机组，柴油发电机组的消防供电回路应采用专用线路连接至专用母线段，连续供电时间不应小于 3.0h。旅馆客房及公共建筑中经常有人停留且建筑面积大于 100m^2 的房间内应设置消防应急广播扬声器；疏散楼梯间内每层应设置 1 部消防专用电话分机，每 2 层应设置一个消防应急广播扬声器；避难层（间）、辅助疏散电梯的轿厢及其停靠层的前室内应设置视频监控系统，视频监控信号应接入消防控制室，视频监控系统的供电回路应符合消防供电的要求。

9）应急照明配电箱或集中电源的输入及输出回路中不应装设剩余电流动作保护器，输出回路严禁接入系统以外的开关装置、插座及其他负载。

10）高层住宅建筑（高度小于 27m 除外）的楼梯间、防烟楼梯间及其前室、消防电梯间的前室或合用前室、避难走道、避难层（间），以及长度超过 20m 的内走道应设置应急照明。

（7）电气防爆

1）爆炸性气体或粉尘环境划分（气体级别温度组别）、相对应的电气设备、通风装置及灯具选择是否满足《爆炸危险环境电力装置设计规范》的要求。

2）爆炸环境电气设备的联动控制是否满足《爆炸危险环境电力装置设计规范》的要求。

3）架空电力线路不应跨越易燃易爆危险品仓库，有爆炸危险的场所，可燃液体储罐，可燃、助燃气体储罐和易燃、可燃材料堆场等，与这些场所的间距不应小于电杆高度的 1.5 倍。

（8）防火门的监控

1）常闭防火门，从门的任意一侧手动开启，应自动关闭。当装有信号反馈装置时，开、关状态信号应反馈到消防控制室。

2）常开防火门，其任意一侧的两只独立的火灾探测器或一只火灾探测器与一只手动火灾报警按钮报警后，应自动关闭，并应将关闭信号反馈至消防控制室。常开防火门，接到消防控制室或现场手动发出的关闭指令后，应自动关闭，并应将关闭信号反馈至消防控制室。

3. 建筑内部装修工程电气防火设计审查要点

1）照明灯具及电气设备、线路的高温部位，当靠近非 A 级装修材料或构件时，应采取隔热、散热等防火保护措施，与窗帘、帷幕、幕布、软包等装修材料的距离不应小于 500mm；灯饰应采用不低于 B1 级的材料。

2）建筑内部的配电箱的壳体和底板宜采用 A 级材料制作。控制面板、接线盒、开关、插座等不应直接安装在低于 B1 级的装修材料上；用于顶棚和墙面装修的木质类板材，当内部含有电器、电线等物体时，应采用不低于 B1 级的材料。

3）当室内顶棚、墙面、地面和隔断装修材料内部安装电加热供暖系统时，室内采用的装修材料和绝热材料的燃烧性能等级应为 A 级，展览性场所展台与卤钨灯等高温照明灯具贴邻部位的材料应采用 A 级装修材料。

4）建筑内部不宜设置采用 B3 级装饰材料制成的壁挂、布艺等，当需要设置时，不应靠近电气线路、火源或热源，或采取隔离措施。

5）卤钨灯灯管附近的导线应采用耐热绝缘材料制成的护套，不得直接使用具有延燃性绝缘的导线。

6）明敷塑料导线应穿管或加线槽板保护，吊顶内的导线应穿金属管或 B1 级 PVC 管保护，导线不得裸露。

7）易燃易爆材料的施工，应避免敲打、碰撞、摩擦等可能出现火花的操作。配套使用的照明灯、电动机、电气开关，应有安全防爆装置。

8）配电箱户表后应根据室内用电设备的不同功率分别配线供电；大功率家电设备应独立配线安装插座。

9）建筑室内装饰工程中的照明灯具、电动设备、电气开关、管线敷设安装，应符合相关国家施工设计、安装、验收规范。

10）配电室、变压器室、发电机房储油间通风和空调机房等，其内部所有装修均应采用 A 级装修材料。发电厂及变电站控制室顶棚和墙面应采用 A 级装修材料，控制室其他部位应采用不低于 Bl 级的装修材料。

复 习 题

1. 什么是电气防火？
2. 什么是电气火灾？
3. 电气火灾的直接原因是什么？
4. 防火设计审查的工程分类是什么？
5. 建筑工程防火验收的条件是什么？
6. 特殊工程验收时需要查验哪些内容？
7. 消防用电负荷等级的审查要点是什么？

第 1 章练习题

扫码进入小程序，完成答题即可获取答案

第2章 电力供配电与消防电源系统

内容提要

本章主要介绍消防电源、应急电源的设计与安装。

本章重点

重点掌握电力系统与消防电源的基本理论知识与设计方法，特别是消防供电系统的组成、应急与疏散照明及消防电气设备配电线路的设计安装与防火措施。

2.1 电力供配电系统

2.1.1 电力系统的基本概念

电能是厂矿企业最主要的动力和社会生活不可缺少的能源。如何正确、安全、合理、经济地利用电能是目前发展和研究的一项重要课题，也是如何更好地学习电气防火的前提。电能从生产到供给用户使用，一般要经过发电、变电、输电、配电和用电几个环节。

1. 发电厂

发电厂是生产电能的工厂，又称发电站。它把其他形式的一次能源，如煤炭、石油、天然气、水能、原子核能、风能、太阳能、地热、潮汐能等，通过发电设备转换为电能。由于所利用一次能源的形式不同，发电厂可分为火力发电厂、水力发电厂、原子能发电厂、潮汐发电厂、地热发电厂、风力发电厂和太阳能发电厂等。我国电能的获得当前主要是火电，其次是水电和原子能发电，其他形式的发电所占比例较小，但是随着科学技术的发展，太阳能发电等洁净能源将会快速增加。

2. 变电站

变电站是调整电压等级和接受电能与分配电能的场所，是联系发电厂到用户之间的中间枢纽，主要由电力变压器、母线、高压开关和保护设备等组成。按规模大小不同，小的称为变电所。没有电力变压器的变电站则称为开关站（开闭所）。利用换流器（整流器或逆变器）进行交、直流电力功率变换的整流站或逆变站称为换流站。换流站的主要组成部分包括：阀厅、控制楼、交、直流开关场、换流变压器、平波电抗器、交流滤波器、直流滤波器、无功补偿装置、接地极及其辅助设备和设施。

变电站有升压和降压之分，为便于把发电厂发出来的电能实现长距离输送必须把电压升高，到用户附近再按需要把电压降低，这种升降电压的工作依靠变电站来完成，升压变电站多建立在发电厂内。

（1）枢纽降压变电站

枢纽降压变电站是处于枢纽位置、汇集多个电源和联络线或连接不同电力系统的重要变电站，一般位于一个大用电区或一个大城市附近，从500kV以上的超高压输电网或发电厂直接受电，通过变压器把电压降为220kV/110kV，供给城区区域站。

（2）区域变电站

区域变电站是向数个（一个）地区或大城市供电的变电站。区域变电站的高压侧从枢纽站引入，经变压器将电压降到220kV/110kV/35kV或110kV/35kV/10kV输送至终端站。

（3）终端变电站

终端站一般直接接到用户，变电站一般只有两个电压等级，35kV/10kV或10kV/0.4kV，其中以10kV/0.4kV为多。

3. 电能用户

所有的用电单位均称为电能用户，其中主要是工业企业。据资料统计，我国工业企业用电占全年总发电量的63.9%，是最大的电能用户。因此，研究和掌握工业企业供电方面的知识和理论，对提高工业企业供电的可靠性，改善电能品质，做好企业的计划用电、节约用电和安全用电是极其重要的。

4. 电力系统

所谓电力系统就是由发电机、输配电线路、变配电所及各种用户用电设备连接起来所构成的总体，如图2-1所示。

组成电力系统的目的是：

1）提高供电可靠性和电能质量。各发电厂均设有备用发电机组，容量也比较大，当正常工作机组发生故障时备用机组能够及时投入运行，故对电网系统影响较小，从而提高了供电可靠性。此外，由于电力系统容量较大，即使出现较大的冲击负荷，也不会造成电压和频率的明显变化，故可增强抵抗事故能力，提高电网安全水平，改善电能质量。

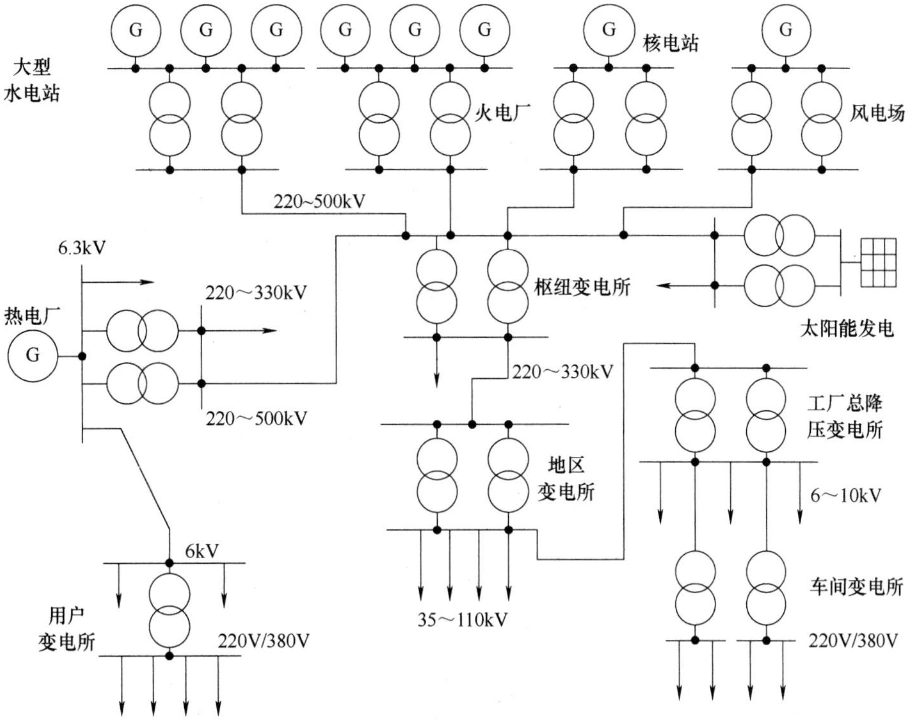

图 2-1　电力系统示意图

2）可减少系统的装机容量，提高设备利用率。电力系统往往占有很大的地域，因为存在时差和季差，各系统中最大负荷出现时间就不同，综合起来的最大负荷，也将小于各系统最大负荷相加的总和，因此系统中总的装机容量可以减少些，同时，备用容量也可减少些。如果装机容量一定，则可提高设备的利用率，增加供电量。

3）便于安装大机组，降低造价。大机组每千瓦设备的投资和生产每千瓦·时（kV·h）电能的燃料消耗及维修费用都比安装小机组便宜，从而可节约投资，减少煤耗，降低成本，提高劳动生产率，加快电力建设速度。

4）充分利用各种资源，提高运行的经济性。水电站有多水与枯水之分，水电厂容量占的比例较大的地区在枯水期将会出现缺电、丰水期弃水的后果。组成电力系统后，水、火电联合运行，丰水期水电厂多发电，火电厂少发电并适当安排检修；枯水期火电厂多发电，水电厂少发电并安排检修，这样可以充分利用水动力资源，减少燃料消耗，从而降低电能成本，提高运行的经济性。

2.1.2　工业企业供电系统及其组成

工业用电量占电力系统总用电量的 70%左右，是电力系统的最大电能用户。

工厂（或企业）内部使用的配电线路称为工厂（或企业）内部供配电系统，它是公共电力系统的一个重要组成部分。供电系统由高低压配电系统、变配电所和用电设备组成。

1. 大型工厂（或企业）降压站

为了接受从电力系统送来的电能，并经过降压后将电能分配到各个用电单位和车间，一般在大、中型工业企业都设有总降压变电所。由于这里负荷密度较大，需要先把来自市区电网 35~110kV 电压降为 6~10kV 电压，然后再向各车间变电所或高压电动机和其他高压用电设备供电。车间变电所一般设置 1~2 台变压器（最多不超过 3 台），其单台容量一般为 1000kV·A 及以下（最大不超过 1800kV·A），将 6~10kV 电压降为 380V/220V 电压，对低压用电设备供电。

2. 中小型工业企业变电所

中小型工业企业变电所直接将来市区的 6~10kV 电压降为 380V/220V 的低压供各车间内部的用电设备和照明使用。中小型工业企业变电所变压器的台数视用电容量而定，可以单台也可以多台。

对于大、中型工业企业，当要求供电可靠性较高时，可采用从电力系统引两个独立电源对其供电。必要时可以设置自备发电机组做备用电源。

工业企业低压配电线路主要作为向低压用电设备输送、分配电能之用。在户外敷设的低压配电线路尽可能采用架电线路，在车间内部则应根据具体情况而定，可采用明敷配电线路或采用暗敷配电线路。在车间厂房内，动力配电箱到电动机的配电线路一般采用绝缘导线穿管敷设。在工厂内，照明线路与电力线路一般应分开敷设。

工业企业内部的消防用电设备的配线必须与一般动力、照明线路分开敷设，并按规定做耐火处理。

2.1.3 标准电压

标准电压的等级是根据国民经济发展的需要、技术经济上的合理性、电动机械电器制造工业的水平等因素，经全面研究分析后由国家制定颁布的。根据《标准电压》（GB/T 156—2017）的规定，交流系统及相关设备的电压标准应按表 2-1~表 2-4 中的要求选用，高压直流输电系统的标称电压应按表 2-5 中要求选用，交流和直流牵引系统的标称电压按表 2-6 中要求选用。

表 2-1 220~1000V 交流系统及相关设备的标称电压 （单位：V）

三相四线或三相三线系统的标称电压	备注
220/380	相电压/线电压
380/660	相电压/线电压
1000（1140）	线电压

注：1140V 电压仅限于某些应用领域的系统使用。

表 2-2 1~1000kV 交流系统及相关设备的标称电压 (单位：kV)

系统标称电压	设备最高电压	系统标称电压	设备最高电压
3（3.3）*	3.6*	110	126
6*	7.2*	220	252
10	12	330	363
20	24	500	550
35	40.5	750	800
66	72.5	1000	1100

注：1. 表中数字为线电压。
2. 括号内数值为用户有要求时使用。
3. * 代表不得用于公共配电系统。

表 2-3 交流低于 120V 的设备额定电压 (单位：V)

优选值	备选值	优选值	备选值	优选值	备选值
—	5	—	15	48	—
6	—	24	—	—	60/100
12	—	—	36/42	110	—

表 2-4 直流低于 1500V 的设备额定电压 (单位：V)

优选值	备选值	优选值	备选值	优选值	备选值
—	2.4	24	—	110	—
—	3/4	—	30	—	125
—	4.5/5	36	—	220	—
6	—	—	40	—	250
—	7.5/9	48/60/72	—	400	—
12	—	—	80	—	400/600
—	15	96	—		

注：1. 低于 2.4V 的电池和蓄电池，基于其特性不属于电压故表中未列入。
2. 基于某些技术原因，某些特定的应用场合可能需要另外的电压。

表 2-5 高压直流输电系统的标称电压 (单位：kV)

系统标称电压	系统标称电压
±160	±550
(±200)	(±660)
±320	±800
(±400)	±1000

注：括号中给出的数是非优选数值。

表 2-6　交流和直流牵引系统的标称电压　(单位：kV)

牵引系统	系统最低电压	系统标称电压	系统最高电压
直流系统	(400) * 500 1000	(600) * 750 1500	(720) * 1900 1800
交流系统	1900	2500	27500

注：1. 轨道交通牵引系统电压的其他要求见 GB/T 1402—2010。
2. 其他的交流和直流牵引系统电压参考相关专业标准。
3. * 为非优选数值，建议在未来新建系统中不采用这些数值。

根据《城市配电网规划设计规范》(GB 50613—2010) 标准，城市配电网分为高压配电网 (110kV 以上)、中压配电网 (10~35kV) 和低压配电网 (220/380V) 三级。330kV 以上的电压称为超高压，交流 1000kV 和直流±800kV 以上的电压称为特高压。由于电压等级的不同，所以其电源布局、负荷分布、网络结构和配电变压器的设计要求各不相同。习惯上把 3kV、6kV、10kV、20kV 电压等级称为配电电压，该等级的变压器称为配电变压器，在电力系统中一般把高电压降为低电压的变压器称为降压变压器。各发电厂从发动机发出来电压等级都不高，为了实现将所发电力长距离输送，需要把发电机的电压 (6~10kV) 升压至 35kV 及以上的电压等级进行输送，此变压器称为升压变压器。从输电方面看，电压越高，输送距离就越远，输送的功率就越大。电压等级不同，输电电路的距离和电能功率也不同，一定电压等级的电力线路，只能输送一定容量的电力到一定的供电距离，超过了这个距离，功率和电压损失太大，既不经济，又造成电压质量不符合要求。

2.1.4　电压等级选择和电能质量

1. 电压等级选择

当用电设备的安装容量在 250kW 及以上或变压器安装容量在 160kVA 及以上时，宜以 20kV 或 10kV 供电；当用电设备总容量在 250kW 以下或变压器安装容量在 160kVA 以下时，可由低压 380V/220V 供电。

2. 电压值允许偏差

供电点的电压偏差允许值（以额定电压的百分数表示）为：

1）35kV 及以上正、负偏差绝对值之和不超过标称电压的 10%。

2）20kV 及以下的三相供电为标称电压的±7%。

3）220V 以下的单相供电为标称电压的±7%，-10%。

4）照明。室内场所为±5%；对于远离变电所的小面积一般工作场所，难以满足上述要求时，可为+5%、-10%；应急照明、景观照明、道路照明和警卫照明等为+5%、-10%。

3. 频率

各国的电网频率是不同的，我国的电网频率是 50Hz（我国台湾省为 60Hz），亚洲部分国家和西方大部分国家的电网频率为 60Hz。

电力系统的允许误差为：正常运行时允许为±0. 2Hz；当系统容量较小时可以放宽到±0. 5Hz；用户冲击负荷引起的系统频率变动一般不得超过±0. 2Hz。

4. 谐波

配电系统中公共电网谐波电压（相电压）总谐波畸变率限值：0. 38kV 为 5%，6kV/10kV 为 4%，35kV 为 3%。

5. 电压损失

受电设备的标称电压按规定应与其直接相连的电网的标称电压相等。但由于电网电压损失的存在，电网电压首末端是不同的。电压损失随着负荷的变化，可能维持在某一恒定值上。图 2-2 给出了供电线路上各部分电压的分布，可以说明电网电压的损失损失情况。

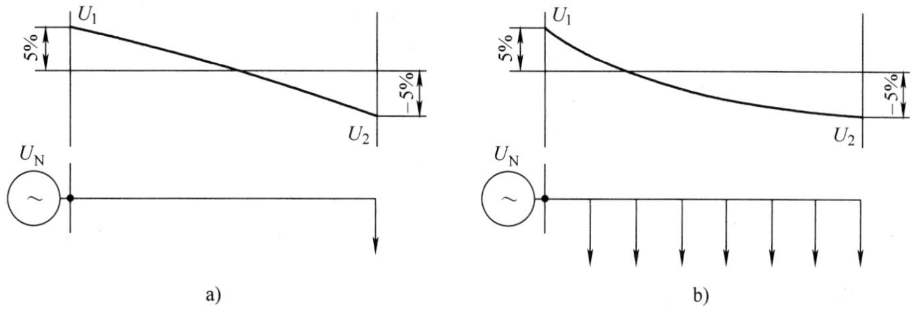

图 2-2　电压沿线路长度的分布

a）集中负荷　b）均布负荷

输配电线路的额定电压与受电设备的额定电压应相同。因为受电设备需要接在线路上，而线路运行时又有一定的损耗使电压降低，一般线路首端电压高而末端电压低，如图 2-3 所示。负荷变化时，线路中电压降落也随着变化，因而电压分布随线路长度各不相同。要使接于线路各处的受电设备都保持在额定电压下运行是不可能的，只能使加于受电设备的端电压与额定电压尽可能地接近。

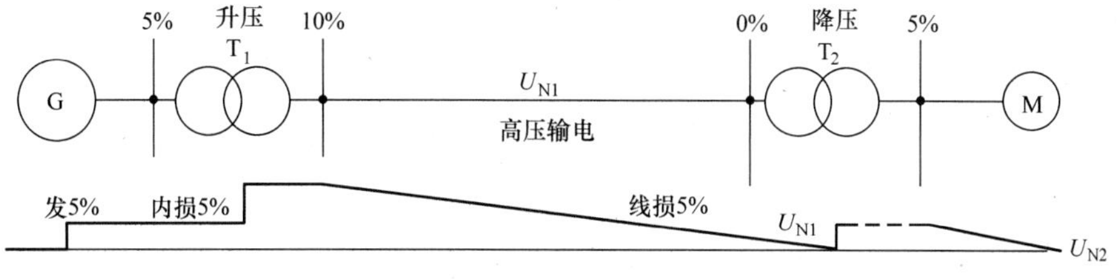

图 2-3　供电线路上电压的变化

当施加于用电设备的受电电压与用电设备的铭牌额定电压差别较大时，对用电设备的性能、寿命都会造成很大影响。表 2-7 列出了电压变化对白炽灯光通量和寿命的影响。对于其他电光源，当电压降低时，也发生类似情况。如电压降低10%，荧光灯亮度约减少10%，荧光灯寿命缩短10%以上。

对电动机而言，当电压降低时，转矩减小。例如，当电压降低20%，转矩将降低到额定值的54%，电流增加20%~35%，温度升高12~15℃，转矩减小，使电动机转速降低，甚至停转，可导致工厂产生废品甚至重大事故；异步电动机本身也将因为转差率增大致使有功功率损耗增加，线圈过热，绝缘迅速老化，甚至烧坏。某些电热及冶炼设备对电压的要求非常严格，电压降低使生产率下降，能耗显著上升，成本增高。

表2-7 电压变化对白炽灯光通量和寿命的影响

实际电压/额定电压（%）	110	105	100	95	90
实际光通量/额定光通量（%）	135	120	100	82	68
实际使用时间/额定使用时间（%）	30	55	100	150	360

2.1.5 工业企业的用电设备

为了满足生产的正常运行，根据需要工业企业中要安装各种类型和容量的电气设备，如果违规安装或者违规操作，它们可能极易引起火灾，这就需要按照要求安装和操作。工业和企业的用电设备包括：

1. 生产和转换电能的设备

生产和转换电能的设备如将机械能转化成电能的发电机，将电能转变成机械能的电动机，将电能转变成热能的电炉，把一定电压的电能升压或降压转换成不同电压的变压器，降低或者减少电压、电流的电压互感器和电流互感器等。

2. 高压或低压电器

高压或低压电器有断路器、隔离开关、熔断器等，它们在电路正常运行或发生事故时，使电路闭合或断开。

3. 控制和保护电器

控制和保护电器有各种开关、接触器和继电器，保护电器有热继电器、过电压/过电流继电器和避雷器等。

4. 接地装置

不管是电力系统中性点的工作接地，或是保护人身安全的保护接地、防雷电和防静电接地，均用金属接地体埋入地中，有的还连接成接地网。

5. 载流导体

载流导体有母线、电线、电缆等。它们均按照一定的要求，把变配电设备与用电设备，以及有关电气设备之间连接起来，形成一定的电路。

工业企业的用电设备按电流可分为直流和交流，大多数为交流；按电压可分为高压和低压；按频率可分为低频（50Hz以下）、工频（50Hz）、中频（50~10000Hz）和高频

（10000Hz 以上），大部分为工频。

在变配电设备中通常把生产和分配电能的设备称为一次设备，如发电机、变压器、断路器等。对一次设备进行测量、控制、监视和保护用的设备称为二次设备，如仪用互感器、测量仪表、继电保护装置等。

2.1.6　用电负荷分级及其对供电的要求

用电负荷应根据对供电可靠性的要求及中断供电所造成的损失或影响程度分为三个级别负荷，用户应根据单位重要性选择相应的供电等级，以达到提高经济效益和社会效益及环境效益的目的。

1. 用电负荷分级

（1）一级负荷

1）中断供电将造成人身伤害。

2）中断供电将造成重大损失或重大影响。

3）中断供电将影响重要用电单位的正常工作，或造成人员密集的公共场所秩序严重混乱。

特别重要场所不允许中断供电的负荷应定为一级负荷中的特别重要负荷。

（2）二级负荷

1）中断供电将造成较大损失或较大影响。

2）中断供电将影响较重要用电单位的正常工作或造成人员密集的公共场所秩序混乱。

（3）三级负荷

不属于一级和二级的用电负荷为三级负荷。

2. 各级负荷的供电要求

（1）一级负荷的供电要求

1）一级负荷应至少由两个电源供电，且两个电源间无联系，当一个电源发生故障时，另一个电源不应同时受到损坏。

2）电源来自两个不同的发电厂，或电源来自两个区域变电站（电压在 35kV 及 35kV 以上）。

（2）一级负荷中的特别重要负荷

这类负荷的供电应符合下列要求：

1）除双重电源供电外，尚应增设应急电源供电。

2）应急电源供电回路应自成系统，且不得将其他负荷接入应急供电回路。

3）应急电源的切换时间，应满足设备允许中断供电的要求。

4）应急电源的供电时间，应满足用电设备最长持续运行时间的要求。

5）对一级负荷中的特别重要负荷的末端配电箱切换开关上端口宜设置电源监测和故障报警。

6）一级负荷应由双重电源的两个低压回路在末端配电箱处切换供电，另有规定者除外。

(3) 二级负荷的供电的供电要求

1) 二级负荷的外部电源进线宜由35kV、20kV或10kV双回线路供电；当负荷较小或地区供电条件困难时，二级负荷可由一回35kV、20kV或10kV专用的架空线路供电。

2) 当建筑物由一路35kV、20kV或10kV电源供电时，二级负荷可由两台变压器各引一路低压回路在负荷端配电箱处切换供电，另有特殊规定者除外。

3) 当建筑物由双重电源供电，且两台变压器低压侧设有母联开关时，二级负荷可由任一段低压母线单回路供电。

4) 对于冷水机组（包括其附属设备）等季节性负荷为二级负荷时，可由一台专用变压器供电。

5) 由双重电源的两个低压回路交叉供电的照明系统，其负荷等级可定为二级负荷。一、二级负荷采用两路电源或两回路供电线路供电时，应在最末一级配电箱处自动切换。

(4) 三级负荷的供电要求

三级负荷可采用单电源单回路供电。

1) 互为备用工作制的生活水泵、排污泵为一级或二级负荷时，可由配对使用的两台变压器低压侧各引一路电源分别为工作泵和备用泵供电。

2) 应设有两台变压器，采用暗备用或一用一备的方式供电。

3) 对于不允许电源瞬时中断的负荷，应设置UPS不间断电源装置供电。

3. 建筑供电负荷的选择

1) 民用建筑中各类建筑物或场所的主要用电负荷级别，可按表2-8确定。

表2-8 民用建筑中各类建筑的主要用电负荷分级

序号	建筑物名称	用电负荷名称	负荷级别
1	国家级会堂、国宾馆、国际会议中心	主会场、接见厅、宴会厅照明，电声、录像、计算机系统用电	特级
		客梯、总值班室、会议室、主要办公室、档案室用电	一级
2	国家省部级政府办公建筑	客梯、主要办公室、会议室、总值班室、档案室用电	一级
		省部级行政办公建筑主要通道照明用电	二级
3	国家及省部级	数据中心、计算机系统用电	特级
4	国家及省部级	防灾中心、电力调度中心、交通指挥中心的防灾、电力调度及交通指挥计算机系统用电	特级
5	住宅建筑	建筑高度大于54m的一类高层住宅的航空障碍照明、走道照明、值班照明、安防系统、电子信息设备机房、客梯、排污泵、生活水泵用电	一级
		建筑高度大于27m但不大于54m的二类高层住宅的走道照明、值班照明、安防系统、客梯、排污泵、生活水泵用电	二级

（续）

序号	建筑物名称	用电负荷名称	负荷级别
6	一类高层民用建筑	消防用电；值班照明；警卫照明；障碍照明用电；主要业务和计算机系统用电；安防系统用电；电子信息设备机房用电；客梯用电：排水泵；生活水泵用电	一级
		主要通道及楼梯间照明用电；二类高层民用建筑消防用电；主要通道及楼梯间照明用电；客梯用电；排水泵、生活水泵用电	二级
7	办公建筑	建筑高度大于 150m 的超高层公共建筑的消防用电	特级
		高度超过 100m 的高层办公建筑主要通道照明和重要办公室用电	一级
		一类高层办公建筑主要通道照明和重要办公室用电	二级
8	体育场（馆）及游泳馆、剧场	特级体育场（馆）及游泳馆的应急照明	特级
		甲级体育场（馆）及游泳馆的应急照明；特大型、大型剧场舞台、贵宾室照明，专用设备用电	一级
		特大型、大型剧场观众厅照明、空调机房用电	二级
9	金融建筑	银行、金融中心、证交中心的重要的计算机系统和安防系统用电；特级金融设施用电	特级
10	商场、百货商店、超市大型百货商店	大型银行营业厅备用照明用电；一级金融设施用电；大型百货商店、商场及超市的经营管理用计算机系统用电	一级
		小型银行营业厅备照明用电；二级金融设施用电；大中型百货商店、商场、超市的营业厅、门厅公共楼梯及主要通道的照明及乘客电梯、自动扶梯和空调用电	二级
11	图书馆（藏书量超过 100 万册）	重要图书馆的安防系统、图书检索用计算机系统用电	一级
		阅览室及主要通道照明和珍本、善本书库照明及空调系统用电	二级

注：1. 特级表示特别重要负荷。

2. 其他各类建筑的负荷分级见《民用建筑电气设计标准》（GB 51348—2019）。

2）150m 及以上的超高层公共建筑的消防负荷应为一级负荷中的特别重要负荷。

3）当主体建筑中有一级负荷中的特别重要负荷时，确保其正常运行的空调设备宜为一级负荷；当主体建筑中有大量一级负荷时，确保其正常运行的空调设备宜为二级负荷。

4）重要电信机房的交流电源，其负荷级别应不低于该建筑中最高等级的用电负荷。

5）住宅小区的给水泵房、供暖锅炉房及换热站的用电负荷不应低于二级。

6）大中型商场、超市的营业厅，大开间办公室，交通候机/候车大厅及地下停车库等大面积场所的二级照明用电，应采用双重电源的两个低压回路交叉供电。

2.1.7 供电方式

电源供电方式原则上有树干式、放射式和环式三种。选择供电方式所依据的因素比较多，主要有电压高低、负荷大小、电源与负荷的相对位置、经济效果、将来的发展、负荷对供电可靠性的要求、建筑物规模和外形等。

1. 树干式

树干式的优点是开关设备及有色金属消耗少，采用的高压开关数少，比较经济。缺点是干线故障时，停电范围大，供电可靠性低；实现自动化方面适应性较差，因此，一般很少单独使用树干式配电，往往采用混合式配电，以减少停电范围。高压回路树干式接线方式如图2-4所示。

2. 放射式

放射式的优点是供电可靠性较高、控制方便、负荷间的相互影响小，电能质量较高、配电回路故障只影响单一负荷，保护和自动化易于实现。缺点是出线回路数多，配电设备投资较大，占用空间大，有色金属消耗较大。高压回路放射式接线方式如图2-5所示。

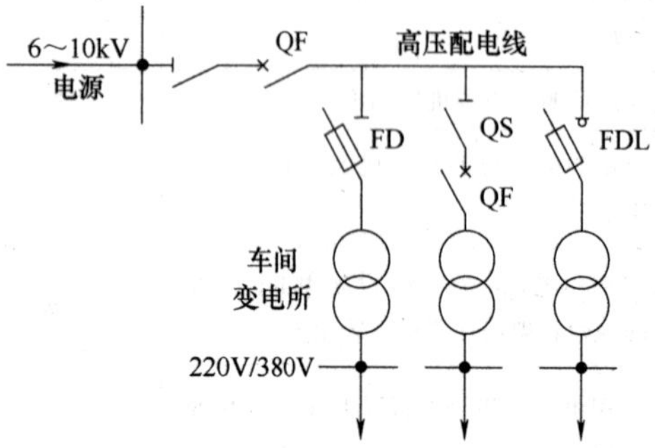

图2-4　树干式

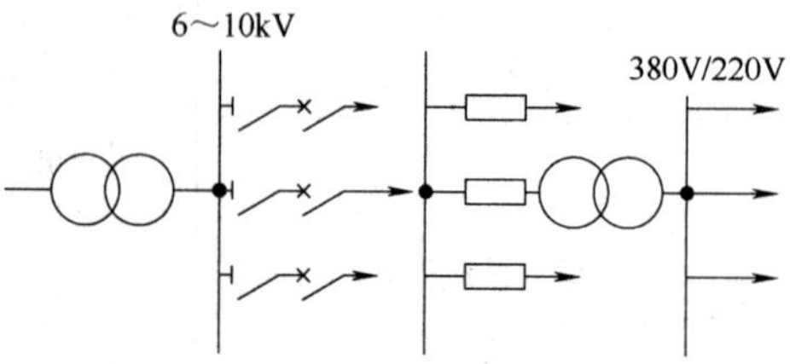

图2-5　放射式

3. 环式

为提高供电可靠性，使用户可以从两个方向获得电源，通常将供电网连接成环形，这种供电方式简称为环式供电。环式供电是指电源和负荷点借电力线路联结成环形的供电方式。环式供电能提高供电可靠性，当环内任一段线路发生故障时，经开关切除该故障段，就不致影响对负荷点的供电；并可减少电压损耗和功率损耗，提高电能质量和供电的经济性。但环式供电的继电保护和运行操作较为复杂。环式供电系统如图2-6所示。

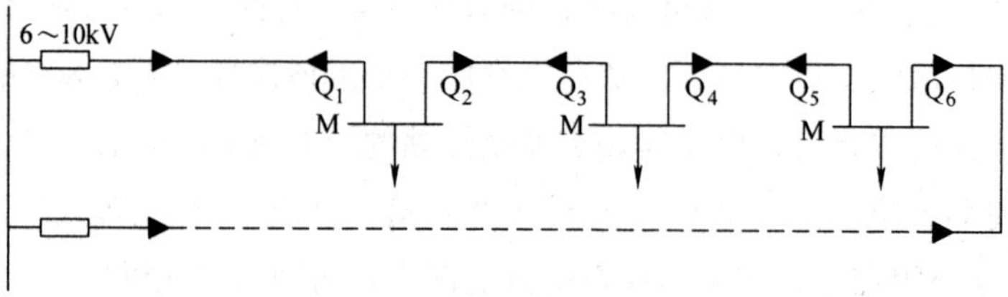

图2-6　环式供电系统

环式供电方式的优点：供电可靠高：可以较好地保证不间断地向用户供电；运行经济：

可合理地利用导线；运行灵活，可以更好地在各种情况下运行。

环式供电方式的缺点：在靠近电源一端发生故障时，电能完全由另一端供电，电压、电能损失过大，也可能引起未故障线路的过负荷。所以在设计时，必须全面考虑。

环式运行方式有开环和闭环两种。由于闭环形成两端供电，当线路某一处故障时会使进线端断路器都跳闸，造成全部停电，故一般多用开环运行。虽说环式也是树干式的一种，但故障后的恢复供电要比树干式快，可用来供给二级负荷。

根据负荷对供电可靠性的要求，按上述三种供电方式又分为无备用系统和有备用系统。

4. 无备用系统

无备用系统的优点是：线路接线和敷设简单，运行操作和维护方便，容易发现和排除故障。其缺点是：可靠性差。无备用系统接线有树干式和单回路放射式，使用于向三级负荷供电。

5. 有备用系统

有备用系统中，当一回路因故障停电时，其余回路将保证对负荷全部或只保证对重要负荷供电。有备用系统的供电方式分为双回路放射式和环式。其优点是可靠性高，缺点是使用设备多、投资大。

双回路放射式按电源数目多少又分为单电源双回路放射式和双电源双回路放射式（又称双电源双回路交叉放射式），如图 2-7 所示。

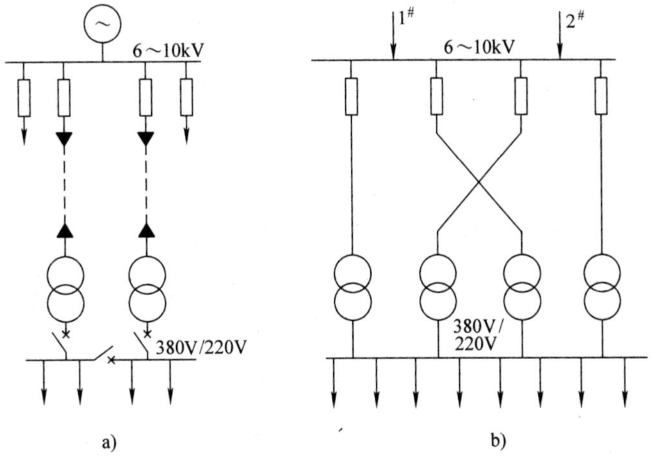

图 2-7 双回路放射式

a）单电源双回路放射式 b）双电源双回路放射式

1）单电源双回路放射式系统。当电源侧发生故障时，则仍要停电，单电源双回路放射式可向二级消防负荷供电，但单回路放射式系统中如有引自其他变电所变压器低压侧的电源作为备用电源时，也可满足一、二级负荷要求。

2）双电源双回路放射式系统。双电源双回路放射式系统由于电源引自不同的变电站，无论任一线路或任一电源故障时，都能保证互为备用，因此供电不会中断，双电源双回路放射式供电方式从电源到负载都设置双套设备，可同时投入工作状态，互为备用，可靠性很高，适用于一级负荷；但投资大，接线复杂，操作维护不便。备用回路投入方式有手动、自动和经常投入等几种。

2.2 消防电源及其配电系统的组成

消防用电包括消防控制室照明、消防水泵、消防电梯、防烟排烟设施、火灾探测与报警系统、自动灭火系统或装置、疏散照明、疏散指示标志和电动的防火门窗、卷帘、阀门等设施、设备在正常和应急情况下的用电。

消防用电的可靠性是保证建筑消防设施可靠运行的基本保证。这些设备在火灾事故时是不允许断电的，一旦断电，将会给早期报警、安全疏散、自动和手动灭火作业带来危险，甚至造成极为严重的财产损失和人身伤亡。为保证主电源能连续可靠地供电，按照负荷等级要求设置外，还应设置备用电源，即当正常电源因故障停电时，备用电源应继续连续供电。

2.2.1 消防电源

消防电源是提供电压的装置，也是将其他形式的能量转换成电能的装置。消防电源多由几个不同用途的独立电源以一定的方式互相连接起来，构成一个电力网络进行供电。主电源是指电力系统电源，消防电源中的电力系统电源通过输电、变压和分配，将电能送到220V/380V低压消防用电设备。

保证消防设备的安全供电非常重要，发生火灾时一旦失电，势必给早期报警、灭火作业带来困难，甚至造成巨大的人身和财产损失，所以电源设计必须考虑火灾时消防电源的连续供电问题，一、二级负荷必须设置备用电源，即：设计双电源供电的变电所和配电所，其中一个电源经常断开作为备用；变电所内需有备用变压器或有互为备用的电源。同时必须设置备用电源自动投入装置保证在工作电源不论何种原因消失断开后，备用电源除有闭锁信号外，自动投入装置均应动作自动投入满足连续供电要求。

消防电源及其配电系统由电源、配电部分和用电设备三部分组成。图2-8是一个典型的消防电源及其配电系统的框图。

2.2.2 消防用电设备

消防用电设备即消防负载，可归纳分为下面几类：

（1）报警设备

如火灾报警器、事故广播器、消防专用电话等。

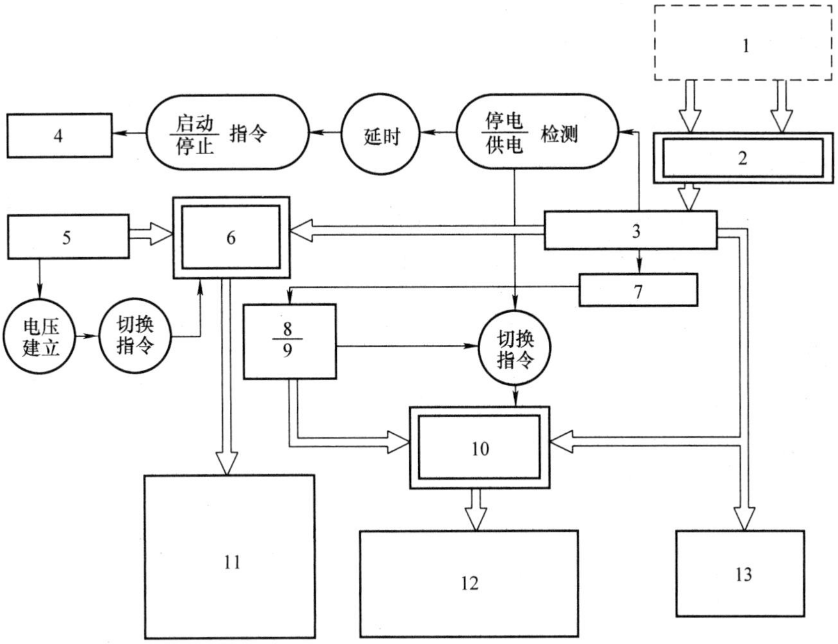

图 2-8　消防电源及其配电系统的框图

1—双回路受电源　2—高压切换开关　3—低压变配电装置　4—柴油机　5—交流发电机　6、10—应急电源切换开关　7—充电装置　8—蓄电池　9—逆变器　11—消防动力设备（消防水泵、消防电梯等）　12—火灾应急照明与疏散指示标志　13—一般动力、照明

（2）电力拖动设备

如消防水泵、消防电梯、排烟风机、防火卷帘门等。

（3）电气照明设备

如消防控制室、变配电室、消防水泵房、消防电梯前室等处所火灾时提供照明的灯具，会议厅、观众厅、走廊、疏散楼梯、太平门等火灾时人员聚集和疏散处所的照明和指示标志灯具、应急插座等。

（4）其他用电设备

自备柴油发电机通常设置在用电设备附近，这样电能输配距离短，可减少损耗和故障。电源电压多采用 220V/380V，直接供给消防用电设备。只有少数照明才增设照明用控制变压器。

2.3　消防电源的负荷分级与供电要求

根据建筑物的结构、使用性质、火灾危险性、疏散和扑救难度、事故后果等的基本情况，可以确定消防电源负荷等级及其供电方式。

2.3.1 消防电源负荷等级

1. 一级负荷

1）建筑高度大于50m的乙、丙类厂房和丙类仓库。

2）一类高层民用建筑（表2-8）。

3）一、二类隧道。

4）建筑面积大于5000m²的人防工程、大中型石油化工企业消防水泵房。

5）Ⅰ类汽车库、采用汽车专用升降机作车辆疏散出口的升降机。

2. 二级负荷

1）室外消防用水量大于30L/s的厂房（仓库）。

2）室外消防用水量大于35L/s的可燃材料堆场、可燃气体储罐（区）和甲、乙类液体储罐（区）。

3）粮食仓库、粮食筒仓、三类隧道、建筑面积小于或等于5000m²的人防工程。

4）二类高层民用建筑。民用建筑的分类应符合表2-9的规定。

表2-9 民用建筑的分类

名称	高层民用建筑		单、多层民用建筑
	一类	二类	
住宅建筑	建筑高度大于54m的住宅建筑（包括设置商业服务网点的住宅建筑）	建筑高度大于27m，但不大于54m的住宅建筑（包括设置商业服务网点的住宅建筑）	建筑高度不大于27m的住宅建筑（包括设置商业服务网点的住宅建筑）
公共建筑	1）建筑高度大于50m的公共建筑 2）建筑高度24m以上部分任一楼层建筑面积大于1000m²的商店、展览、电信、邮政、财贸金融建筑和其他多种功能组合的建筑 3）医疗建筑、重要公共建筑、独立建造的老年人照料设施 4）省级及以上的广播电视和防灾指挥调度建筑、网局级和省级电力调度建筑 5）藏书超过100万册的图书馆、书库	除一类高层公共建筑外的其他高层公共建筑	1）建筑高度大于24m的单层公共建筑 2）建筑高度不大于24m的其他公共建筑

5）座位数超过1500个的电影院、剧场，座位数超过3000个的体育馆，任一层建筑面积大于3000m²的商店和展览建筑，省（市）级及以上的广播电视、电信和财贸金融建筑，室外消防用水量大于25L/s的其他公共建筑。

6）Ⅱ、Ⅲ类汽车库和Ⅰ类修车库。

7）三类隧道。

3. 三级负荷

不属于一级和二级的用电负荷为三级负荷。

2.3.2　消防负荷的供电要求

根据《供配电系统设计规范》（GB 50052—2009）的要求，一级负荷供电应由两个电源供电，且应满足下述条件：

1）当一个电源发生故障时，另一个电源不应同时受到破坏。

2）一级负荷中特别重要的负荷，除由两个电源供电外，尚应增设应急电源，并严禁将其他负荷接入应急供电系统。应急电源可以是独立于正常电源的发电机组、供电网中独立于正常电源的专用的馈电线路、蓄电池或干电池。

3）结合目前我国经济和技术条件、不同地区的供电状况及消防用电设备的具体情况，具备下列条件之一的供电，可视为一级负荷：

① 电源来自两个不同发电厂。

② 电源来自两个区域变电站（电压一般在 35kV 及以上）。

③ 电源来自一个区域变电站，另一个设置自备发电设备。

建筑的电源分为正常电源和备用电源两种。正常电源一般是直接取自城市低压输电网，电压等级为 380V/220V。当城市有两路高压（10kV 级）供电时，其中一路可作为备用电源；当城市只有一路供电时，可采用自备柴油发电机作为备用电源。国外一般使用自备发电机设备和蓄电池作消防备用电源。

消防电源
负荷等级

4）二级负荷的供电系统，要尽可能采用两回线路供电。在负荷较小或地区供电条件困难时，二级负荷可以采用一回 6kV 及以上专用的架空线路或电缆供电。当采用架空线时，可为一回架空线供电；当采用电缆线路，应采用两根电缆组成的线路供电，其每根电缆应能承受 100%的二级负荷。

5）三级负荷供电是建筑供电的最基本要求，有条件的建筑要尽量通过设置两台终端变压器来保证建筑的消防用电。

6）消防用电按一、二级负荷供电的建筑，当采用自备发电设备作备用电源时，自备发电设备应设置自动和手动启动装置。当采用自动启动方式时，应能保证在 30s 内供电。

按一、二级负荷供电的消防设备，其配电箱应独立设置；按三级负荷供电的消防设备，其配电箱宜独立设置。消防配电设备应设置明显标志。

2.3.3　消防负荷的接线方法

消防用电设备应采用专用的供电回路，当建筑内的生产、生活用电被切断时，应仍能保证消防用电。

备用消防电源的供电时间和容量，应满足该建筑火灾延续时间内各消防用电设备的要求。消防设备的备用电源通常有三种：独立于工作电源的市电回路、柴油发电机和应急供电电源（EPS）。这些备用电源的供电时间和容量，均要求满足各消防用电设备设计持续运行时间最长者的要求。各级负荷的备用电源设置可根据用电需要确定。备用电源的负荷严禁接入应急供电系统。

保证消防用电设备供电的可靠性。实践中，尽管电源可靠，但如果消防设备的配电线路不可靠，仍不能保证消防用电设备供电可靠性，因此要求消防用电设备采用专用的供电回路，确保生产、生活用电被切断时，仍能保证消防供电。如果生产、生活用电与消防用电的配电线路采用同一回路，火灾时，可能因电气线路短路或切断生产、生活用电，导致消防用电设备不能运行，因此，消防用电设备均应采用专用的供电回路。同时，消防电源宜直接取自建筑内设置的配电室的母线或低压电缆进线，且低压配电系统主接线方案应合理，以保证当切断生产、生活电源时，消防电源不受影响。

对于建筑的低压配电系统主接线方案，目前在国内建筑电气工程中采用的设计方案有不分组方案和分组方案两种。

1. 不分组方案

对于不分组方案，常见消防负荷采用专用母线段，但消防负荷与非消防负荷共用同一进线断路器或消防负荷与非消防负荷共用同一进线断路器和同一低压母线段。这种方案主接线简单、造价较低，但这种方案使消防负荷受非消防负荷故障的影响较大。备用电源配电系统的不分组方案如图 2-9 所示。

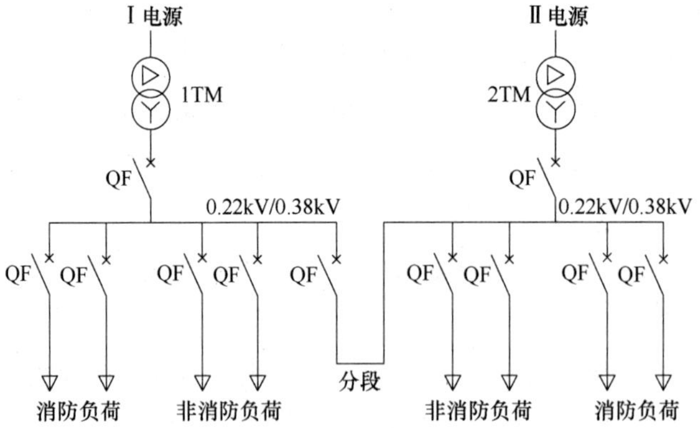

图 2-9　备用电源配电系统的不分组方案

2. 分组方案

消防供电电源是从建筑的变电站低压侧封闭母线处将消防电源分出，形成各自独立的系统，这种方案主接线相对复杂，造价较高，但这种方案使消防负荷受非消防负荷故障的影响较小。

当电网供电正常时应急电网实际变成了主电源供电电网的一个组成部分，消防用电设备和非消防设备相互独立共同接在母线上，节约导线且比较经济。当任一正常电源失电时相对应母线侧联络开关失电动作，断开非消防设备母线，柴油发电机组 30s 后起动，仅向消防负荷供电。备用电源配电系统的分组方案如图 2-10 所示。

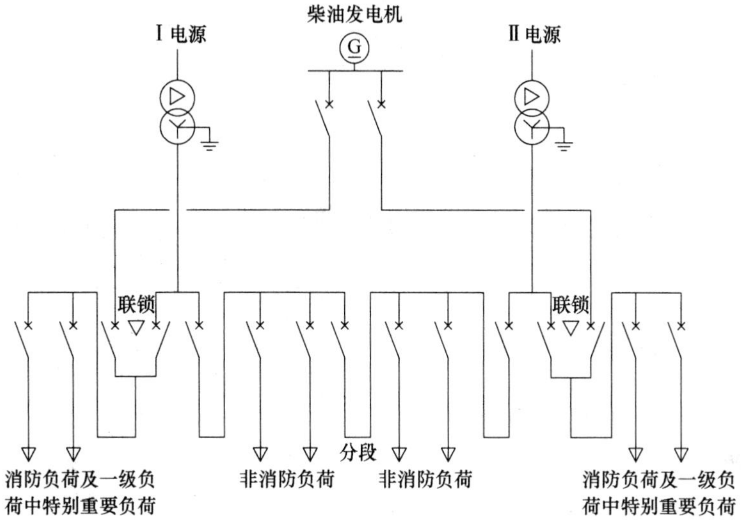

图 2-10　备用电源配电系统的分组方案

3. 消防电源的首端切换方案

如图 2-11 所示，将向消防负荷供电回路的电源端直接接在变压器低压出线断路器之前，这样当非消防负荷电路发生故障使断路器跳闸时，消防负荷不会受到影响，从而提高了消防供电的可靠性。在二类建筑，如住宅楼、储罐、堆场、供电条件比较困难或消防等级不太明确的地方，可用这种接线方法。

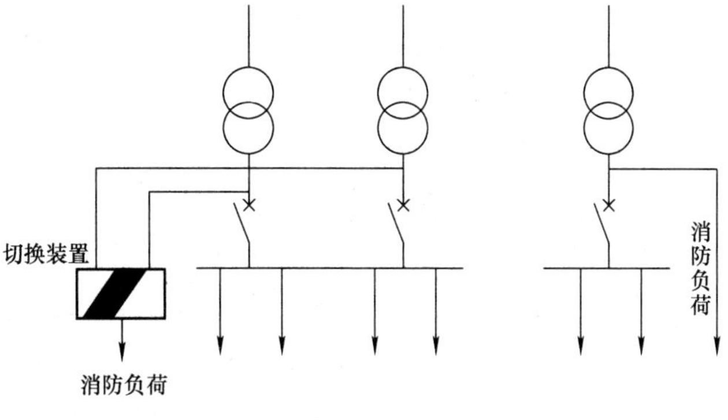

图 2-11　消防电源的首端切换方案

4. 消防电源的末端切换方案

一级和二级消防负荷中的消防设备、消防控制室、消防水泵房、防烟和排烟风机房的消防用电设备及消防电梯等，宜采用最末级配电箱配电；对于其他消防设备用电，如消防应急照明和疏散指示标志等，其末端切换开关可设在所在防火分区的配电箱内。

末端切换是指引自应急母线和主电源低压母线端的两条各自独立的馈线，在各自末端的事故电源切换箱内实现切换（图 2-12）。

由于各馈线是独立的，从而提高了供电的可靠性，但其馈线比首端切换方式增加了一倍。火灾时当主电源切断，柴油发电机组起动供电后，如果应急馈线发生故障，同样有使消防用电设备失去电能供应的可能。对于UPS，由于已经两级切换，两路馈线无论哪一回路故障对消防负荷或计算机负荷都是没有影响的。

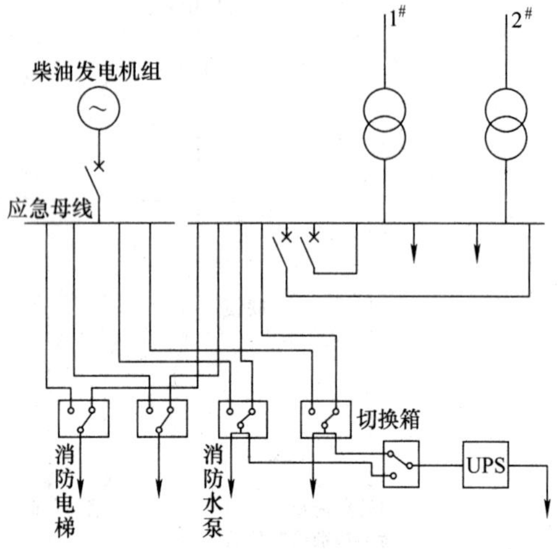

图 2-12　电源的末端切换

2.3.4　备用电源自动投入装置

当供电网路向消防负荷供电的同时，还应考虑电动机的自起动问题。如果网路能自动投入，但消防泵不能自起动，仍然无济于事。特别是火灾时，消防水泵电动机的自起动冲击电流往往会引起应急母线上电压的降低，严重时使电动机达不到应有的转矩，会使继电保护误动作，甚至会使柴油机熄灭停机，从而使电路实现不了自动化，达不到火灾时应急供电、发挥消防用电设备快速投入灭火的目的。目前解决这一问题所需要的手段，是设备用电源自动投入装置（barium zirconate titanate，BZT）。

1. BZT应用范围

下列情况，应装设备用电源自动投入装置：

1）由双电源供电的变电所和配电所，其中一个电源经常断开作为备用。

2）变电所内有备用变压器或有互为备用的电源。

3）接有一级负荷由双电源供电的母线段。

4）含有一级负荷的由双电源供电的成套装置。

5）某些重要机械的备用设备。

消防规范要求一类、二类高层建筑分别采用双电源、双回路供电。为保障供电的可靠性，变配电所常用分段母线供电，BZT则装在分段断路器上，如图2-13a所示。正常时分段断路器断开，两段母线分段运行，当其中任一电源故障时，BZT将分段断路器合上，保证另一电源继续供电。当然，BZT也可装在备用电源进线的断路器上，如图2-13b所示。正常时，备用线路处于备用状态，当工作线路故障时，备用线路自动投入。

2. 对BZT的基本要求

1）应保证在工作电源断开后，备用电源有足够高的电压时，才投入备用电源。

2）工作电源电压，不论何种原因消失，除有闭锁信号外，自动投入装置均应动作。

3）手动断开工作电源、电压互感器回路断线和备用电源无电压情况下，不应启动自动投入装置。

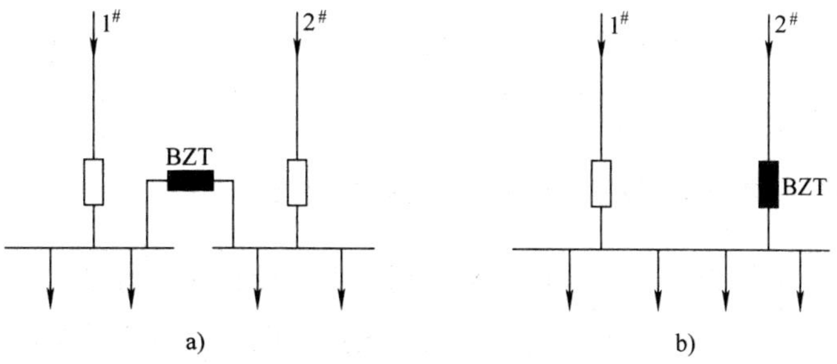

图 2-13　备用电源自动投入形式

4）应保证自动投入装置只动作一次。

5）自动投入装置动作后，如设备故障尚未排除，自动投入装置应立即快速动作并跳闸。

6）自动投入装置中，应设置工作电源的电流闭锁回路。

3. BZT 的基本原理

图 2-14 是两台变压器低压侧采用交流接触器互为备用的 BZT 的原理接线。其操作电源直接来自互为备用的变压器低压侧。图 2-14 所示接线具有下列特点：

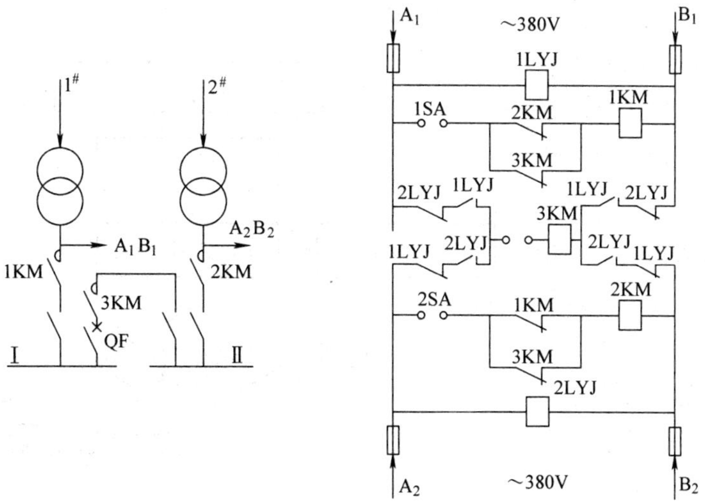

图 2-14　采用交流接触器互为备用的 BZT 的原理接线

1）利用零电压继电器 1LYJ、2LYJ（采用 JT18-22P 型电磁式继电器）的接点组成交叉式的启动电路，只有其中 1 个继电器动作，便接通 3KM 接触器合闸。若两个继电器都动作或不动作，3KM 电路便不通，不能合闸。

2）利用交流接触器的常闭辅助触点将交流接触器相互闭锁。例如，1KM、3KM 接通时 2KM 不能接通；2KM、3KM 接通时 1KM 不能接通。

4. 对切换开关性能的要求

切换开关的性能对应急电源能否及时投入影响很大。目前，电网供电持续率都比较高，有的地方可达每年只停电数分钟的程度，而供消防用的切换开关常是闭置不用的。正因为电网的供电可靠性很高，切换开关就容易被忽视。因此，平时一定要加强维护并定期检验，一旦应急情况出现，保证备用电源立即投入。

2.3.5　应急母线连接非消防负荷时应注意的问题

为了提高柴油发电机组设备的利用率和备用能力，设计人员有时出于经济效能的考虑而将部分非消防负荷接于应急母线上。这样，在非火灾停电时则可起动柴油发电机向其所连的用电设备供电。但从消防用电的安全可靠角度考虑，要注意下面问题：

（1）负荷能力

柴油发电机的负荷能力必须满足应急母线所有设备负荷连续运行的要求。

（2）校验启动能力

校验在带足非消防负荷的情况下，启动消防用电动机的能力。

（3）非消防负荷的切除

为确保柴油发电机起动消防用电动机的能力，可采取应急母线所有供电回路分励脱扣的方法。当火灾确认后，将非消防负荷从应急母线上自动切除。

（4）对非消防用的普通电梯实行火灾管制

管制应急操作控制方式可采用计算机群控或集选控制方式，使电梯在很短时间内，转入为火灾紧急服务或强制使电梯返回指定层将乘客放出、开门停运。因为火灾时主电源要停电，这样才能确保柴油发电机向消防负荷安全可靠供电。

另外，火灾时，普通电梯中乘客并不知有火灾发生，若不幸在火灾层停止，烟和火焰会进入升降轿厢和电梯井内，造成不必要的损失。所以，也要求电梯停止运转并对电梯实行火灾管制，可在消防控制中心内设置的电梯事故运行操纵盘上完成。其管制运行程序如图2-15所示。

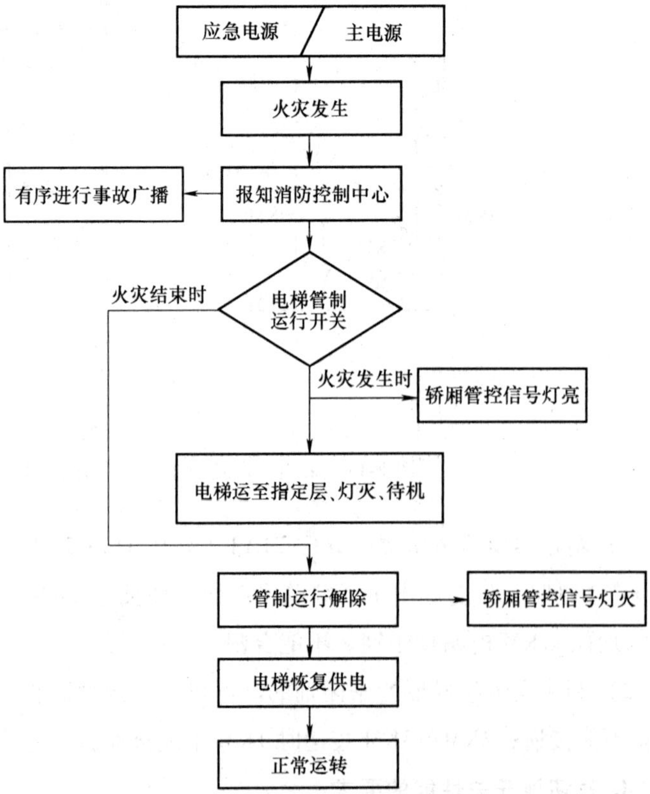

图2-15　电梯的火灾管制运行程序

2.4 应急电源

当工业与民用建筑处于火灾应急状态时，为了保证火灾扑救工作的成功，担负向特别重要负荷设备供电的正常电源和备用电源外，必须增设应急电源。

2.4.1 常用应急电源的种类和选择

1. 常用应急电源的种类

1）独立于正常电源的发电机组。

2）供电网络中有效地独立于正常电源的专门馈电线路。

3）蓄电池、干电池。

4）EPS 应急电源、UPS 不间断电源。

应急电源

2. 根据允许中断供电时间选型

1）允许中断供电时间为 15s 以上的供电，可选用快速自启动的发电机组。

2）自动投入装置的动作时间能满足允许中断供电时间的，可选用带有自动投入装置的独立于正常电源之外的专用馈电线路。

3）允许中断供电时间为毫秒级的供电，可选用蓄电池静止型不间断供电装置。

4）应急电源的供电时间，应按生产技术上要求的允许停车过程时间确定。

5）一级负荷中特别重要的负荷的供电除由双重电源供电外，还需增加独立的应急电源。

6）二级负荷的供电系统，宜由两回线路供电。在负荷较小或地区供电条件困难时，二级负荷可由一回 6kV 及以上专用的架空线路供电。

2.4.2 应急电源特征

集中供电的应急电源是在建筑物发生火情或其他紧急情况下，对疏散照明或其他消防、紧急状态急需的各种用电设备供电的电源。由其供电目的可以看出，应急电源应当具有以下特殊性能与特点。

1. 高可靠性

电源在紧急状态下能可靠供电，保证供电是它的第一目的，只要在元器件可以运行而不致损坏，供电就不能停止。当然，此时的元器件的工作状态可能相当严酷，电源的某些电气参数（如频率、谐波率）在特殊状态时可能不理想，但只要用电负荷在这些参数状态下可以工作，电源就不能停止供电。

2. 可监视性

应急电源虽然是使用在特殊场合（供电电源停电，发生火情等），但是应急柴油发电机组还应定期进行试车。尤其对应急静态不间断电源（EPS）一是利用其自身带的 RS232 接口，把信号送到主机，用计算机进行监视；二是对于正常负载，平时就可以用应急电源来供电是最好的监视。

3. 免维护性

免维护在设备中表现在三个方面：一是电池的充放电量是利用设备自带的智能集成芯片完成的；二是利用了免维护电池；三是设备可发出状态警告信号。

4. 系统简单、控制方便

建筑电气工程设计表明，在一个特定的防火对象中，应急电源种类并不是单一的，多采用几个电源的组合方案。其供电范围和容量的确定，一般是根据建筑负荷等级、供电质量、应急负荷数量和分布、负荷特性等因素决定的。

2.4.3 柴油发电机房布置与机组的选择

柴油发电机房宜设有发电机间、控制室及配电室、储油间、备品备件储藏间等。当发电机组单机容量不大于1000kW或总容量不大于1200kW时，发电机间、控制室及配电室可合并设置在同一房间。它作为重要负荷的备用（应急）电源，要求在主电源发生火灾事故或断电时，在15s内起动并向重要负荷供电。

1）宜设自备应急柴油发电机组的条件与场所：

① 为保证一级负荷中特别重要的负荷用电。

② 有一级负荷，但从市电取得第二电源有困难或不经济合理时。

③ 大、中型商业性大厦，当市电中断供电将会造成经济效益有较大损失时。

2）柴油发电机房宜布置在建筑的首层、地下室、裙房屋面。当地下室为3层及以上时，不宜设置在最底层，并靠近变电所设置。机房宜靠建筑外墙布置，应有通风、防潮、机组的排烟、消声和减振等措施并满足环保要求。

3）发电机间、控制室及配电室不应设在厕所、浴室或其他经常积水场所的正下方或贴邻。

4）柴油发电机组的选择：

① 机组台数不宜超过4台，备用柴油发电机组并机台数不宜超过7台。

② 额定电压为230V/400V的机组并机后总容量不宜超过3000kW，单机容量3~10kV时不宜超过2400kW、1kV以下时不宜超过1600kW。

③ 当有电梯负荷时，在全电压启动最大容量笼型电动机情况下，发电机母线电压不应低于额定电压的80%；当无电梯负荷时，其母线电压不应低于额定电压的75%。当条件允许时，电动机可采用降压启动方式。

5）柴油发电机组的机房布置要求。柴油发电机组应设置在专用机房内，机房设备布置应符合机组运行工艺要求，机组宜横向布置，机房与控制室、配电室贴邻布置时，发电机出线端与电缆沟宜布置在靠控制室、配电室侧。

① 机组之间、机组外廊至墙的净距应满足设备运输、就地操作、维护检修或布置附属设备的需要，有关尺寸不宜小于表 2-10 的规定，尺寸标注（机房净高 *h* 除外）如图 2-16 所示。

表 2-10　柴油发电机组外廓与墙壁的净距最小尺寸　　（单位：m）

项目/容量/kW		64 以下	75~150	200~400	500~1500	1600~2000	2100~2400
机组操作面	*a*	1.50	1.5	1.5	1.5~2.0	2.0~2.2	2.2
机组背面	*b*	1.50	1.5	1.5	1.8	2.0	2.0
柴油机端	*c*	0.7	0.7	1.0	1.0~1.5	1.5	1.5
机组距离	*d*	1.5	1.5	1.5	1.5~2.0	2.0~2.3	2.3
发电机端	*e*	1.5	1.5	1.5	1.8	1.8~2.2	2.2
机房净高	*h*	2.5	3.0	3.0	4.0~5.0	5.0~5.5	5.5

注：当机组按水冷却方式设计时，柴油机端距离可适当缩小。

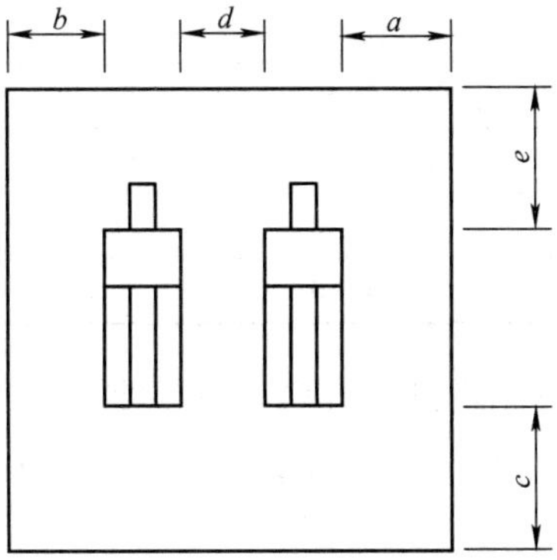

图 2-16　柴油发电机机房设备平面布置图

② 机组噪声治理措施。非增压柴油机应在排烟管装设消声器；两台柴油机不应共用一个消声器，消声器应单独固定。机房应采取机组消声及机房隔声综合治理措施，治理后环境噪声不宜超过表 2-11 中所列噪声标准。

表 2-11　机房噪声标准

类别		昼间/dB	夜间/dB
0	疗养区、高级别墅区、高级宾馆区（城郊乡村+5dB）	50	40
1	居住、文教机关（乡村参照执行）	55	45
2	居住、商业、工业混杂区	60	50
3	工业区	65	55
4	城市交通干线道路、穿越市区河道两侧区域	70	55

③ 机房的耐火等级。机房各工作房间的耐火等级与火灾危险性类别见表 2-12。

表 2-12 机房各工作间的耐火等级与火灾危险性类别

工作间名称	火灾危险性类别	耐火等级
发电机房	丙	一级
控制室与配电室	戊	二级
储油间	丙	一级

A. 门应为向外开启的甲级防火门；发电机间与控制室、配电室之间的门和观察窗应采取防火、隔声措施，门应为甲级防火门，并应开向发电机间。

B. 储油间应采用防火墙与发电机间隔开；当必须在防火墙上开门时，应设置能自行关闭的甲级防火门。

④ 机房各房间温湿度要求宜符合表 2-13 的规定。

表 2-13 机房各房间温湿度要求

房间名称	冬季		夏季	
	温度/℃	湿度（%）	温度/℃	湿度（%）
机房（就地操作）	15～30	30～60	30～35	10～75
机房（隔室操作、自动化）	5～30	30～60	≤37	≤75
控制室与配电室	16～18	≤75	28～30	≤75
值班室	16～20	≤75	≤28	≤75

安装自启动机组的机房，应满足机组自启动温度要求；当环境温度达不到启动要求时，应采用局部或整机预热措施；在湿度较高的地区，应考虑防结露措施。

6）储油设施的设置。

① 机房内应设置储油间，其总储存量不应超过 $1m^3$，并应采取相应的防火措施；当燃油来源及运输不便或机房内机组较多、容量较大时，宜在建筑物主体外设置不大于 $15m^3$ 的储油罐。

② 柴油机基础宜采取防油浸的设施，可设置排油污沟槽，机房内管沟和电缆沟内应有0.3%的坡度和排水、排油措施。输油管底部应设手动泄油阀，其下方应设应急泄油池，池内应堆积卵石，且其容量应足以容纳输油管内滞留的柴油。

③ 机房所在屋面至地面应设置输油管道；输油管宜沿建筑物外墙明敷或经专用竖井至地面输油接口；输油管专用竖井宜沿建筑物外墙设置，且不宜采用全封闭形式。

④ 输油接口附近应设置户外型单相插座，并预留移动式输油泵操作空间。

7）柴油发电机组的机房附属设备。

机房辅助设备宜布置在柴油机侧或靠机房侧墙，不同电压等级的发电机组可设置在同一发电机房内，当机组超过两台时，宜按相同电压等级相对集中设置。

① 控制室的位置应便于观察、操作和调度，通风应良好，进出线应方便。控制室内不应有与其无关的管道通过，也不应安装无关设备。

② 控制室内控制屏（台）的安装距离：正面操作宽度，单列布置时，不宜小于 1.5m；双列布置时，不宜小于 2.0m；离墙安装时，屏后维护通道不宜小于 0.8m。

③ 当控制室的长度大于 7m 时，应设有两个出口，出口宜在控制室两端。控制室的门应向外开启。

④ 当不需设控制室时，控制屏和配电屏宜布置在发电机端或发电机侧，其屏前距发电机端不宜小于 2.0m；屏前距发电机侧不宜小于 1.5m。

⑤ 机房配电线缆选择及敷设。发电机配电屏的引出线宜采用耐火型铜芯电缆、耐火型母线槽或矿物绝缘电缆；控制线路、测量线路、励磁线路应选择铜芯控制电缆或铜芯电线。控制线路、励磁线路宜穿钢导管埋地敷设或沿桥架架空敷设；电力配线宜采用电缆沿电缆沟敷设或沿桥架架空敷设，当设电缆沟时，沟内应有排水和排油措施。

8）发电机组的自启动与并列运行。

① 用于应急供电的发电机组平时应处于自启动状态。当市电中断时，低压发电机组应在 30s 内供电，高压发电机组应在 60s 内供电。

② 机组电源不得与市电并列运行，并应有能防止误并网的联锁装置；当市电恢复正常供电后，应能自动切换至正常电源，机组能自动退出工作，并延时停机。

③ 为了避免防灾用电设备的电动机同时启动而造成柴油发电机组熄火停机，用电设备应错开启动时间，重要性相同时，宜先启动容量大的负荷。

④ 电启动用蓄电池组电压宜为 12V 或 24V，容量应按柴油机连续启动不少于 6 次确定；蓄电池组宜靠近启动发电机组设置，并应防止油、水浸入。

⑤ 应设置整流充电设备，其输出电压宜高于蓄电池组的电动势 50%，输出电流不小于蓄电池 10h 放电率电流。

2.4.4 蓄电池组

蓄电池组是一种独立而又十分可靠的应急电源。火灾时，当电网电源一旦失去，它即向火灾信息检测、传递、弱电控制和事故照明等设备提供直流电能。当然，这种电源也可经过逆变器或逆变机组将直流变为交流。因此，它可兼作交流应急电源，向不允许间断供电的交流负荷供电。

蓄电池分为铅酸蓄电池和碱性蓄电池两大类。铅酸蓄电池是历史最久、产量最大、价格便宜、用途最广的蓄电池，它按用途可分为启动用、牵引车辆用、固定型及其他用途等四种系列。碱性蓄电池包括碱性锌锰电池（俗称碱锰电池或碱性电池）、镉镍电池、镍氢电池等品种。

蓄电池组通常按充放电制、定期浮充制和连续浮充制三种工作方式进行供电。消防常用连续浮充制的蓄电池组对小容量的消防用电设备供电。所谓连续浮充制，即整昼夜地将蓄电池组和整流设备并接在消防负载上，消防用电电流全部由整流设备供给，而且电池组处于连续浮充备用状态，当市电停电时才起作用。

蓄电池组的优点是供电可靠、转换快；缺点是容量不大，持续时间有限，放电过程中电压不断下降，需经常检查维护。

在安装蓄电池组时应注意以下事项：

（1）电池排列

电池排列应为双行，不应采用单行。因为排成单行时，导线长度必然不同，有一部分导线所产生的电磁场不能抵消，易干扰到别的导线，引起较大噪声。

（2）电池线布置与连接

电池线应取最短的途径，两组蓄电池的导线应采用同样线径和长度。这是为了保证在两组蓄电池并联放电或浮充时，使其电流相同。电池线（或汇流排）和电池相互间的连接都应采用焊接。这是为了防止电池室的硫酸雾对接触螺钉的侵蚀，以免日后造成接触不良故障。

（3）电池安装场所防腐

采用防酸隔爆蓄电池时，不必用电池架，而可采用铺设瓷砖的电池台。但应在电池台与电池槽之间加装厚20mm的耐酸橡胶，以防地面振动对蓄电池造成影响。

2.4.5　应急电源

1. 应急电源的组成

应急电源（emergency power supply，EPS）系统主要由整流充电器、蓄电池组、逆变器、互投装置和系统控制器等部分组成。其中，逆变器是核心，通常采用DSP或单片CPU对逆变部分进行SPWM调制控制，使之获得良好的交流波形输出；整流充电器的作用是在市电输入正常时，实现对蓄电池组适时充电；逆变器的作用则是在市电非正常时，将蓄电池组存储的直流电能变换成交流电输出，供给负载设备稳定持续的电力；互投装置保证负载在市电及逆变器输出间的顺利切换；系统控制器对整个系统进行实时控制，并可以发出故障告警信号和接收远程联动控制信号，并可通过标准通信接口由上位机实现EPS系统的远程监控。

2. EPS的基本工作原理

1）在市电输入正常时，输入市电通过互投装置给重要负载供电，同时系统控制器自动进行市电检测及通过充电机对蓄电池组充电管理。通常EPS充电器的容量仅相当于10%蓄电池组容量（Ah），仅需提供蓄电池组浮充或补充电功能，并不需要具备直接向逆变器提供直流电源的能力。此时，市电经由EPS内的互投装置向用户的应急负载供电。与此同时，在EPS的系统控制器的调控下，逆变器停止工作处于自动关机状态。用户负载在此时实际使用是电网电源，此时通常称EPS应急电源处在睡眠状态，可以有效达到节能的效果。

2）当输入市电供电中断或市电电压超限（±15%或±20%额定输入电压）时，系统控制器指令互投装置将在短时间（0.1～4s）内投切至逆变器供电，EPS系统在蓄电池组所提供的直流能源的支持下，向用户负载供电。

3）当输入市电电压恢复正常工作时，EPS 的系统控制器发出指令对逆变器执行关机操作，同时还通过互投开关执行从逆变器供电向交流旁路供电的切换操作。此后，EPS 在经交流旁路供电通路向负载提供市电，同时继续通过整流充电器向其蓄电池组充电。

3. EPS 应急电源的选择

1）EPS 应按负荷性质、负荷容量及备用供电时间等要求选择；电感性和混合性的照明负荷宜选用交流制式的 EPS；纯阻性及交、直流共用的照明负荷宜选用直流制式的 EPS。

2）EPS 的额定输出功率不应小于所连接的应急照明负荷总容量的 1.3 倍。

3）EPS 的蓄电池初装容量应按疏散照明时间的 3 倍配置，有自备柴油发电机组时 EPS 的蓄电池初装容量应按疏散照明时间的 1 倍配置。

4）EPS 单机容量不应大于 90kV · A；当负荷过载为额定负荷的 120%时，EPS 应能长期工作；EPS 的逆变工作效率应大于 90%。

4. EPS 切换时间要求

EPS 的切换时间应满足下列要求：

1）用作安全照明电源装置时，不应大于 0.25s。

2）用作人员密集场所的疏散照明电源装置时，不应大于 0.25s。

3）用作备用照明电源装置时或其他场所不应大于 5s，金融、商业交易场所不应大于 1.5s。

4）当需要满足金属卤化物灯或 HID 气体放电灯的电源切换要求时，EPS 的切换时间不应大于 3ms。

2.4.6 不间断电源

1. 不间断电源的组成

不间断电源（uninterrupted power system，UPS）由整流器、逆变器、充电器、蓄电池四部分组成，如图 2-17 所示，使用于当用电负荷不允许中断供电时和允许中断供电时间为毫秒级的重要场所。

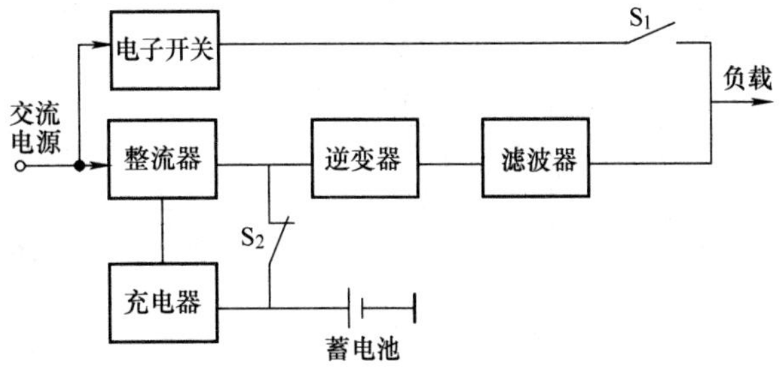

图 2-17 UPS 的系统组成

正常工作时，电子开关中的 S_1 闭合、S_2 断开，电源直接向负载供电，同时，电源通过整流器输出的直流电经充电器向蓄电池充电。

当电网突然停电时，电子开关中的 S_1 断开、S_2 闭合，蓄电池经 S_2 向逆变器供电，逆变器输出交流电，经滤波后向负载供电。

电网恢复供电时，S_2 断开，蓄电池的输出不能向逆变器、滤波器和负载供电；同时蓄电池又进入充电状态。

2. UPS 供电系统

在满足可靠性的前提下，UPS 可采用单台供电系统、多台并联供电系统或时序备用系统。下面主要介绍时序备用系统中最简单的静止开关旁路系统，其供电主接线图如图 2-18 所示。

正常情况下，由市电 I 供电，逆变器从整流器得到电能，经过交流静止开关向负载供给 380V/220V 的电能，若电池组在此时按连续浮充制供电方式工作，蓄电池组只维持在一个正常的充电电平水平上，对负载不供给电能。当市电 I 发生故障停电时，蓄电池组经直流静止开关对逆变器供电，同时柴油发电机开始启动，待其电压和频率运转正常后，作为应急电源，经旁路交流静止开关，取代市电继续供电。

如果备用电源是市电Ⅱ，那么逆变器应与市电保持锁相同步，实现两套并联交流电源的相位跟踪，即同相位、同频率。当逆变器故障或发生超载时，临界负载就会自动地通过静止开关接通市电Ⅱ，其转换时间不超过 1ms，从而保证了负载的不间断供电。

逆变器输出为单相交流 50Hz 正弦波电压。电源旁路电磁开关可在逆变器故障或蓄电池组输出不足时，自动切换到旁路备用电源。单相不间断供电系统如图 2-19 所示。

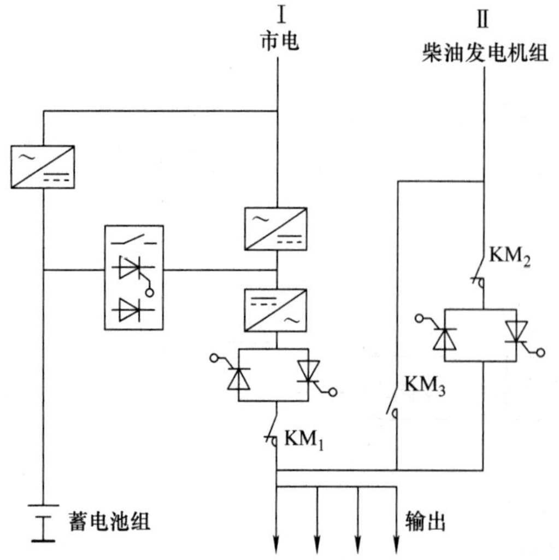

图 2-18　UPS 系统供电主接线图

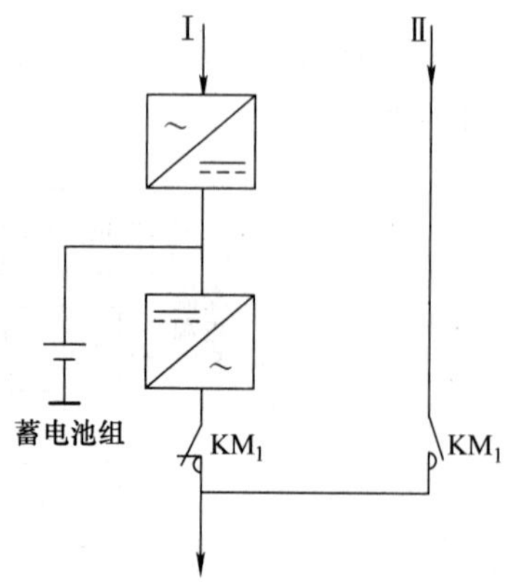

图 2-19　单相不间断供电系统

3. UPS 的选择

UPS 应按负荷性质、负荷容量、允许中断供电时间等要求确定：

1）UPS 宜用于电容性和电阻性负荷。

2）对信息网络系统供电时，UPS 的额定输出功率应大于信息网络设备额定功率总和的 1.2 倍，对其他用电设备供电时，其额定输出功率应为最大计算负荷的 1.3 倍。

3）当选用两台 UPS 并列供电时，每台 UPS 的额定输出功率应大于信息网络设备额定功率总和的 1.2 倍。

4）UPS 的蓄电池组容量应由用户根据具体工程允许中断供电时间的要求选定；UPS 的工作制宜按连续工作制考虑。

5）当 UPS 输出端的隔离变压器为 TN-S、TT 接地形式时，中性点应接地。

6）大容量 UPS 应具有标准通信接口，并应对第三方软件开放。大容量 UPS 宜具有对每节蓄电池监测的功能，并能在监视屏上显示；UPS 宜分区域相对集中设置。

7）当 UPS 的输入电源直接由自备柴油发电机组提供时，其与柴油发电机容量的配比不宜小于 1∶1.2。蓄电池初装容量的供电时间不宜小于 15min。

2.5 火灾应急照明与疏散指示标志

火灾应急照明是在火灾发生时，正常照明系统因电源发生故障，不再提供正常照明的情况下，保障安全或继续工作的照明。它有两个作用，一是使消防人员继续工作，二是使有关人员安全疏散。

2.5.1 火灾应急照明与疏散指示标志的设置

除建筑高度小于 27m 的住宅建筑外，民用建筑、厂房和丙类仓库的下列部位应设置疏散照明。

1. 一般场所

1）封闭楼梯间、防烟楼梯间及其前室、消防电梯间的前室或合用前室、避难走道、避难层（间）。

2）观众厅、展览厅、多功能厅和建筑面积大于 200m^2 的营业厅、餐厅、演播室等人员密集的场所。

3）建筑面积大于 100m^2 的地下或半地下公共活动场所。

2. 供安全疏散用的主要房间

因为建筑火灾易造成严重的人员伤亡，其原因虽然是多方面的，但与有无应急照明也有一定的关系。为防止触电事故和通过电气设备、线路扩大火势，需要在火灾时及时切断起火部位甚至整个建筑物的电源，此时如无应急照明，人员在漆黑环境中必定惊慌、混乱，加上烟气作用更易引起不必要的伤亡。所以应在楼梯间、防烟楼梯间前室、消防电梯间前室、合用前室和高层建筑的避难层等主要供安全疏散用的疏散通道的主要部位设置应急照明。

3. 火灾时仍需坚持工作的房间

火灾时仍需坚持工作的房间主要有配电室、消防控制室、消防水泵房、防排烟机房、供消防用的蓄电池室、自备发电机房、电话总机房等房间。因为这些房间在扑救火灾过程中，为保证通信联络，保证防排烟和人员的安全疏散等方面的需要，必须坚持工作，所以应设置备用照明，其作业面的最低照度不应低于正常照明的照度。

4. 公共建筑内的疏散走道

为保证疏散顺利进行，在公共建筑内的疏散走道必须设应急照明。对影剧院、体育馆、多功能礼堂、医院的病房和除二类居住建筑以外的高层建筑等，其疏散走道和疏散门，均宜设置灯光疏散指示标志。因为在火灾初期，往往烟雾很大，人们在紧急疏散时易迷失方向，设有疏散指示标志，人们就能够在浓烟弥漫的情况下，沿着灯光疏散指示标志顺利疏散，避免造成伤亡事故。

2.5.2　火灾应急照明及疏散指示标志的设置要求

1. 疏散照明灯具安装位置

疏散照明灯具应设置在出口的顶部、墙面的上部或顶棚上；备用照明灯具应设置在墙面的上部或顶棚上。

2. 疏散指示标志安装位置

公共建筑、建筑高度大于54m的住宅建筑、高层厂房（库房）和甲、乙、丙类单、多层厂房，应设置灯光疏散指示标志，并应符合下列规定：

1）应设置在安全出口和人员密集的场所的疏散门的正上方。

2）应设置在疏散走道及其转角处距地面高度1.0m以下的墙面或地面上。灯光疏散指示标志的间距不应大于20m；对于袋形走道，不应大于10m；在走道转角区，不应大于1.0m。

3. 疏散指示标志安装场所

下列建筑或场所应在疏散走道和主要疏散路径的地面上增设能保持视觉连续的灯光疏散指示标志或蓄光疏散指示标志：

1）总建筑面积大于8000m^2的展览建筑。

2）总建筑面积大于5000m^2的地上商店。

3）总建筑面积大于500m^2的地下或半地下商店。

4）歌舞娱乐放映游艺场所。

5）座位数超过1500个的电影院、剧场，座位数超过3000个的体育馆、会堂或礼堂。

6）车站、码头建筑和民用机场航站楼中建筑面积大于 3000m² 的候车、候船厅和航站楼的公共区。

7）应急照明灯和灯光疏散指示标志，应设玻璃或其他不燃材料制作的保护罩。保护罩能防止火灾迅速烧毁应急照明灯和疏散指示标志，而影响安全疏散。

2.5.3 火灾应急照明与疏散指示标志电源的要求

1. 应急照明的供电的规定

应急照明的供电应符合下列规定：

1）疏散照明的应急电源宜采用蓄电池（或干电池）装置，或蓄电池（或干电池）与供电系统中有效地独立于正常照明电源的专用馈电线路的组合，或采用蓄电池（或干电池）装置与自备发电机组组合的方式。

2）安全照明的应急电源应和该场所的供电线路分别接自不同变压器或不同馈电干线，必要时可采用蓄电池组供电。

3）备用照明的应急电源宜采用供电系统中有效地独立于正常照明电源的专用馈电线路或自备发电机组。

2. 应急电源和疏散电源的种类

应急照明电源是当正常电源不再提供正常照明需要的最低亮度的状态，即正常照明电源电压降为额定电压 60%以下时，转换到应急照明电源供电。应急照明电源大致可以分为以下几种类型：

1）来自电网有效地与正常电源分开的馈电线路。

2）柴油发电机组。

3）蓄电池组，又分为以下几种情况：

① 灯内自带蓄电池，即自带电源型应急灯。

② 集中设置的蓄电池组。

③ 分区集中设置的蓄电池组。

4）组合电源，即由以上任意两种以至三种电源组合供电。

5）通常在有应急备用电源的地方，都要从最末级的分配电箱进行自动切换，如图 2-20 所示。

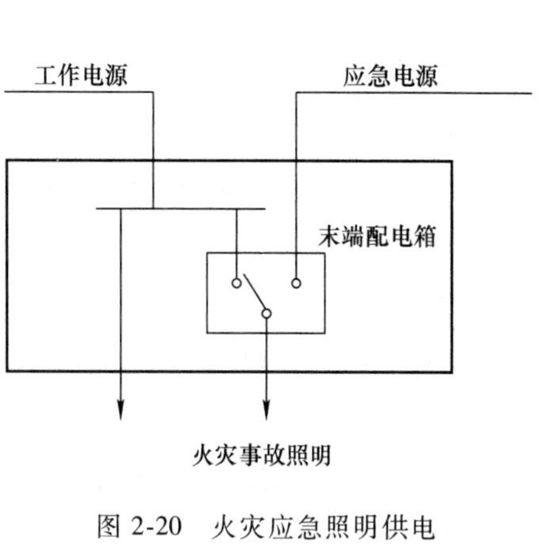

图 2-20 火灾应急照明供电

对于分散布置的小型建筑物内供人员疏散用的疏散照明装置，由于容量较小，一般采用小型内装灯具、蓄电池、充电器和继电器的组装单元。正常电源电压也驱动一个继电器，以使应急单元上的灯具失电，一旦正常电源停电，继电器失电，灯具就从内装的蓄电池得电。其原理框图如图 2-21 所示。

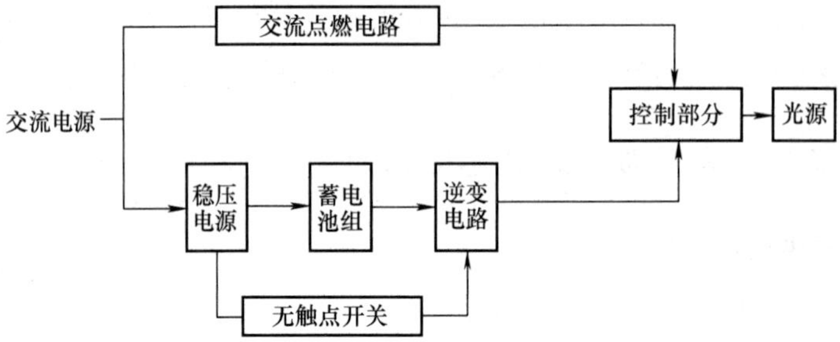

图 2-21　应急灯原理框图

当交流电源正常供电时，一路点燃灯管，另一路驱动稳压电源工作，并以小电流给镍铜蓄电池组连续充电。当交流电源因故停电时，无触点开关自动接通逆变电路，将直流变成高频高压交流电；同时，控制部分把原来的电路切断，而将直流点燃电路接通，转入应急照明，直流供电不小于 45min。当应急照明达到所需时间后，无触点开关自动切断逆变电路，蓄电池组不再放电。一旦交流电恢复，灯具自动投入交流电路，恢复正常点燃；同时，蓄电池组又继续重新充电。应急白炽灯的直流供电和自控系统与上述过程相同，只是没有逆变部分，其持续供电时间大于 20min，电压不低于正常电压的 85%，故能满足消防要求。

2.5.4　火灾应急照明与疏散指示标志照度标准

1）建筑内消防应急照明和灯光疏散指示标志的备用电源的连续供电时间应符合下列规定：

① 建筑高度大于 100m 的民用建筑，不应小于 1.50h。

② 医疗建筑、老年人照料设施、总建筑面积大于 100000m^2 的公共建筑和总建筑面积大于 20000m^2的地下、半地下建筑，不应少于 1.00h。

③ 其他建筑，不应少于 0.50h。

2）消防应急照明最少持续供电时间及最低水平和垂直照度要求。

消防用电设备应采用专用的供电回路，当建筑内的生产、生活用电被切断时，应仍能保证消防用电。

备用消防电源的供电时间和容量，应满足该建筑火灾延续时间内各消防用电设备的要求。

在疏散期间，为防止疏散通道骤然变暗就要保证一定的照度，以抑制人们心理上的惊慌和保障疏散安全。同时，还要以显眼的文字、鲜明的箭头标记指明疏散方向。消防应急照明最少持续供电时间及最低水平和垂直照度标准见表 2-14。

表 2-14　消防应急照明最少持续供电时间及最低水平和垂直照度标准

<table>
<tr><th rowspan="2">区域类别</th><th rowspan="2">场所举例</th><th colspan="2">最少持续供电时间/min</th><th colspan="2">照度/lx</th></tr>
<tr><th>备用照明</th><th>疏散照明</th><th>备用照明</th><th>疏散照明</th></tr>
<tr><td rowspan="6">平面疏散区域</td><td>建筑高度 100m 及以上的住宅建筑疏散走道</td><td rowspan="2">—</td><td rowspan="2">≥90</td><td>—</td><td>≥1</td></tr>
<tr><td>建筑高度 100m 及以上公共建筑的疏散走道</td><td>—</td><td>≥3</td></tr>
<tr><td>人员密集场所、老年人照料设施、病房楼或手术部内的前室或合用前室、避难间与走道</td><td rowspan="2">—</td><td rowspan="2">≥60</td><td>—</td><td>≥10</td></tr>
<tr><td>医疗建筑、100000m² 以上的公共建筑、20000m² 以上的地下及半地下公共建筑</td><td>—</td><td>≥3</td></tr>
<tr><td>建筑高度 27m 及以上的住宅建筑疏散走道</td><td rowspan="2">—</td><td rowspan="2">≥30</td><td>—</td><td>≥1</td></tr>
<tr><td>除另有规定外，建筑高度 100m 以下的公共建筑</td><td>—</td><td>≥3</td></tr>
<tr><td rowspan="2">竖向疏散区域</td><td>老年人照料设施、病房楼或手术部内的疏散楼梯间、寄宿制幼儿园和小学的寝室</td><td rowspan="2"></td><td rowspan="2">应满足以上三项要求</td><td>—</td><td>≥10</td></tr>
<tr><td>人员密集场所，疏散楼梯</td><td>—</td><td>≥5</td></tr>
<tr><td>医疗区域</td><td>医院手术室、急诊抢救室、重症监护室</td><td>≥180</td><td>≥30</td><td></td><td>20</td></tr>
<tr><td rowspan="2">避难疏散区域</td><td>疏散走道</td><td rowspan="2">≥180 或
≥120</td><td rowspan="2">≥30</td><td rowspan="2">正常照明照度 50%</td><td>≥1</td></tr>
<tr><td>避难层（间），人员密集场所</td><td>≥3</td></tr>
</table>

注：1. 当消防性能化有时间要求时，最少持续供电时间应满足消防性能化要求。
2. 120min 为建筑火灾延续时间为 2h 的建筑物。

3）消防备用照明设置部位及最低照度要求与最小视距。

指示出口的标志灯，有的国家并不用照度表示，而用亮度表示。其图形和文字呈现的最低亮度不应小于 150cd/m²，最高不大于 300cd/m²，任何标志上最低和最高亮度比在 1∶10 以内。因为，标志效果和清晰度是由亮度、图形、对比、均匀度、视看距离和安装位置等因素决定的。为保证标志灯在烟雾下，仍能使逃难者清楚辨认，美国推荐最大视看距离为 30m，我国为 20m。

当工作照明与应急照明混合设置时，应急照明的照度为该区工作照明照度的 10%以上。具体数值可视环境条件而定，为 30%～50%。因为，应急状态下工作毕竟是短暂的，虽有视觉上的不舒服，甚至加快视觉疲劳，但这是允许的。消防备用照明设置部位及最低照度要求见表 2-15。

表 2-15　消防备用照明设置部位及最低照度要求

消防备用照明设备场所	最少持续供电时间/min		照度/lx	
	备用照明	疏散照明	备用照明	疏散照明
主要控制室、电话总机房	≥180		500	150
一般控制室、值班室	≥180		300	75
配电室、发电站、消防电梯	≥180		300	30
消防水泵房、防排烟风机房	≥180		300	20
蓄电池室地面			200	20
直升机停机坪地面、航空疏散场所	≥90		正常照明的 50%	20
自动喷水系统	≥60		正常照明的 50%	
水喷雾、泡沫、干粉、CO_2 灭火系统	≥30		正常照明的 50%	
火灾应急广播系统防排烟设备	≥90		正常照明的 50%	
疏散通道		≥30		0.5

2.6 消防用电设备的耐火耐热配线

为了提高消防电源供电系统的可靠性，所有导线必须采用铜芯导线。除了对电源种类、供配方式采取一定的可靠性措施外，还要考虑火灾高温对配电线路的影响，采取措施防止发生短路、接地故障，从而保证消防设备的安全运行，使安全疏散和扑救火灾的工作顺利进行。

2.6.1 消防用电设备耐火耐热配线范围

1. 耐火耐热阻燃导线特点

消防用电设备配电线路，要根据不同消防设备和配电线路分别选用耐火型、耐热型或阻燃型电线（电缆）配线。耐火配线是指按照规定的火灾升温标准曲线达到 840℃时，在 30min 内仍能继续有效供电的配线。耐热配线是指按照规定的火灾升温标准曲线（1/2 的曲线）升温到 380℃时，能在 15min 内仍继续供电的配线。阻燃型电线具有阻滞和延迟火焰沿电线的蔓延和延伸，最大限度地减小电线火灾范围的延伸，而且具有火灭自熄的特点。

2. 消防配电线路的敷设要满足火灾时连续供电的规定

消防配电线路应满足火灾时连续供电的需要，其敷设应符合下列规定：

1）明敷时（包括敷设在吊顶内），吊顶内敷设或明装时，必须采用金属管或封闭式金属线槽保护，且应在金属管或封闭式金属线槽采用防火保护措施后穿管敷设。当采用阻燃或耐火电缆并敷设在电缆井、沟内时，可不穿金属导管或采用封闭式金属槽盒保护；当采用矿物绝缘类不燃性电缆时，可直接明敷。

2）暗敷时，必须采用金属管或阻燃型硬质塑料管敷设在混凝土等不燃型结构层内且保护层厚度不得小于 30mm。

3）消防配电线路宜与其他配电线路分开敷设在不同的电缆井、沟内；确有困难需敷设在同一电缆井、沟内时，应分别布置在电缆井、沟的两侧，且消防配电线路应采用矿物绝缘类不燃性电缆。

对于穿金属管保护层厚度不小于 30mm，主要是参考火灾实例和试验数据确定的。试验情况表明，30mm 厚的保护层，按照标准火灾升温曲线升温，在 15min 内，金属管的温度达 105℃；30min 时，达到 210℃；到 45min，可达 290℃。试验又说明，金属达此温度，配电线路温度约比上述温度低 1/3，在此温升范围能保证继续供电。因此，金属管暗设时保护层厚度如能达到 3cm 以上，可保障继续供电。

3. 配线类别与导线配线种类关系

考虑到钢筋混凝土装配式建筑或建筑物某些部位配电线路不能穿管暗设，必须明敷，故规定要采取防火保护措施，如在管套外面涂刷丙烯酸乳胶防火涂料等。耐火配线是指按照规定的火灾升温曲线，对配电线路进行耐火试验，从受火的作用起，到火灾升温曲线达到 840℃时，在 30min 内仍能继续有效供电的线路。耐热配线是指按照规定的火灾升温曲线的 1/2 曲线，对配电线路进行试验，从受火的作用起，到火灾升温曲线达到 380℃时，在 15min 内仍能供电的线路。

不同配线类别与导线配线种类见表 2-16。表中消防设备的耐热耐火配线要根据使用场所的不同，正确选择导线截面和导线敷设方式。

表 2-16 不同配线类别与导线配线种类

配线类别	导线种类	配线种类
耐热配线	0.45kV/0.75kV 耐热绝缘电线 四氯化乙烯绝缘电线 硅橡胶绝缘电线 石棉绝缘电线 母线槽 桥架上聚乙烯绝缘塑料护套电缆 铝包电缆 铅包电缆 钢带铠装电缆 氯丁橡胶绝缘电缆 阻燃型电缆	采用金属管、软金属管或金属线槽（或其他非燃性线槽）配线，但在符合耐火等级的电气专用房间内的布线方式不受此限 当在电气专用房间内与其他配线共同敷设时，相互间距应大于 15cm，并应用不燃材料制成的隔板加以隔开
	耐热电线（BV-105，AF-250） 耐火电线（NH-BV） 耐火电缆（MI 矿物绝缘）	在电缆工程施工或类似的设施中采用

（续）

配线类别	导线种类	配线种类
耐火配线	0.45kV/0.75kV 耐热绝缘电线 四氯化乙烯绝缘电线 硅橡胶绝缘电线 石棉绝缘电线 母线槽 桥架上聚乙烯绝缘塑料护套电缆 铝包电缆 铅包电缆 钢带铠装电缆 氯丁橡胶绝缘电缆 阻燃型电缆	采用金属管、软金属管或合成树脂管暗配于混凝土或其他耐火耐火材料的楼板、墙体内，且保护层厚度应大于3cm，但在符合耐火等级的电气专用房间内的布线方式不受此限 当在车间内与其他配线共同敷设时，相互间距应大于15cm，并应用不燃材料制成的隔板加以隔开
	耐火电线 耐火电缆	在电缆工程施工或类似的设施中采用

2.6.2　消防用电设备配线防火措施

1. 耐火电线种类

根据消防设备在防火和灭火中的作用，其配线应采用耐火配线或耐热配线。常用的有耐火（热）电线、600V耐热乙烯树脂绝缘电线、石棉绝缘电线、硅橡胶绝缘电线耐火电缆、阻燃电缆、包铅或包铝电缆、钢带铠装电缆、氯丁橡胶铠装电缆、矿物质绝缘电缆等产品。

2. 保护层厚度

根据国内外电线电缆产品的发展和对电气线路的保护方式的研究结果，对消防设备的耐火配线应优先选用矿物绝缘电缆，也可选用封闭式桥架等有效保护的耐火电缆；或穿金属管并埋设在不燃烧体结构内，且保护层厚度≥30mm。耐热配线的选用：线路明敷时，采用穿金属管或金属线槽保护并应用防火涂料提高线路的耐火性能；当采用阻燃和耐火电缆时，可不穿金属管保护，但应敷在电缆井内或电缆沟内或吊顶内有防火保护措施的封闭式线槽内，但当与延燃电缆敷设在同一竖井时，二者之间应用耐火材料分隔开。消防控制设备的工作接地应采用专用的25mm^{2}以上的铜芯控制干线。图2-22为火灾温度下梁内主筋温度与保护层厚度的关系曲线。

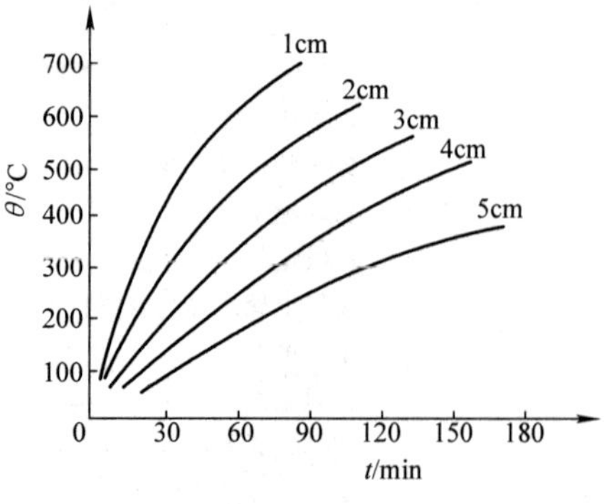

图2-22　火灾温度下梁内主筋温度与保护层厚度的关系曲线

3. 耐火耐热配线范围

消防用电设备耐火耐热配线范围，应该包括从应急母线或主电源低压母线到消防用设备点的所有配电线路，消防用电设备耐火耐热配线方式如图2-23所示。

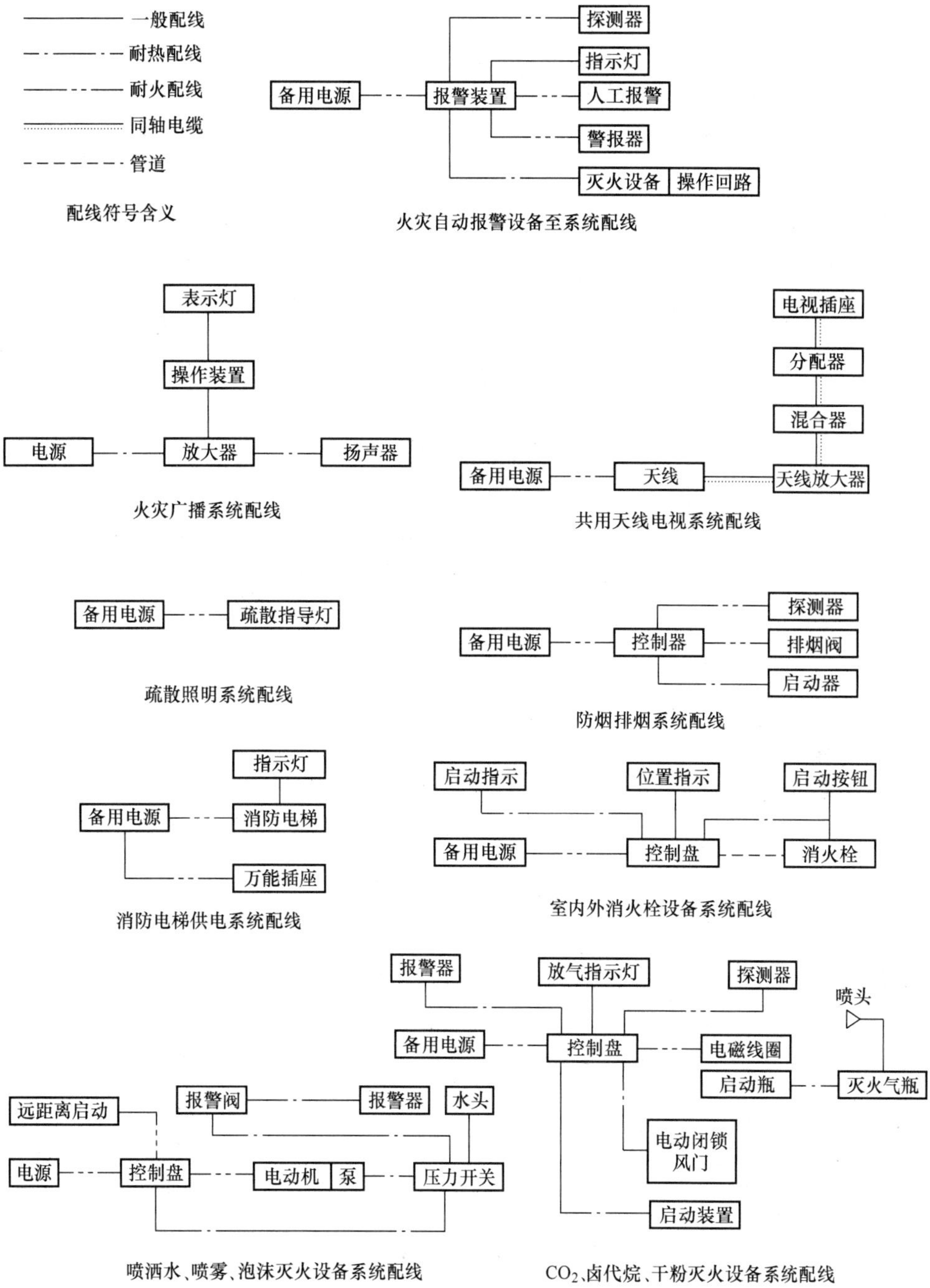

图 2-23 消防用电设备耐火耐热配线方式

复 习 题

1. 根据能源形式的不同，发电厂的形式有哪些？

2. 我国供电的负荷分级是什么？

3. 一级负荷的供电要求是什么？

4. 我国的电能直流标准是什么？

5. 消防电源及其配电系统的组成是什么？

6. 应急电源的作用是什么？

7. 疏散照明的作用是什么？

8. 事故照明的作用是什么？

9. 火灾自动报警系统对电源有什么要求？

10. 应急电源的特征是什么？

第2章练习题

扫码进入小程序，完成答题即可获取答案

第 3 章 电气设备及载流导体发热与计算

内容提要

本章主要从理论上讲述了发热对电气设备及载流导体产生的不良影响，以及载流导体长时和短时的发热与散热的过程。

本章重点

重点掌握电气设备发热的各种计算方法和提高导体长期允许通过载流量的方法与措施。

电给人们带来了舒适的电气化生活，但若使用不当，除了会发生触电事故外，因电气设备发热而引起的电气火灾也十分普遍，以致每当发生火灾而查不出原因时，通常都归结为“电线走火”。因此，研究发热对载流导体的影响，对了解和预防电气火灾具有极其重要的现实意义。

3.1 概述

3.1.1 发热对载流导体的不良影响

电气发热的危害

发热对载流导体的不良影响主要表现在绝缘材料的绝缘性能降低、导体的机械强度下降和导体接触部分性能变坏等三个方面。

1. 材料绝缘性能降低

1）绝缘材料的耐热温度。导体的绝缘材料在温度的长期作用下会逐渐老化，并逐渐丧失原有的力学性能和绝缘性能，老化的速度与导体的温度有关。当导体的温度超过一定的允许值后，绝缘材料的老化加剧，使用寿命明显缩短。由于绝缘材料变脆弱，绝缘强度显著下降，结果就可能被过电压甚至被正常电压所击穿。

按国内标准，电气绝缘材料按其耐热温度分为七级，其长期工作下的极限温度列在表3-1内，材料在该温度下能工作20000h而不致损坏。

2）绝缘材料的寿命。图3-1给出了各级绝缘材料的使用寿命与温度的关系。

表3-1　各级绝缘材料的耐热温度

等级	耐热温度/℃	相应的材料
Y	90	未浸渍过的棉纱、丝及电工绝缘纸等材料或组合物质所组成的绝缘结构
A	105	浸渍过的Y等级材料的绝缘结构
E	120	合成的有机薄膜、合成的有机磁漆等材料或其组合物组成的绝缘结构
B	130	以合适的树脂黏合或浸渍、涂覆后的云母、玻璃纤维、石棉等
F	155	以合适的树脂黏合或浸渍、涂覆后的云母、玻璃纤维、石棉等，以及其他无机材料，合适的有机材料或其组合物所组成的绝缘结构
H	180	硅有机漆，云母、玻璃纤维、石棉等用硅有机树脂黏合的材料，以及一切经过试验能用在此温度范围内的各种材料
C	>180	以合适的树脂（如热稳定性特别优良的硅有机树脂）黏合或浸渍、涂覆后的云母、玻璃纤维等，以及未经浸渍处理的云母、陶瓷、石英等材料或其组合物所组成的绝缘结构

在某一温度限值内寿命一定，但当超过这一“限值”时，温度增加则使用寿命降低。例如：A级绝缘材料其极限允许温度为105℃，在这个温度下，能长期工作达15~20年。但若超过这个温度，比如达到113~115℃，其使用寿命将降为8~10年。

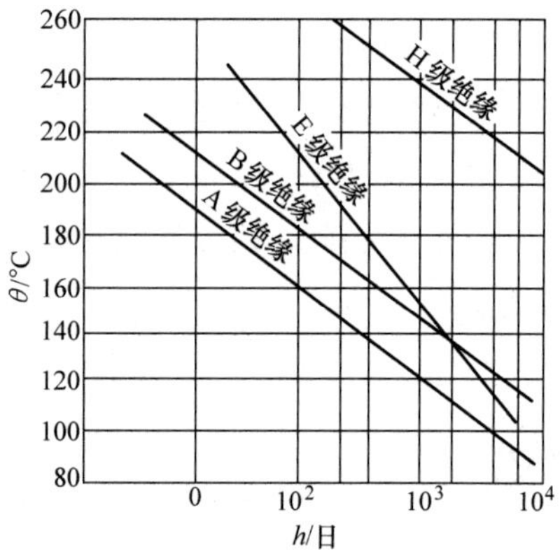

图3-1　绝缘材料的使用寿命与温度的关系

对大部分绝缘材料来说，可以用所谓的“八度规则”经验规律来估算其寿命，即温度每上升8℃，则其寿命降低一半。

必须指出，随着绝缘材料使用环境的复杂化，“八度规则”推论只能用来估算寿命。绝缘材料的使用寿命与温度有极大关系，温度增加则使用寿命降低，出现绝缘老化现象，在防火检查实践中就可根据这些老化特征，对使用寿命做出判断。

3）绝缘材料的允许温度。发热是影响电气设备寿命和工作状态的重要因素之一。为了限制发热对电器及载流体带来的危害，在设计和运行时，人们规定了一个允许温度。

允许温度是用一定方法测定的电器元件的最热温度，在此温度下，整个电器元件保持连续工作。允许温度通常规定必须小于耐热温度。设备和导体上的任一部分都不能超过允许温度。所以，有关规程做出如下几项规定：

① 允许温度规定必须小于材料损坏的极限允许温度（耐热温度），这是因为考虑到测量等诸方面不可避免的误差。

② 电气设备是由各种导体组合而成的，允许温度要考虑到它的最薄弱环节。

③ 短路电流引起的发热是发热时间极其短暂的发热，设备绝缘材料的老化和金属机械强度的变坏，除了温度的高低外，还取决于发热持续时间的长短，因此短时发热允许温度比长时发热允许温度规定得要高。

2. 导体机械强度下降

当导体的温度超过一定允许值后，温度过高会导致导体材料退火，使其机械强度显著下降。例如铝和铜导体在温度分别超过 100℃ 和 150℃ 后，其抗拉强度急剧下降。这样当短路时在电动力的作用下，就可能使导体变形，甚至使导体结构损坏。金属材料机械强度与温度的关系如图 3-2 所示。

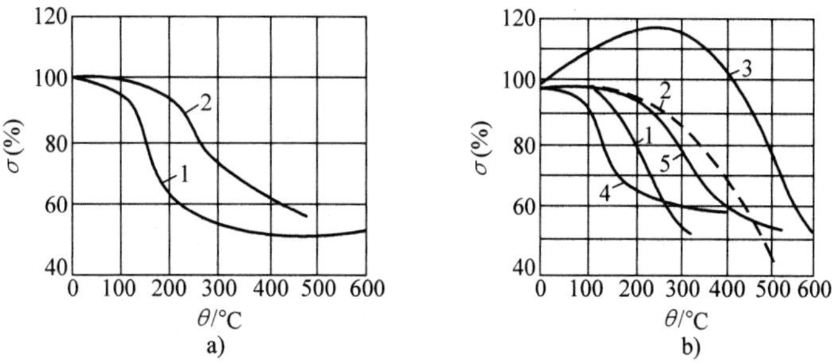

图 3-2　金属材料机械强度与温度的关系

a）铜

1—连续发热　2—短时发热

b）不同的金属导线

1—硬拉铝　2—青铜　3—钢　4—电解质　5—铜

由图 3-2 可见，连续发热 150℃ 或短时发热 300℃ 时，铜的抗拉强度迅速下降。很明显，铜的短时发热抗拉极限高于其连续发热的抗拉极限，在任一温度之下都是如此。换句话说，也就是发热时间越短，抗拉极限下降时的温度就越高。这是因为载流体长期处于高温状态，会使其慢性退火，也可使其丧失机械强度，当机械强度丧失之后，会导致变形或破坏。

为了保证导体可靠工作，需使其发热温度不得超过一定数值。这个限值称为最高允许温度。按照有关规定，导体的正常最高允许温度，一般不超过 70℃；短路最高允许温度可高于正常最高允许温度，对硬铝可取 200℃，硬铜可取 300℃。

3. 导体接触部分性能变坏

当接触连接处温度过高时，接触连接表面会强烈氧化并产生一层电阻率很高的氧化层薄膜，从而使接触电阻增加，接触连接处的温度更加升高，当温度超过允许值后，就会形成恶性循环，导致接触连接处烧红、松动甚至熔化。

3.1.2 载流导体运行中的工作状态

载流导体工作中常遇到以下两种工作状态。

(1) 正常工作状态

当电压和电流都不超过额定值时，导体能够长期、安全、经济地运行。

(2) 短路工作状态

当系统因绝缘故障发生短路时，流经导体的短路电流比额定值要高出几倍甚至几十倍。在保护装置动作将故障切除的短期内，导体将承受短时发热和电动力的作用。

3.1.3 载流导体运行中的损耗

载流导体工作中将产生各种损耗。

1. 电阻损耗

输电线或电磁线的导体本身和机械连接处都有电阻存在，当电流通过时，即产生电阻损耗 $P=I^2Rt$，电阻损耗与电流的二次方、电阻和时间成正比。

2. 磁滞、涡流损耗

载流导体周围的铁磁物质在交变磁场反复磁化作用下，将产生磁滞、涡流损耗，使铁磁物质发热。

(1) 磁滞损耗

铁磁物质在交变磁场的磁化作用下由于内部的不可逆过程而使铁磁物质发热所造成的一种损耗，称为磁滞损耗。

磁滞损耗可用下列经验公式求得：

$$P_{cz}=\eta fB_m^n \tag{3-1}$$

式中 η——与材料性质有关的系数，由实验确定（表3-2）；

n——指数，当 $B_m<1\text{Gs}$ 时，$n=1.6$；$B_m\geq 1\text{Gs}$ 时，$n=2$。

可见，磁滞损耗与频率的一次方成正比，与最大磁感应强度 B_m 的 n 次方成正比。

图3-3表示铁磁物质的基本磁化曲线和磁滞回线 $B=f(H)$，即磁感应强度 B 同外磁场 H 之间的关系。由图3-3可见，铁磁物质从 O 开始磁化时，曲线由 O 到 a，若减少 H，则 B 不沿 aO 下降，而沿 aa' 下降。磁滞现象就是 B 的变化滞后于 H 的这一现象。

(2) 涡流损耗

众所周知，当铁磁物质放置在变化着的磁场中，或者在磁场中运动时，铁磁物质内部会产生感应电动势（或感应电流）。从图3-4中可见，涡流是感应电流之一，在铁心内围绕着磁感应强度呈旋涡状流动，其方向可按楞次定律来决定。涡流损耗是导体在非均匀磁场中移动或处在随时间变化的磁场中时，因涡流而导致的能量损耗。

涡流对许多电气设备来说是极为有害的，它消耗电能，使铁心发热，不仅会引起额外的大量功率损失，更严重的是还会使线圈温度过高，甚至损坏线圈的绝缘，造成设备的过热损坏甚至酿成事故。另外，它又削弱了原来磁场的强度。

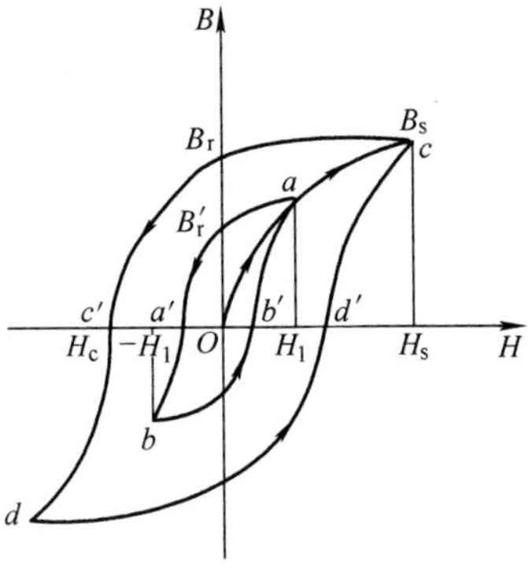

图 3-3 基本磁化曲线

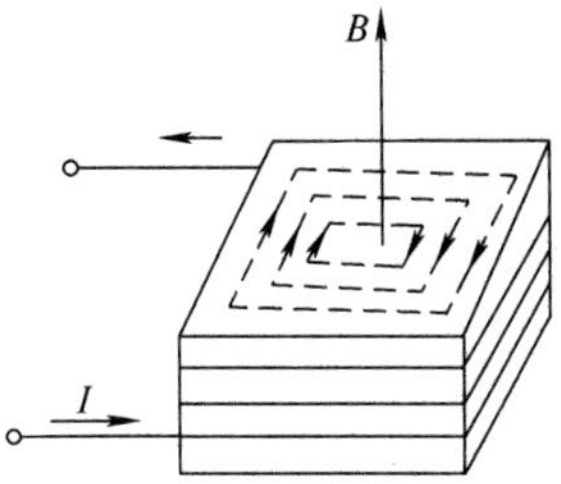

图 3-4 涡流的产生

在电动机、电器元件、变压器内部，为了减少铁心的涡流损耗和去磁作用，通常采用增加铁磁材料电阻率的办法。如用硅钢片叠片的方法代替整块铁心材料，各片之间加上绝缘层，使涡流在各层间受阻。硅钢片一般厚度为 0.35mm 或 0.4mm，如图 3-5 所示，这样就把涡流限制在许多狭长的小截面之中。

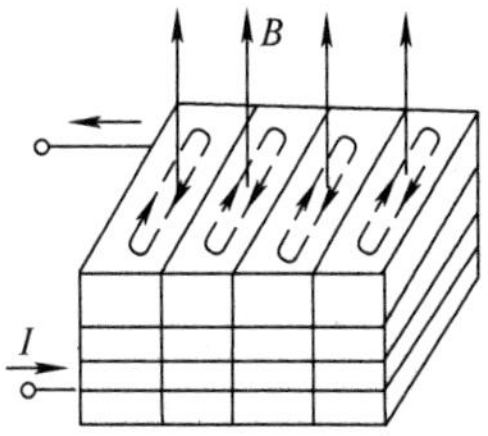

图 3-5 减小涡流的方法

尽管如此，在交流电动机和变压器中，涡流损耗也还是不能忽视的。涡流损耗 P_w 与电源频率的二次方成正比，与磁感应强度最大值的二次方和体积成正比，即

$$P_w = \xi f^2 B_m^2 \tag{3-2}$$

式中 ξ——与材料电阻率及厚度有关的系数（表 3-2）。

表 3-2 磁滞损耗和涡流损耗的计算系数

钢片厚度/mm	普通发电机硅钢片			变压器硅钢片	
	1	0.5	0.35	0.5	0.35
η/(W/kg)	4.4	4.4	4.7	3.0	2.4
ξ/(W/kg)	22.5	5.7	3.0	1.3	0.7

（3）铁损

交变磁通在铁心中产生的磁滞损耗 P_{cz} 和涡流损耗 P_w 合起来称为铁磁损耗，简称铁损。它把从电源吸收的能量转化为热能，使铁心发热。

3. 附加损耗

当直流电流流过导体时，电流在导体中的任一横截面处的分布都是均匀的，故金属导体能得到充分的利用。但是交流电流通过时则不然，由于趋肤效应和邻近效应的作用，电流沿导体分布不均匀，使导体的发热量大于直流电流通过时的发热量，相当于导体的电阻增加了。或者说，由于导体的截面未被充分利用，相当于截面面积缩小了。所以，导体电阻增加，因而其发热量就增大了。

交流电流通过导体时的电阻损耗（或称焦耳损耗）确定如下：

$$P=K_{fj}I^2R \tag{3-3}$$

式中 P——损耗功率（W）；

K_{fj}——附加损耗系数，$K_{fj}=K_jK_1$；

K_j——趋肤效应系数；

K_1——邻近效应系数。

因为导体的电阻为

$$R=\frac{\rho l}{S}$$

式中 ρ——导体的电阻率（Ω·m）；

l——导体的长度（m）；

S——导体的截面面积（m^2）。

将该式代入式（3-3），便有

$$P=\frac{K_{fj}J^2m\rho}{\gamma} \tag{3-4}$$

式中 J——电流密度（A/m^2）；

γ——导体材料的密度（kg/m^3）；

m——导体的质量（kg），$m=\gamma lS$。

电阻率与温度的关系为

$$\rho=\rho_0(1+\alpha\theta+\beta\theta^2+\cdots) \tag{3-5}$$

式中 ρ_0——在 $\theta=0℃$ 时的电阻率；

α、β——电阻温度系数。

当 $\theta\leqslant100℃$ 时，通常仅考虑式（3-5）中的前两项，即

$$\rho=\rho_0(1+\alpha\theta) \tag{3-6}$$

当导体中通过交流电流时，因为感应作用，电流趋于分布在导体表面的现象，称为趋肤效应。如图3-6所示，在导体的中心部分 A 中，与之相交链的磁通为 Φ_1 和 Φ_2；同时，与导体外围部分 B 相交链的磁通只有 Φ_2。因此越靠近导体中心，交变磁场在导体内所产生的感应电动势就越强，根据楞次定律，感应电动势与它产生的电流方向相反，结果就导致了导体内部中心部位 A 区的电流密度远远低于导体外部 B 区的电流密度 $J=f(r)$，表示于图3-6a中的上部。也就是说电流集中在导体外表，越靠近导体表面，电流密度越大，导体内部的电流较小，几乎为零。

趋肤效应以电磁波在导体内的渗透深度 b 表征为

$$b=\sqrt{\frac{\rho}{2\pi f\mu}} \tag{3-7}$$

式中 ρ——导体的电阻率（Ω · m）;

μ——材料的绝对磁导率（H/m）;

f——电流频率（Hz）。

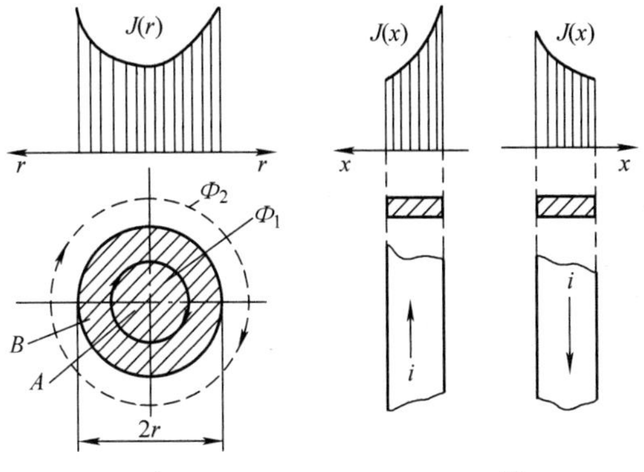

图 3-6 通过交变电流时的趋肤效应和邻近效应

a）趋肤效应 b）邻近效应

对于钢（$\rho=10^{-7}\Omega\cdot m$，$\mu=\mu_r\mu_0=1000\times1.25\times10^{-6}H/m$，$\mu_r$ 为相对磁导率，μ_0 为真空磁导率），工频（$f=50Hz$）电流时有

$$b=\sqrt{\frac{10^{-7}}{2\times3.14\times50\times1000\times1.25\times10^{-6}}}m=0.0005m$$

铜导体（$\mu=\mu_0$）中电磁波的渗透深度比钢的要大 1000 倍。交流电流的频率越高，则趋肤效应越强。

邻近效应在两个载流导体处于彼此布置较近时才表现出来。由于两个相邻的载流导体之间磁场的相互作用，而使导体截面中电流线分布改变。一个导体中的电流建立的磁场，在另一导体中作用时，相邻近的一侧磁场强度较大，相反的一侧则较小。如果两导体中电流方向相同，则在邻近的一侧由一个导体在另一个导体中产生的磁场而感应的反电动势将阻止另一导体与相邻一侧内的电流通过，所以出现了两导体相邻近一侧电流密度的减小，而相反的一侧，电流密度则较大。如果两导体中所流过的电流方向相反，则电流密度的分布情况与前相反，在相邻的一侧，电流密度 $J(x)$ 较大，如图 3-6b 所示。可见，两导体内电流方向不同时，电流密度沿矩形导体截面的分布也是不同的。

由上述可知，临近效应系数 K_1 与导体之间的分布及距离有关，导体相距越远，K_1 越小。

4. 介质损耗

电气绝缘材料称为电介质，电介质能建立电场，储存电场能量，也能消耗电场能量。短期较高的电场强度会引起电介质被击穿破坏，长期较低的电场强度会导致电介质老化破坏。总之，在电场的作用下，电介质会发生极化、电导损耗、介质损耗和击穿四种基本物理过程。

电介质损耗是交流电场中的电介质特性，直流电场下只是带电质点（离子）的迁移从电场中吸取能量，通常以直流电阻率 ρ_v 和 ρ_s（ρ_v 为介质材料的体电阻率，ρ_s 为其表面电阻率）来表征，这部分称为电导损耗的泄漏电流的大小。一般低温下泄漏电流很小，而高温下可能很大。交变电场除电导损耗外，还因周期性的极化存在，吸收电场能量，将电能转变为热能，故常统称这两个方面的损耗为介质损耗。

电介质的功率损耗用下式求得：

$$P = U^2 \omega C \tan\delta \tag{3-8}$$

由式（3-8）可以看出，介质损耗 P 与外加电压 U^2 成正比，$\omega = 2\pi f$，C 为介质电容量，其值取决于材料的介电常数 ε 和几何尺寸。上述参数都是给定值，故 P 最后就取决于材料本身的 $\tan\delta$。为了比较不同材料在交流电场下损耗的性能，$\tan\delta$ 就成为衡量材料本身在电场中损耗能量并转化为热能的一个宏观物理参数，称之为电介质损耗角正切（又称为损耗因数）。

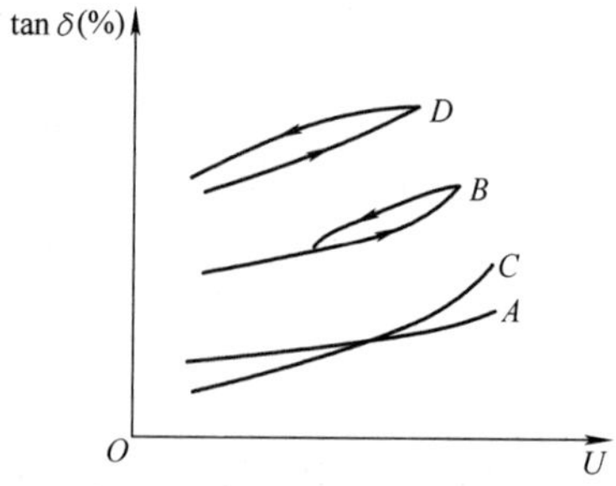

图 3-7　绝缘状态和 tanδ 的变化

在绝缘材料的测试中，可以利用绝缘受潮或老化后 $\tan\delta$ 增加的情况来判断绝缘性能。从图 3-7 中的 $\tan\delta = f(U)$ 的关系可以判断几种情况：曲线 A 为良好干燥的绝缘，曲线 B 表明绝缘未老化，曲线 C 表明绝缘中有空气隙，曲线 D 表明绝缘老化受潮。

3.2 接触电阻

当两个金属导体互相接触时，在接触区域内存在着一个附加电阻，称为接触电阻。所谓接触电阻实际上指的是电接触电阻，又称电接触，它使两个金属导体互相接触在一起达到导电的目的。

3.2.1 接触电阻的类型

1. 固定接触

用紧固件（如螺钉或铆钉等）压紧的电接触称为固定接触，这种接触工作时没有相对运动。

2. 可分接触

工作中可以分开的电接触称为可分接触。接触的双方实际上就是电触头，即一个是静触头，另一个是动触头。触头的质量决定了电气设备的一些重要性能，如电气设备的分断能力、控制电器的寿命、继电器的可靠性等。触头是电气设备的最薄弱环节，所以很容易发生故障。

3. 滑动及滚动接触

在工作过程中触头可以互相滑动和滚动的接触方式称为滑动接触，又称为滚动接触。高压断路器的中间触头、公共电车及电气火车的电源引进部分都属此类。

3.2.2 接触电阻的组成

接触电阻 R_j 由收缩电阻 R_s 和表面膜电阻 R_b 两部分组成，即

$$R_j = R_s + R_b \tag{3-9}$$

以下分别讨论它们的形成及性质。

1. 收缩电阻

无论用什么工艺切开导体，或切开后对切面无论用什么工艺实行精加工，其接触区表面也绝不会是很理想的平面。若在显微镜下观察两个相接触的金属表面的侧面，显示的图像中，可以看出切面表面凹凸不平，可以说不论经过什么样的精加工或研磨工序，总是有宏观和微观上的不平、波纹、表面粗糙等。因此，当两个接触面接触时，实际上只有若干个小块面积相接触，而在每块小面积内，又只有若干小的凸起部分相接触，它们被称为接触点。

可见，金属的实际截面面积在切断处减小了，电流在流经电接触区域时，从原来截面面积较大的导体突然转入截面面积很小的接触点，电流线就会发生剧烈收缩现象（图 3-8）。该现象所呈现的附加电阻称为收缩电阻。因为接触面由多个接触点组成，所以整个接触面的收缩电阻，为各个接触点收缩电阻的并联值。经过进一步分析可发现，R_s 与材料的电阻率 ρ 成正比，与材料硬度 HB 的二次方根成正比，与压力 F 和接触点的数目 n 的二次方根的乘积成反比。

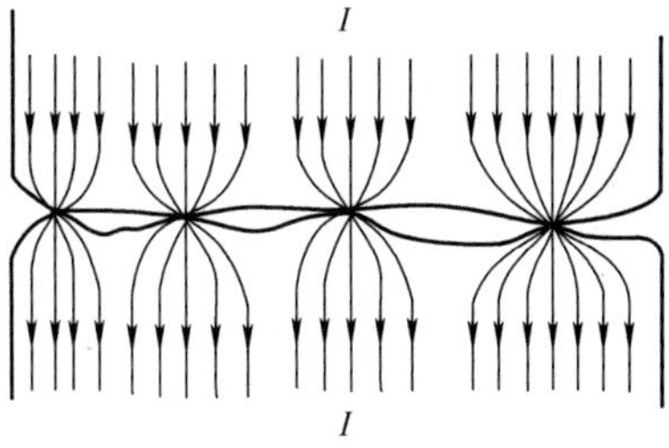

图 3-8 电流收缩现象

2. 表面膜电阻

在电接触的接触面上，由于污染而覆盖着一层导电性很差的物质，这就是接触电阻的另一部分——表面膜电阻。它的存在使接触电阻增大，还会产生严重的接触不良现象，也可能使电接触的正常导电遭到破坏。尤其对于控制容量较小的继电器触头，表面膜电阻成为发生故障的重要原因之一，从而影响到继电器设备工作的可靠性，这对被保护电气设备或系统是巨大的威胁。

表面膜电阻的成因可分为以下几种类型：

（1）尘埃膜

飘扬于空气中的团状微粒，如灰粉、尘土、纺织纤维等，由于静电的吸力而覆盖于接触表面形成表面膜电阻。在外力作用下，这些被吸附的微粒也极易脱落，使接触重新恢复，因此其电阻值的变化是不稳定的，具有随机的特点。

触头附近的碳氢化合物，在高温（如电弧）作用下分解成微粒，沉积在触头表面上，形成碳的吸附层，它的电阻值随触头间的压力变化而变化，压力大时它的影响极小，压力小时则其阻值急剧上升。

（2）吸附膜

吸附膜即水分子和气分子在接触表面的吸附层。其厚度仅有几个分子层，但当触头间的压力在接触面上形成很高压强时，其厚度可以减到1~2个分子层（即5~10Å，$1Å=10^{-8}cm$），但无法用机械的办法把它完全消除。因此，无论采用何种触头材料，其吸附膜都是不可避免的。吸附膜靠隧道效应导电，使接触电阻增大，当接触压力很小时（2g重力㊀以下），使接触电阻呈现严重不稳定状态。因此，一些继电器的触头压力最低不能小于2g重力。

（3）无机膜

电接触材料暴露于空气中时，由于化学腐蚀作用在金属表面形成各种金属化合物的薄膜（金属和氧生成氧化膜，和H_2S反应生成硫化膜）；在潮湿的空气中，在电介质作用下，使不同的金属间发生电化学腐蚀，也在金属表面积存锈蚀物。这些金属腐蚀的产物称为无机膜。

无机膜的形成取决于金属材料的化学和电化学性质，并与介质温度和环境条件有密切关系。一般银的氧化膜所形成的表面膜电阻，对接触电阻的稳定性影响甚小。但银的硫化物形成的表面膜电阻导电性差，对接触电阻的危害较大。铜和铜合金具有良好的导电性能，但铜的金属表面很容易形成较厚的、电导率很小的Cu_2O无机膜。这种膜随着温度的升高，其厚度迅速增加，接触电阻成千倍地增大。铝在空气中几秒即可形成厚度为2~2.5mm的Al_2O_3膜，然后其厚度便增加得很慢，该膜力学性能坚固，并有绝缘性能。

无机膜对电接触的破坏作用不但与其厚度有关，还和膜的性质有关。有些膜质脆，易被压碎；有些无机膜耐湿热性差，易在高温（电弧）作用下气化。因此，在接触压力较大、电路参数较高时，有些无机膜对电接触的危害并不严重。

（4）有机膜

从绝缘材料中析出的有机蒸气，在电接触金属材料表面形成一种粉状有机聚合物，是一种不导电的薄膜，称为有机膜。它对电接触的危害是很严重的，因其阻值可达几兆欧，绝缘性能与一些无机膜相似，但它们的击穿电压却是无机膜的10倍左右。

因电接触的导电性能取决于膜的厚度和性质，尤其当存在着较厚的无机膜时，触头间的导电性能几乎完全遭到破坏。为了恢复良好的导电性，可以利用机械力的作用（如增加接触压力）把膜压碎；也可切换大电流的触头，利用因开断或闭合时伴随产生的电流热效应和电弧的烧损把膜破坏，使不致影响电接触的良好导电性能。

3.2.3　影响接触电阻阻值的因素

电气设备接触电阻过大的危害有三个方面：

㊀　1g重力约为0.0098N。

1）使设备的接触点发热。

2）发热时间过长缩短设备的使用寿命。

3）严重时可引起火灾，造成经济损失。

为了保证电气设备能良好工作，必须降低接触电阻的阻值。因此，需要进一步研究影响接触电阻的诸因素，以便采取措施，保证 R_j 的低值和稳定性。

1. 触头材料

为了防止触头冷焊，需要用硬度较高的触头材料（包括表面镀层材料），如金、银、铜、铜镀银等。但为了要获得低的接触电阻，改善接触性能，材料硬度又不宜太高。因此，要根据实际需要来选择。

材料的化学稳定性要好，抗污染、抗腐蚀、抗氧化能力要强，材料的导电性能要好，电阻率要低，以满足接触电阻小而稳定的要求。

2. 触头接触压力

触头接触压力越大，接触面积越大，接触电阻越小。但触头压力增大到一定数值时，接触电阻的减小已不明显，反而会使触头的机械磨损和电磨损增大。因此，触头压力应控制在适当的范围内。

3. 触头形状和接触形式

接触形式与触头形状有密切关系，点接触时接触电阻大，线接触时接触电阻要小些，面接触时接触电阻更小些。中小功率的继电器中多采用线、面接触，以提高抗熔接、抗腐蚀能力；小型继电器中往往还采用桥式接触形式和分叉的双触头接触形式，以适应频繁动作，提高接触可靠性。另外，大尺寸的触头虽然接触电阻可以减小，但尺寸太大既浪费材料又增大了体积和重量，而且会使回跳增多和回跳时间延长，增大触头磨损，也降低了抗振动、抗冲击的能力。

4. 表面粗糙度

触头表面加工的粗糙度值越小，实际接触点越多，而且更不易黏附尘埃、吸附有害气体和潮气，增强了抗腐蚀的能力，同时减小了接触电阻。表面粗糙度值一般为 $R_a1.6 \sim R_a0.4\mu m$，R_a 值太小就要抛光和研磨，抛光膏的存在会增大有机污染的机会，是极为不利的。表面粗糙度值过小也会增大冷焊的机会。

5. 触头污染

触头的污染物有尘埃、潮气、纤维、有机气体的液体等，以及来自周围环境和加工工艺过程及继电器本身的结构材料（如绝缘材料）。污染是影响接触电阻的重要因素，会产生较大的表面膜电阻和化学腐蚀，增大接触电阻，降低寿命。因此，要求整洁生产和超净生产以减少污染。采用全密封技术和接触系统、电磁系统单独密封技术都是抗污染的措施。

6. 触头温度

触头表面温度的增加（包括环境温度和触头本身温度的增加），会使其表面状况、接触面积都发生变化。在触头压力不变的情况下，温度升高会使电阻增大，因此接触电阻增大；

温度升高到一定程度时，会使触头软化，接触面积增大，接触电阻下降。另外，温度升高会加剧触头金属氧化和化学腐蚀，不利于工作的稳定和可靠。改善散热条件的措施有充入高压气体或罩壳涂黑。

3.3 电气设备的发热及散热与允许温升

3.3.1 电气设备的温升

大量的电气火灾事实证明，电气火灾的主要原因是设备选用不当、安装不合理、操作管理有误所致，而这些因素导致电气设备事故的过程，很大程度上是电气设备过度发热所引起的。用电设备在运行过程中，由于电流通过导体和线圈而产生电阻损耗；交变电流所产生的磁场，在铁磁体内要产生涡流和磁滞损耗；在绝缘体内还要产生介质损耗。所有这些损耗几乎全部转化为热能，一部分散失到周围介质中去，另一部分加热了用电设备，使其温度升高。特别是过负荷运行、短路事故等状态下，导体中流过较大的电流时，使电气设备温度急剧上升，当温度升高到一定程度时，电气绝缘强度受到破坏，机械强度下降，寿命降低，甚至很快烧毁电气设施，引起火灾及其他事故，造成巨大损失。

1. 低压电器各部件的极限允许温升

为了保证低压电器的安全使用和具有一定的寿命，一般都要对低压电器各部分的最高温度有明确的规定，这一点是用极限允许温升来衡量的。

所谓温升是指电气设备运行中自身温度与工作环境温度之差，而极限允许温升是指电气设备能够正常工作时的极限允许温度与工作环境温度之差。为了保证低压电器工作的可靠性及具有一定的使用寿命，一般低压电器各部件的极限允许温升见表3-3、表3-4。

表3-3 低压电器各部件的极限允许温升 （单位:℃）

不同材料和零部件名称		极限允许温升值		备注
		在空气中	在油中	
绝缘线圈及包有绝缘材料的金属导体	A级绝缘	85	60	电阻法测得的温升极限
	E级绝缘	100	60	
	B级绝缘	110	60	
	F级绝缘	135		
	H级绝缘	160		
接线端子材料	裸铜	60		周围空气温度为40℃的允许温升
	裸黄铜	65		
	铜（或黄铜）镀锡	65		
	铜（或黄铜）镀银或镀镍	70		
	其他金属	≤65		

（续）

不同材料和零部件名称		极限允许温升值		备注
		在空气中	在油中	
交流低压母线各部位	插接式触点铜母线/镀锌铝母线	60/55		周围空气温度为40℃的允许温升
	母线相互连接处：铜-铜	50		
	铜搪锡-铜搪锡	60		
	铜镀锡-铜镀锡	80		
	铝搪锡-铝搪锡	55		
	铝搪锡-铜搪锡	55		

表 3-4　易近部件的温升极限　（单位：K）

类别	手垂操作部件	可触及不可握部件	正常操作不触及部件	正常允许时不触及部件
金属的	15	30	40	40
非金属的	25	40	50	50

2. 一般环境对低压电器的影响

（1）空气温度的影响

电气设备周围空气温度的高低直接影响其散热冷却效果。温度过高，会加速绝缘老化、使塑料材料变形变质，会使热继电器误动作、电子元件劣化；温度过低，会使电气设备内某些材料变硬变脆，使有些油类的黏度增大或凝固，影响设备的正常动作。日温差过大，易产生凝露，使电气设备绝缘性能降低，还会发生零部件变形、开裂，瓷件碎裂等。

（2）湿度的影响

当空气中相对湿度大于65%时，电气设备的表面会覆以一层约 0.001μm 的水膜，湿度越大，水膜越厚，当相对湿度接近100%时，水膜厚度可达到几十微米，从而使电气设备的绝缘强度大大降低。另外，当相对湿度为80%～95%、温度为25～30℃时，易滋生霉菌，从而腐蚀电气设备的金属部件和印刷电路板等。相对湿度过低，还会使塑料等绝缘材料变形、龟裂。

（3）雾的影响

雾对电气设备的影响与空气湿度密切相关，干燥的氯化物对电气设备几乎无影响，而在潮湿空气中的氯化物，会电离出大量的氯离子，导致金属的腐蚀，降低电气设备的绝缘强度，使泄漏电流增大等。

（4）腐蚀性气体的影响

腐蚀性气体主要有氯、氯化氢、氯化物、二氧化硫、硫化氢、氨、氧化氮等。这些气体在潮湿的环境下会使电气设备的金属加速腐蚀，导电性能降低。

（5）爆炸性混合物的影响

在有爆炸性混合物的场所，如果电气设备产生火花、电弧，就会造成爆炸、火灾事故，因此在有火灾、爆炸危险场所，必须选用合适的防爆电气设备，电气设备和布线的安装也必须符合防火防爆的要求。

（6）振动的影响

振动会造成电气设备零部件的疲劳损坏、磨损和松动，使设备不能正常工作。

3. 海拔高度对低压电器的影响

海拔超过1000m时为高海拔地区，在高海拔地区因空气稀薄，会使电气产品散热效果降低，同时因气压的降低和大气密度的减少，会使空气的绝缘性降低。在海拔为1000～5000m区间，每增加100m，气压降低0.8～1kPa，外绝缘强度降低8%～13%；设备温升增加3%～10%。因此在高海拔地区选择低压电器时应按表3-5进行修正，即低压电器的极限允许工作温度不得超过在普通环境下的允许温升与高海拔地区极限允许温升修正值之和。

表3-5　低压电器的极限允许温升修正值

海拔/m	极限允许温升修正值/℃
$h \leqslant 500$	0
$500 < h \leqslant 1000$	+2
$1000 < h \leqslant 1500$	+4
$1500 < h \leqslant 2000$	+6
$2000 < h \leqslant 2500$	+8

3.3.2　电气设备的发热与散热平衡规律

1. 发热

电气设备发热的主要原因是电气系统中各部分存在着电能损耗，包括运动部位的摩擦、电流流过导体时产生的电阻损耗、铁磁体在交变磁场下的涡流和磁滞损耗及绝缘体在交变磁场作用下的介质损耗。同时，开、断电器时的电弧发热也是电气设备发热的一个原因。

（1）电阻损耗

电流流过导体时克服电阻作用消耗的功率称为电阻损耗，其大小确定如下：

$$P_a = K_{tg} I^2 R \tag{3-10}$$

式中　P_a——损耗的功率（W）；

I——通过导体的电流（A）；

R——导体的电阻（Ω）；

K_{tg}——附加损耗系数。

其中，$R=\rho l/S$，ρ是导体的电阻率（Ω·m），l是导体的长度（m），S为导体的截面面积（m^2）。式（3-10）可写为

$$P_a = \frac{K_{tg} I^2 \rho l}{S}$$

变换成另一种形式，有：

$$P_a = \frac{K_{tg} J^2 \rho m}{\gamma} \tag{3-11}$$

式中　J——电流密度（A/m^3）；

γ——导体材料的密度（kg/m^3）；

m——导体的质量（kg），$G=\gamma lS$。

导体的电阻率与导体的温度有关，当温度为 θ 时，电阻率 $\rho=\rho_0(1+\alpha\theta)$。其中 ρ_0 是 $\theta=0$ 时导体的电阻率。

附加损耗是指导体中通过交变电流时，伴随的趋肤效应和导体的邻近效应而产生的额外损耗增值，一般用附加损耗系数 K_{tg} 反映其大小。附加损耗系数 K_{tg} 等于趋肤效应系数 K_j 和邻近效应系数 K_l 之积，即：

$$K_{tg} = K_j K_l \tag{3-12}$$

K_j 和 K_l 可根据导体的形状和导体间的距离及交变的频率，查阅有关手册求得。

（2）铁磁体在交变磁场作用下的涡流损耗与磁滞损耗

当载流导体经过铁质部件的窗口或缠绕铁质部件时（如电动机定子、变压器铁心），由载流导体产生的磁通经过铁质零部件形成闭路，当磁通反复变化时，在铁质部件中产生涡流。由于铁质的磁导率很高，而磁通变化速度又快，因而产生相应的感应电动势和涡流损耗，引起电气设备发热。同时，磁通方向和数值的变化，也使铁磁物质反复磁化和去磁而产生磁滞损耗，导致载流导体周围的铁质零部件发热。

铁磁体中的损耗（涡流损耗与磁滞损耗）的确定比较复杂，一般用图 3-9 中的曲线估算求值。

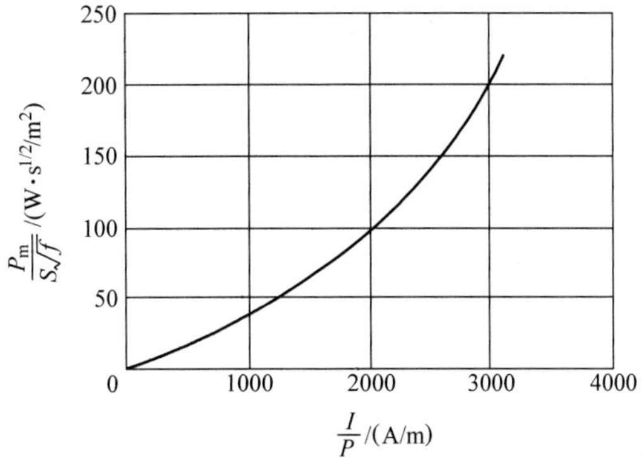

图 3-9　计算实心钢导体中损耗的曲线

图 3-9 中，I/P 为流过铁磁体中的电流 I 与其截面周长 P 的比值。

实心导体的功率损耗也可用下式计算：$P_m/(S\sqrt{f})$，其中，P_m 表示铁磁体中的功率损耗（W），为涡流损耗+磁滞损耗，S 为铁磁体的外表面面积（m^2），f 为电流频率（Hz）。P_m 取决于铁磁体的磁感应强度，磁感应强度越强，则损耗越大。

（3）绝缘体中的介质损耗

绝缘体中的介质损耗在低压电器中数值很小，而在高压电器中，这种损耗所引起的发热是比较大的，甚至引起介质击穿。介质损耗的数值见表3-6。

表3-6　50Hz下各种绝缘材料的介质损耗的数值

材料	相对介电常数	单位损耗/（$\times 10^2 W/m^3$）	
		40℃时	90℃时
层压纸胶木的管和圆柱	5.0	7	38
浸在油中的纸	4.5	1.6	6.8
浸在电缆胶中的纸	3.7	1.3	6.1
浸在油中的电容器纸	3.5	0.17	0.56
浸在苏凡尔中的电容器纸	5.2	0.47	1.2
干燥和纯净的变压器油	2.4	1	1.6
潮湿和不洁的变压器油	2.1	80	350
云母薄片	2.4	1.8	18
浸在油中的电工纸板	5.0	10.8	35
瓷	5.5	30.2	6.5

2. 散热

电气设备的散热方式有三种，即传导、对流和辐射。电气设备中，由于损耗产生的热量一部分通过这三种方式发散到周围的介质中去，另一部分使电气设备自身温度升高。温度越高，这三种散热作用越强，从而保持电气设备温升不越过极限允许温升。如果散热条件遭破坏，将导致电气设备自身温度过高，轻则损坏其绝缘，重则可能烧毁电气设备，甚至引起火灾。

（1）传导散热

传导是物质内部热量从一质点传递到另一相邻质点。在不同的介质中导热的机制是不同的。在液体和固体绝缘材料中，热量通过弹性波的作用在质点之间传播；在气体中，热量传导过程则伴随着气体原子和分子的扩散而产生；而在金属中，热量传导则是由于原子的扩散来传递的。

（2）对流散热

对流现象是不断运动的冷介质——液体或气体将热量带走的过程。这种散热只在液体和气体中发生，例如变压器油、电动机风扇叶轮形成的空气流动等。自然对流发生在不均匀的加热介质中，在高温区域，介质密度小于冷却的区域，因此，较热的质点向上运动，冷却的质点向下运动，导致介质中质点的转移，并在其中产生热交换。在电气设备中为了强化冷却作用，有时要强迫对流进行散热，否则温度升高会导致电气设备无法正常工作，甚至产生事故。

（3）辐射散热

辐射则是电磁波传递能量的一种形式。

实际的热分析与计算中，散热方式不是单独来考虑的，通常是几种散热合并在一起计算，用一个综合表面传热系数 K_T来考虑，即牛顿公式法：

$$P_a = K_T S\tau \tag{3-13}$$

式中 P_a——散热功率（W）；

S——有效散热面积（m^2）；

K_T——综合表面传热系数［$W/(m^2 \cdot K)$］；

τ——发热体的温升（℃），$\tau=\theta-\theta_0$（θ_0 为周围介质的温度，θ 为发热体的温度）。

牛顿公式法把复杂的影响散热的因素全部由 K_T考虑，使散热分析大大简化，因此用牛顿公式计算散热功率时，最重要的是正确选用 K_T。

3. 稳态温升

正常工作的电气设备，经过一段时间后，发热与散热总会趋于平衡，此时的温升称为稳态温升。把平衡后电气设备发热的总功率用 P_f 表示，则

$$P_f = P_R + P_T + P_J \tag{3-14}$$

式中 P_R、P_T、P_J——电气设备中的电阻损耗、涡流与磁滞损耗、绝缘材料介质损耗。

发热与散热平衡时，即 $P_f = P_a$，则式（3-14）也可写成

$$P_R + P_T + P_J = K_T S\tau$$

即

$$\tau = (P_R + P_T + P_J)/K_T S \tag{3-15}$$

用牛顿公式计算所得的温升一般是发热体表面的平均温升，也是电气设备发热、散热平衡以后的稳态温升。牛顿公式通常适用于用气体和液体作为介质中的发热体的温升计算，如求线圈和载流导体的稳态温升。

（1）线圈的稳态温升

线圈中由于通过电流而产生的电阻损耗，全部由绕组表面散出，故在热稳定状态下，线圈的发热应等于其散热，即：

$$I^2 R = K_T S\tau \tag{3-16}$$

式中 K_T——线圈的综合表面传热系数［$W/(m^2 \cdot K)$］；

S——线圈的散热表面积（m^2）；

I——线圈中流过的电流（A）；

R——线圈电阻（Ω）；

τ——稳态温升（℃）。

（2）无限长载流导体的稳态温升

对于无限长载流导体，温度沿导体轴向是均匀分布的，因此只需取单位长度计算即可。单位长度导体的发热功率为

$$P_f = I^2 R = I^2 \rho / S = J^2 \rho S \tag{3-17}$$

式中 I——导体中电流（A）；

J——导体中电流密度（A/m^2）；

S——导体截面面积（m^2）；

ρ——电阻率（Ω·m）。

单位长度导体外表面散出的热功率为

$$P_a = K_T P \tau \tag{3-18}$$

式中 P_a——散热功率（W）；

K_T——线圈的综合表面传热系数［$W/(m^2 \cdot K)$］；

τ——稳态温升（℃）；

P——单位长度导体散热面积截面的外周长（m）。

在稳定状态下，由于 $P_f = P_a$，所以有：

$$J^2 \rho S = K_T P \tau$$

即

$$\tau = J^2 \rho S / K_T P \tag{3-19}$$

对于圆导体，截面面积 $S = \frac{\pi}{4} d^2$，周长 $P = \pi d$，代入式（3-19）得：

$$\tau = J^2 \rho d / 4K_T \tag{3-20}$$

式（3-20）表明，在相同电流密度下，导体直径越大，则温升越高。这是因为导体的发热与直径的二次方成正比，而散热却与直径的一次方成正比。为了保证导体温度不超过允许值，导体直径越大，则允许通过的电流密度就必须越小，故在大电流时常采用扁平的矩形导体或采用多根圆导体绞合并联，以增加导体的散热面积。

3.3.3 绝缘损伤

有绝缘层保护的导线或导电部件，如果绝缘层遭到破坏或绝缘性能降低，就会有不同程度的漏电甚至发生短路，造成严重的损失。对导体绝缘的要求，除了增进绝缘本身性能外，还应针对绝缘层损坏的各种因素和形式，采取相应的防范措施，使其安全可靠地运行。绝缘损坏的形式主要有老化、绝缘击穿、机械损伤等。

1. 老化

绝缘材料在应用过程中，受各种因素的长期作用，会产生一系列缓慢的物理化学变化，从而导致其电性能和力学性能的恶化，称为老化。影响绝缘材料老化的因素很多，如光、电、热、氧、湿、微生物等。老化过程非常复杂，其机理也随使用条件的不同而不同，但主要是电老化和热老化。

（1）电老化

绝缘材料在高压电气设备中，因高电场强度造成电离而产生的老化属于电老化，典型的电老化机理是：

1）局部放电时产生臭氧，臭氧是一种强氧化剂，最易与大分子链的双键起加成反应，在加成反应过程中使 C=C 键断裂，因此很容易使材料发生臭氧裂解。

2）局部放电产生氯的氧化物，它与潮气结合产生硝酸，发生腐蚀作用。

3）局部放电产生高速粒子，对绝缘材料袭击，发生破坏作用。

4）局部放电使介质损耗增大，材料局部发热促使材料性能的恶化。

（2）热老化

绝缘材料经常会受到外界环境或来自本身内部的（如介质损耗引起的）热作用，在低压高频电场条件下，这种热作用引起的老化更为明显。热老化的机理主要是：

1）存在于绝缘材料中或老化过程形成的低分子挥发成分或产物的逸出。

2）热解。在热作用下，有些材料（如聚氯乙烯）会裂解产生有害物质（如氯化氢），可能引起催化作用。

3）解聚和氧化裂解。在热和氧作用下，引发生成游离基并参与链反应，结果使大分子链断裂，生成单基物或低分子物，使材料的介电、力学性能下降。

4）分子继续聚合。开始可能会提高物理和电气性能，但随后即导致柔软性下降、变脆，并在机械应力作用下损坏。

长期以来，对热老化规律的研究初步总结出下列近似公式：

$$\tau = A\mathrm{e}^{-tm} \tag{3-21}$$

式中　τ——寿命；

t——温度（℃）；

A、m——常数。

假若使材料的寿命缩短一半需要增加的运行温度为 Δt，则 Δt 与 m 的关系见表 3-7。

表 3-7　运行温度与常数的关系

Δt/℃	8	10	12
m	0.087	0.0615	0.058

在对数坐标上，A 级、B 级、H 级绝缘的标准热寿命曲线如图 3-10 所示。

由图 3-10 可见，使寿命降低一半所需增加的工作温度，A 级绝缘为 8℃，B 级绝缘为 10℃，H 级绝缘为 12℃，这种规律被称为热老化 8℃原则。实际上，这种规则也考虑了其他一些老化因素。

（3）氧化老化

各种材料都有不同的氧化形式，在低温下热氧化老化较慢，有氧存在使热聚温度下降，如聚乙烯在真空中热解聚的活化能是 48～70kcal/mol（1kcal = 1.163W），在空气中为 16～35kcal/mol。有机大分子的氧化反应，常使极性基增加，引起介质损耗和电导的增加。液体介质的氧化结果使介质酸值变大，黏度上升，并有沉淀生成。

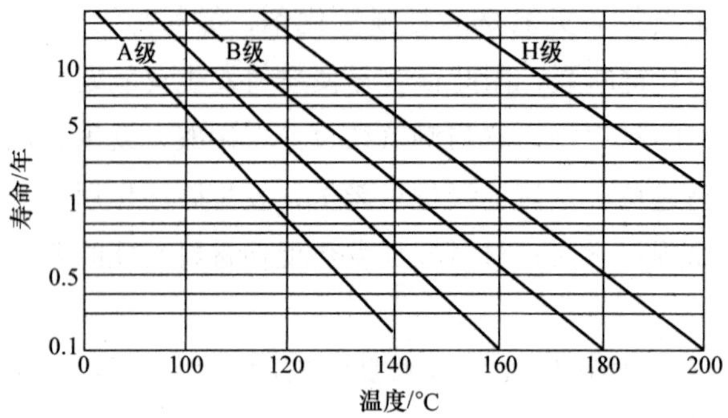

图 3-10　标准绝缘等级的热寿命曲线

（4）湿度老化

水分能对一些材料起水解作用。水分的存在使材料介电常数变大，绝缘电阻降低；水分的存在使电晕产生的几种氧化物变为硝酸、亚硝酸而腐蚀金属，使纤维及其他绝缘材料发脆；水分的存在是树脂老化的必要条件；水分的存在也为微生物的生成提供了有利条件；湿度使许多物质离解为离子，加速老化发展，湿度对热老化、氧化老化起加速作用，故干热和湿热绝缘材料的寿命相差 40%。如油浸纸绝缘水分含量超过允许值一倍时，其使用寿命就缩短 1/2；对于交联聚乙烯电缆的树脂老化特性，全干式交联优于半干式交联，而半干式交联又优于湿法交联。

（5）光老化

太阳光中紫外线的能量会加快多数有机绝缘材料老化，光有切断分子链及交联作用，使绝缘材料发黏、变脆、开裂、失去绝缘性能。

（6）微生物老化

微生物以有机绝缘材料为食物，或破坏绝缘引起介质老化，微生物的繁殖因其生物体的影响会使绝缘表面电阻下降，其分泌物会促成高分子分解，还会使力学性能下降。

2. 绝缘击穿

任何绝缘材料，当其上所加电压超过某一临界值时，通过绝缘材料的电流剧增，绝缘能力丧失，即击穿破坏。

击穿电压取决于绝缘材料的性质、厚度及环境情况。绝缘材料发生击穿后，其绝缘能力丧失，造成短路甚至引起火灾。

3. 机械损伤

机械损伤是指在制造、安装和维修时，由于嵌线不慎、意外碰撞、摩擦等造成的绝缘材料损伤。损伤的部分或彻底穿透或厚度减少，这样在通电运行时，可能会立即发生短路，也可能在损伤部位发生击穿或提前老化损坏，经过一段时间后发生短路事故。

3.4 导体的长时发热与短时发热

通常导体有两种发热状态：一种是导体长期流过工作电流的发热，称为长时发热；另一种是导体短时间流过短路电流引起的发热，称为短时发热。为了保证导体的运行安全，应使导体的发热温度不超过最高允许温度，研究导体的发热与散热过程，对电线电缆防火非常有意义。

3.4.1 导体发热的计算

单位长度的导体，通过导体的电流为 I 时，由电阻损耗产生热量：

$$Q_R = I^2 R_{ac} t \tag{3-22}$$

式中 Q_R——由电阻损耗产生的热量（W/m）；

t——电流通过电阻的时间（s）；

R_{ac}——交流电阻（Ω/m），可按下式计算：

$$R_{ac} = K_{fj}\frac{\rho[1+\alpha(\theta-20)]}{S} \tag{3-23}$$

式中 K_{fj}——附加损耗系数，可从有关手册查得；

ρ——导体温度为 20℃时的直流电阻率，对于铝，$\rho_{Al}=(0.027\sim0.029)\ \Omega\cdot mm^2/m$，对于铜，$\rho_{Cu}=0.0174\Omega\cdot mm^2/m$；

α——电阻温度系数，对于铝，$\alpha_{Al}=0.0041℃^{-1}$，对于铜，$\alpha_{Cu}=0.0043℃^{-1}$；

θ——导体的运行温度（℃）；

S——导体截面面积（mm^2）。

3.4.2 导体的温升过程

当导体未通电流时，其温度与周围介质的温度相等；有电流通过之后，便产生热量，会使导体温度升高，同时又以对流和辐射的方式向周围散发热量。当发热和散热达到平衡时，其热平衡方程式即可以写成：

$$I^2 R\mathrm{d}t = mc\mathrm{d}\theta + K_{zh}F(\theta-\theta_0)\mathrm{d}t = mc\mathrm{d}\tau + K_{zh}F\tau\mathrm{d}t \tag{3-24}$$

式中 I——通过导体的电流（A）；

R——导体的电阻（Ω）；

m——导体的质量（kg）；

c——导体材料的比热容［J/(kg·℃)］；

K_{zh}——导体的总放热系数［W/(m²·℃)］；

θ——导体通过电流后的实际温度（℃）；

θ_0——导体周围的环境温度（按25℃计算）；

τ——导体对周围环境的温升（℃），$\tau=\theta-\theta_0$；

F——导体的散热面积（m^2）。

式（3-24）只考虑了对流和辐射散热，并使用了总放热系数 K_{zh}。因置于空气中的均质裸导体全长截面相同，各处温度一样，沿导线纵向长度方向没有热量传导，再加上空气的热传导性很差，故热传导可忽略不计。

通过正常工作电流时，导体温度的变化范围不大，故可将 R、c、K_{zh} 当作与温度无关的常量，式（3-24）为常系数线性非齐次一阶微分方程，在 $t=0$ 时，导体对周围空气的起始温升为 τ_0，则方程式为

$$\tau=\frac{I^2R}{K_{zh}F}\left(1-e^{-\frac{K_{zh}Ft}{mc}}\right)+\tau_0 e^{-\frac{K_{zh}Ft}{mc}}=\tau_W\left(1-e^{-\frac{t}{T}}\right)+\tau_0 e^{-\frac{t}{T}} \tag{3-25}$$

式中 T——发热时间常数，$T=\dfrac{mc}{K_{zh}F}$。

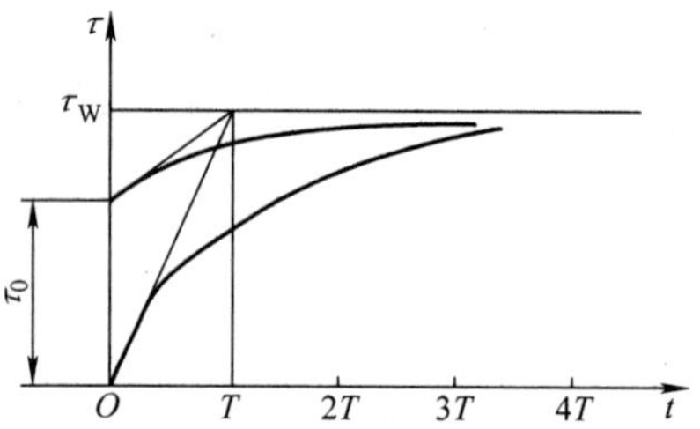

图3-11 均质导体温升曲线

可见，均质导体的温升也是按时间指数函数增长的，如图3-11所示。当 $t=(3\sim4)T$ 时，导体温升即趋于稳定温升 τ_W，有：

$$\tau_W=\frac{I^2R}{K_{zh}F}$$

或

$$I^2R=K_{zh}F\tau_W \tag{3-26}$$

式（3-26）称为牛顿公式。

3.4.3 导体的长期允许电流

由式（3-26）可知，在稳定发热状态下，导体中产生的全部热量都散失到周围环境中了。τ_W 与电流的二次方成正比，与导体的放热能力成反比，而与导体的起始温度 θ_0 无关。

设导体的长期允许电流（导体载流量）为 I_y，导体长期发热允许温度为 θ_y，由式（3-26）可得：

$$I_y=\sqrt{\frac{K_{zh}F(\theta_y-\theta_0)}{R}} \tag{3-27}$$

式中，$\theta_y-\theta_0=\tau_y$。

在已知 I_y 的情况，式（3-27）也可计算导体正常发热温度 θ_y 或导体的截面面积 S，对于圆截面导体，$S=\rho\dfrac{l}{R}$，$F=\pi dl$。

3.4.4 导线绝缘层的温升

圆导线的热传导如图3-12所示。绝缘层内侧为发热体，外侧为空气。绝缘层内半径 r_1

处表面温度为 θ_1，半径 r_2 处表面温度为 θ_2，空气介质温度为 θ_0。

于是，绝缘层内外表面温升分别为 $\tau_1=\theta_1-\theta_0$，$\tau_2=\theta_2-\theta_0$。根据傅里叶定律，通过以 r 为半径的绝缘层表面积 F 传导的功率（热流）为

$$Q=-\lambda F\frac{\mathrm{d}\tau}{\mathrm{d}r} \tag{3-28}$$

式中，热流 Q 就是导体的发热功率 P，它通过绝缘层传导到外表面而全部散出，因 $F=2\pi rl$，l 为导体长度。将 P 代替 Q，则有：

$$\mathrm{d}\tau=-\frac{P}{2\pi\lambda l}\frac{\mathrm{d}r}{r} \tag{3-29}$$

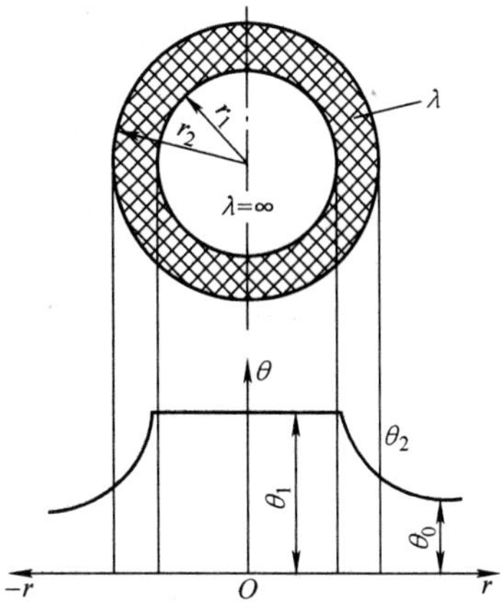

图 3-12 圆导线的热传导

对式（3-29）积分，可得绝缘层中温度降为

$$\tau_1-\tau_2=\frac{P}{2\pi\lambda l}\int_{r_1}^{r_2}\frac{\mathrm{d}r}{r}=\frac{P}{2\pi\lambda l}\ln\frac{r_2}{r_1} \tag{3-30}$$

绝缘层外表面温升 τ_2 可由牛顿公式求得，即

$$\tau_2=\frac{P}{K_{zh}F}=\frac{P}{2\pi r_2 lK_{zh}} \tag{3-31}$$

因此有

$$\tau_1=\frac{P}{2\pi l}\left(\frac{1}{K_{zh}r_2}+\frac{1}{\lambda}\ln\frac{r_2}{r_1}\right) \tag{3-32}$$

如果圆导线有几层不同导热系数的绝缘层，则

$$\tau_1=\frac{P}{2\pi l}\left(\frac{1}{K_{zh}r_{n+1}}+\sum_{i=1}^{n}\frac{1}{\lambda_i}\ln\frac{r_{i+1}}{r_i}\right) \tag{3-33}$$

3.4.5 提高导体长期允许电流的方法

由式（3-27）可见，导体的长期允许电流取决于导体材料的长期发热允许温度、表面散热能力和导体电阻。为了提高导体的载流能力，导体材料采用电阻率小的材料，如铝、铝合金、铜等。同时，改进导体接头的连接方法，可以提高其 θ_y，如铝导体接头螺栓连接时的 θ_y 为 70℃。因此，减少接触电阻，如接触面镀银、搪锡等，可提高导体允许温度。导体的布置应采用散热效果最佳的布置方式，导体的散热面积和导体的几何形状有关。在截面面积相同的条件下，圆柱形外表面最小，矩形、槽形外表面较大，所以工程上很少使用圆柱形母线。提高表面传热系数还可以采用强迫冷却、导体表面涂漆、加强自然通风等方法，对 2000A 以上的大电流母线，可采用强迫水冷和风冷来提高母线的对流放热量。导体表面涂漆，可以提高辐射散热能力，故屋内配电装置母线涂漆，能增加载流量，并用以识别相序，便于操作巡视。对于屋外配电装置母线，为减少对太阳辐射的吸收，应采用吸收率较小的表

面，因此屋外配电装置母线不应涂漆，而保留其光亮表面。导线明敷时应选自然通风良好的环境，不应覆盖；穿管时导线占积率不应超过40%；对于沟道电缆，通风条件在设计时也要给予考虑。否则，将使导体升温甚至引起火灾。通过采用耐热绝缘材料导体，以提高导体绝缘的耐热性能。如采用耐热聚氯乙烯塑料时，则导体绝缘材料的允许工作温度可提高到80~105℃。

3.4.6　导体的短时发热

与长时发热相比，导体短时发热的特点是导体中流过的是短路电流，数值大但持续时间非常短。研究的目的就是设法限制短路对导体最高温度的影响，以防引起发、变、供、配电及用户等任一环节的火灾和爆炸事故。

1. 短时发热过程分析

电流流过导体时温度变化如图3-13所示。

图3-13形象地描绘出导体温度变化的过程，其物理过程是，在导体中没有电流通过时，导体的温度与环境的温度相同，为 θ_0，此阶段用 *PM* 段表示。当在时间 t_1 时，导体通以恒定负荷电流，导体温度由 θ_0 开始上升，与周围介质形成温差 $\theta_w-\theta_0$；负荷电流所发出的热量的一部分，被导体吸收用以升高自身的温度，而另一部分因导体与周围介质有温差，即发散到介质中去。其温度上升的变化如图3-13中曲线 *MA* 所示。起初，因温差小而散热少，故吸热多，导体温度上升较快。以后则因温差增大而散热增多，相应地吸热减少，而使导体温度上升减慢，最后，当温差增大到单位时间内的发热与散热相平衡时，全部的发热热量都散失掉。由于导体不再吸收热量，故温度不再升高，这时温度达到稳定值（相当于 *A* 点）θ_w。在时间 t_2 发生短路，导体被急剧加热，到时刻 t_3 时被加热到 θ_d，正好在此时短路被切断（除），之后导体温度由 *B* 点下降到 *C* 点，因这时导体中无任何负荷，故导体温度降到环境温度 θ_0。

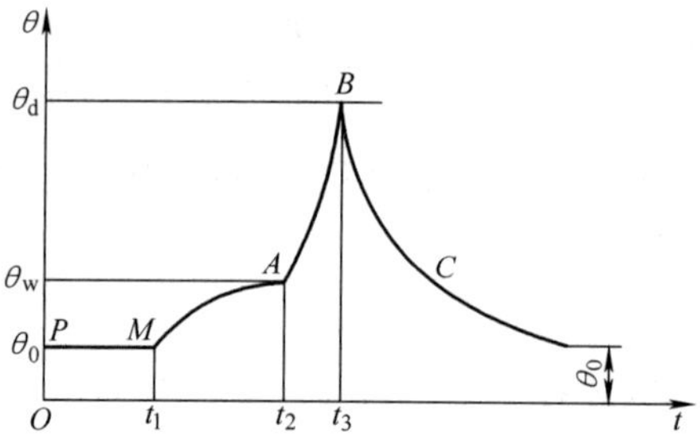

图3-13　电流流过导体时的温度变化

以上分析说明，短路事故发生后，无论多快的保护继电器，它也需要一定的动作时间，在事故切除前电气设备或导体在短路电流热效应的作用下温度仍有可能被加热到很高的程度（如 θ_d）。电气设备或导体必须能承受短路电流的热效应而不致破坏，这种能力称为电气设备或导体的热稳定性。即计算出导体通过短路电流时的最高温度 θ_d，是否超过导体规定的短时发热允许温度 θ_{dy}，当 $\theta_d<\theta_{dy}$ 时，则认为导体在短路时是热稳定的，否则，就应采取相应的措施，如增加导体截面面积或限制短路电流等以保证 $\theta_d<\theta_{dy}$。外包绝缘的铝导体的 $\theta_{dy}=200℃$，铜导体的 $\theta_{dy}=300℃$。

根据上述分析可近似认为短路时发热过程是一个绝热过程，因此短路时的热平衡微分方程式应为

$$I_{\mathrm{d}}^{2}R_{\theta}\mathrm{d}t=c_{\theta}m\mathrm{d}\theta \tag{3-34}$$

式中 I_{d}——短路电流的全电流有效值（A）；

R_{θ}——温度为 θ_0 时导体的电阻（Ω），$R_{\theta}=\rho_0(1+\alpha\theta)\dfrac{l}{S}$；

c_{θ}——温度为 θ_0 时导体的比热容［J/(kg·℃)］，$c_{\theta}=c_0(1+\beta\theta)$；

ρ_0——温度为 0℃时导体的电阻率（Ω·m）；

c_0——温度为 0℃时导体的比热容［J/(kg·℃)］；

α、β——ρ_0 和 c_0 的温度系数（J/℃）；

m——导体的质量（kg），$m=\gamma Sl$；

l——导体的长度（m）；

S——导体的截面面积（m^2）；

γ——导体材料的密度（kg/m^2）。

将 R_{θ}、c_{θ}、m 代入式（3-34），得

$$I_{\mathrm{d}}^{2}\rho_0(1+\alpha\theta)\frac{l}{S}\mathrm{d}t=c_0(1+\beta\theta)\gamma Sl\mathrm{d}\theta \tag{3-35}$$

经过变换之后得

$$\frac{1}{S^2}I_{\mathrm{d}}^{2}\mathrm{d}t=\frac{c_0\gamma}{\rho_0}\left(\frac{1+\beta\theta}{1+\alpha\theta}\right)\mathrm{d}\theta \tag{3-36}$$

为了求短路切除时导体的最高温度，对式（3-36）两边积分，左边从 0 积分到 t（短路切除时间），右边则从导体起始温度 θ_{h} 积分到 θ_{d}，则有

$$\frac{1}{S^2}\int_0^t I_{\mathrm{d}}^{2}\mathrm{d}t=\frac{c_0\gamma}{\rho_0}\int_{\theta_{\mathrm{h}}}^{\theta_{\mathrm{d}}}\left(\frac{1+\beta\theta}{1+\alpha\theta}\right)\mathrm{d}\theta \tag{3-37}$$

式（3-37）左边代表了与由短路电流所产生的热量成正比例的数值，$\int_0^t I_{\mathrm{d}}^{2}\mathrm{d}t$ 称为短路电流的热脉冲，以 Q_{d} 表示（计算见后）；右边代表了与导体吸热成比例的数值。积分整理后得：

$$\left.\begin{aligned}Q_{\mathrm{d}}&=S^2(A_{\mathrm{d}}-A_{\mathrm{h}})\\A_{\mathrm{d}}&=\frac{1}{S^2}Q_{\mathrm{d}}+A_{\mathrm{h}}\end{aligned}\right\} \tag{3-38}$$

式中

$$\begin{aligned}A_{\mathrm{d}}&=\frac{c_0\gamma}{\rho_0}\left[\frac{\alpha-\beta}{\alpha^2}\ln(1+\alpha\theta_{\mathrm{d}})+\frac{\beta}{\alpha}\theta_{\mathrm{d}}\right]\\A_{\mathrm{h}}&=\frac{c_0\gamma}{\rho_0}\left[\frac{\alpha-\beta}{\alpha^2}\ln(1+\alpha\theta_{\mathrm{h}})+\frac{\beta}{\alpha}\theta_{\mathrm{h}}\right]\end{aligned} \tag{3-39}$$

$S^2(A_{\mathrm{d}}-A_{\mathrm{h}})$ 为导体由 θ_{h} 升到 θ_{d} 的短路电流热脉冲，与导体的材料和温度有关。为了简化

A_h 及 A_d 的计算，工程上按铜、铝、钢的参数（c_0、ρ_0、γ、α、β）的平均值根据式（3-39）绘制 $\theta=f(A)$ 曲线，如图3-14所示。

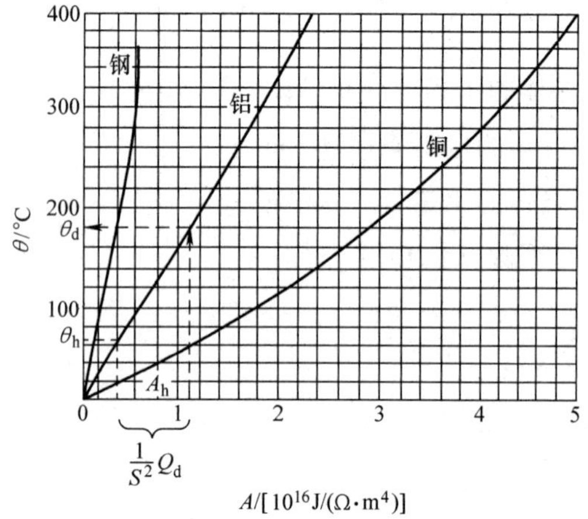

图3-14 决定短路发热温度的曲线

用曲线计算 θ_d 的程序如下：

1）由已知的导体起始温度 θ_h（通常取正常运行最高允许温度），在相应导体材料的曲线上查出 A_h。

2）将 A_h 及计算所得的 Q_d 值代入式（3-38），求出 A_d。

3）由 A_d 在曲线上查得 θ_d。

2. 短路热脉冲的计算

对于短路电流的热脉冲 $Q_d=\int_0^t I_d^2 dt$ 的求取，一般不能用解析法进行计算，工程上常用等值时间法。

等值时间法是依据等效发热的概念，设导体中通过短路电流的稳态值 I_∞，其时间为 t 时，导体中产生的热效应与短路电流有效值的热效应 $\int_0^t I_d^2 dt$ 相等。t_j 就是短路电流作用的假想时间。于是热脉冲 Q_d 可用下式表示：

$$Q_d=\int_0^t I_d^2 dt=I_\infty t_j=I_\infty^2(t_{jz}+t_{jf}) \tag{3-40}$$

根据短路电流过渡过程的时间概念，显然假想时间也应该包括短路电流周期分量作用的假想时间 t_{jz} 和非周期分量的假想时间 t_{jf}。但是，对于无限容量供电的工业与民用建筑供电网络，发生短路时其周期分量保持不变。这样看来，周期分量的假想时间 t_{jz} 就是短路电流在导体上的作用时间，这个时间又刚好是保护装置动作时间 t_b 和断路器切断电流的机械动作时间 t_D 之和，即：

$$t=t_{jz}=t_b+t_D \tag{3-41}$$

对于无限容量电源的非周期分量的假想时间，$t_{jf}=0.05s$。

到底 t_{jf}应不应该忽略掉，一般可根据短路电流切断时间来判断。当 $t>1s$ 时，导体发热主要由周期分量决定，故 t_{jf}可忽略不计；当 $t<1s$ 时，非周期分量造成的发热不可忽略，因而必须计入 t_{jf}的影响。

对于非无限容量供电系统的 t_j，可以查阅有关手册进行计算。

至此，把求出的 Q_d 代入式（3-38）就可按前述步骤求出 θ_d 的值。

复　习　题

1. 电气设备发热的主要危害是什么？
2. 什么是磁滞损耗？
3. 什么是介质损耗？
4. 提高导体长期允许电流的方法有哪些？
5. 电气设备的接触电阻过大时的危害有哪些？
6. 什么是铁损？
7. 接触电阻的类型有哪几种？
8. 影响接触电阻阻值的因素有哪几种？
9. 绝缘损坏的形式主要有哪些？

第 3 章练习题

扫码进入小程序，完成答题即可获取答案

第 4 章 变电所的防火设计

内容提要

本章主要对变电所的基本知识和防火设计进行介绍。具体包括变电所中主要的火灾隐患，电弧的形成原因，变电所中常见的灭弧方式，变电所一次高压设备、低压设备、变压器等的基本结构和火灾隐患及变电所主接线方式，以及变电所的防火、防震方法。

本章重点

重点掌握变电所中主要火灾隐患形式及其产生原因，以及如何对这些火灾进行控制，了解变电所的防火、防震方法。

4.1 变电所设计

4.1.1 变电所的类型

变电所的类型

在工业与民用建筑中常见的变电所，就其所处的位置而言，可分为如图 4-1 所示几种类型。

1. 独立变电所

所谓的独立变电所是设于离建筑物有一定距离的单独建筑物内的变电所。独立变电所一般适用于对几个用户供电，它不便设于某一个用户的旁侧，需要远离易燃易爆的地区。但由于其成本较高，独立变电所多用于化工厂及大中型城市居民住宅区。

2. 内附设变电所

内附设式变电所的一面或几面墙与车间或建筑物的墙共用，变电所大门向车间内或建筑物外开。

3. 外附式变电所

外附式变电所是将变压器安装于室外露天地面，并在其周围设有围栏或刺网，而低压配

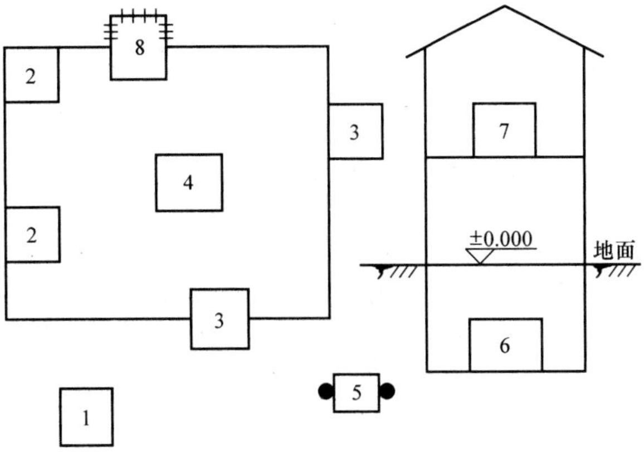

图 4-1 变电所的类型示意图

1—独立变电所 2—内附设变电所 3—外附式变电所 4—车间内变电所 5—杆（台）上变电所 6—地下变电所 7—楼上变电所 8—半露天式变电所

电设备则装于室内，此种变电所尤其要注意防火的措施。

4. 车间内变电所

车间内变电所位于车间或建筑物内的单独房间，门向车间或建筑物内开。由于其接近负荷中心，所以这种变电所多适用于用电设备布置稳定、负荷大且集中的大型车间。

5. 杆（台）上变电所

杆（台）上变电所是将变压器安装在室外电杆等上，适用于容量较小的变压器。

6. 地下变电所

地下变电所即整个变电所设置在地下室内，由于地下室通风散热条件差，湿度较大，建筑费用也较高，这种形式的变电所在一些高层建筑、地下工程和矿井中采用较多。

7. 楼上变电所

楼上变电所即整个变电所设置在楼上，适于高层建筑。这种变压器要求结构尽可能轻型、安全，其主变压器通常采用无油的干式变压器。

8. 移动式变电所

移动式变电所主要用于坑道作业、临时施工现场和事故抢险现场供电。

9. 组合式变电所

组合（箱）式变电所是由高压开关设备、低压开关设备、变压器、电能计量设备等组合成紧凑的成套配电装置，用于城市高层建筑、城乡建筑、居民小区、中小型工厂、矿山油田及临时施工用电等场所。作配电系统中接受和分配电能之用，在配电系统中，可用于环网配电系统，也可用于双电源或放射终端配电系统，是城市变电站建设和改造的新型成套设备。

4.1.2 变电所位置选择

变电所位置选择应符合下列要求：

1）深入或靠近负荷中心。

2）进出线方便。

3）设备吊装、运输方便。

4）不应设在对防电磁辐射干扰有较高要求的场所。

5）不宜设在多尘、多水雾或有腐蚀性气体的场所，当无法远离时，不应设在污染源的下风侧。

6）不应设在厕所、浴室、厨房或其他经常有水并可能漏水场所的正下方，且不宜与上述场所贴邻；如果贴邻，相邻隔墙应做无渗漏、无结露等防水处理。

7）变电所为独立建筑物时，不应设置在地势低洼和可能积水的场所。

8）变电所可设置在建筑物的地下层，但不宜设置在最底层。变电所设置在建筑物地下层时，应根据环境要求降低湿度及增设机械通风等。当地下只有一层时，还应采取预防洪水、消防水或积水从其他渠道浸泡变电所的措施。

9）民用建筑宜按不同业态和功能分区设置变电所，当供电负荷较大，供电半径较长时，宜分散设置；超高层建筑的变电所宜分设在地下室、裙房、避难层、设备层及屋顶层等处。

10）变压器室、高压配电室、电容器室，不应在教室、居室的直接上、下层及贴邻处设置；当变电所的直接上、下层及贴邻处设置病房、客房、办公室、智能化系统机房时，应采取屏蔽、降噪等措施。

4.1.3 变电所的型式和布置

1）高层或大型公共建筑应设室内变电所。

2）小型分散的公共建筑群及住宅小区宜设户外组合式变电所，有条件时也可设置室内或外附式变电所。

3）民用建筑内变电所，不应设置裸露带电导体或装置，不应设置带可燃性油的电气设备和变压器，其布置应符合下列规定：

① 35kV、20kV或10kV配电装置、低压配电装置和干式变压器等可设置在同一房间内。

② 20kV、10kV具有IP2X防护等级外壳的配电装置和干式变压器，可相互靠近布置。

4）供给非消防一级负荷用电设备的两个1kV回路的电缆不宜敷设在同一电缆沟内。当无法分开时，宜采用绝缘和护套均为难燃B1级的电缆，分别设置在电缆沟的两侧支架上。

5）配电装置室内宜留有适当数量的备用位置。0.4kV的配电装置还应留有适当数量的备用回路。

6）户外组合式变电站的进、出线宜采用电缆。

7）有人值班的变电所应设值班室。值班室应能直通或经过走道与配电装置室相通，且值班室应有直接通向室外或通向疏散走道的门。值班室也可与低压配电装置室合并，此时值班人员工作的一端，配电装置与墙的净距不应小于3m。变压器外廓（防护外壳）与变压器室墙壁和门的净距不应小于表4-1的规定。

表 4-1　变压器外廓（防护外壳）与变压器室墙壁和门的最小净距　（单位：m）

项目	变压器容量/kV·A		
	100~1000	1250~2500	3150（20kV）
油浸变压器外廓与后壁、侧壁净距	0.6	0.8	1.0
油浸变压器外廓与门净距	0.8	1.0	1.1
干式变压器带有 IP2X 及以上防护等级金属外壳与后壁、侧壁净距	0.6	0.8	1.0
干式变压器带有 IP2X 及以上防护等级金属外壳与门净距	0.8	1.0	1.2

8）多台干式变压器布置在同一房间内时，变压器防护外壳间的净距不应小于表 4-2 的规定。

表 4-2　变压器防护外壳间的最小净距　（单位：m）

项目		变压器容量/kV·A		
		100~1000	1250~2500	3150（20kV）
变压器侧面具有 IP2X 防护等级及以上的金属外壳	A	可贴邻布置	可贴邻布置	可贴邻布置
考虑变压器外壳之间有一台变压器拉出防护外壳	B	变压器宽度 b 加 0.6	变压器宽度 b 加 0.6	变压器宽度 b 加 0.8
不考虑变压器外壳之间有一台变压器拉出防护外壳	B	1.0	1.2	1.5

注：当变压器外壳的门为不可拆卸式时，其 B 值应是门扇的宽度 C 加变压器宽度 b 之和再加 0.3m。A 为变压器之间的间距。

4.1.4　变电所的设备组成

变电所的结构，对整体型式而言，可分为屋内式、屋外式和组合式三种。

屋内式变电所主要由变压器室、高压配电室、低压配电室和电容器室组成。高、低压配电室内装设有高、低压开关设备，它起着接受、分配、控制与保护等方面的作用。电容器室的作用是装设电容器以便补偿用电单位消耗的无功功率，装设在高压侧的称为高压电容器室，装设在低压侧的称为低压电容器室。屋内配电装置多用于 35kV 以下电压等级，全部电气设备装在室内。

4.2　变压器

4.2.1　变压器的分类

变压器是一种常用的电力设备，按不同的适用目的和工作条件，其分类方法如下：

1）按使用功能分类，可分为升压和降压。

2）按绕组导体分类，可分为铜绕组和铝绕组。

3）按容量系列分类，可分为中小型变压器（35kV/6300kV·A）、大型变压器（63~110kV/6300kV·A）、特大型变压器（220kV以上/31500~360000kV·A）。

4）按相数分类，可分为三相和单相。

5）按调节方式分类，可分为无载调压和有载调压。

6）按用途分：电力变压器、照明变压器、电炉变压器、整流变压器、矿用变压器、调压变压器、特种变压器、互感器等。

7）按绕组类型分类，可分为双绕组变压器（高压、低压）、三绕组变压器（高、中、低压）、自耦变压器。

8）按结线组别分类，变压器在低压侧为三相四线制系统时，其联结组别可分为YynO和Dyn11两种。Dyn11结线组别的变压器比YynO结线组别的变压器具有明显优点，限制了三次谐波，降低了零序阻抗，即增大了相零单相短路电流值，对提高单相短路电流动作断路器的灵敏度有较大作用。

9）按绝缘类型分类，可分为油浸式、干式和充气式变压器等。

① 油浸式。油浸式变压器广泛用作电力变压器，与干式变压器相比，具有较好的绝缘和散热性能，价廉，但不宜用于易燃、易爆场所，三相油浸式电力变压器如图4-2所示。

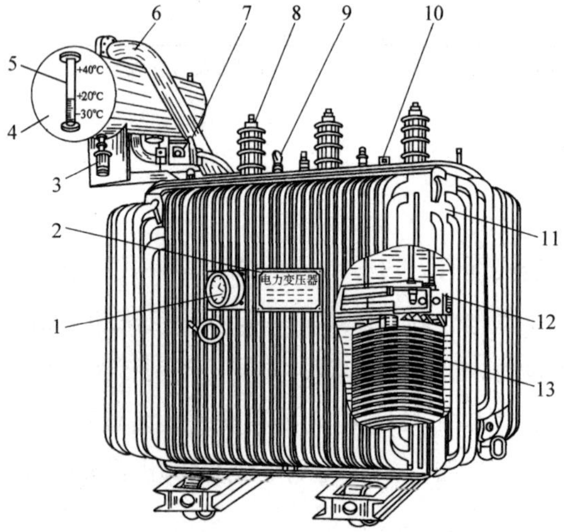

图4-2 三相油浸式电力变压器

1—信号温度 2—铭牌 3—吸湿器 4—储油柜 5—油位指示器 6—防爆管

7—气体继电器 8—高压套管和接线端子 9—低压套管和接线端子

10—分接开关 11—油箱及散热油管 12—铁心 13—绕组及绝缘

② 干式。干式电力变压器又可分为开启式、封闭式和浇注式三种。其中，浇注式电力变压器用浇注的环氧树脂作为绝缘和散热介质，结构简单体积小，重量轻，适合于安全防火

要求高的场所，广泛用于民用建筑。图 4-3 为环氧树脂浇注绝缘的三相干式电力变压器。

③ 充气式。充气式电力变压器多为六氟化硫（SF_6）变压器。六氟化硫（SF_6）变压器是用六氟化硫替代传统的绝缘油作为主要的绝缘介质变压器，它具有绝缘强度高，不燃烧、防爆等特点，特别适用于防火、防爆要求较高的场所。

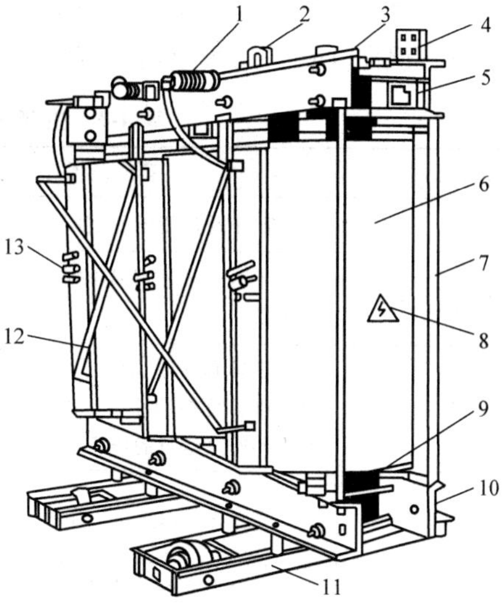

图 4-3　环氧树脂浇注绝缘的三相干式电力变压器

1—高压出线套管　2—吊环　3—上夹件　4—低压出线端子
5—铭牌　6—环氧树脂浇注绝缘绕组（内低压，外高压）
7—上下夹拉杆　8—警示标牌　9—铁心　10—下夹件
11—小车（底座）　12—高压绕组相间连接导杆
13—高压分接头连接片

4.2.2　变电所主变压器台数和容量的选择

1）配电变压器选择应根据建筑物的性质、负荷情况和环境条件确定，并应选用低损耗、低噪声的节能型变压器。

2）配电变压器的长期工作负载率不宜大于 85%；当有一级和二级负荷时，宜装设两台及以上变压器，当一台变压器停运时，其余变压器容量应满足一级和二级负荷用电要求。

3）当符合下列条件之一时，可设专用变压器：

① 电力和照明采用共用变压器将严重影响照明质量及光源寿命时，照明可设专用变压器。

② 季节性负荷容量较大或冲击性负荷严重影响电能质量时。

③ 单相负荷容量较大，由于不平衡负荷引起中性导体电流超过 Yyn0 结线组别变压器低压绕组额定电流的 25%时，可设置单相变压器；只有单相负荷且容量不是很大时，也可设置单相变压器。

④ 出于功能需要的某些特殊设备。

⑤ 当 220V/380V 电源系统为不接地或经高阻抗接地的 IT 接地形式，且无中性线（N）时，照明系统应设专用变压器。

4）供电系统中，配电变压器宜选用 Dyn11 结线组别的变压器。

5）设置在民用建筑内的变压器，应选择干式变压器、气体绝缘变压器或非可燃性液体绝缘变压器。设置在民用建筑物室外的变电所，当单台变压器油量为 100kg 及以上时，应有储油或挡油、排油等防火措施。

6）变压器低压侧电压为 0.4kV 时，单台变压器容量不宜大于 2000kV · A，当仅有一台时，不宜大于1250kV · A；组合式变电站变压器容量采用干式变压器时不宜大于800kV · A，采用油浸式变压器时不宜大于630kV · A。

7）主变压器形式的选择。主变压器形式选择应按照工厂或用户需求与使用环境进行选择，见表4-3。但需注意，二级负荷建筑物内不得选用油浸式变压器。

表4-3 主变压器形式的选择

主变压器形式	适应范围	型号选择
油浸式	一般正常环境的变电所	应优先选用 S_9 等系列低损耗配电变压器
干式	用于防火要求较高或环境潮湿、多尘的场所	SCB_8、SCL等系列环氧树脂浇注式变压器，具有较好的难燃、防尘和防潮的性能
密闭式	用于具有化学腐蚀性气体、蒸气或具有导电、可燃粉尘、纤维等会严重影响变压器安全运行的场所	BS_7、BS_8 等系列全密闭式变压器，具有防尘、防腐、防潮性能，并可与可爆性气体隔离
防雷式	用于多雷区及土壤电阻率较高的山区	S_2 等系列防雷变压器，具有良好的防雷性能，承受单相负荷能力较强
有载偶压式	用于电力系统供电电压偏低或电压波动严重的用电设备对电压质量又要求较高的场所	SZ_0 系列有载变压器和限低损耗配电变压器，可优先选用

8）各类变压器性能比较，表4-4为各类变压器性能比较，可供使用时选择。

表4-4 各类变压器性能比较

类型	矿油变压器	硅油变压器	SF_6变压器	干式变压器	环氧树脂浇注式变压器
价格	低	中	高	高	较高
安装面积	中	中	中	大	小
体 积	中	中	中	大	小
爆炸性	有可能	可能性小	不爆	不爆	不爆
燃烧性	可燃	难燃	不燃	难燃	难燃
耐湿性	良好	良好	良好	弱	优
耐尘性	良好	良好	良好	差	良好
损耗	大	大	稍小	大	小
绝缘等级	A	A或H	E	B或H	B或F
重量	重	较重	中	重	轻

4.3 高压配电室及设备

高压配电室常用的设备有高压开关柜、高压熔断器、高压隔离开关、高压负荷开关、高压断路器等。

高压配电室中最主要的设备高压开关柜，是按一定的线路方案将有关一次、二次设备组装在一起而成的高压成套配电装置，在发电厂和变配电所中用于控制和保护发电机、变压器和高压线路，也可用于大型高压交流电动机的起动和保护，其柜内安装有高压开关设备、保护电器、监测仪表和母线、绝缘子等。

4.3.1　高压开关柜

高压开关柜在电力系统发电、输电、配电、电能转换和消耗中起通断、控制或保护等作用。高压开关柜电压等级为 10～550kV，开关柜具有架空进出线、电缆进出线、母线联络等功能。图 4-4 为高压开关柜［GC-1A（F）型］外形图。

图 4-4　高压开关柜外形图

高压开关柜全型号的字符表示及其含义如图 4-5 所示。

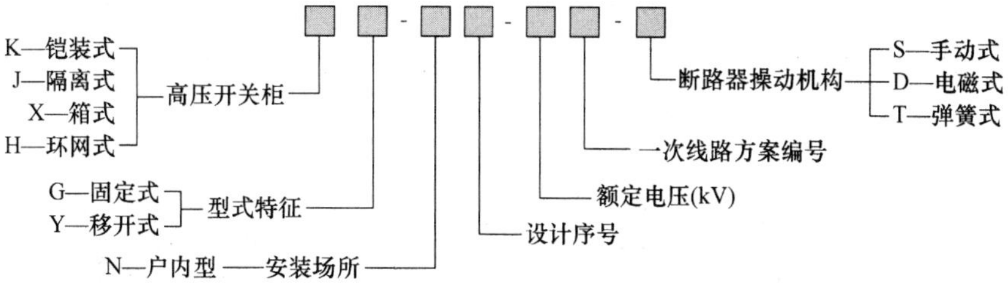

图 4-5　高压开关柜全型号字符表示及其含义

4.3.2　高压熔断器

高压熔断器由熔丝管、绝缘子、弹簧触头和支承机构组成，其主要功能是对电路或设备进行短路保护，有的也具有过负荷保护功能。高压熔断器的型号有 RN2-12、XRNP-12、RN1-12 等，如图 4-6 所示。

RN 为户内型固定式熔断器，RN1 主要用作高压线路和设备的短路保护，也可用作过负荷保护，RN2 用作高压互感器的短路保护。RN1、RN2 的灭弧能力很强，为“限流”式熔断器。

RW3（户外跌落式）熔断器，既可作 6～10kV 线路和变压器的短路保护，可直接用高压绝缘棒（俗称令克棒）来操作熔丝管分合，以断开或接通小容量的空载变压器和空载线路等。其灭弧能力不强，为“非限流”式熔断器。

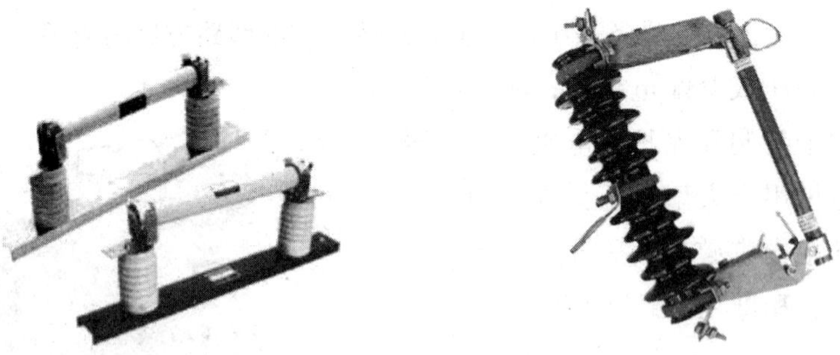

a)　　　　b)

图 4-6　高压熔断器外形图

a）RN 型户内高压熔断器　b）RW3 型户外跌落式高压熔断器

4.3.3　高压隔离开关

高压隔离开关的功能主要是隔离电源，以保证其他设备和线路的安全检修，它是一种主要用于“隔离电源、倒闸操作、用以连通和切断小电流电路”的开关器件，因此其结构特点是断开后有明显可见的断开间隙，而且断开间隙的绝缘及相间绝缘都必须足够可靠，能充分保障人身和设备的安全。但是隔离开关没有专门的灭弧装置，因此不允许带负荷操作。其功能有隔离高压电源、倒闸操作和接通与断开较小电流。高压隔离开关按安装地点，分为户内式和户外式两大类，图 4-7 为 GN8-10/600 型户内式高压隔离开关的外形结构图，高压隔离开关通常采用 CS6 型手动操动机构进行操作，如图 4-8 所示。而户外式高压隔离开关则大多采用绝缘棒（令克棒）手工操作。

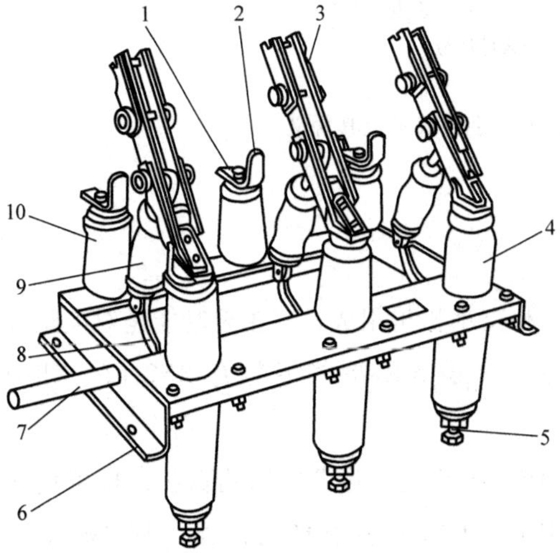

图 4-7　高压隔离开关的外形结构图

1—上绝缘端子　2—静触头　3—闸刀　4—绝缘套管

5—下接线端子　6—框架　7—转轴　8—拐臂

9—升降瓷绝缘子　10—支柱瓷绝缘子

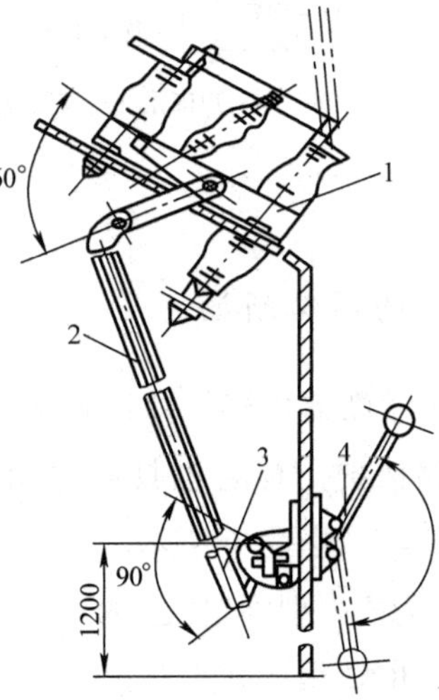

图 4-8　CS6 型手动操动机构外形结构图

1—GN8 型隔离开关　2—传动连杆

3—调节杆　4—CS6 型手动操动机构

4.3.4 高压负荷开关

高压负荷开关是一种功能介于高压断路器和高压隔离开关之间的电器，常和高压熔断器串联以控制电力变压器。

高压负荷开关能通断一定的负荷电流和过负荷电流，但是负荷开关的断流灭弧能力有限，不能断开短路电流，所以一般与高压熔断器串联使用，借助熔断器来进行短路保护。负荷开关断开后，与隔离开关一样，也具有明显可见的断开间隙，因此它也具有隔离高压电源、保证安全检修的功能。高压负荷开关如图 4-9 所示。

图 4-9 高压负荷开关

4.3.5 高压断路器

高压断路器（或称高压开关）不仅可以切断或闭合高压电路中的空载电流和负荷电流，而且当系统发生故障时通过继电器保护装置的作用，切断过负荷电流和短路电流，因此，它应具有相当完善的灭弧结构和足够的断流能力。高压断路器可分为油断路器（多油断路器、少油断路器）、压缩空气断路器、六氟化硫断路器（SF_6 断路器）、高压真空断路器等。高压断路器的功能包括：通断正常负荷电流、接通和承受一定的短路电流、在保护装置作用下自动跳闸、切除短路故障。

1. 油断路器

1）多油断路器：开关触头在绝缘油中闭合和断开；油兼有灭弧和绝缘功能，油量多，有易燃易爆危险；体积大，维护麻烦；可频繁通断负荷；趋于淘汰。

2）少油断路器：开关触头在绝缘油中闭合和断开，油只有灭弧功能，油量少，易燃易爆危险性较小；体积小，价廉，维护方便。它不能频繁操作；多用于 6~10kV 线路。图 4-10 为 SN10-10 型少油断路器。

2. 压缩空气断路器

压缩空气断路器是利用压缩空气来吹弧并用压缩空气来作为操作能源的一类断路器。它利用压缩空气吹动电弧，并使电弧熄灭。它还具有较高的开断能力，可以满足电力系统所提出的较高额定参数和性能要求。其灭弧能力强，分断时间短，断流容量大，但结构复杂，价格昂贵，维护要求高。

3. 六氟化硫（SF_6）断路器

六氟化硫断路器是利用六氟化硫（SF_6）气体作为灭弧介质和绝缘介质的一种断路器，其绝缘性能和灭弧特性都大大高于油断路器，广泛用于超高压大容量电力系统中。但其价格较高，且对 SF_6 气体的应用、管理、运行都有较高要求。图 4-11 为六氟化硫断路器外形图。

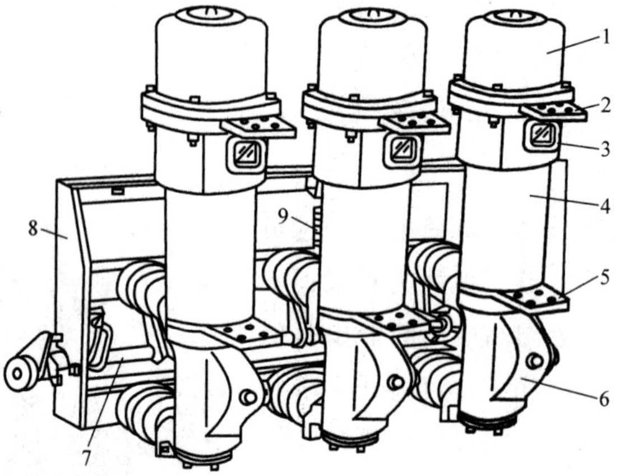

图 4-10　SN10-10 型少油断路器

1—铝帽　2—上接线端子灭弧室　3—游标表　4—绝缘筒　5—下接线端子　6—基座

7—主轴　8—框架　9—短路弹簧

4. 高压真空断路器

高压真空断路器的开关触头是在真空的容器内闭合和断开的。其灭弧能力强，燃弧时间短，属高速断路器，开断能力强；重量轻、体积小，寿命长、易维修，但价格较贵。它可频繁操作，主要用于操作频繁的场所，无易燃易爆危险。由于其开断速度高，易产生截流过电压，对变压器等感性负载易造成危害，故应配置过电压吸收装置。图 4-12 为真空断路器外形图。

图 4-11　六氟化硫断路器外形图

图 4-12　真空断路器外形图

4.4 低压配电室及设备

低压配电室中最主要的设备是低压配电柜。低压配电柜是按一定的线路方案将有关一次、二次设备组合而成的一种低压成套配电装置，在低压配电中作为动力和照明配电之用。

低压配电系统及低压配电柜内的一次设备有熔断器、断路器、组合电器、转换开关电器等。

4.4.1　低压配电柜

低压配电柜用于发电厂、变电站、厂矿企业等电力用户，作为动力、照明及配电设备的电能转换、分配与控制之用。按用途分为受电柜、母线联络柜、馈电柜、电动机控制柜、无功功率补偿柜、照明配电柜。低压配电柜外形图如图 4-13 所示。

图 4-13　PGL 低压配电柜外形图

4.4.2　低压熔断器

1. 熔断器的种类

熔断器主要用于线电路及电路设备短路和过载保护。其种类有：

(1) 有填料封闭管式熔断器 (RT)

这种熔断器又称为石英熔断器，它常用作变压器和电动机等电气设备的过载和短路保护。具有保护性好、分断能力强、灭弧性能好和使用安全等优点，主要用在短路电流大的电力电网和配电设备中。

(2) 低压无填料密闭管式熔断器 (RM)

这种熔断器可以拆卸，它的熔体是一种中间窄的变截面锌片安装在纤维管中，当熔断器通过大电流时，锌片上窄的部分首先熔断，切断电路。属于非限流式熔断器，灭弧断流能力较差，但结构简单，价廉及更换熔体方便，仍较普遍地应用于低压配电装置中。

(3) 插入式熔断器 (RC)

这种熔断器主要用于电压在 380V 及以下、电流在 5~200A 的电路中，如照明电路和小容量的电动机电路中。

(4) 有填料快速熔断器 (RS)

这种熔断器主要用于硅整流器件、晶闸管器件等半导体器件及其配套设备的短路和过载保护，它的熔体一般采用银制成，具有熔断迅速、能灭弧等优点。

(5) 自复式熔断器（RZ）

这种熔断器内部采用金属钠作为熔体，在常温下，钠电阻很小，可以通过正常的电流，若电路出现短路，流过钠熔体的电流很大，钠被加热汽化，电阻变大，熔断器相当于开路切断电源，当短路消除后，溶体流过的电流减小，溶体自动恢复正常接通电路。自复式熔断器通常与低压断路器配套使用，其中熔断器用作短路保护，断路器用作控制和过载保护，这样可以提高供电可靠性。

2. 熔断器的分断范围和使用类别

1）熔断器按分断范围分为全范围分断（g：可分断最小熔化电流至其额定分断电流之间的各种电流）和部分范围分断（a：只分断低倍额定电流至其额定分断电流之间的各种电流）。

2）熔断器按使用类别分为一般用途（G：用于保护电线电缆在内的各种负载）和特殊用途（M：用于保护电动机回路，Tr为保护变压器回路）。

4.4.3 低压断路器

低压断路器的应用主要针对线路、电动机、变压器在使用中所出现的过载、短路、漏电、接触不良、故障电弧或欠压保护等现象，图4-14是某些型号低压断路器的外形图。

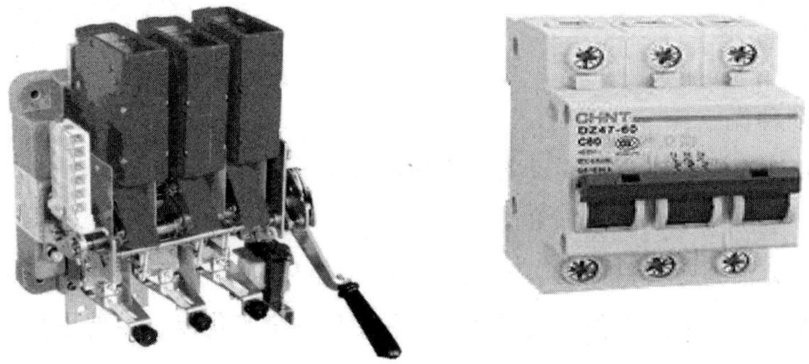

a) b)

图4-14 低压断路器外形图

a）QW型万能式低压断路器 b）DZ10系列塑壳断路器

低压断路器的种类有：

(1) 框架式断路器（ACB）

能接通、承载及分断正常电路条件下的电流，主要用于线路的过载、短路、过电流、失压、欠压、接地、漏电、双电源自动切换及电动机的不频繁起动时的保护、操作等。额定电流800~6300A，安装方式为固定式和插拔式。具有手动和电动操作机构，可单独使用或安装在低压配电柜内。

（2）塑料外壳式断路器（MCCB）

使用范围与框架式断路器（ACB）相同。

（3）微型断路器（MCB）

微型断路器（MCB）是建筑电气终端配电装置中使用最广泛的一种终端保护电器。用于125A 以下的单相、三相的短路、过载、过压等保护，包括单极 1P、二极 2P、三极 3P、四极 4P 等四种。额定电流 6~100A，具备隔离功能。应用范围与框架式断路器（ACB）相同。

（4）剩余电流保护断路器（RCD）

剩余电流保护断路器（RCD）是防止人身触电、电气火灾及电气设备损坏的一种有效的防护措施。世界各国和国际电工委员会通过制定相应的电气安装规程及用电规程在低压电网中大力推广使用剩余电流动作保护器。

（5）电弧故障保护电器（AFCI）

电弧故障保护电器（AFCI）是一项最新的电路保护技术，其主要作用是防止由故障电弧引起的火灾。发生电弧故障时，由于电流强度较小，低于电力系统特别是低压配电领域广泛安装的过电流保护的设定值，在配电线路终端安装故障电弧断路器（AFCI）能及时发现电弧并切断电路，有效减小电弧造成损失的措施。

4.4.4　低压刀开关（隔离开关、隔离器）

低压隔离电源的刀开关也称作隔离开关。隔离用刀开关一般属于无载通断电器，只能接通或分断“可忽略的电流”（是指带电压的母线、短电缆的电容电流或电压互感器的电流）。也有的刀开关具有一定的通断能力，在其通断能力与所需通断的电流相适应时，可在非故障条件下接通或分断电气设备或成套设备中的一部分。用作隔离电源的刀开关必须满足隔离功能，即开关断口明显，并且断口距离合格。刀开关和熔断器串联组成组合开关。

低压刀开关按操作方式分为单极、双极和三极；按灭弧结构分为不带灭弧罩和带灭弧罩两种。带灭弧罩的刀开关能通断一定的负荷电流，不带灭弧罩的刀开关不能带负荷操作。

4.4.5　组合电器

组合电器是将两种或两种以上的电器，按接线要求组成一个整体而各电器仍保持原性能的装置。结构紧凑，外形及安装尺寸小，使用方便，系统大为简化，且各电器的性能可更好地协调配合。按电压高低可分为低压组合电器及高压组合电器。主要用于电路隔离和通断额定电流。低压组合电器适用于交流工频电路中，以手动不频繁地通断有载电路，也可用于线路的过载与短路保护。通断电路由触刀完成，过载与短路保护由熔断器完成。

1. 低压组合电器组合形式

常用的低压组合电器组合形式主要是隔离开关和熔断器的组合，其组合形式有六种，见表 4-5。

表4-5　隔离开关和熔断器组合形式

熔断器开关名称	图形符号	含义
开关熔断器组		开关的一极或多极与熔断器串联构成的组合电器
熔断器式开关		用熔断体或带有熔断体的载熔件作为动触头的一种开关
隔离器熔断器组		隔离器的一极或多极与熔断器串联构成的组合电器
熔断器式隔离器		用熔断体或熔断体的载熔件作为动触头的一种隔离器
隔离开关熔断器组		隔离开关的一极或多极与熔断器串联构成的组合电器
熔断器式隔离开关		用熔断体或熔断体的载熔件作为动触头的一种隔离开关

2. 高压组合电器组合形式

高压组合电器有不同组合形式，如高压隔离开关-高压断路器-高压隔离开关、高压隔离开关-高压负荷开关等，其前后顺序可根据实际需要进行组合。

4.4.6　转换开关电器

转换开关电器（TSE）主要适用于额定电压交流不超过1000V或直流不超过1500V的紧急供电系统，在转换电源期间中断向负载供电。由一个（或几个）转换开关电器和其他必需的电器组成，用于监测电源电路，并将一个或几个负载电路从一个电源自动转换至另一个电源的电器。

（1）转换开关电器分类

转换开关电器按短路能力为PC级、CB级和CC级，按控制转换方式分为手动转换开关电器（MTSE）、自动转换开关电器（ATSE）和遥控操作转换开关电器（RTSE）。

（2）转换开关电器作用

可以控制交流电路和直流电路，可根据操作次数的多少选择不同的型号，控制对象可以是阻性负载、感性负载、混合负载、无感或微感负载。

4.4.7　低压电容器柜

电容器室主要用于安装电容器，电压可分为低压（1kV以下）和高压（1kV以上）两类，电容器的安装方式分为串联和并联两种。装设电容器的作用是补偿系统无功功率损耗，提高系统功率因数，降低线路损耗，节省能源和改善电网质量。

1. 串联电容器的作用

串联电容器主要用于补偿电力系统的电抗，常用于高压系统。

1）提高线路末端电压。一般将线路末端电压最大可提高10%～20%。

2）降低受电端电压波动。当线路受电端接有变化很大的冲击负荷（如电弧炉、电焊机、电气轨道等）时，串联电容器能消除电压的剧烈波动。

3）提高线路输电能力。由于线路串入了电容器的补偿电抗，线路的电压降落和功率损耗减少，相应地提高了线路的输送容量。

4）改善了系统电流分布。在闭合网络中的某些线路上串接一些电容器，部分地改变了线路电抗，使电流按指定的线路流动，以达到功率经济分布的目的。

5）提高系统的稳定性。线路串入电容器后，提高了线路的输电能力，这本身就提高了系统的静稳定。

2. 并联电容器的作用

并联电容器并联在系统的母线上，类似于系统母线上的一个容性负荷，它吸收系统的容性无功功率，这就相当于并联电容器向系统发出感性无功。因此，并联电容器能向系统提供感性无功功率，提高系统运行的功率因数和受电端母线的电压水平，同时，它减少了线路上感性无功的输送，减少了电压和功率损耗，因而提高了线路的输电能力。

3. 电容器的安装与防火

电容器的运行方式和操作规程应符合国家有关规定。

1）当高压电容器容量不大时，可将高压电容器安装于高压配电室内，但与高压配电柜间距不得小于 2m。

2）电容器室内设备安装方式、建筑防火等级与高、低压配电室的要求相同。

3）当电容器喷油、爆炸着火时，应立即断开电源，并用砂子或干式灭火器灭火。

4.5 电气控制设备的防火

在工业生产中有很大数量各类电气控制设备，如电力开关、断路器、继电器等。这些控制设备如果出现接触不良及电气设备自身的故障，在运行中就会产生电弧、电火花，当故障电弧发生时，线路上的漏电、过流和短路等保护装置，可能无法检测到故障电弧或者无法迅速动作切断电源，极易引发火灾。

在变电所内，火灾危险性最大的设备除变压器外还有断路器和电容器等电气设备。因为变压器及各种用电设备投入或退出电网时，都由开关电器来完成，当其在大气中开断时，只要电源电压达到 12~20V，被断开时电流达到 0.25~1A，就会在触头间（简称弧隙）产生电弧。实际上开关电器在工作时，电路的电压和电流都大于生弧电压和生弧电流，即开断电路时触头间隙中必然会产生电弧。电弧的产生，一方面使电路仍保持导通状态，延迟了电路的开断；另一方面电弧长久不熄会烧损触头及附近的绝缘，严重时甚至引起开关电器的爆炸和火灾。

4.5.1 电弧的特性

当用开关电器断开电流时，电器的触头间便会产生电弧。而如果开断电流或弧隙的电压小于定值时，则只能产生为时极短的弧光放电，此现象通常称为火花。

1. 电弧的组成

电弧由阴极区、阳极区和弧柱区三部分组成，如图4-15所示。

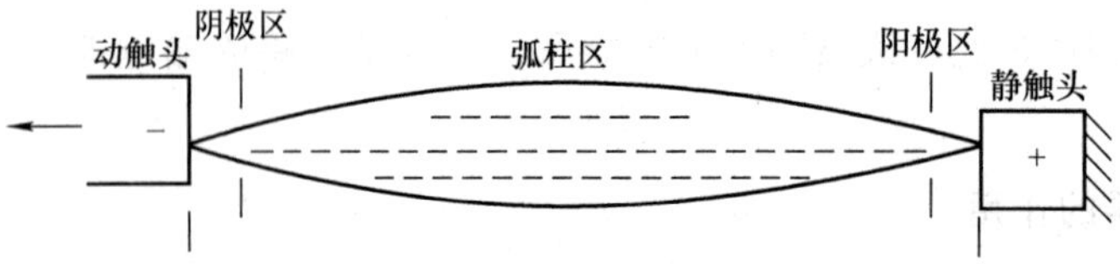

图4-15　直流电弧的组成

阴极和阳极附近的区域分别称为阴极区和阳极区，在阴极和阳极间的明亮光柱称为弧柱。弧柱区中心部位温度最高、电流密度最大，称为弧心；弧柱区周围温度较低、亮度明显减弱的部分称为弧焰。

2. 电弧的温度

电弧的温度很高，电弧形成后，由电源不断地输送能量，维持其燃烧，并产生很高的温度。电弧燃烧时，能量高度集中，弧柱区中心温度可达到10000℃以上，表面温度也有3000~4000℃，同时发出强烈的白光。

3. 电弧放电

电弧是一种自持放电，不同于其他形式的放电现象（如电晕放电、火花放电等），电极间的带电质点不断产生和消失，处于一种动态平衡。弧柱区电场强度很低，一般仅为10~200V/cm，很低的电压就能维持电弧的稳定燃烧而不会熄灭。

4. 电弧的游离气体

电弧是一束游离的气体，质量很轻，在电动力、热力或其他外力作用下能迅速移动、伸长、弯曲和变形。电弧的运动速度可达每秒几百米。

4.5.2　电弧的产生

1. 电弧产生的根本原因

电弧产生的根本原因在于触头本身及触头周围介质含有大量可被游离的电子（内因）。当分断的触头间存在足够大的外施电压的条件下，而且电路电流也达到最小生弧电流，其间的介质就会强烈游离形成电弧（外因）。

触头周围的介质原本是绝缘的，电弧的产生说明绝缘介质变成了导电的介质，发生了物态的转化。任何一种物质都有三态，即固态、液态和气态，这三态随温度的升高而改变。当物质变为气态后，若温度再升高，一般要到5000℃以上，物质就会转化为第四态，即等离子体态。任何等离子体态的物质都是以离子状态存在的，具有导电的特性。因此，电弧的形成过程就是介质向等离子体态的转化过程。电弧的产生和维持是触头间中性质点（分子和原子）被游离的结果。

开关触头刚分离时，由于触头间的间隙很小，触头间会出现很高的电场强度，当电场强度超过 3×10^6V/m 时，阴极触头表面的电子在强电场的作用下被拉出来发生强电场发射。从阴极表面发射出来的自由电子，在电场力的作用下向阳极做加速运动，它们在奔向阳极的途中碰撞介质的中性质点（原子或分子），只要电子的运动速度足够高，其动能大于中性质点的游离能（能使电子释放出来的能量）时，便产生碰撞游离，原中性质点游离为正离子和自由电子。新产生的电子将和原有的电子一起以极高的速度向阳极运动，当它们和其他中性质点相碰撞时又再一次发生碰撞游离，如此依次连续发生。图 4-16 为触头间中性质点碰撞游离过程示意图。

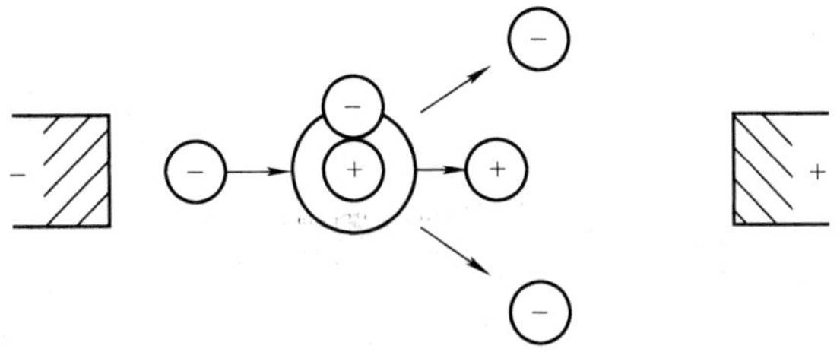

图 4-16 触头间中性质点碰撞游离过程示意图

碰撞游离连续进行的结果是使触头间隙充满了电子和正离子，介质中带电质点剧增，使触头间隙具有很大的电导，在外加电压的作用下，大量的电子向阳极运动，形成电流，这是由于介质被击穿而产生的电弧，这时电流密度很大，触头间电压降很小。电弧产生后，弧柱的温度很高，可达 5000K 以上，这时处于高温下的介质分子和原子产生剧烈运动，使它们之间不断发生碰撞，其结果又游离出电子和正离子，这便是热游离过程。

电弧燃烧过程中，电极表面少数点上有较集中的电流，同时因开关触头分离后，触头间接触压力及接触面积逐渐减少，接触电阻随之增大，会使电极表面有相当高的温度，从而造成其中的电子获得很大的动能，逸出到周围空间。这种现象称为热电子发射，是气体介质中带电质点产生的主要原因之一，其强弱程度与阴极的材料及表面有关。

从以上分析可知，电弧形成的过程是，开关阴极触头在强电场作用下发射电子，所发射出的电子在触头间电压作用下产生碰撞游离，形成了电弧。在高温的作用下，介质中发生热游离，热电子发射，使电弧得以维持和发展。

2. 产生电弧的游离方式

（1）热电发射

当开关触头分断电流时，阴极表面由于大电流逐渐集中而出现炽热的光斑，温度很高，从而使触头表面分子中外层电子吸收足够的热能而发射到触头间的介质中去，形成自由电子。

（2）高电场发射

开关触头分断之初，电场强度很大。在这种高电场作用下，触头表面的电子可能被强拉出去，也进入触头间的介质中形成自由电子。

（3）碰撞游离

当触头间隙存在足够大的电场强度时，其中的自由电子以相当大的动能向阳极运动，在运动中碰撞中性质点（介质分子），有可能使中性质点分裂为带电的正离子和自由电子。这些被碰撞游离出来的带电质点，在电场力作用下继续参与碰撞游离，使触头间隙中的离子数越来越多，形成“雪崩”现象。

（4）高温游离

由于触头处于高温状态下，使得其中的电子能量非常高，从而形成自由电子，产生游离。

由于以上几种游离方式的综合作用，使得触头在带电开断时产生的电弧得以维持。

3. 影响游离作用的物理因素

1）气体介质的温度。温度越高，热游离越强烈。

2）介质的压力。压力越大，自由电子的平均自由行程越小，发生碰撞游离的可能性越大。

3）触头之间的外加电压。电压越高越容易将间隙击穿。

4）触头之间的开断距离。开断距离增大则减小间隙中的电场强度。

5）触头之间的介质种类。不同介质游离电场不同，热游离温度也不同。

6）开关电器的触头材料。不同金属的蒸气有不同的游离电压，有些金属耐高温，不易产生金属蒸气。

在电弧中，发生游离过程的同时还进行着带电质点减少的去游离过程。去游离过程是指自由电子和正离子相互吸引发生中和现象。

4.5.3 电弧的熄灭

1. 电弧的熄灭条件

要使电弧熄灭，必须使触头间电弧中的去游离速度大于游离速度，即其中离子消失的速率大于离子产生的速率。所以为使电弧熄灭，就要设法削弱游离作用，加强去游离作用。电弧的熄灭，实际上就是电弧区域内已电离的质点不断发生去游离的结果。

2. 影响去游离的物理因素

（1）介质的特性

介质的特性在很大程度上决定了电弧中去游离的强度。介质的特性包括导热系数、热容量、热游离温度、介电强度等，这些参数值越大，去游离作用越强，电弧越容易熄灭，如氢气的灭弧能力是空气的7.5倍，SF_6气体的灭弧能力约是空气的100倍。

(2) 电弧的温度

降低电弧温度可以减弱热游离，减少新的带电质点的产生，同时也降低带电质点的运动速度，加强了复合作用。通过快速拉长电弧，用气体或油吹动电弧，或使电弧与固体介质表面接触，都可以降低电弧的温度。

(3) 气体介质压力

气体介质压力增大，可使质点间的距离减小、浓度增大、复合作用加强。而高度真空的绝缘强度远远高于一个大气压的空气和 SF_6 气体的绝缘强度，并且高于变压器油的绝缘强度，真空中绝缘强度恢复快、熄弧能力强。

3. 去游离的方式

(1) 复合

复合是指异号离子或正离子从弧柱逸出而进入周围介质中的现象，即两个带有异号电荷的质点相遇后重新结合为中性质点，而电荷消失。复合的一般规律是电子先附着在中性原子或固体介质表面，再与正离子结合成中性质点。电子的运动速度远大于离子，电子对于正离子的相对速度较大，它们复合的可能性很小，但电子在碰撞时，如果先附着在中性质点上形成负离子，则速度大大减慢，而正、负离子间的复合比电子和正离子间的复合要容易得多。

若利用液体或气体吹弧，或将电弧挤入绝缘冷壁做成的窄缝中，迅速冷却电弧，减小离子的运动速度，可加强复合过程。此外，增加气体压力，使离子间自由行程缩短，气体分子密度加大，使复合的几率增加，也是加强复合过程的措施。

(2) 扩散

扩散是指弧隙中介质被游离的带电质点，由于热运动从浓度较高的区域向浓度较低的周围气体中移动的现象。扩散去游离主要有两个方面原因及形式：

1) 离子浓度差。由于弧道中带电质点浓度高，而弧道周围介质中带电质点浓度低，存在着浓度上的差别，带电质点会由浓度高的地方向浓度低的地方扩散，使弧道中的带电质点减少。

2) 温度差。由于弧道中温度高，而弧道周围温度低，存在温度差，这样弧道中的高温带电质点将向温度低的周围介质中扩散，减少了弧道中的带电质点。电弧截面面积越小，离子扩散也越强。

一般情况下，扩散速度与下列因素有关：弧区与周围介质带电质点的浓度差，弧区与周围介质的温差，电弧弧柱表面积的大小。

弧隙介质恢复电压就是弧隙介质的最小击穿电压。当电弧电流过零时，弧隙中去游离作用继续进行，弧隙电阻不断增大，弧隙介质的强度要恢复到正常状态值需要一个过程。其恢复强度与冷却条件、电流大小、开关电器灭弧装置的结构和灭弧介质的性质有关。

弧隙介质恢复电压与电路参数有关。电阻电路、电感电路和电容电路的弧隙介质恢复电压波形如图 4-17 所示。

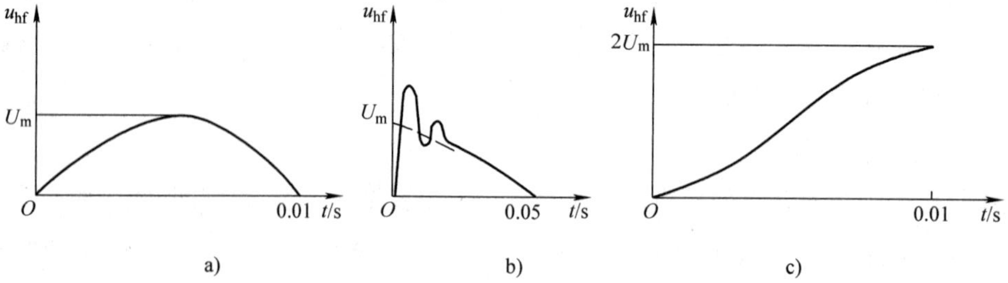

图 4-17 恢复电压波形

a）电阻电路 b）电感电路 c）电容电路

4.5.4 交直流电弧的伏安特性

1. 交流电弧的伏安特性

交流电弧的伏安特性如图 4-18 所示，图中曲线 *OA*（*O* 点即 0 点）、*OC* 是非电弧放电阶段，电压随着时间的增加而增加；图中曲线 *AB*、*CB* 是电弧放电阶段，电压随着时间的增加而减少。因此，曲线 *OA*、*OC* 表示燃弧电压，曲线 *BC* 表示灭弧电压。

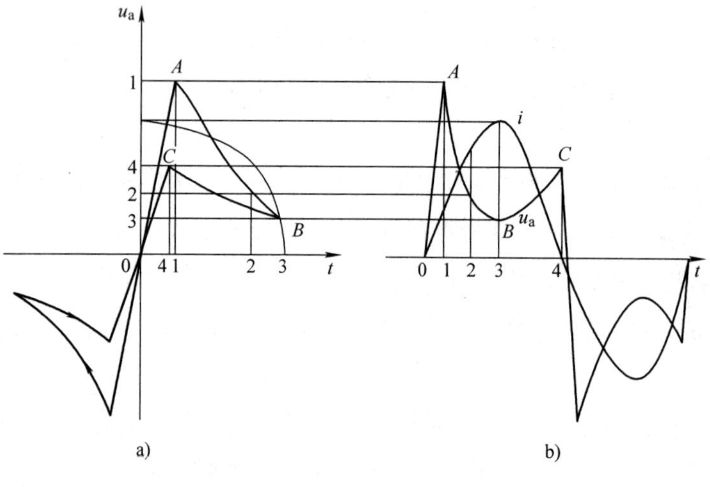

图 4-18 交流电弧的伏安特性

2. 交流电弧的熄灭

工频交流电每秒有 100 次过零，当电流自然过零时，电弧熄灭。当电流反向后，电弧会重燃。电流过零后电弧能否熄灭，是由弧隙介质恢复电压和弧隙恢复电压的大小决定的。

由于电源电压的交变，交流电弧与直流电弧燃烧过程的基本区别在于交流电弧中电流每半个周期要经过零点一次，此时电弧暂时熄灭，而不像直流电弧那样需要强行熄灭。熄灭交流电弧的主要问题仅为防止电弧重燃，且其产生过电压的可能性也低于需强行熄灭的直流电弧，因而交流电路较直流电路易于切断。

在电流过零时，若恢复电压高于介质的绝缘强度，电弧将会重燃，这种现象称为电击穿；反之，若采取有效措施加强弧隙的冷却，使弧隙介质的绝缘强度达到不会被弧隙外施电压击穿的程度，则在下半周电弧就不会重燃而最终熄灭。

同时，弧隙中电弧是否能够熄灭也与弧隙中去游离过程和游离过程的竞争结果密切相关。

当电流过零、电弧暂时熄灭时，弧隙温度继续下降，去游离作用继续加强，弧隙介质绝缘强度逐渐回升，但因热惯性而使弧隙温度仍然较高，甚至热游离也未完全停止，所以弧隙还具有一定的导电性，在弧隙外加电压作用下仍有残余电流通过。此时，弧隙中同时存在着散失能量和输入能量两个过程，若输入能量大于散失能量，则游离过程胜于去游离过程，电弧可以重燃，这种现象称为热击穿；反之，电弧就会熄灭。一般来说，断路器电弧多因电击穿而重燃。

3. 直流电弧的伏安特性

直流电弧的伏安特性如图 4-19 所示，图中曲线 $u=f(i)$ 是电弧电压 u 与电流 i 的关系曲线，当电流很快增加时得曲线 1，电流很快减小时得曲线 2，两条线之所以不重合是由于电弧具有惯性的关系。

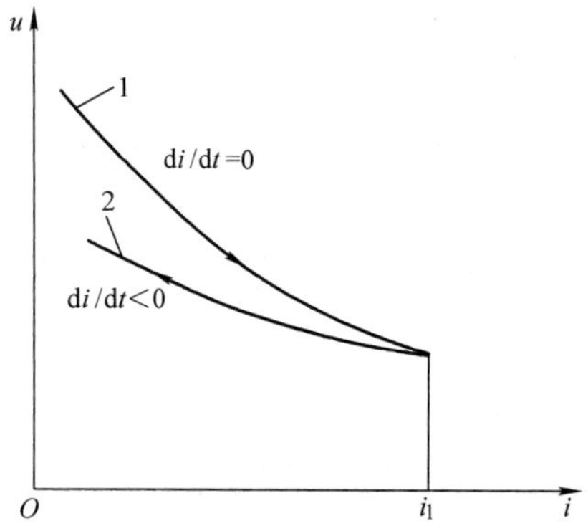

图 4-19 直流电弧的伏安特性

4.5.5 开关电器中常用的灭弧方法

1. 速拉灭弧法

触头分断速度快，弧隙距离增大也快，电弧被迅速拉长，对灭弧有利。

2. 冷却灭弧法

冷却灭弧法的原理是冷却电弧从而减弱电子的游离能量，减小游离速度，减弱游离作用，以达到灭弧作用。

3. 吹弧灭弧法

根据所用介质不同分为气吹灭弧、油吹灭弧和电磁灭弧。

（1）气吹灭弧

气吹灭弧可以分为横吹灭弧和纵吹灭弧两种方法，如图 4-20 所示，其原理是将压缩气体注入弧道，使电弧受到冷却和拉长，造成强烈去游离而使电弧熄灭。理论上，横吹比纵吹效果好，因为横吹使电弧长度和表面积增大，即加强了电弧的去游离作用。

（2）油吹灭弧

油吹灭弧的原理是：在产生电弧后，电弧将油气化、分解而形成油气。油气中的主要成分是氢气，在油中以气泡的形式包围电弧，使电弧在其中燃烧。利用氢气的高导热性和低黏

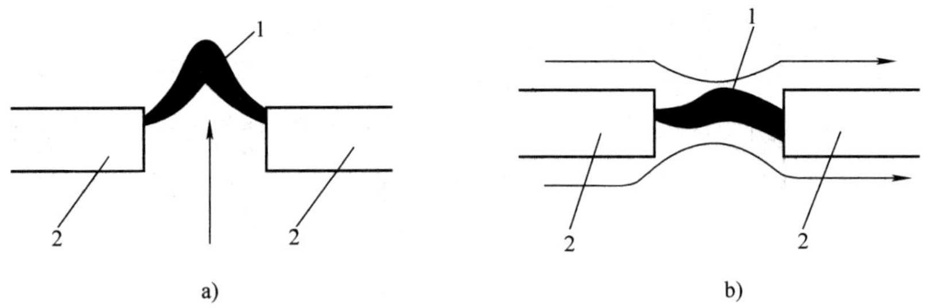

图 4-20　气吹灭弧方式

a）横吹　b）纵吹

1—电弧　2—触头

度加强对弧柱的冷却作用，使电弧的热量散发。另外，由于存在着温度差，使气泡产生运动，又进一步加强了电弧的冷却。油断路器就是用油吹灭弧的，油断路器的灭弧室可以做成各种不同的结构型式，在电弧高温的作用下，使有机物质分解而达到灭弧的。

（3）电磁灭弧

由于电弧带电质点质量很小，它在电磁力的作用下，迅速向周围介质中移动，相当于气体的横吹，进而电弧被拉长冷却，从而熄灭。电磁灭弧装置一般多用于低压开关电器中。常见的利用电磁力移动电弧的方法有：

1）利用电弧各部分电流之间电动力的相互作用及电弧高温形成空气向上流动等原理，使电弧拉长冷却进而熄灭，如图 4-21a 所示。

2）磁性物体会影响电弧电流产生的磁场方向，利用这一原理，可以使电弧向一边移动而拉长，形成横吹或纵吹效果，如图 4-21b 所示。例如磁力启动器的灭弧栅，用铁磁材料制成，将电弧吹入栅内，使其迅速熄灭。

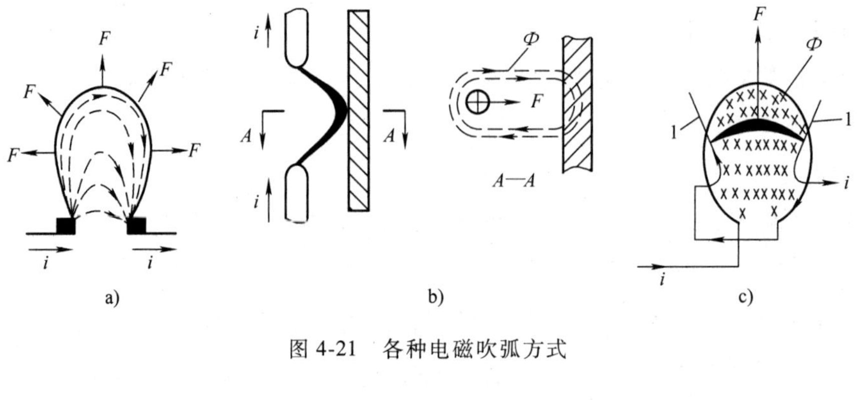

图 4-21　各种电磁吹弧方式

3）利用磁吹原理，将电弧拉长使其熄灭。如图 4-15c 所示，电弧与磁吹线产生的磁场方向垂直，电弧受到力的作用沿触头的弧角 1 方向运动，这样才能达到熄弧目的。

4. 长弧切短灭弧法

长弧切短灭弧法是指将长弧分成若干短弧从而加强冷却与复合作用，使电弧熄灭。

由于电弧的电压降主要降落在阴极和阳极上，其中以阴极电压降最大，而弧柱的电压降极小。因此，如果利用金属片将长弧切割成若干短弧，则电弧中的电压降将近似地增大若干倍。当外施电压小于电弧中总的电压降时，则电弧就不能维持而迅速熄灭。图 4-22 为钢灭弧栅将长弧切割成若干短弧的情形。电弧进入钢灭弧栅内，一方面利用电动力吹弧，另一方面利用铁磁吸弧。钢片对电弧还有冷却降温作用。

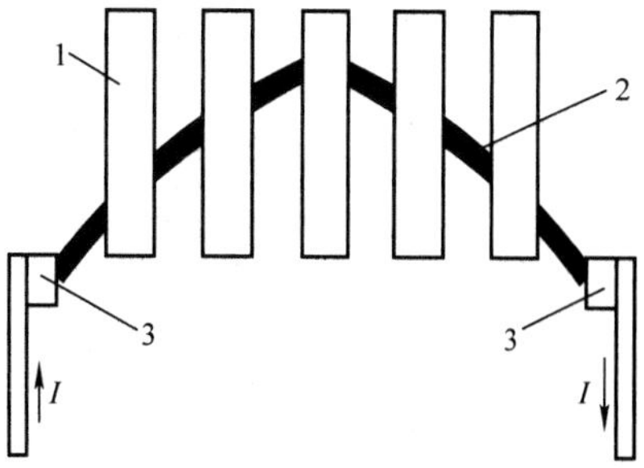

图 4-22 钢灭弧栅对电弧的作用

1—钢栅片 2—电弧 3—触头

5. 多断口灭弧法

通常在高压断路器中多利用多断口灭弧方法，即在一相断路器内，做成多个断口，而当断口增加时，相当于电弧长度与触头的分离速度得到成倍的提高，如图 4-23 所示。

6. 狭沟灭弧法

狭沟灭弧法的原理是使电弧与固体绝缘介质紧密接触，以此来加强冷却的效果，如填料式熔断器即采用此法。绝缘灭弧栅对电弧的作用如图 4-24 所示。

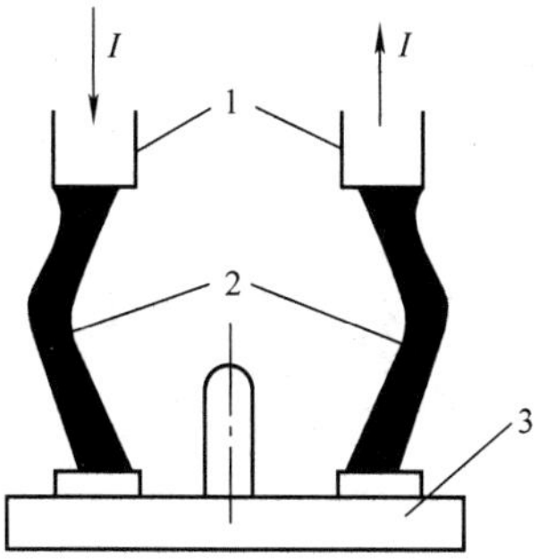

图 4-23 双断口灭弧法示意图

1—静触头 2—电弧 3—动触头

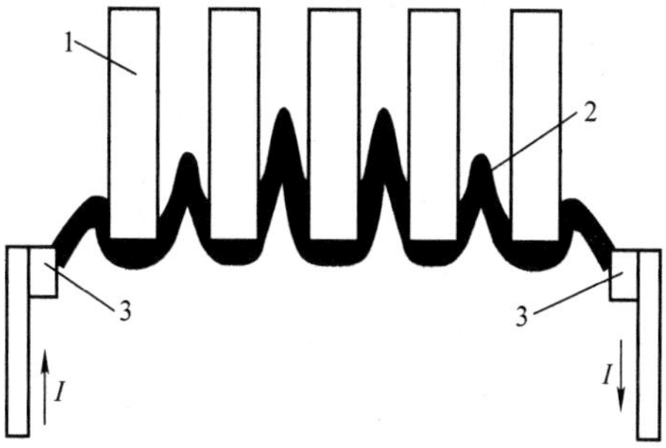

图 4-24 绝缘灭弧栅对电弧的作用

1—绝缘栅片 2—电弧 3—触头

7. 真空灭弧法

利用真空作为绝缘和灭弧介质（真空断路器灭弧室内的气体压力在 1.33×10^{-4}Pa 以下）是非常理想的灭弧方法。由于真空间隙内的气体稀薄，分子的自由行程大，发生碰撞的概率很小，具有相当高的绝缘强度，因此碰撞游离不是真空间隙击穿产生电弧的主要因素。真空中的电弧是由触头电极蒸发出来的金属蒸气形成的，具有很强的扩散能力，因而使电弧电流过零后触头间隙的介质强度能很快恢复起来，使电弧迅速熄灭。装在真空容器内的触头分断时，在交流电流过零时即能熄灭电弧而不致复燃。真空断路器的触头形状如图 4-25 所示，灭弧室结构如图 4-26 所示。

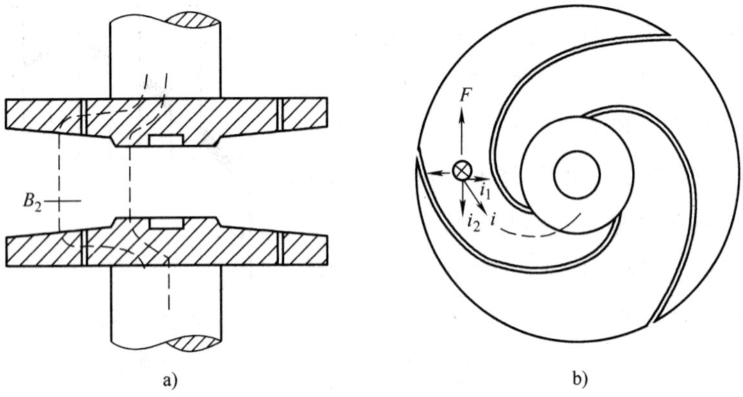

图 4-25　真空断路器的触头形状

a）触头纵剖面图　b）动触头端面图

8. SF_6 灭弧法

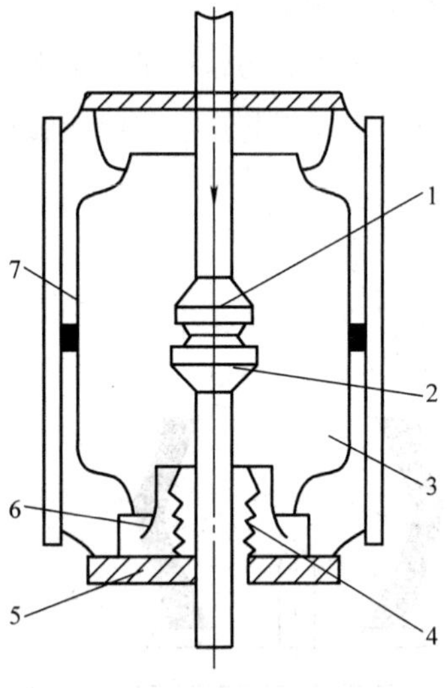

图 4-26　真空断路器灭弧室结构

1—静触头　2—动触头　3—屏蔽罩

4—波纹管　5—与外壳接地的金属法兰盘

6—波纹管屏蔽罩　7—玻壳

SF_6 气体是一种不可燃的惰性气体，它的热导率随温度的不同而变化。SF_6 气体的绝缘性能很好，它的灭弧能力要比空气高 100 倍左右，是比较理想的灭弧介质。当用它吹弧时，采用不高的压力和不太大的吹弧速度就能熄灭高压断路器中的电弧。SF_6 断路器就是利用 SF_6 作为绝缘介质和灭弧介质的。由于 SF_6 断路器具有开断容量大、电寿命长、开断性能好、无火灾危险等优点，因此受到普遍欢迎。

9. 高压油断路器的灭弧

当断路器跳闸时，导电杆向下运动并离开静触头，产生电弧。电弧的高温使油分解形成气泡，使静触头周围的油压骤增，压力使单向阀上升堵住中心孔。此时，电弧在封闭的空间内燃烧，使灭弧室内的油压力迅速增大。图 4-27 为 SN10-10 型少油断路器灭弧室结构。当导电杆向下运动而相继打开一、二、三道灭弧沟及下面的油囊时，油流强烈地横吹和纵吹电弧。同时，在灭弧室底部还会形成附加油流（体积补偿）射向电弧，降低了电弧的温度。由于油流的横吹、纵吹及机械运动引起的油吹综合作用，使电弧迅速熄灭。图 4-28 是灭弧室灭弧过程示意图。

10. 多功能故障电弧探测器

在 400V 以下配线路中安装多功能故障电弧探测器，主要用于监控被保护配电回路的故障电弧、触点温度、电流等数据，可以精准判断每一相线上的正常电弧和故障电弧，电压是否在设定范围内，漏电或过载等。当检测到故障信息时，发出声光报警，同时向上级监控设备发送报警信号，并且将故障点的位置信息传送至监控设备，定位故障的区域。多功能故障电弧探测器广泛适用于现代大体量建筑、公共集聚场所建筑和一类高层建筑，如商场、体育馆、礼堂、影剧院、大型医院、学校、地铁、大型企业厂房等建筑场所。

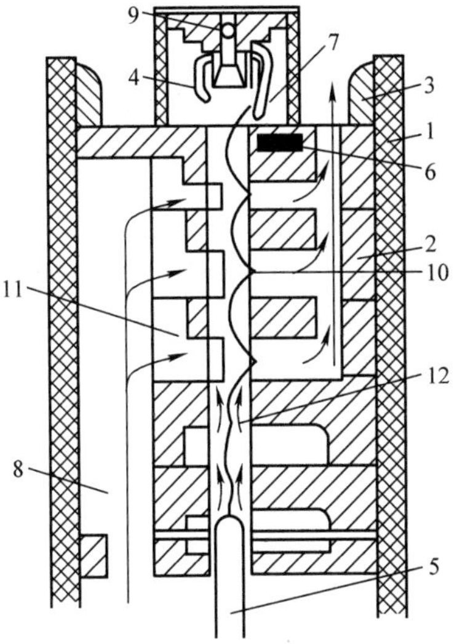

图 4-27 SN10-10 型少油断路器灭弧室结构

1—绝缘筒 2—灭弧室 3—压环 4—静触头 5—导电杆 6—铁片 7—耐弧片 8—附加油流孔道 9—钢球 10—电弧 11—横吹油道 12—纵吹油束

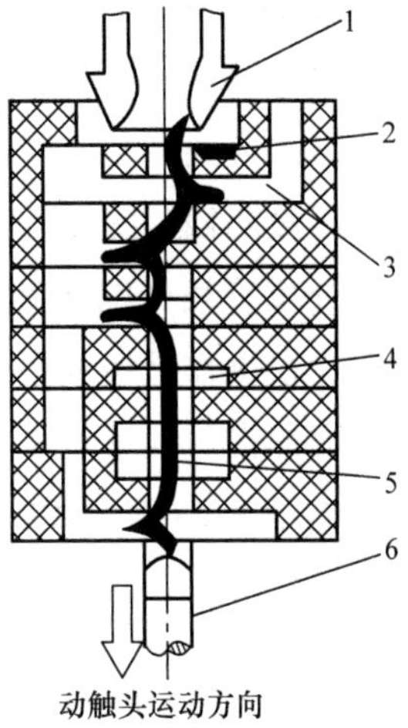

图 4-28 灭弧室灭弧过程示意图

1—静触头 2—吸弧钢片 3—横吹灭弧沟 4—纵吹灭弧囊 5—电弧 6—动触头

4.6 变电所的电气主接线及电气设备选择

4.6.1 电气主接线的分类

按照有无汇流母线可以将所有电气主接线分为有汇流母线的电气主接线和无汇流母线的电气主接线。

有汇流母线的电气主接线包括单母线接线、单母线分段接线、单母线带旁路接线、双母线接线、双母线分段接线、双母线带旁路接线。

无汇流母线的电气主接线包括单元接线、角形接线、桥形接线。

1. 单母线接线

单母线接线是比较简单的接线方式。单母线接线又分为单母线不分段接线、用隔离开关分段的单母线接线和用高压断路器分段的单母线接线三种形式。

单母线接线（又称单母线不分段接线，如图4-29a所示）的每一回进线和出线，都是经过断路器和隔离开关接到母线上的。此处断路器的作用是用于切、合正常负荷电流和切断短路电流，所以断路器应具有足够的灭弧能力。

单母线的缺点是可靠性和灵活性差。例如，当母线或母线隔离处发生故障或进行检修时，必须用隔离开关断开所有回路的电源。

2. 单母线分段接线

为了克服上述缺点，可用隔离开关或断路器将单母线分段。当用隔离开关分段时，如需检修母线或母线隔离开关，可将分段隔离开关断开后分段进行。当母线发生故障时，经过短时倒闸操作将故障段切除，非故障段仍可继续运行。

单母线分段接线（图4-29b）的优点是接线简单清晰，使用设备少，经济性比较好。运行经验表明，误操作是造成系统故障的重要原因之一，主接线简单，操作人员发生错误操作的可能小，因而接线简单也是评价主接线的条件之一。

变电所电压为35kV、20kV或10kV及0.4kV侧的母线时，宜采用单母线或单母线分段接线形式。

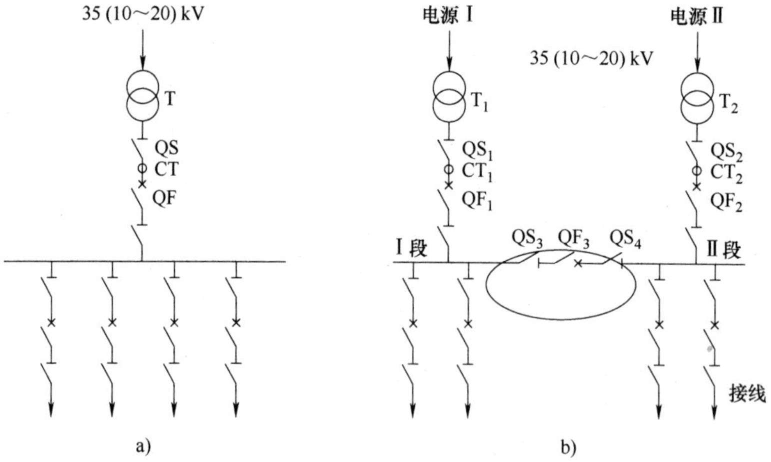

图4-29　单母线接线图

a）单母线不分段接线　b）单母线分段接线

3. 双母线分段接线

在双母线接线中，两组母线均可分别作为工作母线或备用母线使用。和单母线接线相比供电可靠性和运行灵活性大大提高，但开关设备也相应大大增加，从而增加了初期投资，所以此方法在工厂变电所中很少采用，主要用于电力系统的枢纽变电站。电气主接线由一种运行状态转换到另一种运行状态时，按一定顺序对照隔离开关和断路器进行接通或断开的操作，俗称“倒闸操作”。其操作方法必须严格按照安全用电操作规程进行。

双母线分段接线如图 4-30 所示。

4. 桥形接线

桥形接线是指由一台断路器和两组隔离开关组成连接桥，将两回变压器—线路组横向连接起来的电气主接线。在变压器—线路组的变压器和线路之间接入连接桥的称为内桥接线。

对于具有两回电源进线和两台变压器的降压变电所，可考虑采用桥形接线。它是由单母线分段接线演变而成的一种更简单、经济并具有相当可靠性的接线方式，如图 4-31 所示。

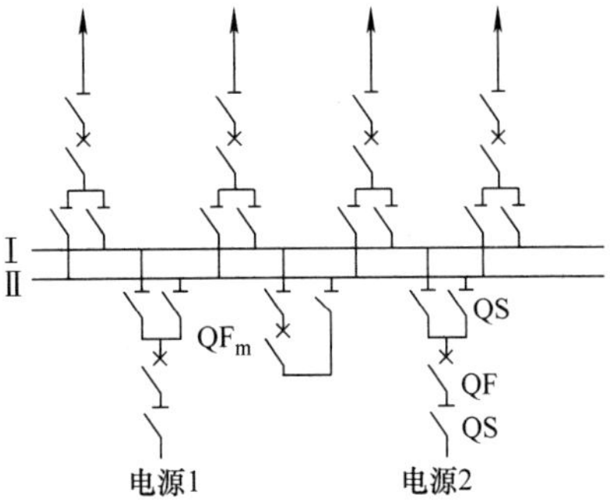

图 4-30 双母线分段接线

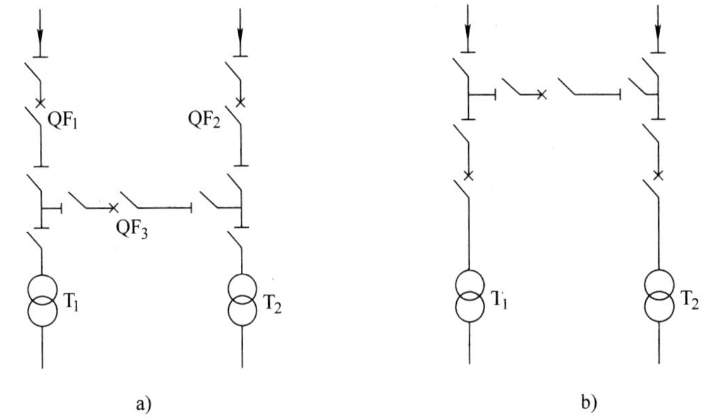

图 4-31 桥形接线

a）内桥接线 b）外桥接线

4.6.2 电气设备选择

1）两个变电所或两台变压器之间的电气联络线路，应在两侧均装设断路器和隔离开关，当低压系统采用固定式配电装置，断路器的电源侧应装设隔离开关，如图 4-29b 所示。

2）采用电压为 35kV、20kV 或 10kV 固定式配电装置时，应在电源进线侧装设隔离开关，如图 4-31b 所示；在架空出线回路或有反馈电可能的电缆出线回路中，尚应在出线侧装设隔离开关，如图 4-29b 所示。

3）20kV 或 10kV 变电所，当供电容量较小、出线回路数少、无继电保护和自动装置要求时，电源进线开关可采用断路器-熔断器组合电器，如图 4-32c 所示。

4）35kV 及出线回路较多的 20kV 或 10kV 变电所的电源进线开关宜采用断路器，如图 4-32b 所示；35kV、20kV 或 10kV 变电所，35kV 侧及有继电保护和自动装置要求的 20kV 或 10kV 母线分段处，宜装设与电源进线开关相同型号的断路器，如图 4-29b 所示。

5）35kV、20kV 或 10kV 母线上的避雷器和电压互感器可合用一组隔离开关，如图 4-33 所示右侧。

6）当同一用电单位由总变电所以放射式向分变电所供电时，分变电所的电源进线开关选择应符合下列规定：

① 电源进线开关宜采用负荷开关，当有断电保护要求时，应采用断路器，如图 4-32b 所示。

② 总变电所和分变电所相邻或位于同一建筑平面内，且两所之间无其他阻隔而能直接相通，出线断路器能有效保护变压器和线路时，分变电所的进线可不设开关，如图 4-32a 所示。

③ 分变电所变压器容量大于或等于 1250kV · A 时，其高压侧进线开关宜采用断路器，如图 4-32b 所示；小于或等于 1000kV · A 时，其高压侧进线开关可采用负荷开关电器或负荷开关-熔断器组合电器，如图 4-32d 所示，此时应将变压器温度信号上传。

④ 高压架空线路（目前较少使用）的进线方案如图 4-32e ~ h 所示。

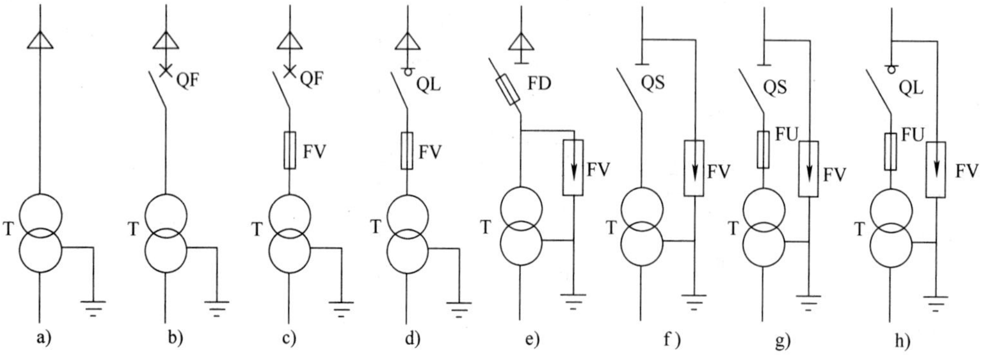

图 4-32 分变电所高压侧主接线方案

a）高压电缆进线，无开关 b）高压电缆进线，装隔离开关 c）高压电缆进线，装隔离开关-熔断器 d）高压电缆进线，装负荷开关-熔断器 e）高压架空进线，装跌开式熔断器和避雷器 f）高压架空进线，装隔离开关和避雷器 g）高压架空进线，装隔离开关-熔断器和避雷器 h）高压架空进线，装负荷开关熔断器和避雷器

QS—隔离开关 QF—断路器 QL—负荷开关 FD—跌开式熔断器 FV—阀式避雷器

7）用电单位的 35kV、20kV 或 10kV 电源进线处，应根据当地供电部门的规定，装设或预留专供计量用的电压、电流互感器。电源侧开关选用真空断路器时，应装设过电压吸收装置。

8）电压为 0.4kV 系统开关设备的选择。变压器低压侧电源开关宜采用断路器，当低压母线分段开关采用自动投切方式时，应采用断路器，且应符合下列要求：

① 应装设“自投自复”“自投手复”“自投停用”三种状态的位置选择开关。

② 低压母联断路器自投时应有一定的延时，当电源主断路器因手动、过载或短路故障分闸时，低压母联断路器不得自动合闸。

③ 有防止不同电源并联运行要求时，两个电源主断路器与母联断路器只允许两个同时合闸，3 个断路器之间应有电气联锁。

④ 低压系统采用固定式配电装置时，其中的断路器等开关设备的电源侧，应装设隔离开关。当母线为双电源时，其电源或变压器的低压出线断路器和母线联络断路器的两侧均应装设隔离开关。

9）当自备电源接入变电所相同电压等级的配电系统时，应符合下列规定：

① 接入开关与供电电源网络之间应有电气联锁，防止并网运行。

② 应避免与供电电源网络的计量混淆。

③ 接线应有一定的灵活性，并应满足在特殊情况下，相对重要负荷的用电。

④ 与变电所变压器中性点接地形式不同时，电源接入开关的选择应满足接地形式的切换要求。

4.6.3　工厂电气主接线

主接线图也称为主电路图，是表示系统中电能输送和分配路线的电路图。主接线图有一次电路图和二次电路图之分，用来控制、指示、测量和保护主电路（即一次电路）及其中设备运行的电路图称为二次接线图。图 4-33 为工厂 10kV 电气主接线图。

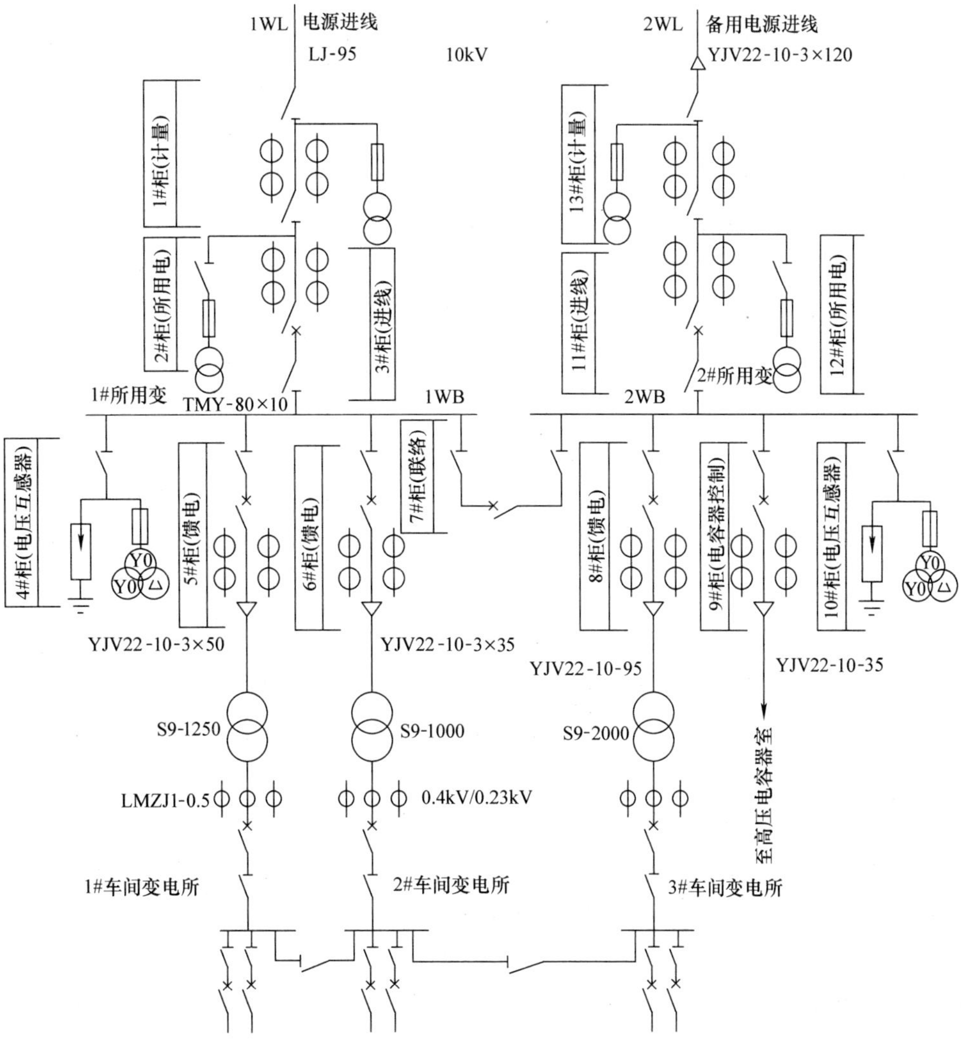

图 4-33　工厂 10kV 电气主接线图

4.7 变电所的防火防爆、防震与环境保护

4.7.1 电力变压器的防火防爆

电力变压器是由铁心柱或铁轭构成的一个完整闭合磁路，由绝缘铜线或铝线制成线圈，形成变压器的一次、二次绕组。除小容量的干式变压器外，大多数变压器都是油浸自然冷却式，绝缘油起线圈间的绝缘和冷却作用。

1. 电力变压器的火灾危险性

变压器中的绝缘油闪点约为135℃，易蒸发，同空气混合能形成爆炸混合物。变压器内部的绝缘衬垫和支架大多使采用纸板、棉纱、布、木材等有机可燃物质，例如，1000kV·A的变压器大约使用木材0.012m^3，使用纸40kg，配装绝缘油1000kg。所以，一旦变压器内部发生过载或短路，可燃的材料和油就会因高温或电火花、电弧作用而分解、膨胀以致气化，使变压器内部压力剧增，这时可引起变压器外壳爆炸，大量绝缘油喷出燃烧，又会进一步扩大火灾危险。

2. 变压器的火灾原因

1）由于变压器的绝缘损坏，出现匝间短路、相间短路、层间短路，以及绕组靠近油箱壁部分的绝缘击穿，均可能引起火灾。

2）由于变压器长期过负荷，产生高温，热量无法散失，这也会引起绕组过热燃烧。

3）变压器或其他充油设备中，冷却绝缘用油变质、漏油渗油、套管破裂、进水受潮没有及时得到处理。

4）防雷措施不健全、接地装置不合格等，致使变电站遭受雷击或由架空线路引入雷电波造成大气过电压事故。

5）油断路器油面过低、油质变坏，操作机构调整不当，电弧不能切断或及时熄灭，套管破裂、受潮，对地闪络放电等，可能引起油断路器着火爆炸。

6）变压器铁心硅钢片间，由于某种原因使绝缘损坏，形成涡流，造成铁心过热，引起燃烧。

7）开关设备断流能力不足，或误操作引起的强烈电弧，造成燃烧或爆炸。

8）蓄电池室通风装置不完善或调酸时操作不当，使硫酸或充电时放出的氢气着火爆炸。

9）电容器由于内部绝缘击穿，过热引起着火爆炸。

10）变电所内电气连接部分接触不良、过热、跳火等引起火灾。

11）氧气和硫酸蒸气引起的变电所内堆积杂物、油污，动火管理混乱或其他原因引来的火源造成的火灾。

3. 电力变压器的防火措施

变压器应分别设置在单独的房间内，变电所宜为单层建筑，当为两层布置时，变压器应

设置在底层。变压器的进线可采用电缆，出线可采用母线槽或电缆；由同一变电所供给一级负荷用电设备的两个回路电源的配电装置宜分列设置，当不能分列设置时，其母线分段处应设置防火隔板或有门洞的隔墙。

1）油浸变压器室、高压配电装置室的耐火等级不应低于二级，按照《火力发电厂与变电站设计防火标准》（GB 50229—2019）等规范的有关规定执行。

2）变、配电所不应设置在甲、乙类厂房内或贴邻建造，且不应设置在爆炸性气体、粉尘环境的危险区域内。

3）多层民用建筑与单独建造的变电站的防火间距，应符合《建筑设计防火规范》（GB 50016—2014）的规定。10kV 及以下的组合式变电站与民用建筑的防火间距不应小于 3m。

4）油浸变压器、充有可燃油的高压电容器和多油开关等用房宜在单独房间内或独立建造。当确有困难时可贴邻民用建筑布置，但应采用防火墙隔开，且不应贴邻人员密集场所。当受条件限制必须布置在民用建筑内时，不应布置在人员密集场所的上一层、下一层或贴邻，并应符合下列规定：

① 变压器室应设置在首层或地下一层靠外墙部位。应设置火灾自动报警装置。

② 变压器室的门均应直通室外或直通安全出口；外墙开口部位的上方应设置宽度不小于 1m 的不燃性防火挑檐或高度不小于 1.2m 的窗槛墙。

③ 变压器室与其他部位之间采用耐火极限不低于 2.00h 的不燃性隔墙和耐火极限不低于 1.50h 的不燃性楼板隔开。在隔墙和楼板上不应开设洞口，当必须在隔墙上开设门、窗时，应设置甲级防火门、窗。

④ 变压器室之间、变压器室与配电室之间，应设置耐火极限不低于 2.0h 的防火隔墙。

⑤ 油浸变压器、多油开关室、高压电容器室，应设置防止油品流散的设施。油浸变压器下面应设置能储存变压器全部油量的事故储油设施。变压器在正常运行时应能方便和安全地对油位、油温等进行观察，并易于抽取油样。

⑥ 应设置与容量和规模相适应的灭火设施。单台容量在 40MV · A 及以上的厂矿企业油浸变压器、单台容量在 90MV · A 及以上的电厂油浸变压器、单台容量在 125MV · A 及以上的独立变电站油浸变压器、设置在高层民用建筑内的充可燃油的高压电容器和多油开关室均宜采用水喷雾灭火系统。设置在室内的油浸变压器、充可燃油的高压电容器和多油开关室，可采用细水雾灭火系统。

⑦ 油浸变压器的单台容量不应大于 630kV · A，总容量不应大于 1260kV · A。

4.7.2　变电所防火的有关规定

变电所防火措施

1. 变电所的耐火等级

变电所中建筑物和构筑物的耐火等级不应低于表 4-6 中的要求。

表4-6　建（构）筑物的火灾危险性分类及其耐火等级

建（构）筑物名称		火灾危险性类别	最低耐火等级
主控制楼		丁	二级
继电器室		丁	二级
阀厅		丁	二级
户内直流开关场	单台设备油量在60kg以上	丙	二级
	单台设备油量在60kg以下	丁	二级
	无含油电气设备	戊	二级
检修备品库	有含油电气设备	丁	二级
	无含油电气设备	戊	二级
油浸变压器		丙	一级
气体或干式变压器		丁	二级
电容器室（有可燃介质）		丙	二级
干式电容器室		丁	二级
油浸电抗器室		丙	二级
干式电抗器室		丁	二级
柴油发电机室		丙	二级
空冷器室		戊	二级
事故储油池		丙	一级
水泵房		戊	二级
水处理室		戊	二级
雨淋阀室泡沫设备室		戊	二级
污水雨水泵房		戊	二级

2. 变电所的灭火设施

变电所中消防设施一般采用砂箱和化学灭火装置，如附近已有消防管道，可同时设置消防栓。

3. 挡油设施

1）为防止变压器发生喷油、爆裂漏油事故引发火灾，对单个油箱的充油量为1000kg以上时，在变压器下面应设置能容纳100%油量的储油池或设置容量为20%油量的挡油池，并设置能将油迅速排到安全处所的设施。

2）油量均为2500kg以上的屋外油浸式变压器之间无防火墙时，其防火净距不应小于10m。

4. 变压器的安装

1）建筑物外墙距屋外油浸式变压器外廓5m以内时，在变压器总高度以上3m的水平线以下及外廓两侧各3m的范围内，不应有门窗和通风处；建筑物墙距变压器外廓5~10m时，可在外墙上设防火门，并可在变压器总高度以上设非燃性的固定窗。

2）露天固定油罐与主变压器、生产建筑物和构筑物之间无防火墙时，其防火净距不应小于15m。装有可燃性介质电容器的房间与其他生产建筑物分开布置时，其防火净距不应小于10m；连接布置时，则其间的隔墙应为防火墙。

4.7.3　充油设备火灾的原因与防火措施

1. 充油设备火灾的原因

1）若油量较多而油箱气隙小，当切断大电流时，油箱所受压力会增高，这种情况下，油箱可能发生爆炸。相反，当油量较少时，油气、氢气等从油中析出，电弧火花若与油面上的油气接触，即可能发生爆炸。

2）断路器的断流容量不够，切不断电弧。电弧高温将使绝缘油分解，引起爆炸。

3）油质不洁含有杂质，长期运行老化或受潮，分闸时引起了内部闪络。

4）脱扣弹簧老化或螺杆松动造成压力不足，或触头表面粗糙，致使合闸后接触不良，分闸时电弧不能及时被切断，使油箱内产生过多的气体。

2. 油断路器的防火措施

1）断路器的断流容量应大于装设该断路器回路的容量。例如，过去我国生产的 SN1、SN2 型开关是仿制苏联的产品，铭牌上标明的断路器容量大约仅为设计值的 70%。因此必须增容改造，留出一定的裕量。

2）断路器在安装前应严格检查，装设符合要求的断路器。

3）经常检修、进行操作试验，保证机件灵活可靠，并且调整好三相动作的同期性。

4）使油箱内的油面保持适当的高度。

5）油断路器投入运行前，还应检查绝缘套管和油箱盖的密封性能，以防油箱进水受潮，造成断路器爆炸燃烧。

6）发现油温过高时应采取措施，取出油样进行化验。如油色变黑，气体逸出，应更换新油；出现这些现象也同时说明触头有故障，应及时检修。

7）在切断严重故障电流之后，应检查触头是否有烧损现象。

4.7.4 变电所门窗的防火措施

1）门的设置。变电所宜设在一个防火分区内。当在一个防火分区内设置的变电所，建筑面积不大于 200.0m^2 时，至少应设置 1 个直接通向疏散走道（安全出口）或室外的疏散门；当建筑面积大于 200.0m^2 时，至少应设置 2 个直接通向疏散走道（安全出口）或室外的疏散门；当变电所长度大于 60.0m 时，至少应设置 3 个直接通向疏散走道（安全出口）或室外的疏散门。

2）疏散门设置，规定如下：

① 当变电所内设置值班室时，值班室应设置直接通向室外或疏散走道（安全出口）的疏散门。

② 当变电所设置 2 个及以上疏散门时，疏散门之间的距离不应小于 5.0m，且不应大于 40.0m。

3）门的开启方向与安装高度，规定如下：

① 变压器室、配电室、电容器室的出入口门应向外开启。同一个防火分区内的变电所，其内部相通的门应为不燃材料制作的双向弹簧门。当变压器室、配电室、电容器室长度大于 7.0m 时，至少应设 2 个出入口门。

② 变电所地面或门槛宜高出所在楼层楼地面不小于0.1m。如果设在地下层，其地面或门槛宜高出所在楼层楼地面不小于0.15m。变电所的电缆夹层、电缆沟和电缆室应采取防水、排水措施。

4）变电所防火门、窗的级别应符合下列规定：

① 变电所直接通向疏散走道（安全出口）的疏散门，以及变电所直接通向非变电所区域的门，应为甲级防火门。

② 变电所直接通向室外的疏散门，应为不低于丙级的防火门。

③ 地上高压配电室宜设不能开启的自然采光窗，窗距室外地坪不宜低于1.8m。

④ 地上低压配电室可设能开启的不临街的自然采光通风窗。

⑤ 变压器室、配电室、电容器室等应设置防雨雪和小动物从采光窗、通风窗、门、电缆沟等进入室内的设施。

5）蓄电池室的门应向外开，且一般为非防火门。

6）充油电气设备间内的总油量为60kg及以上，且门开在建筑物内时，其门应为非燃烧体或难燃烧体的实体门。配电装置进出口的门一般为非防火门。

4.7.5 变电所的防震

处在震级为七级及以上地区的变电所应考虑下列防震措施：

1）变电所内的建筑物及构筑物，必须按照《建筑抗震设计规范》中的相关规定进行设计和建造。

2）安装在架构上的电气设备，必须安装牢固，采取防止滚动、滑动、摆动移位措施。

3）电气连接必须牢固，电气设备的连接导体必须留有伸缩裕度。

4）电力变压器应有固定措施。对于大、中型变压器应在上部拉线，有滚轮的可将滚轮拆除，还应将底盘固定于轨道上。

5）电力变压器套管用软导线连接时，应适当放松；用硬导线连接时，应将软连接过渡接头适当加长。

6）110kV及以上变压器套管，其瓷套与法兰的连接宜加固。

7）冷却器与变压器分开布置时，其连接管道在靠近变压器处应依次设有截止阀和柔性接头。

8）变压器应装有防震型气体继电器。

9）柱上变压器的底盘应与支座固定，上部用钢丝与柱绑牢。

10）制定预防由于地震可能引起的保护误动、开关误跳而造成的停电事故及事故范围扩大的紧急处理措施。

4.7.6 变电所的环境保护

1. 污染源防护

1）一切新建、扩建和改造工程，在选址阶段时必须提出环境影响报告书，经上级环境保护部门或其他有关部门审查批准后才能进行设计，其中防止污染和其他公害的设施必须与主体工程同时设计、同时施工、同时投产。对造成环境污染和其他公害的已建企业、事业单位，应制订规划，积极进行治理。

2）在设计中应积极采用无污染或少污染（包括噪声、干扰、灾害等）的新技术、新工艺、新设备，使污染尽量消除在生产过程中。

3）变电所的废水（酸、碱、油）、有害气体和生活污水的排放，应符合国家的排放标准，并应防止排放的废水对土壤的渗漏和地下水的污染。

4）新建变电所应考虑周围污染源可能对自身造成的危害，选址应尽量位于污染源影响范围以外（各类污染源的影响范围见表 4-7），对于已建成的变电所，应采取相应的防污染措施。

表 4-7 各类污染源的影响范围

污染源名称	距厂区边缘/km	污染源名称	距厂区边缘/km
有色金属厂	2	石灰窑	1
制铝厂	2	冶金和钢厂	0.6~1
化肥厂	1~2	碱厂	0.9
化工厂	1~2	水泥厂	0.5~0.8
炉烟	1~1.5	重机厂	0.6
焦化厂	0.5~1	烧窑	0.4

5）变电所的小型化、低层化、屋内式或地下式，采用组合式开关装置将架空线改为地下线路，美化和绿化所区环境等，对防止噪声、防止灾害、改善外观、消除屋外变电所的不协调感和危险感是非常有效的对策。

2. 噪声的允许标准及限制措施

在设计变电所的配电装置时，应重视对噪声的控制，降低有关运行场所的连续噪声级。变电所的主要噪声源是主变压器、电抗器及电晕放电，以前者为最严重，故设计时必须注意主变压器与主控制室、通信间及办公室等的相对位置和距离，尽量避免平行相对布置，以便使变电所内和各建筑物的室内连续噪声级不超过表 4-8 所列的最高允许连续噪声级。有人值班的生产建筑，每工作日接触噪声时间少于 8h 的，噪声标准可按表 4-9 的数据放宽。

表 4-8 最高允许连续噪声级 （单位：dB）

工作场所	一般值	最大值
主控制室、计算机室、通信室	55	65
办公室	60	75
有人值班的生产建筑	85	90

表 4-9 每工作日接触噪声时间少于 8h 的噪声标准 （单位：dB）

每工作日接触噪声时间/h	一般值	最大值	每工作日接触噪声时间/h	一般值	最大值
8	85	90	2	91	96
4	88	93	1	94	99

3. 六氟化硫气体的防护措施

六氟化硫是无毒、无色、无味不燃的稳定气体，一般应用在封闭的设备中。在大电流的环境中，由于强烈的电弧放电会产生一些含硫的低氟化物，这些物质反应能力较强，当有水和氧气时，就会与电极材料水分进一步反应，从而分解产生有毒和剧毒气体。这些有毒气体主要是损害人体的呼吸系统，中毒后会出现呼吸困难、喘息、皮肤过敏、恶心呕吐、全身痉挛等不良反应。因此，在装有 SF_6 设备的地方，没有进行适当的通风以前人不得进入。由于这种气体密度大，在缺乏通风时，管沟或密闭的小室中都可能全部为这种气体所充满，而工作人员必须知道在这类地方有窒息的危险。这些地方应使用氧量仪测定氧气含量，空气中氧气含量大于 18%以上方可进入。

4. 静电感应的场强水平和限制措施

高压配电装置的母线（或高压输电线路）下和电气设备附近有对地绝缘的导电物体时，会由于电容器的耦合感应而产生电压。当上述被感应物体接地时，就产生感应电流，这种感应通称为静电感应。通常用空间场强来衡量某处的静电感应水平。所谓空间场强是指离地面 1.5m 处的空间电场强度。

1）关于静电感应的场强水平，目前在国际上尚无统一的标准和规定。根据我国实测的结果，大部分测点的空间场强在 10kV/m 以内。

高压配电装置内，其设备安全围栏外的静电感应水平不宜超过 10kV/m，围墙外的静电感应场强水平不宜大于 5kV/m。

2）关于静电感应的限制措施。实测证明，对于 220kV 变电所，测得其空间场强一般不超过 5kV/m，因此 110kV 及以下的变电所，静电感应的问题不是突出问题。

至于 330kV 及以上的高压配电装置，要在设计时则应做相应的考虑，例如尽量不在电气设备上方设置软导线。当技术经济合理时应适当提高电气设备及引线高度，控制操作设备尽量布置在低场强区，设置屏蔽线等。

复 习 题

1. 何谓变配电所的一次接线、二次接线？对电气主接线有哪些要求？
2. 何谓变压器的过负荷能力？在实际运行中短时间内为什么允许变压器的负荷大于额定容量？
3. 提高供电系统功率因数的具体措施有哪些？
4. 变电所有哪几种基本接线形式？请画图说明，并比较其优缺点。
5. 什么是“倒闸操作”？在操作过程中应注意哪些问题？为什么在停电时应先拉负荷侧隔离开关？

6. 内桥接线与外桥接线有何区别？各适用于什么场合？

7. 高压配电网络有哪几种配电方式？各适用在何种工作场所？

8. 试述电压偏移、电压波动、电压降落和电压损失的定义和产生的原因。

9. 试推导带有集中负荷线路中电压损失的计算公式。

10. 试分析变压器电压损失计算公式中各量的意义及单位。

11. 某一降压变电所有两回 35kV 电源进线和 6 回 10kV 出线，拟采用两台双绕组变压器，低压侧采用单母线分段接线。请分别画出当高压侧采用内桥接线或单母线分段接线时，降压变电所的电气主接线图。

第 4 章练习题

扫码进入小程序，完成答题即可获取答案

第5章 导线电缆的防火设计

内容提要

本章主要介绍负荷计算的方法（需要系数法、二项式法和估算法），导线截面面积计算方法（安全载流量法、允许电压降法）和按照机械强度选择导线电缆的方法，以及导线电缆的安全防火要求。

本章重点

导线、电缆的各种敷设方法和主要防火技术措施。

5.1 负荷计算

建筑物主体工程建成之后，都要在建筑物内设计安装各种各样的电气设备及装置，这些电气设备及装置统称为用电负载。用电负载工作时，其电流流过供电线路，在负荷计算中，负载消耗的功率或流过的电流称为负荷。为了保证用电负载的正常工作及供电系统的安全运行，供电线路需要有足够的载流能力。实际中，所有用电负载并非都同时运行，而且运行着的用电负载其实际电流也并不都时刻等于额定电流。因此，供电线路的实际电流是随时变动的。在电气设计时，如果直接按照所有用电负荷的额定容量或额定电流选择供电线路及供电设备，必将估算过高，增加不必要的工程投资，造成浪费；相反，如果计算不准确，估算过低，又会使供电线路及供电设备承担不了实际负荷电流而过热，加速其绝缘老化，缩短使用寿命，影响供电系统的安全运行。由此可见，对供电系统进行合理的负荷计算，极其重要。

负荷计算的目的，是为了合理地确定建筑物的平均最大用电负荷，即求出计算负荷，以此作为按发热条件选择配电变压器、供电线路及控制、保护装置的依据，作为计算电压损失和功率损耗的依据，也作为计算电能消耗量及无功补偿容量的依据。所以，合理进行负荷计算是设计建筑供电系统的一个很重要的环节。

负荷计算与计算负荷是两个不同的概念，不可混淆。

负荷计算是指对某一线路中的实际用电负荷的运行规律进行分析，从而求出该线路的计算负荷的过程。

计算负荷是指一组用电负载实际运行时，在线路中形成的或负载自身消耗的最大平均功率。如果某一不变的假想负荷在线路中产生的热效应（也就是使导线产生的恒定温升）与该组用电负载实际运行时在同一线路中产生的最大热效应（也就是使导线产生的平均最高温升）相等，则把这一不变的假想负荷称为该组实际负载的计算负荷。

计算负荷的确定，通常是用半小时平均负荷绘制的负荷曲线上的“最大负荷”作为计算负荷，如图 5-1 所示。

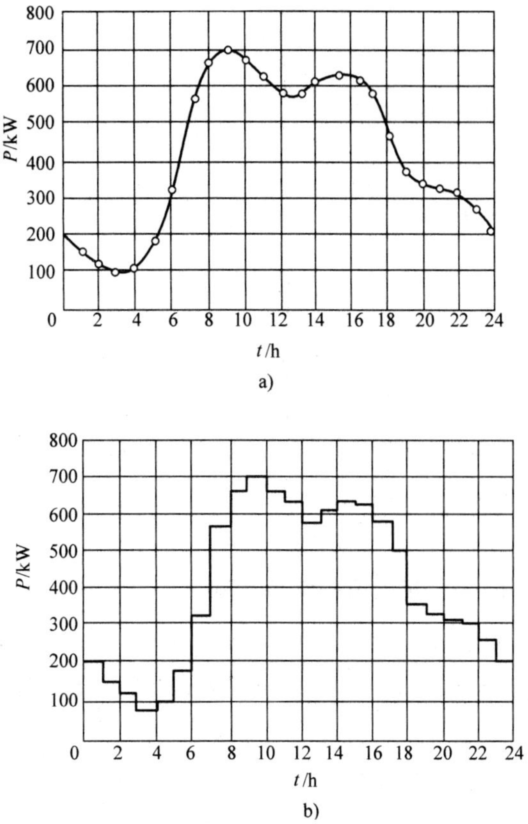

图 5-1　日有功负荷曲线

a）逐点描绘的日有功负荷曲线

b）阶梯形的日有功负荷曲线

这样确定的计算负荷也有不足之处。对中小截面面积导线和电缆，其发热时间常数 $T=10\text{min}$，理论分析和实验证明，温升曲线在 $3T=3\times10\text{min}=30\text{min}$ 时间内，导线温升 t 可达到稳定温升 t_w 的 97%。即只有持续 30min 以上的负荷值，才能构成最大负荷值，如果负荷持续时间很短，导线还达不到稳定温升，负荷就消失了。而对截面面积 50mm^2 以上的导线永远也达不到稳定温升，因为发热时间常数 $T>10\text{min}$，这对电气设备来说，也是如此。在这样的情况下，导线、电缆和电气设备不可能被充分利用。

负荷计算的方法主要有需要系数法、二项式法、单位指标法（又称为负荷密度法）等几种。民用建筑中常采用需要系数法，工厂和用电设备较多的场所常采用二项式法，方案设计阶段可采用单位指标法。

负荷计算的内容包括有功功率、无功功率、视在功率、无功补偿的计算。

5.1.1　需要系数法

需要系数法是把一个单位工程的用电设备总台数进行分组后，将每组的设备容量乘以相对应的需要系数得出设备组计算负荷，然后将各组计算负荷相加并乘以同时系数即得出该单位工程的计算负荷，这种计算方法称为需要系数法。

有功计算负荷 P_{30} 用下式确定：

$$P_{30}=K_x\sum P_e \tag{5-1}$$

无功计算负荷 Q_{30} 用下式确定：

$$Q_{30}=P_{30}\tan\varphi \tag{5-2}$$

视在计算负荷 S_{30} 用下式确定：

$$S_{30}=P_{30}/\cos\varphi \tag{5-3}$$

计算电流 I_{30} 用下式确定：

$$I_{30}=\frac{P_{30}}{\sqrt{3}U_n\cos\varphi} \tag{5-4}$$

式中 P_e——用电设备组设备容量（kW）；

U_n——用电设备组的额定电压（V）；

$\tan\varphi$——对应于用电设备组的 $\cos\varphi$ 的正切值；

$\cos\varphi$——用电设备组的平均功率因数；

K_x——设备组的需要系数。

负荷计算的目的与方法

1. 单台用电设备负荷计算

如果只有一台三相电动机，则单台用电设备的有功计算负荷 P_{30} 就是铭牌额定容量 P_e，即 $P_{30}=P_e$，单台设备的无功负荷、视在负荷计算和计算电流的计算可同样使用式（5-2）~式（5-4）。

2. 设备组的负荷计算

根据用电设备生产工艺和类型不同，将相同设备分组后进行计算，相同的用电设备的分组情况及参数见表5-1。

表5-1 用电设备组的需要系数、二项式系数及功率因数值

序号	用电设备组名称	需要系数 K_x	二项式系数		$\cos\varphi$	$\tan\varphi$
			b	c		
1	冷加工机床 热加工机床	0.16~0.2 0.25~0.3	0.14 0.24	0.4 0.4	0.50 0.6	1.73 1.33
2	联锁运输机械 非联锁运输机械	0.65~0.7 0.5~0.6	0.6 0.4	0.2 0.4	0.75 0.75	0.88 0.88
3	通风机、水泵、空气压缩机、电动发电机组电动机	0.7~0.8	0，65	0.25	0.8	0.75
4	锅炉房，机加、机修、装配车间起重机（JC=25%） 铸造车间起重机（JC=25%）	0.1~0.15 0.15~0.25	0.06 0.09	0.2 0.3	0.50 0.50	1.73 1.73

（续）

序号	用电设备组名称	需要系数 K_x	二项式系数		cosφ	tanφ
			b	c		
5	电焊机、点焊、弧焊机	0.35~0.5	—	—	0.60	1.33
6	生产区、办公室照明 生活区、宿舍照明	0.8~1 0.6~0.8	— —	— —	1 1	0 0

每一组用电设备的计算负荷为：

$$P_{30}=K_x\sum P_e \tag{5-5}$$

式中 K_x——用电设备组的需要系数；

$\sum P_e$——该用电设备组的设备容量之和。

需要系数 K_x 是考虑同组用电设备、不同时运行、不同时到达满载，以及设备效率、台数、线损、劳动组织等许多影响计算负荷的因素后，而归并成的一个系数，它是通过对各用电设备组进行测试、调查、分析后制定的。当用电设备台数多时，K_x 可取得小一些；当台数少时，可适当取得大一些；当只有一台设备时，$K_x=1$。设备的无功负荷、视在负荷计算和计算电流的计算可同样使用式（5-2）~式（5-4）。

3. 多组用电设备的计算负荷

将各单组用电设备的有功负荷和无功负荷相加后得出新的 P_{30} 和 Q_{30}，再乘以同期系数 $K_{\Sigma p}$ 和 $K_{\Sigma q}$，取值在 0.7~0.95，则得出多组用电设备的计算负荷。

有功计算负荷用下式确定：

$$P_{30}=K_{\Sigma p}\sum P_{30} \tag{5-6}$$

无功计算负荷用下式确定：

$$Q_{30}=K_{\Sigma q}\sum Q_{30} \tag{5-7}$$

视在计算负荷用下式确定：

$$S_{30}=\sqrt{P_{30}^2+Q_{30}^2} \tag{5-8}$$

计算电流用下式确定：

$$I_{30}=\frac{P_{30}}{\sqrt{3}\,U_e\cos\varphi} \tag{5-9}$$

【例 5-1】 已知图 5-2 中车间内各组用电设备的技术数据如下，试用需要系数法求 E_1、E_2、E_3 各点及低压干线 D 点的计算负荷（为区分各级的计算负荷，可将其逐级编号）。

配电箱 N_1 配接的负荷是机修车间单独传动的小批生产冷加工机床，计有 7.5kW 电动机 1 台、5kW 电动机 2 台、3.5kW 电动机 7 台。

配电箱 N_2 配接水泵和通风机负荷，计有 7.5kW 电动机 2 台、5kW 电动机 7 台。

配电箱 N_3 配接非联锁连续运输机，计有 5kW 电动机 2 台、3.5kW 电动机 4 台。

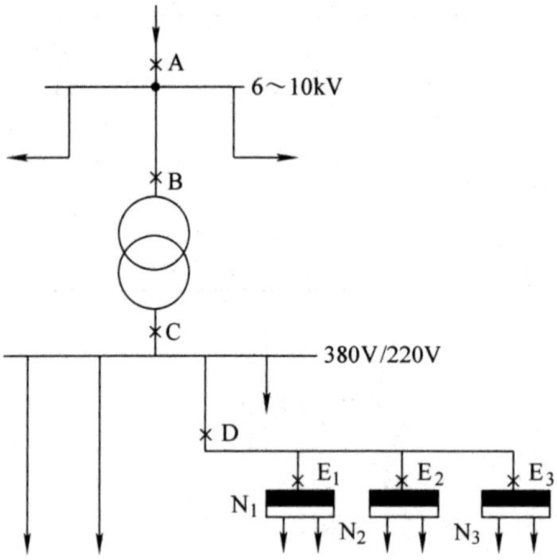

图 5-2　车间变电所各点负荷计算图

解：从表 5-1 查得各组用电设备数据：

N_1：$K_{x1}=0.15$　$\tan\varphi_1=1.73$

N_2：$K_{x2}=0.75$　$\tan\varphi_2=0.75$

N_3：$K_{x3}=0.6$　$\tan\varphi_3=0.88$

1）E_1 点。

$$\sum P_{e1}=(1\times7.5+2\times5+7\times3.5)\text{kW}=42\text{kW}$$

$$P_{301}=K_{x1}\sum P_{e1}=(0.15\times42)\text{kW}=6.3\text{kW}$$

$$Q_{301}=P_{301}\tan\varphi_1=(6.3\times1.73)\text{kvar}=10.9\text{kvar}$$

$$S_{301}=\sqrt{P_{301}^2+Q_{301}^2}=\sqrt{6.3^2+10.9^2}\text{kV}\cdot\text{A}=12.6\text{kV}\cdot\text{A}$$

$$I_{301}=\frac{S_{301}}{\sqrt{3}U_e}=\frac{12.6}{\sqrt{3}\times0.38}\text{A}=19.1\text{A}$$

2）E_2 点。

$$P_{302}=K_{x2}\sum P_{e2}=0.75\times(2\times7.5+7\times5)\text{kW}=37.5\text{kW}$$

$$Q_{302}=P_{302}\tan\varphi_2=(37.5\times0.75)\text{kvar}=28.1\text{kvar}$$

$$S_{302}=\sqrt{P_{302}^2+Q_{302}^2}=\sqrt{37.5^2+28.1^2}\text{kV}\cdot\text{A}=47\text{kV}\cdot\text{A}$$

$$I_{302}=\frac{S_{302}}{\sqrt{3}U_e}=\frac{47}{\sqrt{3}\times0.38}\text{A}=71.4\text{A}$$

3）E_3 点。

$$P_{303}=K_{x3}\sum P_{e3}=0.6\times(2\times5+4\times3.5)\text{kW}=14.4\text{kW}$$

$$Q_{303}=P_{303}\tan\varphi_3=(14.4\times0.88)\text{kvar}=12.7\text{kvar}$$

$$S_{303}=\sqrt{P_{303}^2+Q_{303}^2}=\sqrt{14.4^2+12.7^2}\text{kV}\cdot\text{A}=19.2\text{kV}\cdot\text{A}$$

$$I_{303}=\frac{S_{303}}{\sqrt{3}U_e}=\frac{19.2}{\sqrt{3}\times0.38}\text{A}=29.2\text{A}$$

4）干线 D 点。

$$P_{30D}=P_{301}+P_{302}+P_{303}=(6.3+37.5+14.4)\text{kW}=58.2\text{kW}$$

$$Q_{30D}=Q_{301}+Q_{302}+Q_{303}=(10.9+28.1+12.7)\text{kvar}=51.7\text{kvar}$$

$$S_{30D}=\sqrt{P_{30D}^2+Q_{30D}^2}=\sqrt{58.2^2+51.7^2}\text{kV}\cdot\text{A}=77.8\text{kV}\cdot\text{A}$$

$$I_{30D}=\frac{S_{30D}}{\sqrt{3}U_e}=\frac{77.8}{\sqrt{3}\times0.38}\text{A}=118.2\text{A}$$

该计算负荷可以用来选择低压干线导线或电缆截面面积和干线上的开关设备。

---

4. 变压器损耗的计算

如图 5-2 中配电点 C 处的计算负荷即为选择变压器的依据，但要注意各配电点负荷相加时，要乘以不同的同期系数。即用 C 处的 $P_{30}+\Delta P_b$、$Q_{30}+\Delta Q_b$ 计算出的视在功率选择变压器的视在功率（B 点的计算负荷）。ΔP_b 和 ΔQ_b 为变压器的损耗，确定如下：

$$\Delta P_b=0.012S_{30} \tag{5-10}$$

$$\Delta Q_b=0.06S_{30} \tag{5-11}$$

5. 供电线路功率损耗的计算

在计算全厂用电负荷时，需要将从厂变电所到车间变电所之间的线路损耗进行计算（500m 以内且容量小时可不计算），也就是图 5-2 中的 A～B 之间的计算。

线路有功功率损耗确定如下：

$$\Delta P_L=3I_{30}^2R_{\varphi} \tag{5-12}$$

线路无功功率损耗确定如下：

$$\Delta Q_L=3I_{30}^2L_{L\varphi} \tag{5-13}$$

式中 I_{30}——计算电流（A）；

R_{φ}——每相导线的电阻，等于导线长度 L 乘以单位长度的电阻 R_0；

$L_{L\varphi}$——每相导线的电感，等于导线长度 L 乘以单位长度的电感 L_{L0}。

5.1.2 单位指标法与单位面积功率法负荷计算

1. 单位指标法

单位指标法适用于设备功率不明确的各类项目，尤其适用于设计前期阶段的负荷估算（kW），便于确定供电方案，预选变压器容量和数量。单位指标法有时和需用系数法配合使用。

单位指标法的计算公式如下：

$$P_{30}=P'_N N/1000 \tag{5-14}$$

式中　P_{30}——计算负荷（kW）；

P'_N——单位用电指标，如户/W、人/W、床/W，旅馆为2000～2400W/床。

N——单位数量，如户数、人数、床数。

应用以上方法计算负荷时，还应结合工程具体情况乘以不同的同时系数。民用建筑的照明负荷，一般住宅楼取0.4～0.6，教学楼取0.8～0.9，商业、服务楼取0.75～0.85，旅游宾馆取0.6～0.7，展览厅取0.5～0.7等。

2. 单位面积功率（或负荷密度）法

单位面积法计算有功功率的公式如下：

$$P_{30}=P_N S/1000 \tag{5-15}$$

式中　P_{30}——计算有功功率（kW）；

P_N——单位面积功率（负荷密度）（W/m^2）；

S——建筑面积（m^2）。

常用单位面积功率取值：住宅楼（有电热水器）为$20W/m^2$，科研楼为$10\sim40W/m^2$，剧场的舞台照明为$30\sim70W/m^2$，商业、服务楼为$20\sim40W/m^2$，展览馆为$30\sim50W/m^2$，旅馆为65～80W/m。

5.1.3　二项式法

二项式法适用于设备多组容量差别大的工程计算，例如机械加工工厂的负荷计算。

1. 二项式法的基本公式

$$P_{30}=bP_N+cP_x \tag{5-16}$$

式中　b、c——系数，取值参考表5-1；

P_N——二项式中的第一项，表示设备组的负荷；

P_x——二项式中的第二项，表示设备组中最大x台的容量之和；一般取$x=5$，当最大的用电设备不足5台时，后续设备补足。

Q_{30}、S_{30}、I_{30}的计算同样使用需要系数法的式（5-2）～式（5-4）。

2. 多组用电设备计算负荷的计算

考虑各设备组的最大负荷不会同时出现的因素，采用二项式法计算多组的计算负荷时不是计入一个同时系数，而是在各设备组中取其中一组最大的附加负荷式$(cP_x)_{max}$，再加上各组的平均负荷$\sum bP_e$之和：

总的有功计算负荷：

$$P_{30}=\sum(bP_e)+(cP_x)_{max} \tag{5-17}$$

总的无功计算负荷：

$$Q_{30}=\sum(bP_e\tan\varphi)+(cP_x)_{max}\tan\varphi_{max} \tag{5-18}$$

式中　P_{30}——总有功计算负荷；

Q_{30}——总无功计算负荷；

$\tan\varphi_{max}$——最大附加负荷式（cP_x）$_{max}$的设备组的平均功率因数所对应的正切值。

对于总视在计算负荷 S_{30}和总计算电流 I_{30}仍按式（5-3）和式（5-4）计算。

【例 5-2】 试用二项式法计算【例 5-1】和图 5-2 中 E_1、E_2、E_3 点及 D 点的计算负荷。

解：根据【例 5-1】的给定条件，从表 5-1 中查得相应的数据，然后进行计算。

$$I_{30D}=\frac{S_{js}}{\sqrt{3}U_e}=\frac{23.7}{\sqrt{3}\times0.38}\text{A}=36\text{A}$$

D 点为配电箱 N_1、N_2、N_3 用电设备组的总计算负荷：

$$\begin{aligned}P_{30D}&=(cP_x)_{max}+\sum bP_{e\Sigma}\\&=9.8\text{kW}+(5.9+32.5+9.6)\text{kW}\\&=(9.8+48)\text{kW}=57.6\text{kW}\end{aligned}$$

$$\begin{aligned}Q_{30D}&=(cP_x)_{max}\tan\varphi_x+\sum bP_{e\Sigma}\tan\varphi\\&=17\text{kvar}+(10.2+24.4+8.45)\text{kvar}\\&=(17+43.05)\text{kvar}=60.05\text{kvar}\end{aligned}$$

$$S_{30D}=\sqrt{P_{30D}^2+Q_{30D}^2}=\sqrt{57.6^2+60.05^2}\text{kVA}=83.2\text{kVA}$$

$$I_{30D}=\frac{S_{30D}}{\sqrt{3}U_e}=\frac{83.2}{\sqrt{3}\times0.38}\text{A}=126.4\text{A}$$

将按需要系数法和二项式法计算的结果加以对比，可以看出，二项式法的计算结果比需要系数法的计算结果偏大，因此，选用时需要结合实际工程综合考虑。

5.1.4 暂载率换算

暂载率也称为负载持续率，是指此设备能够满载工作时间的比率。

工业企业的用电设备的工作制可分为连续工作制、短时工作制和断续周期工作制三类。

（1）连续工作制

连续工作制是指用电设备使用时间较长、连续工作，如各种泵类、通风机、压缩机、输送带、机床、电弧炉、电阻炉、电解设备、照明装置等，用电设备的负荷稳定，即 30min 出现的最大平均负荷与最大负荷的平均负荷相差不大，故计算负荷为：$P_{30}=K_x\sum P_e$。

（2）短时工作制

短时工作制是指用电设备在恒定负荷下工作的时间甚短，短于达到热平衡所需要的时间，停歇时间相当长，长到足以使设备温度冷却到周围介质的温度，如金属切削机床用的辅助机械（横梁升降、刀架快速移动装置等），又如水闸用电动机。它们的利用系数低，耗电量少，占整个用电设备的数量也少。

（3）断续周期工作制

断续周期工作制是指用电设备周期性地时而工作、时而停歇，如此反复运行，无论工作还是运行都不足以使设备达到热平衡，如起重机用电动机及电焊用变压器等。

为表征其断续周期工作制的特点，可用暂载率 JC 表示：

$$\mathrm{JC}=\frac{t}{T}\times 100\%=\frac{t}{t+t_0}\times 100\% \tag{5-19}$$

式中 T——工作周期，小于 10min；

t——工作周期内的工作时间；

t_0——工作周期内的停歇时间。

根据我国国家技术标准规定，工作周期以 10min 为计算依据。起重机暂载率有 15%、25%、40%、60%四种；电焊设备的标准暂载率有 50%、65%、75%及 100%四种，其中，100%为自动电焊机暂载率。

断续周期工作制设备的额定容量（铭牌功率）P_N，是对应于某一标称暂载率 $\mathrm{JC_N}$ 的。实际运行的暂载率 JC 往往和设备铭牌标注的暂载率 JC 不同，则实际容量应按同一周期内等效发热条件进行换算。如果设备在 $\mathrm{JC_N}$ 下的容量为 P_N，则换算到 JC 下的设备容量 P_{30}用下式确定：

$$P_{30}=P_N\sqrt{\frac{\mathrm{JC_N}}{\mathrm{JC}}} \tag{5-20}$$

5.1.5 等效三相负荷的计算

在实际工程中，既有单相设备，也有三相设备。单相设备（220V 或 380V）接在三相线路中，应尽可能均衡分配，使三相尽可能平衡。当单相负荷的总计算容量小于计算范围内三相对称负荷总计算容量的 15%时，可全部按三相对称负荷计算；当超过 15%时，宜将单相负荷换算为等效三相负荷，再与三相负荷相加。

（1）单相设备（220V）接于相电压时的等效三相负荷计算

这种情况下，等效三相设备容量 P_{30}应尽量平均分配在三相中，如无法平均分配时按最大负荷相所接单相设备容量 P_{max}的 3 倍计算：

$$P_{30}=3P_{max} \tag{5-21}$$

等效三相计算负荷则按前述需要系数法计算。

（2）单相设备（380V）接于同一线电压时的三相负荷计算

由于容量为 $P_e\varphi$ 的单相设备在线电压上产生的电流 $I=P_e\varphi/U\cos\varphi$，此电流应与等效三相设备容量 P_{30}产生的电流 $I'=P_e/\sqrt{3}U\cos\varphi$ 相等，因此这种情况下的等效三相设备容量用下式确定：

$$P_{30}=\sqrt{3}P_{e}\varphi \tag{5-22}$$

（3）单相设备（380V）平均接于三相线电压时的三相负荷计算

$$P_{30}=3P_{UAB} \tag{5-23}$$

（4）单相设备（380V）接于不同线电压且功率不等的三相负荷计算

设：$P_1>P_2>P_3$，且 $\cos\varphi_1>\cos\varphi_2>\cos\varphi_3$，$P_1$ 接于 U_{AB}，P_2 接于 U_{BC}，P_3 接于 U_{CA}。按等效发热原理可得出：

1）U_{AB}、U_{BC}、U_{CA}间各接相同容量（如 P_3）时，其等效三相容量为 $3P_3$。

2）U_{AB}、U_{BC}间各接 P_2、P_3 时，其等效三相容量为 $3(P_2-P_3)$。

3）U_{AB}、U_{BC}、U_{CA}间分别接 P_1、P_2、P_3 时，其等效三相容量确定如下：

$$P_{30}=\sqrt{3}P_1+(3-\sqrt{3})P_2$$

$$Q_{30}=\sqrt{3}P_1\tan\varphi_1+(3-\sqrt{3})P_2\tan\varphi_2 \tag{5-24}$$

等效三相计算负荷同样按前述需要系数法计算。对于单相 380V 的设备计算还同样要平均分配在三相后按式（5-19）计算，如无法平均分配且符合式（5-20）的情况时按式（5-20）计算。

5.2 导线电缆截面面积的计算

建筑配电线路中使用的导线主要有电线和电缆，正确地选用这些电线和电缆，对供配电系统安全、可靠、经济、合理地运行有着十分重要的意义，对于节约有色金属也很重要，因此在导线和电缆选择中应遵循以下原则：

1）导体的载流量不应小于预期负荷的最大计算电流和按保护条件所确定的电流，并应按敷设方式和环境条件进行修正。

2）线路电压损失不应超过规定的允许值，并应满足动稳定与热稳定的要求。

3）导体最小截面面积应满足机械强度的要求。

为此要根据以上原则，确定所相应的计算方法。

5.2.1 按满足安全载流量要求选择导线

每一种导线截面按其允许的发热条件都对应着一个允许的载流量，因此在选择导线截面时，必须使其允许的载流量大于或等于线路的计算电流值：

$$I_{aL}\geqslant I_{30} \tag{5-25}$$

在按发热条件选择截面面积时，只要导线电缆允许载流量 I_{aL} 大于计算负荷电流 I_{30} 就可以。因此，依据式（5-4）计算得出的计算电流按照表 5-2 选择导线截面面积即可。

导体的允许载流量，应根据敷设处的环境温度进行校正，校正系数按表 5-3 选择。埋地电缆敷设环境温度与实际温度不符时也需要校正，校正系数见相关设计手册。

表 5-2 聚氯乙烯绝缘导线明敷的载流量（$\theta_2=65℃$） （单位：A）

截面面积/mm^2	BLV 铝芯				BR、BVR 铜芯			
	25℃	30℃	35℃	40℃	25℃	30℃	35℃	40℃
1.0					19	17	16	15
1.5	18	16	15	14	24	22	20	18
2.5	25	23	21	19	32	29	27	25
4	32	29	27	25	42	39	36	33
6	42	39	36	33	55	51	47	43
10	59	55	51	46	75	70	64	59
16	80	74	69	63	105	98	90	83
25	105	98	90	83	138	129	119	109
35	130	121	112	102	170	158	147	134
50	165	154	142	130	215	201	185	170
70	205	191	177	162	265	247	229	209
95	250	233	216	197	325	303	281	257
120	285	266	246	225	375	350	324	296
150	325	303	281	257	430	402	371	340
185	380	355	328	300	190	458	423	387

表 5-3 环境空气温度不等于 30℃时电缆的校正系数

环境温度/℃	绝缘			
	PVC 聚氯乙烯	XLPE/或 EPR 交联聚乙烯或乙丙橡胶	矿物绝缘	
			PVC 外护层和易于接触的裸护套 70℃	不允许接触的裸护套 105℃
10	1.22	1.15	1.26	1.14
15	1.17	1.12	1.20	1.11
20	1.12	1.08	1.14	1.07
25	1.06	1.04	1.07	1.04
30	1.00	1.00	1.00	1.00
35	0.94	0.96	0.93	0.96
40	0.87	0.91	0.85	0.92
45	0.79	0.87	0.77	0.88
50	0.71	0.82	0.67	0.84
55	0.61	0.76	0.57	0.80
60	0.50	0.71	0.45	0.75

5.2.2 按电压损失选择截面面积

电流通过导线、电缆时，在线路的电阻和电抗上，除电能消耗外，还有电压损失。这样，用电设备的端电压就可能出现小于额定电压的现象，从而影响用电设备的正常运行，甚至发生火灾。

1. 电压损失的计算

（1）线路末端接有集中负荷

图 5-3a 是一个末端接有集中负荷的三相线路。由于三相负荷是平衡的，因此可以用单相表示，并以末端相电压为基准，做出一相的电压相量图，如图 5-3b 所示。

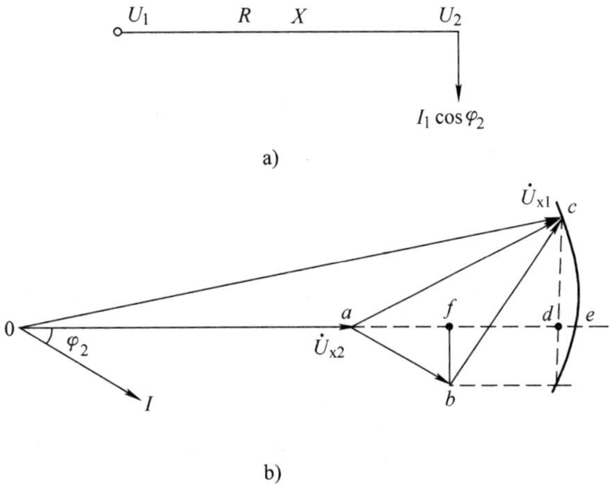

图 5-3 集中负荷电压损失的计算

a）线路图 b）相量图

从图 5-3b 中可以看出，电压降落 ac 是始端电压 U_{x1} 与末端电压 U_{x2} 相量的几何差。电压损失 ae 是两个电压相量的代数差。对用电设备来讲，人们关心的是加在设备两端的电压数值，而不去考虑它的相位变化。因此，线路电压计算只计算电压损失，而不计算电压降落。在工程计算中，常以降落 ad 近似代替降落 ae，这样替代后，电压损失的误差不超过 5%，因而线电压损失 ΔU 可用下式确定：

$$\Delta U=\frac{PR+QX}{U_e} \tag{5-26}$$

式中 P——三相有功功率（kW），$P=\sqrt{3}IU_2\cos\varphi_2$

Q——三相无功功率（kvar），$Q=P\tan\varphi_2$；

U_e——额定线电压（kV），$U_2\approx U_e$；

R、X——线路的电阻和电抗（Ω）。

（2）线路接有分布负荷

图5-4为线路负荷分布图，用于电压损失的计算。

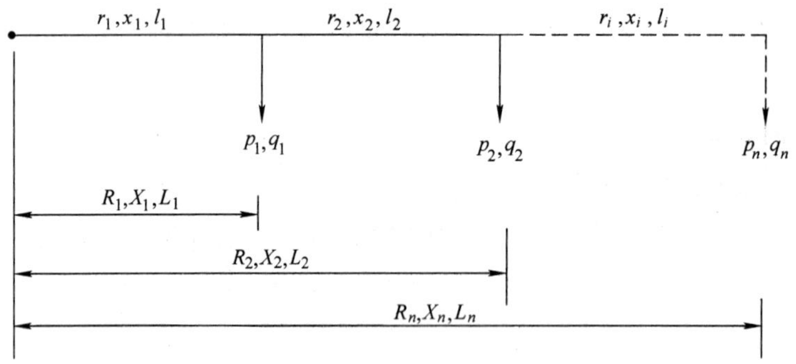

图5-4　线路负荷分布图

设图5-4中为n段干线，且P_1，P_2，…，P_n，Q_1，Q_2，…，Q_n为通过各段干线上的负荷；p_1，p_2，…，p_n和q_1，q_2，…，q_n为通过各段支线上的负荷，且忽略线路上的功率损耗时，有

$$P_1=\sum_{i=1}^{n}p_i,\ P_2=\sum_{i=n-1}^{n}p_i,\ Q_1=\sum_{i=1}^{n}q_i,\ Q_2=\sum_{i=n-1}^{n}q_i,\ \cdots$$

于是，线路各段的总电压损失为

$$\Delta U=\sum_{i=1}^{n}\frac{P_i}{U_e}r_i+\sum_{i=1}^{n}\frac{Q_i}{U_e}x_i \tag{5-27}$$

或

$$\Delta u=\sum_{i=1}^{n}\frac{p_i}{U_e}R_i+\sum_{i=1}^{n}\frac{q_i}{U_e}X_i \tag{5-28}$$

式中　R_i，X_i——从电源到各支路线间的干线电阻和电抗。

若将电压损失以其额定电压的百分数表示，则有：

$$\Delta U\%=\frac{\Delta U}{1000U_e}\times 100=\frac{1}{10U_e^2}\left(\sum_{i=1}^{n}P_ir_i+\sum_{i=1}^{n}Q_ix_i\right) \tag{5-29}$$

或

$$\Delta U\%=\frac{1}{10U_e^2}\left(\sum_{i=1}^{n}p_iR_i+\sum_{i=1}^{n}q_iX_i\right) \tag{5-30}$$

通常各干线截面面积是相同的，则

$$\Delta U\%=\frac{r_0}{10U_e^2}\sum_{i=1}^{n}P_il_i+\frac{x_0}{10U_e^2}\sum_{i=1}^{n}Q_il_i \tag{5-31}$$

$$\Delta U\%=\frac{r_0}{10U_e^2}\sum_{i=1}^{n}p_iL_i+\frac{x_0}{10U_e^2}\sum_{i=1}^{n}q_iL_i \tag{5-32}$$

r_0、x_0 为导线每千米的电阻和电抗值，l_i、L_i 为所表示的长度。电阻值随截面面积的增加而降低，但截面面积的变化对电抗影响不大。架空线的 $x_0 = 0.35 \sim 0.4\Omega/\text{km}$，电缆的 $x_0 = 0.08\Omega/\text{km}$。

式（5-29）、式（5-30）中 $P_i l_i$ 类似于力学中的力矩公式，故称为负荷矩，是计算电压损失的常用公式。

令
$$\Delta U_\alpha\% = \frac{r_0}{10U_e^2}\sum_{i=1}^{n} p_i L_i$$

式中　$\Delta U_\alpha\%$——由有功负荷及电阻引起的电压损失。

$$\Delta U_r\% = \frac{x_0}{10U_e^2}\sum_{i=1}^{n} q_i L_i$$

导线截面计算与选择

式中　$\Delta U_r\%$——由无功负荷及电阻引起的电压损失。

则式（5-31）可写成

$$\Delta U\% = \Delta U_\alpha\% + \Delta U_r\% \tag{5-33}$$

对于 380V/220V 低压电路，整条线路的导线截面面积、材料、敷设方法均相同，且 x_0 很小，$\Delta U_r\%$远小于 $\Delta U_\alpha\%$，故 $\Delta U_r\%$可略去不计，则

$$\Delta U\% = \Delta U_\alpha\% = \frac{r_0}{10U_e^2}\sum_{i=1}^{n} p_i L_i = \frac{1}{10\gamma S U_e^2}\sum M = \frac{1}{CS}\sum M \tag{5-34}$$

根据式（5-33）可得截面面积的计算公式为：

$$S = \frac{\sum M}{C\Delta U\%} \tag{5-35}$$

式中　$\sum M$——总负荷矩（kW · m）；

S——导线截面面积（mm^2）；

C——系数，由电压和材料决定，$C = 10\gamma U_e^2$，铜线的 $\gamma_{cu} = 53\text{m}/(\Omega \cdot \text{mm}^2)$，铝线的 $\gamma_{Al} = 32\text{m}/(\Omega \cdot \text{mm}^2)$；$C$ 值可以从表 5-4 中查得。

表 5-4　系数 C 值

线路额定电压/V	线路系统	系数 C 公式	C 值	
			铜	铝
380/220	三相四线	$10\gamma U_e^2$	77	46.3
220	单相	$5\gamma U_e^2$	12.8	7.75

2. 导线截面面积的校验

当计及 $\Delta U_r\%$的影响时，电压损失由两部分组成。由式（5-32）和式（5-33）可推导出下式：

$$S = \frac{1}{10\gamma(\Delta U_e\% - \Delta U_r\%)}\sum_{i=1}^{n} p_i L_i \tag{5-36}$$

按式（5-36）算出截面面积后，再从有关表格中查出标准截面面积，并进行校验。

【例 5-3】 试计算图 5-5 中的导线截面面积。设 $\Delta U_{ux}\%=5\%$，$U_e=10\text{kV}$，导线为铝绞线。

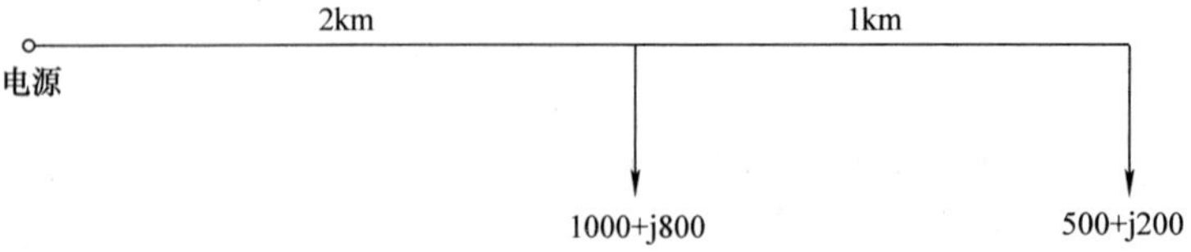

图 5-5　分布负荷供电系统图

解：设 $x_0=0.35\Omega/\text{km}$，则

$$\Delta U_r\%=\frac{x_0}{10U_e^2}\sum_{i=1}^{n}q_iL_i=\frac{0.35}{10\times10^2}\times(800\times2+200\times3)=0.77$$

$$\Delta U_\alpha\%=\Delta U_e\%-\Delta U_r\%=5-0.77=4.23$$

所以

$$S=\frac{1}{10\gamma(\Delta U_e\%-\Delta U_r\%)}\sum_{i=1}^{n}p_iL_i$$

$$=\frac{1000\times2+500\times3}{10\times32\times4.23\times10^2}\times1000\text{mm}^2=25.86\text{mm}^2$$

选 $S=35\text{mm}^2$，查得 $\gamma_0=0.92\Omega/\text{km}$，$x_0=0.366\Omega/\text{km}$，则

$$\Delta U\%=\frac{r_0}{10U_e^2}\sum_{i=1}^{n}p_iL_i+\frac{x_0}{10U_e^2}\sum_{i=1}^{n}q_iL_i$$

$$=\frac{0.92}{10\times10^2}\times(1000\times2+500\times3)+\frac{0.366}{10\times10^2}\times(800\times2+200\times3)$$

$$=4.02<5$$

经计算，所选截面面积满足电压损失要求。

如果电压损失超过允许值，会使用电设备端电压低于设备的额定电压，这样对电气设备的正常运行极为不利。如果电线、电缆选择不当，会使电压损失太大，从而造成电气设备的烧毁。

5.2.3　按满足机械强度选择导线

导线在使用中承受一定的拉应力，由于风、雨、冰、雪等原因造成导线本身的重量增加，如果导线过细，就容易折断，将引起停电事故，因此在选择导线时必须满足最低机械强度要求。

导体最小截面面积应满足机械强度的要求，配电线路每一相导体截面面积不应小于表 5-5 的规定。

表 5-5 导体最小截面面积

布线系统与形式	线路用途	导体最小截面面积/mm^2	
		铜	铝/铝合金
固定敷设的电缆和绝缘电线	电力和照明线路	1.5	10
	信号和控制线路	0.5	—
固定敷设的裸导体	电力（供电）线路	10	16
	信号和控制线路	1	—
软导体与电缆的连接	任何用途	0.75	—
	特殊用途的特低压电路	0.75	—

5.2.4 按经济电流密度选择截面面积

导线的经济截面面积与经济电流密度的关系为

$$S_j = I_{js}/\gamma_j \tag{5-37}$$

式中 S_j——导线的经济截面面积（m^2）；

I_{js}——线路的计算电流（A）；

γ_j——导线经济电流密度（A/mm^2）。

导线经济电流密度由年最大负荷利用的小时数确定，我国目前规定采用的经济电流密度见表 5-6。

表 5-6 导线经济电流密度值 （单位：A/mm^2）

线路类别	导线类型	年最大负荷利用小时数/h		
		≤3000	3000~5000	>5000
架空线路	裸铝、钢芯铝绞线 裸铜导线	1.65 3.00	1.15 2.25	0.90 1.75
电缆线路	铝芯电缆 铜芯电缆	1.92 2.50	1.73 2.25	1.54 2.00

5.2.5 中性导体和保护接地导体（PE）截面面积的选择

1）在单相两线制电路和三相四线电路中，相导体截面面积不大于 $16mm^2$（铜）或 $25mm^2$（铝/铝合金）时，中性导体至少应和相导体具有相同截面面积。

2）三相四线制电路中，相导体截面面积大于 $16mm^2$（铜）或 $35mm^2$ 时，中性导体截面面积可小于相导体截面面积，但不得小于 $16mm^2$。

3）三相四线制电路中，相导体截面面积大于 $35mm^2$（铜）时，中性导体截面面积不得小于相导体截面面积的二分之一。当计算结果在导线两档之间时，选择上档截面面积。

4）对 TT 或 TN 系统，在中性导体截面面积小于相导体截面面积的地方，中性导体上应装设过电流保护，该保护应使相导体断电但不必断开中性导体。

5）单独敷设的保护接地导体的截面面积。有防机械损伤保护时，铜导体不应小于 $2.5mm^2$，铝导体不应小于 $16mm^2$；无防机械损伤保护时，铜导体不应小于 $4mm^2$，铝导体不应小于 $16mm^2$。

6）尽量每个回路使用一个保护接地体，当两个或更多个回路共用一根保护接地导体时，其截面面积应按规范要求另行计算并满足回路遭受最严重的预期故障电流和动作时间确定截面面积的要求。

7）TN-C 与 TN-C-S 系统中的保护接地中性导体应按相导体额定电压加以绝缘。

8）TN-C-S 系统中的保护接地中性导体从某点分为中性导体和保护接地导体后，不得再将这些导体互相连接。

9）电气装置外可导电部分，严禁用作保护接地导体（PEN）。

5.3 导线电缆的选择

实际应用中，要根据使用场所的温度、化学腐蚀性、湿度等环境因素及额定电压要求，选择适宜的电线电缆。同时根据电气系统的载荷情况，合理地选择导线截面面积，在经计算所需导线截面面积基础上适当留出增加负荷的裕量。

5.3.1　导线的选择

1. 按导线材料的选择

电线、电缆及母线的材质有铜、铝或铝合金两大类。

除对铜有腐蚀的环境 、氨压缩机房等场所或国家规范所规定应选用铝/铝合金芯电线、电缆外，其他工业与市政工程、民用建筑与公共建筑中的固定敷设的供电线路和消防工程的电源线路及控制线路均应采用铜芯电线、电缆。

2. 电线电缆截面面积的选择

1）通过负载电流时，线芯温度不超过电线电缆绝缘所允许的长期工作温度 。

2）通过短路电流时，不超过所允许的短路强度，高压电缆要校验热稳定性，母线要校验动、热稳定性。

3）电压损失在允许范围内。

4）满足机械强度的要求 。

5）低压电线电缆应符合负载保护的要求，TN 系统中还应保证在接地故障时保护电器能断开电路。

3. 按电线电缆绝缘材料及护套的选择

（1）普通电线电缆

普通聚氯乙烯电线电缆的适用温度范围为－15-60℃，使用场所的环境温度超出该范围时，应采用特种聚氯乙烯电线电缆。聚氯乙烯绝缘电线、氯乙烯绝缘电线（BV 类）广泛应用于 6kV 以下的配电线路中，具有质地牢固、结实，良好的抗老化，耐油、耐酸碱、耐腐蚀，绝缘性能优良的特点。但普通聚氯乙烯电线电缆在燃烧时会产生有毒烟气，不适用于地下客运设施、地下商业区、高层建筑和重要公共设施等人员密集场所。

交联聚乙烯电线电缆不具备阻燃性能，但燃烧时不会产生大量有毒烟气，适用于有“清洁”要求的工业与民用建筑。

橡胶绝缘线（BX 类）具有较好的抗晒抗老化特性和抗低温能力，弯曲性能较好，能够在严寒气候下敷设，主要用于室外敷设供电线路，广泛用于室外架设，起重机安装，露天设备配套和移动式电气设备的供电线路。

（2）阻燃电线电缆

阻燃电线电缆是指在规定试验条件下燃烧，能使火焰仅在限定范围内蔓延，撤去火源后，残焰和残灼能在限定时间内自行熄灭的电缆。

阻燃电缆按燃烧性能分为 B1 级电缆和 B2 级电缆两大类。电线电缆成束敷设时，应采用阻燃型电线电缆。当电缆在桥架内敷设时，应考虑在将来增加电缆时，也能符合阻燃等级，宜按近期敷设电缆的非金属材料体积预留 20%裕量。电线在槽盒内敷设时，也宜按此原则选择阻燃等级。在同一通道中敷设的电缆应选用同一阻燃等级的电缆。阻燃和非阻燃电缆也不宜在同一通道内敷设。非同一设备的电力与控制电缆若在同一通道敷设时，宜互相隔离。

直埋地电缆、直埋入建筑孔洞或砌体的电缆及穿管敷设的电线电缆，可选用普通型电线电缆。敷设在有盖槽盒或有盖板的电缆沟中的电缆若已采取封堵、阻水、隔离等防止延燃的措施，可降低一级阻燃要求。

（3）耐火电线电缆

耐火电线电缆是指规定试验条件下，在火焰中燃烧一定时间内能保持正常运行特性的电缆。

耐火电线电缆按绝缘材质可分为有机型和无机型两种。有机型主要是采用耐 800℃高温的云母带以 50%的重叠搭盖率包覆两层作为耐火层；外部采用聚氯乙烯或交联聚乙烯为绝缘层，若同时要求阻燃，只要绝缘材料选用阻燃型材料即可。有机型耐火电缆加入隔氧层后，可以耐受 950℃高温。无机型是采用氧化镁作为绝缘材料、铜管作为护套的电缆。

耐火电线电缆主要适用于在发生火灾时仍需要保持正常运行的线路，如工业及民用建筑的消防系统、应急照明系统、救生系统、报警及重要的监测回路等。耐火电线电缆的耐火等级应根据发生火灾时可能达到的火焰温度确定。在火灾中，由于环境温度剧烈升高，导致线芯电阻增大，当火焰温度为 800～1000℃时，导体电阻增大 3～4 倍，此时仍应保证系统正常工作，需按此条件校验电压损失。耐火电缆也应考虑自身在火灾中的机械强度，因此明敷的耐火电缆截面面积不应小于 $2.5mm^2$。应区分耐高温电缆与耐火电缆，前者只适用于高温环境。一般有机类的耐火电缆本身并不阻燃。若既需要耐火又要满足阻燃，应采用阻燃耐火型电缆。

阻燃耐火电线电缆（ZR、NH、ZAN 类）的优点在于阻燃性能优异，当发生火灾时，能保证电线和电器的安全性，能有效避免火势的蔓延，以免造成更大的经济损失。

聚氯乙烯（聚乙烯）绝缘电线电缆的种类见表 5-7。

表 5-7 聚氯乙烯（聚乙烯）绝缘电线电缆的种类

名称	型号	名称	型号
铜芯导线	BV	阻燃软电线	BV-ZR、ZR-IA-BV
铜芯软导线	BVR	阻燃平电线	BVV-ZR
铜芯护套线	BVV、BVVB	耐热电线	AV-ZR-105℃
铜芯绞型软线	BVS	耐火软电线	NH-BV
安装软线	RV	阻火耐火电线	ZAN
铜芯软护套线	RVV、RVVB	铜芯护套电力电缆	VV
铝芯导线	BLV	铝芯护套电力电缆	VLV
铝芯护套线	BLVV、BLVVB	铜芯控制电缆	KVV
聚乙烯绝缘聚氯乙烯护套软线	RYV	铜芯交联聚乙烯绝缘 钢带护套电力电缆	YJV、YJV22

4. 按使用环境选择

在实际生产、生活中，电气设备所处的环境各异。不同环境要求使用的导线、电缆类型也不同，表 5-8 列出了按环境选择的导线、电缆及其敷设方式。

表 5-8 按环境选择的导线、电缆及其敷设方式

环境特征	线路敷设方式	常见电线、电缆型号
正常干燥环境	绝缘线瓷珠、瓷夹板或铝皮卡子明配线 绝缘线、裸线瓷瓶明配线 绝缘线穿管明敷或暗敷 电缆明敷或放在沟中	BBLX、BLXF、BLV、BLVA、BLX BBLX、BLXF、BLV、BLX、BV BBLX、BLXF、BLX、BV ZLL、ZLL_{11}、VLV、VJV、XLV、ZLQ
潮湿和特别潮湿的环境	绝缘线瓷瓶明配线（敷设高度>3.5m） 绝缘线穿塑料管明敷或暗敷 电缆明敷	BBLX、BLXF、BLV、BLX BBLX、BLXF、BLV、BLX ZLL_{11}、VLV、VJV、XLV
多尘环境	塑料瓷珠、瓷瓶明配线 绝缘线穿塑料管明敷或暗敷 电缆明敷	BLV、BLVV BBLX、BLXF、BLV、BV、BLV VLV、VJV、ZLL_{11}、BXLV
有火灾危险的环境	绝缘线瓷瓶明配线 绝缘线穿管明敷或暗敷 电缆明敷或放在沟中	BBLX、BLV、BLX、NH-BV BBLX、BLV、BLX、BVV-ZR ZLL_{11}、ZLQ、VLV、YJV

（续）

环境特征	线路敷设方式	常见电线、电缆型号
有爆炸危险的环境	绝缘线穿钢管明敷或暗敷 电缆明敷	BBX、BV、BX ZL_{120}、ZQ_{20}、VV_{22}
高温场所	绝缘线穿钢管明敷或暗敷 电缆明敷	BV-105

5.3.2 电缆的结构组成与用途

1. 电缆的结构组成

电缆主要由缆芯、绝缘层和保护层三大部分组成，如图 5-6 所示。

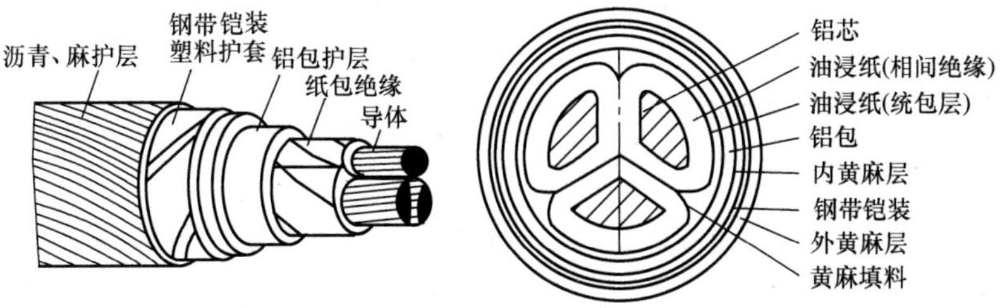

图 5-6 ZLQ 型电力电缆的结构

电缆按缆芯导体（铜、铝）、绝缘层（绝缘纸、塑料）和保护层（外保护层：沥青、麻护层；内保护层：钢带铠装、铝包、塑料护套、填料）材料的不同可分为多种型号。聚氯乙烯绝缘及护套电力电缆［如 VLV（VV）］和交联聚乙烯绝缘聚氯乙烯护套电力电缆［如 YJLV（YJV）］，具有抗酸碱、抗腐蚀、重量轻、不延燃等优点，适用于高差大的场所，可以取代油浸纸绝缘电力电缆。

油浸纸绝缘电力电缆一般用 ZLQ（ZLL）来表示。油浸纸绝缘具有良好的耐热性和较低的介质损耗，也不易受电晕影响而氧化，且价格低廉，使用寿命长。它的缺点是绝缘易老化变脆，可弯曲性差，绝缘油易在绝缘层内流动，不宜倾斜和垂直安装。而且带负荷运行后，绝缘油会受热膨胀，从电缆头或中间接头处渗漏出，久而久之，使电缆头绝缘性能降低，发生相间短路，酿成火灾事故。

2. 常用电缆的用途

铜芯铜套氧化镁绝缘电缆（简称矿物绝缘电缆），缆芯为铜芯，绝缘物为氧化镁，护套为无缝铜管。由于铜熔点为 1083℃，氧化镁熔点为 2300℃，故能经受 1000℃内火灾（火焰或辐射）热的作用，具有良好的防火性能。同时，铜套和氧化镁均无老化、延燃性，又不产生烟雾和毒性气体，是目前我国市场中的一种性能较好的防火电缆。矿物绝缘电缆价格较贵，主要应用于具有爆炸和火灾危险的场所、高温车间和高层建筑物中（要求对消防用电设备供电线路采用耐火耐热配线的地方）。常用电力电缆的型号和主要用途见表5-9。

表5-9　常用电力电缆的型号和主要用途

型号 铜芯	名称	主要用途
YJV YJLV（铝）	交联聚乙烯绝缘聚氯乙烯护套电缆	敷设于室内、隧道、电缆沟及管道中，也可埋在松散的土壤中，电缆能承受一定的敷设牵引，单芯电缆不允许在磁性管道中敷设
YJV22 YJV23 YJLV22（铝） YJLV23（铝）	交联聚乙烯绝缘钢带铠装氯乙烯护套电缆	适用于室内、隧道、电缆沟及地下直埋敷设，电缆能承受机械外力作用，但不能承受大的拉力
YJV32、YJV33 YJLV32（铝） YJLV33（铝）	交联聚乙烯绝缘细钢丝铠装聚氯乙烯护套电缆	适用于高落差区，电缆能承受机械外力和相当的拉力
YJV62、YJV63 YJLV62（铝） YJLV63（铝）	交联聚乙烯绝缘细钢丝铠装聚氯乙烯护套电缆	用于交流回路的单芯电缆，应采用非磁性材料铠装
NAYJV NB-YJV	交联聚乙烯绝缘聚氯乙烯护套电缆	A（B）类耐火电力电缆可敷设在对耐火有要求的室内、隧道及管道中
NA-YJV22 NB-YJV22	交联聚乙烯绝缘聚氯乙烯护套电缆	A（B）类耐火电力电缆适宜对耐火有要求时埋地敷设，不适宜管道内敷设
WDNA-YJY WDNB-YJY	交联聚乙烯绝缘聚烯烃护套电缆	A（B）类无卤低烟耐火电力电缆可敷设在对无卤低烟且耐火有要求的室内、隧道及管道中
WDN（Z）A-YJY23 WDN（Z）B-YJY23	交联聚乙烯绝缘钢带铠装聚烯烃护套电缆	A（B）类无卤低烟耐（阻）火电力电缆，适宜对无卤低烟且耐火有要求时埋地敷设，不适宜管道内敷设
DDN（Z）A-YJY23 DDN（Z）B-YJY23	交联聚乙烯绝缘钢带铠装聚烯烃护套电缆	A（B）类低卤低烟耐（阻）火电力电缆，适宜对低卤低烟且耐火有要求时埋地敷设，不适宜管道内敷设

5.4 电气线路的防火

5.4.1 电气线路的火灾原因

电气线路火灾除了由外部的火源或火种直接引燃外，引发电气火灾的电气故障主要原因包括配电线路的短路、过负荷和接触不良及电气设备自身的故障，在运行中产生电弧、电火花或电线、电缆过热，引燃电线、电缆及其周围的可燃物而引发的火灾。

1. 配电线路短路的故障特征

配电线路中发生短路的表象特征为线路内电流急剧增大，使带电导体温度急剧升高，引燃电线电缆的绝缘外皮及周边可燃物，进而引发火灾。

2. 配电电线路过负荷的故障特征

配电线路中发生过负荷的表象特征与线路中发生短路故障的特征相似，也表现为线路内电流增大，造成带电导体温度升高，导致电线电缆的绝缘性能下降，引发线路的短路或产生电弧放电，线路短路或电弧产生的高温引燃电线电缆的绝缘外皮及周边可燃物，进而引发火灾。

3. 配电线路接触不良的故障特征

配电线路的带电导体之间、带电导体与连接端子之间连接不可靠，导致接触电阻增加，在接头处产生高温，引燃周围可燃物而引发火灾；连接处的接触不良也可能产生电弧放电，电弧产生的高温引燃周边可燃物而引发火灾。

5.4.2 架空线路敷设的防火要求

架空线有高压和低压两种，由电杆、横担、绝缘子和导线组成。它能支撑导线对地的安全距离，保持相间导线规定线距，起到导线对地及导线之间的绝缘作用，保证人身安全，防止四季气温变化、导线热胀冷缩或风吹摆动，形成对地或相间短路。

1. 对架空线路路径的防火要求

架空线路不得跨越以易燃材料为屋顶的建筑物和以可燃材料搭建的露天粮囤、棉花堆垛等可燃材料堆垛，为的是防止架空线路发生松弛、受风吹摇摆相碰产生电弧熔融高温金属颗粒，散落到可燃易燃物上而着火燃烧。

2. 对架空线路垂直、水平及共线间距离的要求

为确保架空线路的安全运行，防止与车体、树木、建筑物相碰短路，必须使其与各种设施之间，保持一定的安全距离。

（1）垂直距离

1）380V/220V 和 1~10kV 架空线路，对地面（含居民区、交通困难区）、水面（是指不通航的河、湖）及跨越物（含铁路）的最小允许间隔距离应符合有关规定。

2）为了防止导线与树木顶部相碰发生对地短路，发生火灾甚至危及人身安全，导线至树木顶部的垂直距离见表 5-10。

表 5-10 架空电力线路导线与街道行道树之间的最小垂直距离

线路电压/kV	1 以下	1~10	35~110	220	330	500	750	1000
垂直距离/m	1.0	1.5	3.0	3.5	4.5	7	8.5	16

（2）水平距离

1）架空电力线与甲、乙类厂房（仓库），可燃材料堆垛，甲、乙、丙类液体储罐，液化石油气储罐，可燃、助燃气体储罐的最近水平距离应符合表 5-11 的规定。

表 5-11 架空线路与可燃气体储罐的最近水平距离

名称	架空电力线路
甲、乙类厂房（仓库），可燃材料堆垛，甲、乙类液体储罐，液化石油气储罐，可燃、助燃气体储罐	电杆（塔）高度的 1.5 倍
丙类液体储罐	电杆（塔）高度的 1.2 倍
直埋地下的甲、乙类液体储罐和可燃气体储罐	电杆（塔）高度的 0.75 倍
直埋地下的丙类液体储罐	电杆（塔）高度的 0.6 倍

2）35kV 及以上架空电力线与单罐容积大于 $200m^3$ 或总容积大于 $1000m^3$ 液化石油气储罐（区）的最近水平距离不应小于 40m。

3）架空电力线路与建筑物之间的水平距离、与水平距离相对应处导线与屋顶的最小垂直距离、线路经过居民区的导线与地面最小垂直距离，不应小于表 5-12 中的规定数值。

表 5-12 架空电力线路边导线与建筑物之间的最小距离

线路电压/kV	1 以下	1～10	35	110	220	330	500	750	1000
导线与墙面水平距离/m	1.2	1.5	2.0	2.0	2.5	3.0	5.0	6.0	7.0
对应水平处与屋顶垂直距离/m	2.5	3	4	5	6	7	9	11.5	15.5
导线与地面居民区垂直距离/m	6	6.5	7.5	7.5	7.5	8.5	14	19.5	27
导线与地面非居民区垂直距离/m	5	5	6	6	6.5	7.5	11	15.5	22
导线与交通困难地区垂直距离/m	4	4.5	5	5	5.5	6.5	8.5	11	19

在没有风的情况下，导线与不在规划范围内的城市建筑之间的水平距离，即边导线与城市中现有建筑物之间的净空距离，不应小于表 5-12 中数据的一半。

（3）线间距离

架空配电线路导线与导线之间的距离不应小于表 5-13 中的数值。

表 5-13 导线的线间最小距离 （单位：m）

档距/m	线路电压/kV								
	40 及以下	50	60	70	80	90	100	110	120
1 以下	0.3	0.4	0.45	0.5	—	—	—	—	—
1～10	0.6	0.65	0.7	0.75	0.85	0.97	1.05	1.15	1.28

（4）架空线路相互跨越交叉距离

电力线路在相互跨越交叉时，在跨越交叉档距内，导线不应有接头，且较低压线路在下，较高压线路应在上方，并规定保持一定的允许跨越距离，防止高压线断线，掉落在低压线上，或因间距不够而放电，扩大事故范围。其中，允许跨越距离参考表 5-14 取值。

表 5-14 电力线相互交叉时的允许跨越距离

跨越（上方）线路的额定电压/kV	6~10	35~110	154~220	330
跨越距离/m	2.0	3.0	4.0	5.0

5.4.3 接户线与进户线敷设的防火要求

从架空线路的电杆到用户屋外第一个支持点之间的引线称为接户线。对电压小于 1kV 的接户线的档距，不宜超过 25m。对于大于电压 1~10kV 电源，进入变电所或建筑物前，从距建筑物 50m 外改由电缆引入，末端电杆上应设置低压避雷器，以防感应雷电波沿进户线侵入建筑物内。

低压进户线应采用绝缘线穿管进户。进户钢管应设防水弯头，为的是防止电线磨损，雨水倒流，造成短路或产生漏电而引起火灾。严禁将电线从腰窗、天窗、老虎窗或从草、木屋顶直接引入建筑内。

爆炸物品库的进户线，宜用铠装电缆埋地引入，进户处宜穿管，并将电缆外皮接地。从电杆引入电缆的长度要大于 50m，电杆上应设置低压避雷器，以防感应雷电波沿进户线侵入库内引起爆炸事故。

5.4.4 室内外线路敷设的防火要求

室内线路是指安装在房屋内的线路。室外线路是指安装在遮檐下，或沿建筑物外墙，或外墙之间的配线。室内、外线路应采用绝缘线。在敷设时要防止导线机械受损，以避免绝缘性能降低。导线连接同时也要避免造成局部过热。

1. 对室内、外线路敷设距离的要求

为防止导线绝缘损坏后引起火灾，敷设线路时，要注意线间、导线固定点间及线路与建筑物、地面之间必须保持一定的距离。

1）导线固定点间的最大允许距离。导线固定支架间的距离，随着导线种类、敷设场所和导线最小截面面积的不同而不同，见表 5-15。

表 5-15 支架敷设电线最小截面面积 （单位：mm^2）

项目	室外	室内			
	$L\leqslant2m$	$L\leqslant2m$	$2m<L\leqslant6m$	$6m<L\leqslant15m$	$15m<L\leqslant25m$
铜芯线	1.0	1.5	2.5	4.0	6.0
铝芯线	2.5	2.5	4.0	6.0	10.0

2）配线与建筑物、地面及导线间的最小距离。为了保证人身安全和配线的安全运行，1kV 以下的配电绝缘线与室内外管道、建筑物、地面及导线相互间应保持一定的最小距离，分别见表 5-16~表 5-19 的规定。

表 5-16　配线与管道间最小距离　　（单位：mm）

管道名称	接近方式		穿管配线	绝缘导线明配	裸导线明配
蒸气管	平行敷设	上方	1000	1000（500）	1500
		下方	500		
		交叉	300		
	有保温措施时		200	300	
暖、热水管	平行敷设	上方	300	300	1500
		下方	200	200	
		交叉	100	100	
通风、上下水、压缩空气管	平行		100	200	1500
	交叉		50	100	

表 5-17　室外绝缘导线至建筑物最小距离

敷设方法		允许最小距离/mm
水平敷设时的垂直距离	距阳台、平台、屋顶	2500
	距下方窗户	300
	距上方窗户	800
垂直敷设时至阳台窗户的水平距离		750
导线至墙壁和构架的距离（挑檐下除外）		50

表 5-18　室内外绝缘导线至地面最小距离

敷设方法		最小允许距离/m
水平敷设	室内 室外	2.5 2.7
垂直敷设	室内 室外	1.8 2.7

表 5-19　裸导线间距和至建筑物表面最小允许距离

固定点间距/m	最小允许距离/mm
<2	50
2~4	100
4~6	150
>6	200

2. 室内导线明（直）敷设的防火要求

1）采用明敷的方式时，所用的塑料导管、槽盒、接线盒、分线盒应采用阻燃性能分级为B1级的难燃制品。布线系统选择与敷设，应避免因环境温度、外部热源及非电气管道等因素对布线系统带来的损害，并应防止在敷设过程中因受撞击、振动、电线或电缆自重和建筑物变形等各种机械应力带来的损害。

2）室内场所采用直敷布线时，应采用不低于 B2 级阻燃护套绝缘电线，其截面面积不宜大于 $6mm^2$。

3）布线用各种电缆、导管、电缆桥架及母线槽在穿越防火分区楼板、隔墙及防火卷帘上方的防火隔板时，其空隙应采用相当于建筑构件耐火极限的不燃烧材料填塞密实。

4）刚性塑料导管（槽）配线的防火要求。槽板敷设在明处时，不得直接穿过楼板或墙壁，穿越时可采用钢管保护。在有尘埃或有燃烧爆炸的危险场所，不得使用槽板配线。

5）暗敷于墙内或混凝土内的刚性塑料导管应采用燃烧性能等级 B2 级、壁厚 1.8mm 及以上的导管。明敷时应采用燃烧性能等级 B1 级、壁厚 1.6mm 及以上的导管。

5.4.5 电气线路的防火措施

电气线路的防火措施主要应从电线电缆的选择、线路的敷设及连接及线路上采取保护措施等方面入手 。

（1）规范要求

导线的材质、截面、绝缘应符合规范要求。

（2）电线的选型

电线的选型必须符合市场准入制度的要求，额定电压和电压降数值符合规范允许值要求，导线的安全载流量符合所选择线径的规定要求。

（3）防火性能

电线在托盘、线槽、梯架、竖井、电缆沟、电缆隧道等成束敷设时，应采用阻燃电线电缆。

（4）敷设方式

1）同一回路的所有相线和中性线，应穿在同一根导管、槽盒内。

2）各种内穿线时，绝缘电线（两根除外）总截面面积（包括外护层）不应超过导管、槽盒内截面面积的 40%。槽盒布线时电缆根数不宜超过 30 根。控制和信号线路的总截面面积不应超过槽盒内截面面积的 50%。

3）配电线路敷设在有可燃物体闷顶场所，应采用金属管或封闭式金属槽盒布线；也可采用 B1 级以上刚性塑料管布线。

4）电线绝缘层不得有机械损伤痕迹、变色、脆裂、炭化现象。

5）可燃装饰层内，应采用金属管、可弯曲金属导管布线；建筑物顶棚内、墙体和顶棚的抹灰层保温层及装饰面板或在易受机械损伤的场所，不得采用护套线直敷布线。

6）在腐蚀的场所，应采用耐腐蚀性塑料管配线，接头应密封；采用金属管配线时应采取防腐措施。

（5）导线与设备的连接与导线接头

1）截面面积大于 $10mm^2$ 的单股铜芯线直接与设备、器具的端子连接。

2）截面面积大于 2.5mm^2 的多股铜芯线，应将芯线端部拧紧搪锡压接端子后再与设备或器具的端子连接。

3）截面面积在 2.5mm^2 及以下的多股铜芯线，应先将导线拧紧搪锡或压接端子后再与设备、器具的端子连接。

4）设备和器具的端子上，压接导线不得多于两根。导线在管、槽内不得有接头。

5）导线与接线端子连接的根部绝缘不得破损，对裸露线芯应采用绝缘带严密包缠。

6）导线接头应采用导线连接器或缠绕涮锡，接头应设在盒（箱）或器具内，盒（箱）配件齐全，固定牢固；在多尘和潮湿场所，应采用密封式盒（箱）。

7）铜、铝导线连接处应采取铜铝过渡接续措施。

低压电器与外部连接的接线端子的允许温升值见表 5-20。

表 5-20　低压电器与外部连接的接线端子的允许温升值

导线、接线端子材料	周围空气温度不超过 40℃ 的允许温升/℃
裸铜	60
裸黄铜	65
铜（或黄铜）镀锡	65
铜（或黄铜）镀银镀锡	70

注：接线端子与绝缘导线连接以导线线芯长期工作最高允许温度为准。

（6）电气线路的保护措施

为有效预防电气线路故障引发的火灾，应按照相关国家标准要求对电气线路设置短路保护、过载保护和接地故障保护措施。

1）短路保护。短路保护装置应保证短路电流在导体和连接件中产生的热效应和机械力造成危害之前分断该短路电流。其分断能力不应小于保护电器安装处的预期短路电流，但在上级已装有所需分断能力的保护电器时，下级保护电器的分断能力允许小于预期短路电流。此时，该上、下级保护电器的动作特性必须配合，使得通过下级保护电器的能量不超过其能够承受的能量，在短路电流使导体达到允许的极限温度之前分断该短路电流。

2）过载保护。保护电器应在过载电流引起导体升温，对导体的绝缘、接头、端子或导体周围的物质造成损害之前分断过载电流。对于突然断电比过载造成的损失更大的线路，其过载保护应作为报警信号，不应作为直接切断电路的触发信号，如消防水泵之类的负荷。各类电线、电缆导体长期允许最高工作温度见表 5-21。

过载保护电器的动作特性应同时满足以下两个条件：

① 线路计算电流小于或等于熔断器熔体的额定电流，后者应小于或等于导体允许持续载流量。

② 保证保护电器可靠动作的电流小于或等于 1.45 倍熔断器熔体额定电流。当保护电器为断路器时，保证保护电器可靠动作的电流为约定时间内的约定动作电流；当保护电器为熔断器时，保证保护电器可靠动作的电流为约定时间内的熔断电流。

表 5-21 电线、电缆导体长期允许最高工作温度

电线电缆种类	允许最高工作温度/℃	电线电缆种类	允许最高工作温度/℃
塑料绝缘线	70	铜、铝母线槽	110
橡胶绝缘线	65	铜、铝滑接式母线槽	70
耐热聚乙烯导线	105	裸铜、铝母和绞线	70
交联聚烯烃绝缘电线	90	刚性矿物绝缘电力电缆	70/105
聚氯乙烯绝缘电线、电缆	70	柔性矿物绝缘电力电缆	125
乙丙橡胶电力电缆	90	交联聚氯乙烯绝缘电缆（1~10kV）	90
通用橡套软电缆	60	交联聚氯乙烯绝缘电缆（35kV）	80

3）接地故障保护。当发生带电导体与外露可导电部分、装置外可导电部分、PE 线、PEN 线、大地等之间的接地故障时，保护电器必须切断该故障电路。接地故障保护电器的选择应根据配电系统的接地形式、电气设备使用特点及导体截面面积等确定。

TN 系统的接地保护方式具体有以下几种：

① 当灵敏性符合要求时，采用短路保护兼作接地故障保护。

② 零序电流保护模式适用于 TN-C、TN-C-S、TN-S 系统，不适用于谐波电流大的配电系统。

③ 剩余电流保护模式适用于 TN-S 系统，不适用于 TN-C 系统。

5.5 电缆线路的防火

5.5.1 电缆火灾原因

常见的电缆火灾原因有两个：一是由于本身故障引起的；二是由于外界原因引起的，即火源或火种来自外部。据统计，外因引起的电缆火灾较多，只有少数是电缆本身故障引起的。具体的原因可归纳如下：

（1）电缆绝缘损坏

如在运输、施工过程中受到机械损伤；过负荷运行、接触不良加速绝缘老化；电力电缆安装时排列过于密集，通风散热效果不好，或电缆靠近其他热源太近，影响了电缆的正常散热造成电缆在运行中产生发热现象；铠装电力电缆局部护套破损，进水后对绝缘性能造成缓慢破坏作用，绝缘电阻逐步降低，也会造成电缆运行中产生发热现象；电力电缆选型不当，造成使用的电缆的导体截面面积过小，运行中产生过载现象，长时间使用后，电缆的发热和散热不平衡产生发热现象等原因造成电缆绝缘破坏引发短路故障。

(2) 电缆头故障使绝缘物自燃

如施工质量差、压接不紧密造成接头处接触电阻过大引起电缆发热，电缆头不清洁降低了线间绝缘强度。

(3) 堆积在电缆上的粉尘自燃起火

如电缆过负荷时，其表面高温使堆积其上的煤粉自燃起火。

(4) 电焊火花引燃

这类事故与对电缆沟的管理不严格有关。当盖板不严密时，沟内可能混入油泥、木板等易燃物品。有时在地面上进行电焊或气焊，焊渣和火星会落入沟内而引起火灾。

(5) 充油电气设备发生故障时喷油起火

如火焰经电缆孔洞、电缆夹层蔓延并造成火灾。

(6) 电缆遇高温起火并蔓延

如发电厂汽轮机油管路系统，因漏油遇到高温管道起火，火焰沿电缆延燃。此外，锅炉防爆门爆破，或锅炉焦块也可引燃电缆。

5.5.2 电缆的防火要求

1. 电缆敷设路径的选择

电缆线路的路径要短，且要尽量避免与其他管线（如管道、铁路、公路和弱电电缆）交叉；应避开场地规划中的建设用地或施工场地；远离易燃易爆物，不应在热力管道的隧道或沟道内敷设。

2. 电缆敷设注意事项

1) 电缆在室内吊顶、电缆沟、电缆隧道和电气竖井内明敷时，应采用难燃的外护层。每根电力电缆应在进户处、接头、电缆终端头等处留有一定裕量。尽可能使电缆不要受到各种损坏，如机械损伤、化学腐蚀、地下流散电流腐蚀、水土锈蚀、蚁鼠害等。

2) 电力电缆不应和输送甲、乙、丙类液体管道、可燃气体管道、热力管道敷设在同一管沟内。

3) 不同用途的电缆，如工作电缆与备用电缆、动力与控制电缆等，宜分开敷设，并将其进行防火分隔。

4) 交流回路中的单芯电缆应采用无钢带铠装电缆或非磁性材料护套的电缆。单芯电缆要注意的是，防止引起附近金属部件发热。

5) 电缆敷设：当电缆在电缆沟内、隧道内及明敷时，应将麻包外皮剥去，并采取防火措施。

5.5.3 电缆的防火措施

电缆敷设常用的方式有直埋（壕沟）、电缆沟、电缆隧道、排管、竖井、桥架、吊架、夹层等，因敷设方式的不同，故施工方法和防火要求也不相同。电缆布线的敷设方式应根据工程条件、环境特点、电缆类型和数量等因素，按满足运行可靠、便于维护和技术、经济合理等原则综合确定。

电缆着火延燃的同时，往往伴生有大量的有毒烟雾，这会使扑救困难，导致事故扩大，损失严重。目前国内外电缆防火措施可归纳为三种：采取技术措施防止电缆使用中发生事故、沿电缆路径或易燃区段采取防堵措施避免火灾殃及电缆、电缆本身采用难燃材料。防止电缆发生火灾的基本对策如下。

1. 防止机械损伤

1）电缆路径的选择应避免电缆遭受机械性外力、过热、腐蚀等危害；应避开场地规划中的建设用地或施工场地。

2）在流沙层、回填土地带等可能发生位移的土壤中，应采用钢丝铠装电缆。

3）在有化学腐蚀的土壤中，不得采用直接埋地敷设电缆。

4）直埋电缆外皮至地面的深度不应小于 0.7m，并应在电缆上下分别均匀铺设 100mm 厚的细砂或软土，并覆盖混凝土保护板或类似的保护层。

5）在寒冷地区，电缆宜埋设于冻土层以下。当无法深埋时，应采取措施，防止电缆受到损伤。

6）电缆引入和引出建筑物和构筑物的基础、楼板和穿过墙体等处、电缆通过道路和可能受到机械损伤等地段、电缆引出地面 1.8m 至地下 0.2m 处的一段和人容易接触使电缆可能受到机械损伤的线段应穿导管保护，保护管的内径不应小于电缆外径的 1.5 倍。电缆在室内穿导管保护穿越墙体、楼板敷设时，导管的管内径不应小于电缆外径的 1.5 倍。

7）埋地敷设的电缆严禁平行敷设于地下管道的正上方或正下方。电缆与电缆及各种设施平行或交叉的净距不应小于表 5-22 的规定。

表 5-22 电缆与电缆或其他设施相互间允许最小净距 （单位：m）

项目	敷设条件	
	平行	交叉
建筑物、构筑物基础、灌木丛	0.5	
电杆	0.6	
乔木	1.0	
10kV 及以下电力电缆之间及与控制电缆之间	0.1	0.5（0.25）
不同部门使用的电缆	0.5（0.1）	0.5（0.25）
热力管沟	2.0（1.0）	0.5（0.25）
上下水管道	0.5	0.5（0.25）
油管及可燃气体管道	1.0	0.5（0.25）
公路	1.5（与路边）	（1.0）（与路面）
排水明沟	1.0（与沟边）	（0.5）（与沟底）

注：表中括号内尺寸为局部采取穿管、加隔板和隔热层保护后的最小值。

8）电缆沟和电缆隧道应采取防水措施，其底部应做不小于0.5%的坡度坡向集水坑（井），积水应及时排出。

9）当地面上均布荷载超过100kN/m^{2}时，应采取加固措施，防止电缆排管受到机械损伤。

10）无铠装的电缆水平敷设至地面的距离不宜小于2.2m；除电气专用房间外，垂直敷设时，1.8m以下应有防止机械损伤的措施。

11）电缆与非热力管道的净距不宜小于0.5m；当其净距小于0.5m时，应在与管道接近的电缆段上及由接近段两端向外延伸不小于0.5m以内的电缆段上，采取防止电缆受机械损伤的措施。

12）当室内有腐蚀性介质时，电缆宜采用塑料护套电缆。

13）预制分支电缆布线，应防止在电缆敷设和使用过程中，因电缆自重和敷设过程中的附加外力等机械应力作用而带来的损害。

14）母线槽水平敷设时，底边至地面的距离不应小于2.2m。除敷设在电气专用房间外，垂直敷设时，距地面1.8m以下部分应采取防止机械损伤措施。

15）吊顶内不易观察和维护，易有鼠类出没，无铠装型铝合金电缆在吊顶内采用金属电缆槽盒敷设，能防止机械损伤及鼠咬。

16）电缆支持点之间的距离、电缆弯曲的半径、电缆最高最低点间的高差等不得超过规定数值，以防止受到机械损伤。

2. 正确选择电缆截面

1）正确统计负荷量，选择合适的电缆截面，并考虑负荷的长期发展需求，严格按照电力电缆的选择原则来选择电缆，要满足发热原则、电压损失原则、热稳定原则。

2）加强运行监测，防止过载运行，电缆带负荷运行时，一般不得超过额定负荷。如果电缆超负荷运行，应严格控制电缆的超负荷运行时间，避免电缆因超负荷发热而着火。

3）在前期设计时，要准确统计负荷，考虑到长远的发展，可以适当放大电缆，避免过负荷现象的发生，也可以通过提高负载侧的功率因数和严格按照规定统计每个回路的负载，比如住宅中每一回路只能带两个壁挂式空调插座等来避免过负荷现象，从而将电气火灾防患于未然。

4）电缆过流的预防措施。合理使用过流、漏电保护装置，在电缆出现过流、短路或漏电等情况时，能够及时动作，切断故障源，预防事故发生。根据矿井实际情况正确计算和设定过流保护装置的整定值，定期维护保养，根据井下电网的实际分布电容合理地安装漏电保护装置，可以预防电缆因漏电而引起相间短路故障；注意电缆敷设安装质量和敷设环境的影响，电缆支、挂要合理，避免损伤电缆护套和绝缘。

3. 采用耐火电缆和阻燃电缆

耐火电缆就是在火燃烧条件下仍能在规定时间（约4h）内保持通电的电缆。以满足万一发生火灾时通道的照明、应急广播、防火报警装置、自动消防设施及其他应急设备的正常使用，使人员及时疏散。在火灾发生期间，它还具备发烟量小、烟气毒性低等特点。该类电缆价格较贵，一般应用在高层建筑、电力、石油、化工、船舶等对防火安全条件要求较高的场合，是应急电源、消防泵、电梯、通信信号系统的必备电缆。该类电缆在上海电缆厂等厂家相继问世，并已批量生产，不过目前这些电缆厂生产耐火电缆电压等级仅在 1kV 及以下。

阻燃电缆主要特点就是不着火（或着火后延燃仅局限在一定范围内），所以这类电缆适用于有高阻燃要求、防燃、防爆的场合。现在研制出了阻燃氯磺化聚乙烯橡胶护套电缆（电压等级为 6kV）、阻燃交联聚乙烯和船用阻燃电缆，以及无卤低烟型系列电缆，这些电缆已被许多工程采用。

1）耐火电缆和矿物绝缘电缆布线可适用于民用建筑中有耐火要求的场所。耐火电缆和矿物绝缘电缆应具有不低于 B1 级的难燃性能。

2）耐火电缆和矿物绝缘电缆应根据敷设环境和使用要求，选择采用电缆桥架、吊架和支架敷设。耐火电缆和矿物绝缘电缆在电缆桥架内不宜有接头。

3）耐火电缆和矿物绝缘电缆敷设时，其最小允许弯曲半径应符合相应产品标准的要求。耐火电缆和矿物绝缘电缆经过建筑物变形缝时应预留电缆的裕量。耐火电缆和矿物绝缘电缆在穿过墙、楼板时，应采取防止机械损伤措施和防火封堵措施。

4）单芯耐火电缆和矿物绝缘电缆的钢质保护导管、槽盒、固定卡具及进出钢质配电柜（箱）处，应采取切断磁路的措施。

5）多根单芯耐火电缆和矿物绝缘电缆敷设时，应采用减少涡流影响的排列方式。

6）耐火电缆和矿物绝缘电缆的金属外套及金属配件应可靠进行等电位联结，金电缆的金属外壳应与保护联结导体可靠连接，且全长不应少于 2 处接地。

4. 远离热源及火源

1）可燃气体或可燃液体管沟内，不应敷设电缆。若敷设在热力管沟中，应有隔热措施。在具有爆炸和火灾危险的场所不应架空明敷电缆。

2）电缆桥架、母线槽不宜敷设在气体管道和热力管道的上方及液体管道的下方。当不能满足上述要求时，应采取防水、隔热措施。

3）电缆桥架、母线槽与各种管道平行或交叉时，其最小净距应符合表 5-23 的规定。

表 5-23　电缆桥架、母线槽与各种管道的最小净距　（单位：m）

管道类别		平行净距	交叉净距
一般工艺管道		0.4	0.3
具有腐蚀性气体管道		0.5	0.5
热力管道	有保温层	0.5	0.3
	无保温层	1.0	0.5

4）电缆沟在进入建筑物处应设防火墙。电缆隧道进入建筑物及配变电所处，应设带门

的防火墙，此门应为甲级防火门并应装锁。

5）电缆与热力管道的净距不宜小于1m；当不能满足上述要求时，应采取隔热措施。

6）为保证电缆在运行中的热量及时散发，在托盘内敷设电缆时，电缆总截面面积与托盘内横断面面积的比值不应大于40%；槽盒内电缆的总截面面积（包括外护层）不应超过槽盒内截面面积的40%，且电缆根数不宜超过30根；控制和信号线路可视为非载流导体，其电缆或电线的总截面面积不应超过槽盒内截面面积的50%。

7）不同电压、不同用途的电缆，不宜敷设在同一层或同一个桥架内；当受条件限制需安装在同一层桥架内时，宜采用不同的桥架敷设，当为同类负荷电缆时，可用隔板隔开。

8）当金属导管与热水管、蒸气管同侧敷设时，宜敷设在热水管、蒸气管的下方；当有困难时，可敷设在其上方。相互间的净距宜符合表5-24的规定。

表5-24 刚性金属导管和可弯曲金属导管与各种管道的最小净距 （单位：m）

管道类别	平行敷设上方	平行敷设下方	交叉敷设
金属导管与热水管	0.3	0.2	0.1
电线管路与蒸气管	1.0	0.5	0.3
金属导管其他管道	0.1		0.05
金属导管与蒸气管	0.2（蒸气管采取隔热措施后）		

9）母线槽不宜敷设在腐蚀气体管道和热力管道的上方及腐蚀性液体管道下方。当不能满足上述要求时，应采取防腐、隔热措施。

10）竖井的配电线路不应贴邻有烟道、热力管道及其他散热量大或潮湿的设施。

11）非消防负荷与消防负荷的配电线路共井敷设时，应提高消防负荷配电线路的耐火等级或非消防负荷的配电线路阻燃等级。

12）强电和弱电线路宜分别设置竖井。当受条件限制必须合用时，强电和弱电线路应分别布置在竖井两侧，弱电线路应敷设于金属槽盒内。

5. 隔离易燃易爆物

在火灾易发或导致火势蔓延的部位进行防火处理，在敷设电缆时要隔离易燃易爆物，在容易受到外界影响的电缆区段，要进行必要的防火处理。为有效地阻止火势蔓延扩大，减少火灾损失，可在电缆沟、电缆隧道等部位设置防火墙及阻火段，将火势控制在一定的电缆区段，以缩小火灾范围，对于充油电气设备附近的电缆沟要密封好，通向控制室的电缆夹层的孔洞及竖井的所有墙孔，楼板处的电缆穿孔等，都必须采用耐火材料严密封堵，耐火极限不应小于1h，以防止电缆火灾向非火灾区蔓延扩大。

6. 防止电缆因故障自燃

电缆构筑物要避免积灰、积水。要确保电缆头的工艺质量，集中的电缆头要用耐火板隔开，并对电缆头附近电缆刷防火涂料。高温处应选用耐热电缆，应对消防用电缆做耐火处理。加强电缆隧道通风，控制隧道温度。明敷电缆不得带麻被层。

7. 设置自动报警及灭火装置

在电缆夹层、电缆隧道、电缆竖井的适当位置，可以设置自动报警及灭火装置，及时发现火情，防止电缆着火。

5.5.4 电缆头的防火要求

电缆头是影响电缆绝缘性能的关键部位，同时也最容易成为点火源，因电缆头故障而导致的电缆火灾、爆炸事故占电缆事故总量的70%左右。因此，确保电缆头的施工质量是极为重要的，必须严格控制电缆头制作材料和工艺质量。要求所制作的电缆头的使用寿命，不能低于电缆的使用寿命。

电缆线的端部接头，称为电缆终端头，将两根电缆连接起来的接头，称为电缆中间接头。电缆的型号和使用环境不同决定了电缆头的型式，一般有户内型和户外型两种。油浸纸绝缘电缆多采用户内型、有预制外壳的环氧树脂终端头、沥青终端头和干包头等；户外型有户外瓷质盒、铸铁盒、环氧树脂终端头等。塑料电缆全部用干包电缆头。

1）接头的额定电压等级及其绝缘水平，不得低于所连接电缆的额定电压等级及其绝缘水平。绝缘头两侧绝缘垫间的耐压值，不得低于电缆保护层绝缘水平 2 倍。接头形式应与所设置环境条件相适应，且不致影响电缆的流通能力。电缆头两侧各 2~3m 的范围内，应采取防火包带做阻火延烧处理。

2）电缆终端头和接头绝缘套管不得出现破损 、漏油、有污物 ，绝缘胶不应有塌陷 、软化现象，铅包及封铅不应有龟裂现象。终端电缆头一定不要放在电缆沟、电缆隧道、电缆槽盒、电缆夹层内，电缆的中间接头必须登记造册，并使用多种检测设备进行检测。发现电缆头有不正常温升或气味、烟雾时，应及早退出运行，避免电缆头在运行中着火。

3）各中间电缆头之间应保证足够的安全长度距离，两个以上的电缆头部应放在同一位置，电缆头同其他电缆之间应采取严密的封堵措施。

4）油浸绝缘电缆两端压差太大时，由于油压的作用，低端将会漏油，电缆铅包甚至会胀裂；为避免此类故障的发生，往往要将电缆油路分隔成几段，这种隔断油路的接头，称为电缆中间堵油接头。

5）电缆头在投入运行前，要做耐压试验，测量出的绝缘电阻应与电缆头制作前没有大的差别，其绝缘电阻一般在 50~100MΩ 或更高。运行中要加强对电缆头的监视和管理，及时检查电缆头有无漏油、渗油现象，有无积聚灰尘、放电痕迹等故障。

6）每根电力电缆应在进户处、接头、电缆终端头等处留有一定裕量。电缆在槽盒内不宜设置接头。当确需在槽盒内设置接头时，应采用专用连接件。

7）电缆桥架不得在穿过楼板或墙体等处进行连接。铝合金电缆的分支连接可根据敷设环境及条件选择预制分支、T 接分支、接线箱分支等方式。铠装型电缆的分支及直通接头处应避免铠装断口的尖角损伤绝缘层。

5.6 电缆防火材料及应用

采用防火材料作为各种防火阻燃措施，是国内外防止电缆着火延燃的主要方法。采用电缆防火材料可提高电缆绝缘材料的引燃温度，降低引燃敏感性，降低火焰沿电缆表面的燃烧速率和蔓延长度，提高阻止火焰传播的能力。

5.6.1 常用电缆防火材料

1. 膨胀型防火涂料

这种防火涂料的阻燃机理是，涂覆于电缆表面的膨胀型防火涂层，在受到火星或火种作用时，很难被引燃；在受到高温或明火作用时，涂层中的部分物质因热分解，高速产生不燃气体（如 CO_2 和水蒸气），使涂层薄膜发泡，形成致密的炭化泡沫。该泡沫具有排除氧气和对电缆基材的隔热作用，可以阻止热量传递，防止火焰直接烧到电缆，延迟了电缆的着火时间，在一定条件下甚至还可将明火阻熄。

在采用防火涂料涂覆于电缆时，一般可以采用全涂、局部涂覆、局部长距离大面积涂覆三种形式。为保证火灾时消防电源及控制电路能够正常供电和控制操作，可进行全涂，如消防水泵、火灾应急照明线路、火灾报警及联动控制电路等。为增大隔火距离，防止窜燃，在阻火墙一侧或两侧，根据电缆的数量和型号的不同，可局部涂覆0.5~1.5m长的涂料。对邻近易着火部位，可采用长距离大面积涂覆。对成束控制和热控电缆，可只涂覆电缆束的外层。

膨胀型防火涂料的涂覆厚度，可根据不同场所、不同环境、电缆的数量及其重要性，适当增减，一般以1.0mm左右为宜，最少0.7mm，多则1.2mm。涂覆比为1~2kg/m^2。涂覆方式可由具体施工环境及条件而定，可人工刷涂或喷枪喷涂。

防火涂料不但对于电缆能起到防火保护作用，也可用于一些重要场所，如配电间，控制室，计算机房的门、墙、窗，公用建筑的平面等，以达到防火与装饰美化环境的双重效应。建筑平面上涂刷防火涂料厚度以0.5~1.0mm为宜，其耗重为0.75~1.0kg/m^2。

2. 电缆用难燃槽盒

难燃槽盒按盒体材料的不同，可分为钢板型和FRP型两种。FRP型槽盒是用4mm厚的玻璃纤维增强塑料黏结而成的，具有质轻、强度高、安装方便、耐腐蚀、耐油、耐火、不燃、无毒等优点，适用于-20~70℃的环境温度及潮湿、含盐雾和化学气体的环境。钢板槽盒是由2mm厚的钢板制成的，因其质重、安装不便，在应用时要受到一定的限制。

FRP型封闭式槽盒的耐火性，可使槽内敷设的电缆免遭外部火灾的危害，以保证其正常运行。它能够阻止延燃，这就保证了电缆无论在槽盒内短路着火，还是裸露在槽盒外部的电缆着火延燃至槽盒端口时，均能使着火电缆因缺氧而自熄，从而有效地阻止电缆在盒内的延燃。FRP 型封闭式槽盒是目前国内用得较多的一种电缆用防火敷设材料，其氧指数大于 40，因此，可对发电厂、变电所、供电隧道、工业企业等电缆密集场所明敷在支架（或桥架）上的各种电压等级电缆回路实行防火保护、耐火分隔和防止电缆延燃着火。

根据工程的实际需要，电缆槽盒可做成箱形，由上盖和下底组成，下底侧边有凹形口，用来固定上盖，盒体外用镀锌钢带扎紧。箱形槽盒应与防火隔板配套使用。敷设电缆时，上下两层电缆用隔板隔开，以起到防火隔离的作用。

电缆槽盒按需要可以连续敷设，也可在电缆 30m 或 50m 处设一段 2m 长的槽盒作防火段，盒体两端用有机防火堵料封堵，即可起到防火、耐火作用。

3. 耐火隔板

耐火隔板是由难燃的玻璃纤维增强塑料制成的，隔板两面涂覆有防火涂料，不仅应用于封堵电缆贯穿孔洞，也可作多层电缆层间的防火分隔和各层防火罩，具有优良的耐火隔热性能。

隔板可在电缆层间进行防火分隔，缩小着火范围，减缓燃烧强度，防止火灾蔓延。

4. 防火堵料

线路 、导管、电缆桥架及母线槽在穿越防火分区楼板、防火墙及防火卷帘上方的防火隔板时，其空隙应采用相当于建筑构件耐火极限的不燃烧材料填塞密实。

防火堵料主要用来对建、构筑物的电缆穿孔洞进行封堵，从而抑制火势穿过孔洞向邻室蔓延。常用的防火堵料有可塑性有机防火堵料和速固无机防火堵料两种。

可塑性有机防火堵料主要是由绝热性能好的无机物和阻火效果良好的有机制剂组成的。堵料呈油灰状，具有长期柔软性，而且施工方便，还可以重复使用，适用于电缆密集区域中的一些小孔洞的封堵和缝隙的填塞。

速固无机防火堵料主要是由耐高温无机材料混合而成的，呈粉末状，形似水泥。该堵料耐火性好，施工方便，且凝固迅速。使用时，只需加水搅拌成糊状，10min 左右即凝固干燥，类似水泥砂浆板，但材质较疏松，易敲落，适用于各种电缆孔洞的封堵。

5. 防火包

防火包形状类似枕头，内部填充的是无机物纤维、不燃和不溶于水的扩张成分，以及特殊耐热添加剂，外部由玻璃纤维编织物包装而成。防火包主要应用在电缆或管道穿越墙体或楼板贯穿孔洞的封堵，阻止电缆着火后向邻室蔓延。用防火包构成的封堵层，耐火极限可达 3h 以上。防火包耐潮湿，在任何天气、气温、环境条件下，都能够保持其特性不变，经久耐用。防火包的安装和拆除都很容易，使用方便，并可重复使用。

6. 防火网

防火网是以钢丝为基材，再在它表面涂刷上防火涂料而成的，适用于既要求通风又要求防火的地方。其特点是可保证平时能充分通风，若把它安装在槽盒端口，则可制成通风型槽盒，这有利于提高槽盒内敷设电缆的载流量。以防火网为基材可做防火门。

当防火网遇上明火时，网上的防火涂料即刻膨胀发泡，网孔被致密泡沫炭化层封闭，从而可阻止火焰的穿透和蔓延。防火网目前有两种规格可供选用：①基材为5mm×10mm的菱形网孔，涂刷防火涂料后有效通风面积为整个网的60%；②基材为4mm×4mm的正方形网孔，涂刷防火涂料后有效通风面积为整个网的40%。

7. 阻火隔墙

用阻火隔墙将电缆隧道、沟道分成若干个阻火段，达到尽可能地缩小事故范围、减少损失。阻火隔墙一般采用软性材料构筑，如采用轻型块类岩棉块、泡沫石棉块、硅酸盐纤维毡或絮状类如矿渣棉、硅酸纤维等，既便于在已敷好的电缆通道上堆砌封墙，又可在运行中轻易更换电缆。经试验表明，240 mm左右厚度的阻火墙显示出了屏障般的有效阻火能力。此外，沿阻火墙两侧电缆上紧邻0.5~1 m范围，添加防火涂料或包带时，可不需设置通道防火门，这样能有效防止电缆一旦着火时火焰和热气流通过门孔穿出的危险影响，解决了正常运行中隧道通风与防火的矛盾。

8. 阻燃桥架

电缆阻燃桥架主要组成部分包括：玻璃纤维增强材料、无机黏合剂复合的防火板与金属骨架的结合，及其他的防火基材。外层加防火涂料，防火桥架遇火后不会燃烧从而阻隔火势蔓延，具有极其良好的耐火、隔热、阻燃自熄效果，又具有耐油、耐腐蚀、无毒、无污染的特点，整体安装方便，结构合理，使用寿命长，并且美观，并能与各类金属桥架配套安装。

5.6.2　防火材料的应用

防火阻燃材料是电缆防火工程中的关键，不仅直接关系着防火阻燃的效果，而且对电缆的安全运行、环境美化、文明生产也有直接影响。所以，防火阻燃措施及其材料的选用，应根据不同的场所、使用条件和环境情况正确地选用，以达到防火阻燃的目的。电缆防火材料在防火设施中的典型应用有下列几种情况。

1. 防火隔墙

防火隔墙是电缆隧道（沟）或夹层中的一种防火设施。隔墙由矿渣棉填充密实而成，矿渣棉的用料量由隔墙大小来决定。

电缆隧道（沟）的防火隔墙如图5-7、图5-8所示。

电缆隧道隔墙两侧1.5m长的电缆，需涂上防火涂料，一般涂刷4~6次即可，每次涂刷用量与电缆外径的关系曲线如图5-9所示。隔墙两侧还装有2mm×800mm宽的防火隔板（系厚2mm的钢板），用螺栓固定在电缆支架上。

电缆沟阻火隔墙与隧道隔墙的做法相同，且都要考虑沟（隧道）的排水问题，但防火隔墙两侧无需设隔板，也不需涂刷防火涂料。

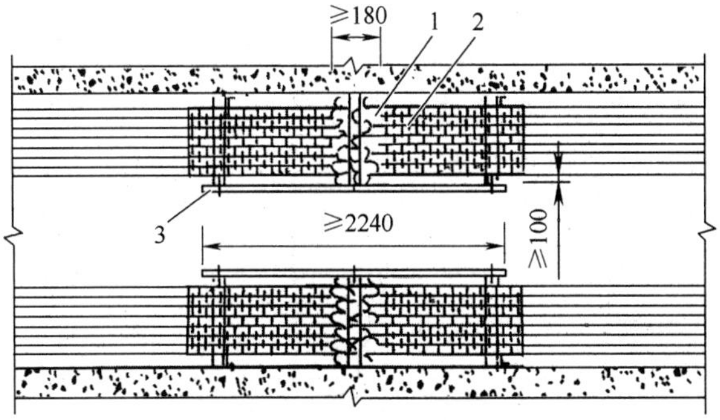

图 5-7 电缆隧道的防火隔墙

1—阻炮 2—防火涂料 3—耐火隔板

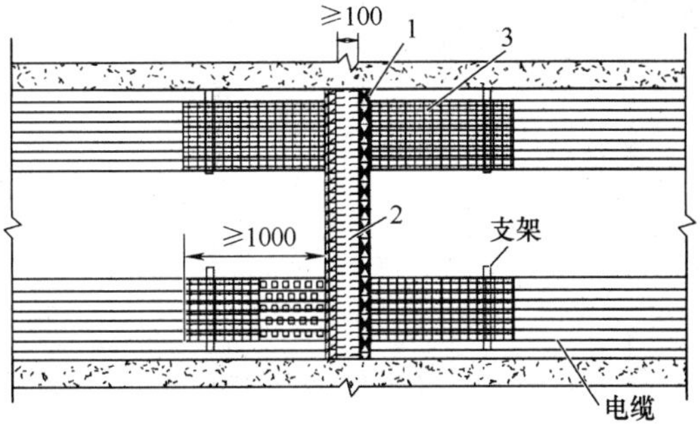

图 5-8 电缆沟的防火隔墙

1—耐火隔板 2—不燃纤维 3—防火涂料

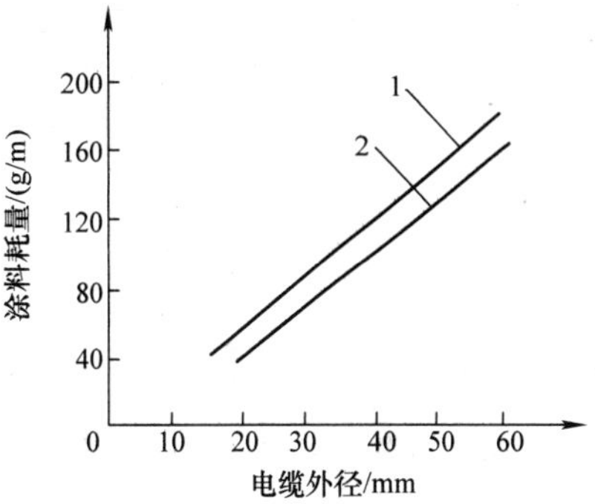

图 5-9 涂料用量与电缆外径的关系曲线

1—油浸铠装电缆 2—塑料扩套电缆

电缆夹层防火隔墙如图 5-10 所示。

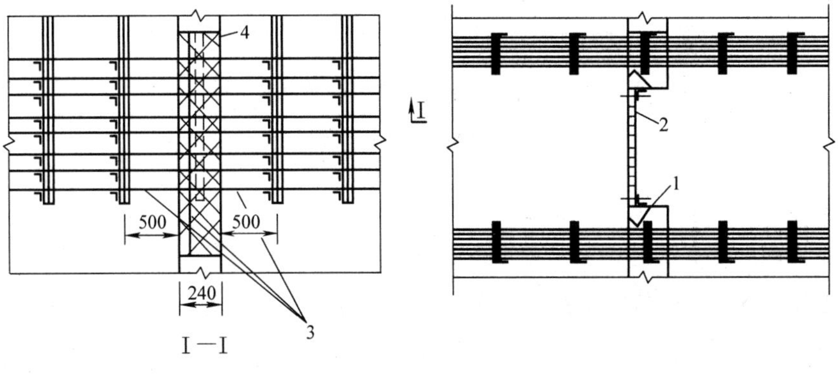

图 5-10 电缆夹层防火隔墙

1—矿渣棉砌料 2—耐火隔墙 3—防火涂料 4—防火隔墙

2. 阻火夹层

图5-11是带人孔电缆竖井阻火夹层，夹层上下用耐火板，中间一层用矿棉半硬板。耐火板在电缆穿过处，按电缆外径大小锯成条状孔。铺好电缆后用散装泡沫矿棉填充缝隙。夹层上下1m处，用防火涂料涂刷电缆及支架3次。人孔用可移动防火板铰链带及活动盖板予以密封。

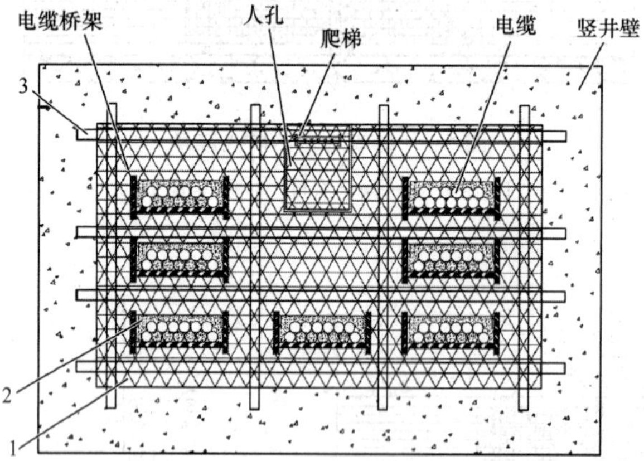

图5-11　带人孔电缆竖井阻火夹层

1—耐火隔板　2—防火堵料　3—钢筋

不带人孔电缆竖井阻火夹层如图5-12所示，其做法与带人孔的做法相同。

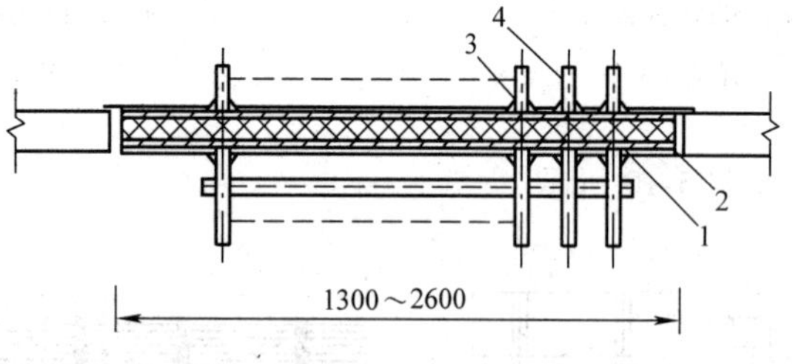

图5-12　不带人孔电缆竖井阻火夹层

1—耐火隔板　2—石棉半硬板　3—泡沫石棉块　4—防火涂料

3. 阻火段

为防止架空电缆着火后延燃，沿架空电缆线路可设置阻火段，如图5-13所示。具体要求是：电缆支架为5层时，在2m长的一段电缆上涂刷防火涂料5次（或包防火带）即可；如果支架为10层时，需在2m长的一段电缆上涂刷防火涂料6次，并在其上部6层，每隔2层用6m长防火隔板来分隔，以防止发生窜燃。控制电缆可用封闭式耐火槽盒进行分段。

4. 电缆中间接头盒防火段

无论电缆隧道、沟、竖井、桥架等地方，还是敷设电缆的中间接头盒周围电缆，均需包防火带或涂刷防火涂料 4 次，以避免中间接头处着火时，向两侧延燃。电缆中间接头盒防火段做法如图 5-14 所示。

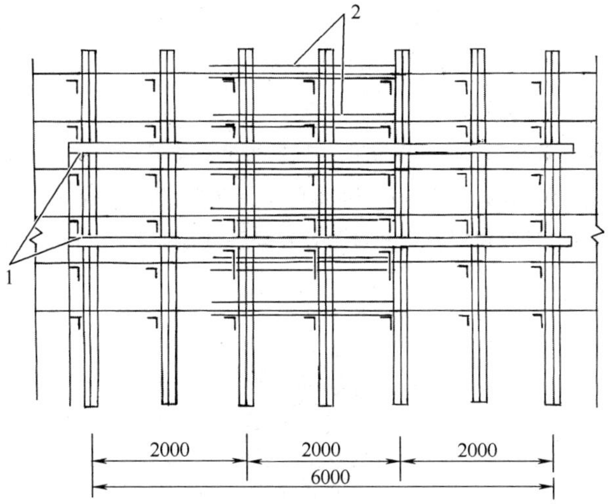

图 5-13 架空电缆阻火段

1—防火隔板 2—防火涂料或包防火带

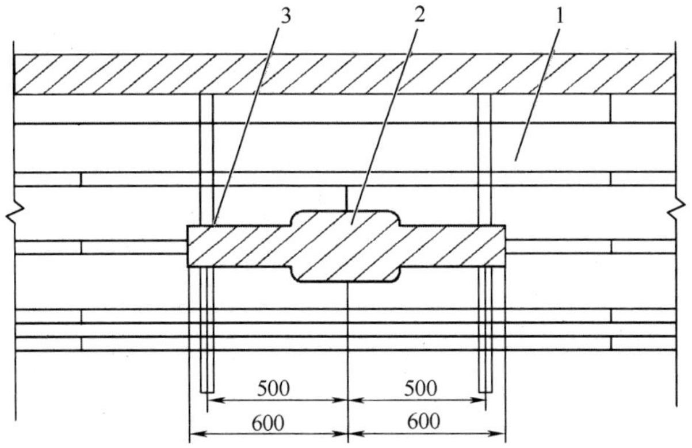

图 5-14 电缆中间接头盒防火段做法

1—防火涂料 2—电缆接头盒 3—防火包带

复 习 题

1. 导线选择的一般原则和要求是什么？
2. 什么叫发热条件选择法？
3. 什么叫允许电压选择法？
4. 电缆线路的防火和阻燃措施有哪些？
5. 架空线路敷设的防火要求有哪些？

6. 导线电缆截面面积的选择方法有几种？

7. 电缆的敷设方式有几种？

8. 防火电缆的型号有哪些？

9. 有一个机械加工车间，供电电压为380V，配置以下三相电动机：7.5kW 的 3 台，4kW 的 6 台，1.5kW 的 10 台，1kW 的 59 台。试分别用利用系数法和二项式法求其计算负荷。取 $b=0.14$，$K_x=0.2$，$c=0.4$，$\cos\varphi=0.5$，$\tan\varphi=1.73$，$x=5$。

10. 某地拟建某工程，采用 380V/220V 供电。现场用电设备参数：钢筋场 128kW（$L=200$m），搅拌站 36kW（$L=150$m），生活用电 15kW（$L=300$m），$K_x=0.8$，用 BX 线（$C=77$）架空配电，$\cos\varphi=0.8$，允许电压降 $\Delta U=5\%$。试分别用安全载流量计算经济截面面积法和允许电压降法计算导线截面面积。

第 5 章练习题

扫码进入小程序，完成答题即可获取答案

6

第 6 章 短路电流计算

内容提要

本章主要介绍短路电流的计算方法：标幺值法和有名值法。1000V 以下低压供电系统线路比较简单，采用有名值法比较方便。高压系统线路网络较复杂，采用标幺值法既清晰又方便。

本章重点

掌握三相短路电流的两种计算方法，并由此计算出短路电流的瞬时值、有效值和短路点的短路容量。

6.1 短路及其危害

短路是引起电力系统严重故障和电气火灾的重要原因之一。为保证电力系统的安全、可靠运行，在电力系统设计和运行分析中，不仅要考虑系统在正常状态的运行情况，还应考虑系统发生故障时的运行情况及故障产生的后果等。所谓短路是指相与相或相与地（对于中性点接地的系统）之间发生不正常通路的情况。

6.1.1 短路的主要原因

引起短路故障的原因主要有以下几个方面：

（1）电气设备绝缘损坏

电气设备的选用、安装和使用环境不符合要求，致使其绝缘体在高温、潮湿、酸碱环境条件下受到破坏；绝缘导线由于拖拉、摩擦、挤压、长期接触尖硬物体等，绝缘层造成机械损伤；由于外壳防护等级不够，导电性粉尘进入电气设备内部。

（2）超期使用

电气设备使用时间过长，超过使用寿命，绝缘老化发脆，相间绝缘降低或完全破坏。

(3) 管理、维修不到位

电气设备或线路发生绝缘老化、变质，使用维护不当，设备和导线长期带病运行，扩大了故障范围；或者运行管理不善造成小动物进入带电设备内形成短路事故等。

(4) 过电压击穿绝缘

由于雷击等过电压、操作过电压的作用，电气设备的绝缘遭到击穿而短路。因遭受直击雷或雷电感应，设备过电压，绝缘被击穿等。

(5) 误操作

运行人员违反安全操作规程操作，带负荷拉隔离开关、带地线合隔离开关，或错误操作或把电源投向故障线路，造成金属性短路，人为疏忽接错线路造成短路。

(6) 使用环境恶劣

恶劣天气损坏设备和导线，比如气候恶劣，由于大风、自然灾害（地震、风灾、雹灾等）、低温导线覆冰引起架空线倒杆断线；室外架空线的线路松弛，大风作用下碰撞。

6.1.2 短路的危害

短路的主要危害有四种：

(1) 短路电流热效应危害

短路电流通常要超过正常工作电流的十几至几十倍，这样大的短路电流通过导体时，一方面会使导体大量发热，造成导体过热甚至熔化，以及绝缘损坏；将使电气设备过热，绝缘受到损伤，甚至烧毁电气线路和设备，引起火灾。另一方面巨大的短路电流还将产生很大的电动力作用于导体，使导体变形或损坏。

(2) 短路电流的电动力效应危害

巨大的短路电流将在电气设备中产生很大的电动力，可引起电气设备的机械变形、扭曲甚至严重损坏。

(3) 短路电流的磁效应危害

当系统发生不对称短路时，不对称短路电流产生不平衡的交变磁场，对送电线路周围的通信线路、铁路信号集中闭塞系统、可控硅触发系统及其自动控制系统就可能产生干扰破坏。

(4) 短路电流产生电压降影响其他设备正常工作。

短路时会引起系统电压大幅度降低，特别是靠近短路点处的电压降低得更多，从而可能导致部分用户或全部用户的供电遭到破坏。网络电压的降低，使供电设备的正常工作受到损坏，也可能导致工厂的产品报废或设备损坏，影响电动机的正常工作（转速降低，甚至停止运转），如电动机过热受损等。用户处的电压突然下降，影响照明负荷的正常工作（气体放电灯熄灭等）。

6.1.3 短路类型

在三相交流系统中，短路的基本类型有四种：三相短路、两相短路、单相短路和两相接地短路。

（1）三相短路

三相短路用符号 $k^{(3)}$ 表示，如图 6-1a 所示。当发生三相短路时，由于三相短路的三相阻抗仍然相等，所以三相短路的三相电流和电压仍是对称的，因此三相短路又称为对称短路。短路时电流增大，短路点电压为零，电压完全降落于短路回路中，短路后电压与电流的相位差较正常时增大，接近 90°。

（2）两相短路

两相短路用符号 $k^{(2)}$ 表示，如图 6-1b 所示。两相短路时，整个系统的电压的对称性遭到破坏，属于不对称短路。短路后短路点相间电压为零，故障两相短路电流的大小相等而方向相反。

（3）单相短路

单相短路用符号 $k^{(1)}$ 表示，如图 6-1c、d 所示。单相短路发生在中性点直接接地系统中或三相四线制系统中，短路后电压和电流的对称关系均受到破坏，属于不对称短路。

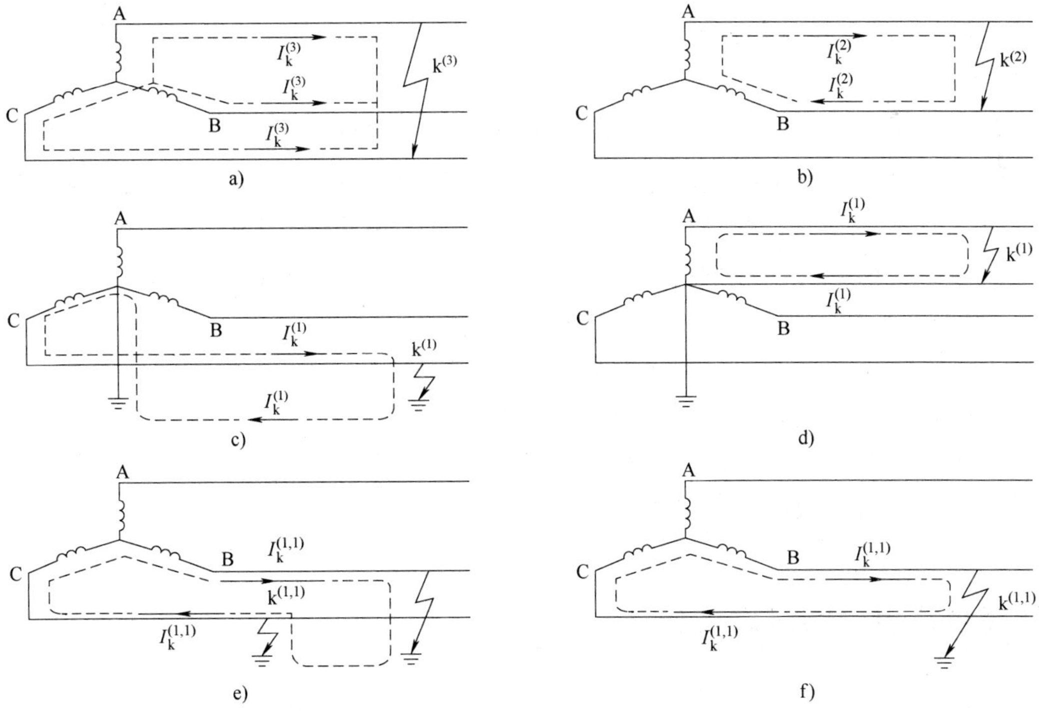

图 6-1　短路类型原理电路图

（4）两相接地短路

两相接地短路用符号 $k^{(1.1)}$ 表示，如图 6-1e、f 所示。两相接地短路是指两相在同一地点或不同地点同时发生单相接地。在中性点直接接地系统中，发生单相接地时，保护装置迅速切除故障线路，因此，同时发生两相接地短路的可能性较小，只有在雷电强烈时，尤其在双回路供电的情况下有可能在两点或三点同时发生接地故障。在中性点不接地系统中，发生单相接地时其接地电流一般很小，通常允许带电工作0.5~2h。在此期间，由于其他两相对地电压升高到V3，容易击穿绝缘，造成另一相也接地而形成两相接地短路。

在这些短路的情况中，单相短路占大多数，约占短路故障数的65%，且短路电流为最大。三相短路只占5%~10%，且短路电流较小，但故障产生的后果严重。

6.1.4　短路计算的目的

短路故障对系统的正常运行影响很大，所造成的后果也十分严重，因此无论从设计、制造、安装、运行和维护检修等各方面来说，都应着眼于防止短路故障的发生，以及在短路故障发生后要尽量限制所影响的范围。这就要求必须了解短路电流的产生和变化规律，掌握分析计算短路电流的方法。

短路电流计算是电力系统最常用的计算之一，短路电流计算的具体目的有如下几个方面：

1）选择设备。电气设备（如开关电器、母线、绝缘子、电缆等）必须具有充分的电动力稳定和热稳定性，而电气设备的电动力稳定和热稳定的校验是以短路电流计算结果为依据的。

2）继电保护的配置和整定。电力系统中应配置哪些继电保护及保护装置的参数整定，都必须对电力系统各种短路故障进行计算和分析，而且不仅要计算短路点的短路电流，还要计算短路电流在网络各支路中的分布，并要做多种运行方式的短路计算。

3）电气主接线方案的比较和选择。在主接线设计中往往遇到这样的情况：有的接线方案由于短路电流太大以致要选用贵重的电气设备，使该方案的投资太高，但如果适当改变接线方式或采取某些限制短路电流的措施就可能得到既可靠又经济的方案，因此，在比较和评价主接线方案时，短路电流计算是必不可少的内容。

4）在设计110kV及以上电压等级的架空输电线路时，要计算短路电流，以确定电力线路对邻近架设的通信线是否存在危险及干扰影响。

6.2　三相短路电流的过渡过程

发生短路故障时，电力系统从正常的稳定状态，过渡到短路后的稳定状态，一般只需3~5s的时间。在这个暂态过程中，短路电流的变化过程是很复杂的，同时，由无限大电源供电的电路上发生的短路也不同于由发电机单独供电电路上发生的短路。

一般情况下，三相短路是最严重的短路（某些情况下单相接地短路或两相接地短路电流可能大于三相短路电流），实际上一切不对称的短路计算都可以应用对称分量法转化为对称短路的计算。因此三相短路计算是不对称短路分析和计算的基础。

6.2.1　分析的假设条件

为了便于分析，假定三相短路发生在一个由无限大容量电源供电的三相交流电力系统内。所谓无限大容量电源供电就是由一个容量极大的电力系统供电，当这个系统中某一部分发生短路时，系统等值发电机的供电母线端电压、频率实际维持不变，即端电压振幅是一个恒定不变的正弦波。换句话说，可以认为系统等值发电机的内阻抗为零（即 $X_c=0$）。在这种情况下，不管外部的短路点发生在何处，短路电流有多大，电源内部的压降总等于零。实际上这样的电源是不存在的，所以无限大电源是一种假设，目的是便于分析，并且在实用中做近似计算。一般的工矿企业和建筑物通过总降压变电所从高压电力系统取得电能，其设备安装容量比电力系统的容量（MV·A）小得多，于是可以认为总降压变电所高压侧母线的电压是一个不变的常数，看成由无限大容量的电源供电。

实际上，电力系统的容量（MV·A）和阻抗总有一定的数值，但是供电电网的阻抗比电力系统的阻抗要大得多，在工程计算中如果系统阻抗不超过短路回路总阻抗的 5%~10%，便认为此系统阻抗可不予考虑，于是该系统就按无限大容量电源来处理。也可以根据用户总安装容量小于系统总容量的 1/50，变压器在二次侧发生短路，一次侧电压维持不变的假设条件来计算短路电流，这样不会引起较大的误差。

另外，由于按无限大容量供电的电力系统计算所得的短路电流是电气设备所通过的最大的短路电流，因此，在初步估算流过装置的最大短路电流或缺乏必要的系统数据时，都可以认为短路电流所接的电源为无限大容量供电的电力系统。

6.2.2　短路暂态过程分析

图 6-2 所示为一简单的三相 RL 电路。短路前电路处于稳态，由于电路三相对称，可只写出其中 a 相电压和电流的计算式：

$$u=U_m\sin(\omega t+\alpha) \tag{6-1}$$

$$i=I_m\sin(\omega t+\alpha-\varphi_{[0]}) \tag{6-2}$$

其中

$$I_m=\frac{U_m}{\sqrt{(R+R')^2+\omega^2(L+L')^2}}$$

$$\varphi_{[0]}=\arctan\frac{\omega(L+L')}{R+R'}$$

当图 6-2a 中 k 点发生三相短路时，此电路被分成两个独立的电路。左边电路仍与电源连接，而右边的电路则变成没有电源的短路电路。在右边电路中，电流将从短路发生瞬间的初值不断地衰减到磁场中所储藏的能量全部变为电阻所消耗的热能为止，电流衰减为零。在左边与电源相连的电路中，每相阻抗由原先的（$(R+R')+j\omega(L+L')$）减小到 $R+j\omega L$。由于阻抗减小，其电流必将增大至由阻抗 $R+j\omega L$ 所决定的新稳态值。短路暂态过程的分析与计算，主要针对这一电路。

假设在 $t=0$ 时发生短路，由于左边电路仍旧是三相对称的，可只取其中一相进行分析，例如 a 相，其微分方程式如下：

$$L\frac{di_a}{dt}+Ri_a=U_m\sin(\omega t+\alpha) \tag{6-3}$$

式（6-3）是一个一阶常系数非齐次微分方程，其解即为短路时的全电流，它由两部分组成：第一部分是方程式（6-3）的特解，代表短路电流的强制分量；第二部分是方程式式（6-3）所对应的齐次方程 $L\frac{di_a}{dt}+Ri_a=0$ 的通解，代表短路电流的自由分量。

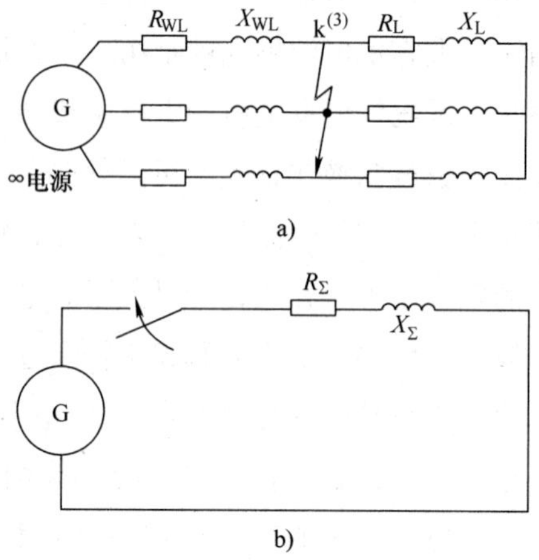

图 6-2 无限大功率电源供电的三相对称电路图
a）三相电路 b）单相等效电路

短路电流的强制分量是由电源电动势的作用所产生的，与电源电动势具有相同的变化规律，其幅值在暂态过程中保持不变。由于此分量是周期性变化的，故又称为短路电流的周期分量，其表达式为

$$i_p=\frac{U_m}{Z}\sin(\omega t+\alpha-\varphi)=I_{pm}\sin(\omega t+\alpha-\varphi) \tag{6-4}$$

其中
$$I_{pm}=U_m/\sqrt{R^2+(\omega L)^2}$$

式中 I_{pm}——短路电流周期分量的幅值；

Z——短路回路每相阻抗 $R+j\omega L$ 的模；

φ——每相阻抗 $R+j\omega L$ 的阻抗角，$\varphi=\arctan\frac{\omega L}{R}$；

α——电源电压的初始相角，也称合闸角。

短路电流的自由分量与外加电源无关，将随着时间而衰减至零，它是一个依指数规律而衰减的直流电源，通常称为短路电流的非周期分量，其表达式为：

$$i_{np}=Ae^{-\frac{t}{T_a}} \tag{6-5}$$

式中 A——积分常数，由初始条件决定，即非周期分量的初值 i_{np0}；

T_a——短路回路的时间常数，它反映自由分量衰减的快慢，$T_a=L/R$。

短路全电流的表达式为：

$$i_a=i_p+i_{np}=I_{pm}\sin(\omega t+\alpha-\varphi)+Ae^{-\frac{t}{T_a}} \tag{6-6}$$

在含有电感的电路中，由楞次定律可知，电感中的电流不能突变，短路前瞬间（用下标［0］表示）的电流 $i_{[0]}$应与短路后瞬间（用下标 0 表示）的电流 i_0相等，将 $t=0$ 分别代入式（6-2）和式（6-6），即得：

$$I_{\mathrm{m}}\sin(\alpha-\varphi_{[0]})=I_{\mathrm{pm}}\sin(\alpha-\varphi)+A$$

所以

$$A=I_{\mathrm{m}}\sin(\alpha-\varphi_{[0]})-I_{\mathrm{pm}}\sin(\alpha-\varphi)$$

将 A 代入式（6-6），便得：

$$i_{\mathrm{a}}=I_{\mathrm{pm}}\sin(\omega t+\alpha-\varphi)+[I_{\mathrm{m}}\sin(\alpha-\varphi_{[0]})-I_{\mathrm{pm}}\sin(\alpha-\varphi)]\mathrm{e}^{-\frac{t}{T_{\mathrm{a}}}} \tag{6-7}$$

这就是 a 相短路电流的计算式。由于电路三相对称，只要（$\alpha-120°$）或（$\alpha+120°$）代替式（6-7）中的 α 就可得 b 或 c 相短路电流的计算式。

图 6-3 表示短路瞬间（$t=0$）a 相电流各分量之间的关系。向量$\dot{U}_{\mathrm{ma}}$、$\dot{I}_{\mathrm{m}}$和 $\dot{I}_{\mathrm{pm}}$在静止时间轴 t 上的投影，依次表示电源电压，短路前电流和短路后周期分量在 $t=0$ 时的瞬时值，短路前电流 $\dot{I}_{\mathrm{m}}$在时间轴上的投影为 $i_{[0]}$，即 $I_{\mathrm{m}}\sin(\alpha-\varphi_{[0]})$。短路后周期分量 $\dot{I}_{\mathrm{pm}}$的投影为 i_{p0}，即 $I_{\mathrm{pm}}\sin(\alpha-\varphi)$。在大多数情况下，$i_{\mathrm{p0}}\neq i_{[0]}$。为了使通过电感 L 的电流瞬时值在短路前后瞬间保持不变（即电感 L 中的磁链保持不变），电路中必须产生一个非周期分量电流，其初值应等于 $i_{[0]}$和 i_{p0}之差。但由于这一电路中并不存在直流电动势，因此，非周期分量必然按指数规律逐渐衰减为零。电路的电阻 R 越大，非周期分量的衰减速度也越快。从图 6-3 可见，非周期分量初值 i_{np0}即为向量差（$\dot{I}_{\mathrm{m}}-\dot{I}_{\mathrm{pm}}$）在时间轴上的投影，其大小取决于短路发生时刻，即与短路瞬间电源电压的初始相角 α（和闸角）有关。当向量差（$\dot{I}_{\mathrm{m}}-\dot{I}_{\mathrm{pm}}$）与时间轴平行时，$i_{\mathrm{pm0}}$的值最大，而当它与时间轴垂直时，$i_{\mathrm{np0}}=0$，即非周期分量不存在。在此情况下，短路前一瞬间 a 相电流值与 a 相稳态短路电流在 $t=0$ 时的数值刚好相等，即 $i_{\mathrm{np0}}=i_{[0]}$。显然，电路从一种稳态直接进入另一种稳态，中间不经历暂态过程。在三相电路中，非周期分量出现最大值或零值的现象，只可能发生在其中一相。对于 b 相和 c 相短路电流各分量间的关系，也可做类似的分析，只是其电流相量应分别滞后 a 相 120°和 240°。

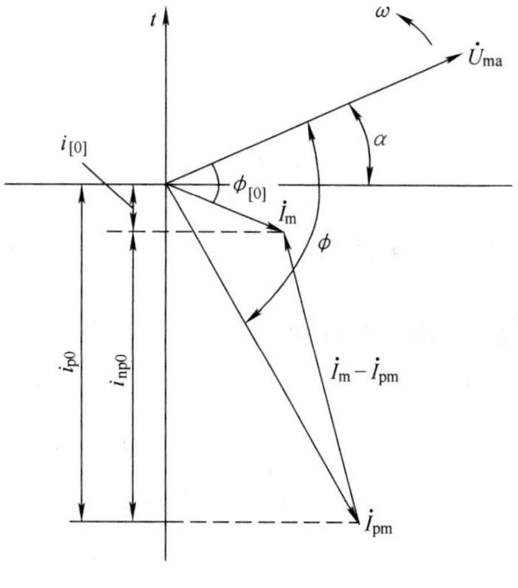

图 6-3　短路瞬间 a 相电流相量图

根据式（6-7），可做出 a 相短路电流波形图，如图 6-4 所示。由于非周期分量电流的存在，短路电流曲线不再与时间轴对称，非周期分量曲线本身就是短路电流曲线的对称轴。利用这一“对称”性质，很容易把非周期分量从短路电流曲线中分离出来，这将给实验分析提供方便。例如，在示波器拍摄出短路电流的波形图后，若需了解非周期分量的大小及变化情况，可对波形图进行适当加工，即将短路电流曲线的两根包络线在垂直方向做等分线，此即为非周期分量曲线，如图6-4中的虚线所示。

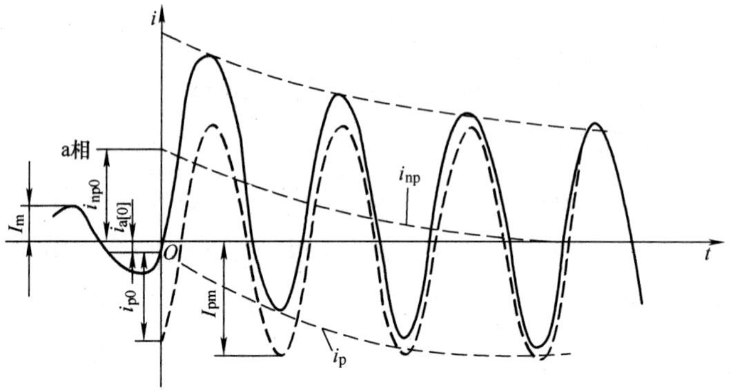

图6-4 a相短路电流波形图

应当指出，三相短路虽然称为对称短路，但实际上只有短路电流的周期分量才是对称的，而各相短路电流的非周期分量并不相等。

6.2.3 短路冲击电流和最大有效值电流

1. 短路冲击电流

短路电流的可能最大瞬时值称为短路冲击电流。当电源电压和电路的阻抗恒定时，短路电流周期分量的幅值为定值，而非周期分量则是依指数规律单向衰减的直流，因而非周期分量的初值越大，短路冲击电流也就越大。由图6-2及式（6-7）可见，短路电流非周期分量的可能最大值，不但与合闸角α有关，而且和电路原先的情况有关。

在一般电力系统中，短路前后的电流都是滞后的。在短路回路中，通常电感值比电阻值大得多，即$\omega L \geqslant R$，可近似认为$\varphi \approx 90°$。由图6-3可见，短路的最严重情况，是在$I_m=0$（即电路原先为空载），$\dot{I}_{pm}$与时间轴平行，且电压瞬时值刚经过零值（$\alpha=0$）的情况下发生短路，此时非周期分量值最大。

将$I_m=0$，$\alpha=0$和$\varphi=90°$代入式（6-7），便得

$$i_a=-I_{pm}\cos\omega t+I_{pm}e^{-\frac{t}{T_a}} \tag{6-8}$$

根据式（6-8），可做出图6-5所示的短路电流波形图。

由图可见，短路电流的最大瞬时值即短路冲击电流i_{sh}，将在短路发生后约半个周期出现，当$f=50\text{Hz}$时，此时间约为0.01s。据此可得冲击电流的算式为

$$i_{sh}=I_{pm}+I_{pm}e^{-\frac{0.01}{T_a}}=(1+e^{-\frac{0.01}{T_a}})I_{pm}=\sqrt{2}K_{sh}I_{pm} \tag{6-9}$$

$$K_{sh}=1+e^{-\frac{0.01}{T_a}}$$

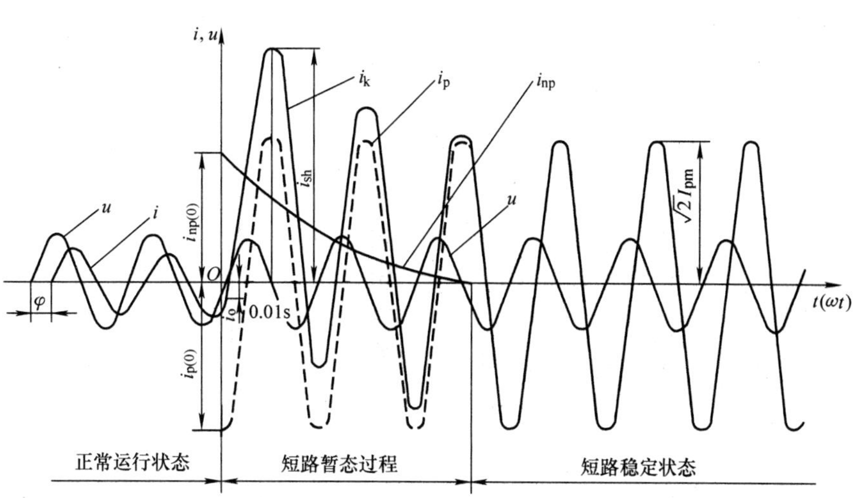

图 6-5 非周期分量最大时短路电流波形图

式中 K_{sh}——短路电流冲击系数，表示冲击电流对周期分量幅值的倍数。

当时间常数 T_a的值由零变至无限大时，冲击系数值的变化范围为 $1<K_{sh}<2$。

在工程计算中，冲击系数值课做如下考虑：在发电机电压母线短路时，取 $K_{sh}=1.9$，$i_{sh}=2.69I_{pm}$；在发电厂高压侧母线或发电机输出端电抗器后发生短路时，$K_{sh}=1.85$，$i_{sh}=2.62I_{pm}$；在其他地点短路时，$K_{sh}=1.8$，$i_{sh}=2.55I_{pm}$。在变压器低压侧电网发生短路时，$K_{sh}=1.3$，$i_{sh}=1.84I_{pm}$。

冲击电流主要用于校验电气设备和载流导体在短路时的动稳定性。

2. 最大有效值电流

由于短路电路主要含有非周期分量，所以在短路暂态过程中短路全电流不是正弦波形。在短路暂态过程中，任一时刻 t 短路全电流的有效值 I_t，是指以时刻 t 为中心的一周期内短路全电流瞬时值的均方根值：

$$I_t=\sqrt{\frac{1}{T}\int_{t-\frac{T}{2}}^{t+\frac{T}{2}} i_t^2\mathrm{d}t}=\sqrt{\frac{1}{T}\int_{t-\frac{T}{2}}^{t+\frac{T}{2}}(i_{pt}+i_{npt})^2\mathrm{d}t} \tag{6-10}$$

式中 i_t——短路全电流的瞬时值；

T——短路全电流的周期；

i_{pt}——周期内周期分量电流的瞬时值；

i_{npt}——周期内非周期分量电流的瞬时值。

短路全电流的一般算式很复杂。为了简化 I_t的计算，假设在计算所取的一个周期内周期分量的幅值为常数，非周期分量的数值恒定不变且等于该周期中点的瞬时值。在上述假定下，周期 T 内周期分量的有效值按通常正弦曲线计算，即 $I_{pt}=I_{pm}/\sqrt{2}$，而周期内非周期分量的有效值等于它在该周期中点的瞬时值，即 $I_{npt}=i_{npt}$。

根据上述假定条件，并将上面介绍的I_{pt}及I_{npt}的关系代入式（6-10），经过积分和代数运算后，可简化如下：

$$I_t=\sqrt{I_{pt}^2+I_{npt}^2} \tag{6-11}$$

由式（6-11）计算出的近似值在实用上已足够准确。短路全电流的最大有效值I_{sh}出现在短路后的第一周期内，又称为冲击电流的有效值。

因冲击电流发生在短路后$t=0.01s$时，由图6-4和式（6-9）可知冲击电流有效值为

$$I_{sh}=\sqrt{\left(\frac{I_{pm}}{\sqrt{2}}\right)^2+I^2_{npt(t=0.01)}}=\sqrt{\left(\frac{I_{pm}}{\sqrt{2}}\right)^2+(i_{sh}-I_{pm})^2}=\sqrt{\left(\frac{I_{pm}}{\sqrt{2}}\right)^2+[(K_{sh}-1)I_{pm}]^2}$$
$$=\frac{I_{pm}}{\sqrt{2}}\sqrt{1+2(K_{sh}-1)^2}=I_p\sqrt{1+2(K_{sh}-1)^2} \tag{6-12}$$

当冲击系数$K_{sh}=1.9$时，$I_{sh}=1.62I_p$；$K_{sh}=1.8$时，$I_{sh}=1.51I_p$。

短路电流最大有效值用来校验电气设备的断流能力或耐力强度。

6.3 短路电流计算方法

6.3.1 短路电流计算的基本原则

由欧姆定律知，三相短路电流的周期分量有效值确定如下：

$$I_{zq}=\frac{U_p}{\sqrt{3}Z_d} \tag{6-13}$$

式中　U_p——网络的平均电压；

　　Z_d——由电源到短路点的阻抗。

显然，只要知道平均电压U_p和电源到短路点的阻抗Z_d，就可以求出I_{zq}。根据短路电流计算目的和短路保护时断路器断流时刻取短路发生后$t=0.2s$，此时短路电流i_d中非周期分量已衰减很多（可认为殆尽），因此$I_{zq}=I_d$，即三相短路电流有效值。

取用平均电压U_p是为了简化计算而规定的，这是因为考虑到线路某一区间的电压，由于电压损失，线路始端到线路终端电压并不是一个相等的恒定值，从最高到最低有一个允许的最大偏差范围即110%U_e。这里把额定电压U_e视为100%，于是平均电压U_p为$U_p=\frac{1}{2}(110+100)\%U_e=105\%U_e$。表6-1列出了网络额定电压与平均电压的对照值。

表6-1　网络额定电压与平均电压的对照值

网络额定电压/kV	0.22	0.38	3	6	10	35	60	110	154	220	330
平均电压/kV	0.23	0.4	3.15	6.3	10.5	37	63	115	162	230	345

从电源短路点，到直接连接的发电机、变压器、导线、电缆、电抗器等的阻抗，应包括于总阻抗之中，只有附属于断路器的电流互感器、母线结构和连接导线等的阻抗一般很小，不计入其中。短路阻抗 $Z_d=R_d+X_d$ 在考虑简化计算及允许的误差的情况下，在高压系统中，若 $R_d<\frac{1}{3}X_d$ 可不计及电阻 R_d；在低压系统中，若 $X_d<\frac{1}{3}R_d$，可不计及 X_d。做这样的假定后，求得的短路电流误差不超过 15%，在工程计算和选择设备时，这样的误差是允许的。于是在高压系统中式（6-13）转化成下式：

$$I_{zq}=\frac{U_p}{\sqrt{3}X_d} \tag{6-14}$$

显然，对于一定的线路区间，平均电压 U_p 是一定的，因此求 $I_{zq}^{(3)}$ 的关键问题就是求出 X_d 的值。求 X_d 的值有两种方法，即有名值法和标幺值法。一般 1000V 以下低压供电系统线路比较简单，且不需要对多点短路电流计算和换算，采用有名值法比较方便；高压系统线路网络较复杂，存在多个电压等级，还存在电抗换算问题，采用标幺值法既清晰又方便。

6.3.2 标幺值法

用标幺值计算短路电流的方法称为标幺值法。

短路电流的计算目的与计算方法

1. 标幺值

对任一物理量选定基准后，将其实际值用相对于基准值的值表示，称为物理量的标幺值。即

$$某物理量的标幺值=\frac{该物理量的实际值}{该物理量的选定基准值}$$

基准值是衡量物理量的标准和尺度，因此，标幺值是同单位的两个物理量的比值，无量纲，只是一个小数或百分数。

在供电系统中，对有名制容量 S、电压 U、电流 I、电抗 X 等选定相应的基准值用字母加下标“$*$j”表示基准标幺值，可表示如下：

$$S_{*j}=\frac{S}{S_j},\ U_{*j}=\frac{U}{U_j},\ I_{*j}=\frac{I}{I_j},\ X_{*j}=\frac{X}{X_j} \tag{6-15}$$

对供电系统中 S_j、U_j、I_j 和 X_j 这四个基准物理量，只要选定其中两个，就可按功率方程和欧姆定律方便地求出其他两个物理量。如选定 S_j 和 U_j，则有 $I_j=\frac{S_j}{\sqrt{3}U_j}$，$X_j=\frac{U_j}{\sqrt{3}I_j}=\frac{U_j^2}{S_j}$，于是在基准值 S_j、U_j 下的任一电流、电抗标幺值为

$$I_{*j}=\frac{I}{I_j}=I\frac{\sqrt{3}U_j}{S_j} \tag{6-16}$$

$$X_{*j}=\frac{X}{X_j}=X\frac{1}{X_j}=X\frac{S_j}{U_j^2} \tag{6-17}$$

实际中，无论在产品样本，还是由厂家直接提供的标幺值，如发电机、变压器、电动机、电抗器等电气设备给出标幺值都是以额定值参数为基准值所得到的标幺值，称为额定标幺值，用下标符号“＊e”表示，同样有下列关系，只不过选定的基准值为额定值，即：

$$S_{*e}=\frac{S}{S_e} \tag{6-18}$$

$$U_{*e}=\frac{U}{U_e} \tag{6-19}$$

$$I_{*e}=\frac{I}{I_e}=I\frac{\sqrt{3}U_e}{S_e} \tag{6-20}$$

$$X_{*e}=\frac{X}{X_e}=X\frac{S_e}{U_e^2} \tag{6-21}$$

基准值是可以任意选取的，当某一电抗 X 所选定的基准值不同，标幺值也就不一样。而在求短路回路总电抗时，不能将回路内所有元件的电抗简单相加，必须换算成同一个基准值下的标幺值。

由额定标幺值向基准标幺值的换算式为

$$X_{*j}=X_{*e}\left(\frac{U_e}{U_j}\right)^2\frac{S_j}{S_e} \tag{6-22}$$

基准值虽可任意选取，但要考虑简化运算的原则，一般 S_j 的值取 10 的整数倍，如 100MVA、1000MVA；而基准电压都取发生短路的那一段线路区间的平均电压 U_p，在这个线路区间内 $U_j \approx U_e \approx U_p$，于是式（6-22）就可简化为

$$X_{*j}=X_{*e}\frac{S_j}{S_e} \tag{6-23}$$

用标幺值进行短路计算，短路回路中总电抗标幺值可以直接由各元件的电抗标幺值相加，使计算简化，这是标幺值的优点之一。

2. 短路回路中各元件阻抗的计算

（1）线路电抗和电阻的标幺值

根据基准标幺值规定，线路电抗和电阻的标幺值可按下式计算

$$X_{*L}=X_L\left(\frac{U_j}{U_p}\right)^2\frac{S_j}{U_j^2}=x_0L\frac{S_j}{U_p^2} \tag{6-24}$$

$$R_{*L}=R_L\left(\frac{U_j}{U_p}\right)^2\frac{S_j}{U_j^2}=r_0L\frac{S_j}{U_p^2} \tag{6-25}$$

式中 x_0——线路每公里的电抗值（Ω/km），架空线路一般为 0.3~0.5Ω/km，电缆线路一般为 0.06~0.12Ω/km；

r_0——线路每公里的电阻值（Ω/km），r_0或 x_0的准确值可查阅有关手册；

L——线路长度（km）；

S_j——基准容量（MV · A）；

U_p——该段线路本身的平均额定线电压（kV）；

（2）变压器电抗标幺值

变压器的铭牌技术数据中并不提供变压器电抗 X_b的有名值，而只给出短路电压（阻抗电压）的百分数 $U_d\%$，这个百分数就是变压器额定标幺值，即 $X_{*be}=\dfrac{X_b}{X_{be}}=\dfrac{U_d\%}{100}$。根据式（6-23），变压器电抗的额定标幺值 X_{*be}可以换算成统一基准容量 S_j和基准电压 U_j时的标幺值：

$$X_{*b}=X_{*be}\frac{S_j}{S_{be}}=\frac{U_d\%}{100}\frac{S_j}{S_{be}} \tag{6-26}$$

（3）电抗器电抗标幺值

电抗器是一个限制短路电流用的电抗元件，从计算等值电抗的角度讲，电抗器的电抗标幺值与变压器的电抗标幺值计算方法应是一样的。电抗器的铭牌上也给出了电抗的百分数 $X_k\%$，可看成是电抗器的额定标幺值，即 $X_{*k}=\dfrac{X_k\%}{100}$。

应该注意的是，电抗器的额定电压与它所安装处线路的平均电压并不是一致的，有时候差别很大（例如额定电压为 10kV 的电抗器有时装设在平均额定电压为 6. 3kV 的线路上），因此计算时就不能把电抗器的额定电压当作线路的平均额定电压来套用，这样会造成较大计算误差 。必须按式（6-22）换算成基准电压与基准容量下的电抗标幺值：

$$X_{*k}=X_{*ke}\frac{U_{ke}^2}{U_j^2}\frac{S_j}{S_{ke}}=\frac{X_k\%}{100}\frac{U_{ke}^2}{U_j^2}\frac{S_j}{S_{ke}} \tag{6-27}$$

也可以将式（6-27）变换为下式：

$$X_{*k}=\frac{X_k\%}{100}\frac{U_{ke}^2}{U_j^2}\frac{\sqrt{3}U_jI_j}{\sqrt{3}U_{ke}I_{ke}}=\frac{X_k\%}{100}\frac{U_{ke}}{U_j}\frac{I_j}{I_{ke}} \tag{6-28}$$

以上两个公式可以视参数提供情况而灵活运用。

应指出，在计算供电系统短路电流前应先画出系统接线方式等值线路图，如图 6-6 所示。当各个元件的电抗标幺值求出后，根据各元件串、并联情况，对网络进行归并和简化，求出总电抗标幺值 $X_{*\Sigma}$。图中每个电抗元件的下方分数的分子表示各元件的序号，分母表示各元件的基准电抗标幺值。

可见，从短路点到电源的总电抗标幺值为

$$X_{*\Sigma}=X_{*L}+X_{*b}+X_{*d\Sigma}$$

在有几级变压的供电系统中，把要短路的那一区段的平均电压选定为基准电压后，其他各段基准电压就是各区段额定平均电压。因此在应用标幺电抗或标幺电阻计算公式时，公式

中的平均电压 U_p，只要取计算所在区段的额定平均电压就可以了，无须再折算。通过这样的对基准电压选取后，就把变压器及其高低压侧线路阻抗的基准标幺值用等值电路联系起来，使计算变得简单。

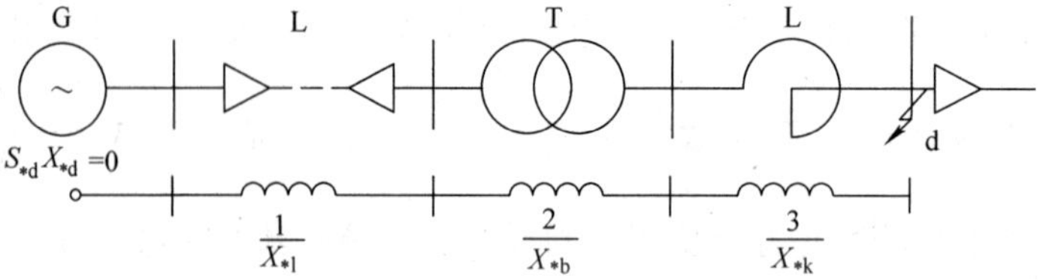

图 6-6 具有变压器、电抗器的供电系统接线方式等值线路图

根据式（6-15）~式（6-17）和三相交流电基本公式可得，三相短路电流标幺值 I_{*d} 与短路回路总电抗标幺值 X_{*d} 成倒数关系，这也是标幺值的优点，即

$$I_{*d}=\frac{1}{X_{*\Sigma}} \tag{6-29}$$

短路电流的有名值为

$$I_d=I_{*d}I_j=\frac{1}{X_{*\Sigma}}\frac{S_j}{\sqrt{3}U_j} \tag{6-30}$$

三相短路容量 S_d 可由下式来定义，即

$$S_d=\sqrt{3}I_dU_p \tag{6-31}$$

三相电路容量也可用标幺值求得，即

$$S_d=\frac{S_j}{X_{*\Sigma}}\text{或}\ S_{*d}=\frac{S_d}{S_j}=\frac{1}{X_{*\Sigma}}=I_{*d} \tag{6-32}$$

三相短路容量是选择高压断路器遮断容量的重要数据。三相短路容量标幺值和短路电流标幺值相等，也是采用标幺值计算的优点之一。

【例 6-1】 试计算图 6-7 中短路点以前的总阻抗标幺值 $X_{*\Sigma}$、短路电流 I_d、冲击电流有效值 I_{ch}、冲击电流 i_{ch} 及短路容量。

解：（1）根据图 6-7a 做出等值电路图（图 6-7b）。

（2）确定短路计算点。计算点位置和数量的选择，根据所选择的电气设备和设计整定继电保护装置的需要而定。原则上供电系统中，高低压母线和用电设备的接线处均可选作短路计算点。

（3）确定基准容量和基准电压。选 $S_j=100\text{MV}\cdot\text{A}$；$U_j=10.5\text{kV}$。

（4）计算各元件电抗和电阻标幺值，填入图 6-7b 中。

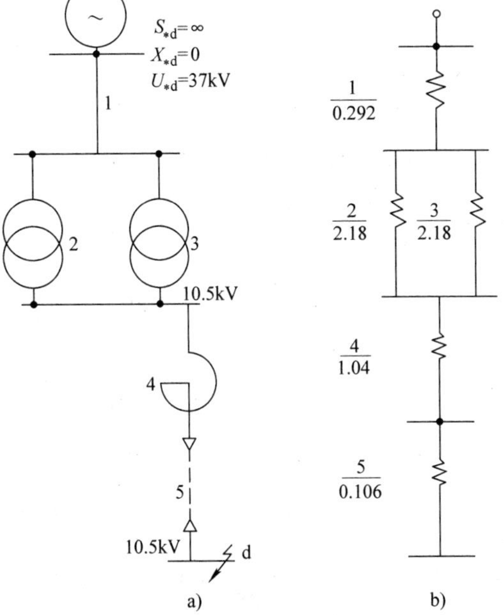

图 6-7 短路电流计算图

1—架空线，$S=120\text{mm}^2$，$L=10\text{km}$，$x_0=0.4\Omega/\text{km}$，$r_0=0.36\Omega/\text{km}$ 2、3—变压器视在容量 3200kVA $U_d\%=7.0$ 4—电抗器，$U_{ke}=10\text{kV}$，$I_{ke}=0.15\text{kA}$，$X_{ke}\%=3$ 5—铝芯电缆，$L=1.5\text{km}$，$S=120\text{mm}^2$，$x_0=0.078\Omega/\text{km}$，$r_0=0.294\Omega/\text{km}$

$$X_{*1}=X_1\frac{S_j}{U_p^2}=x_0L\frac{S_j}{U_p^2}=0.4\times10\times\frac{100}{37^2}=0.292$$

$$R_{*1}=r_0L\frac{S_j}{U_p^2}=0.36\times10\times\frac{100}{37^2}=0.263$$

$$X_{*2}=X_{*b}=2.18,\quad X_{*3}=X_{*2}=2.18$$

$$X_{*4}=X_{*k}=\frac{X_k\%}{100}\frac{U_{ke}}{U_j}\frac{I_j}{I_{ke}}=\frac{3}{100}\times\frac{10}{10.5}\times\frac{I_j}{0.15}=0.19\times5.5=1.04$$

$$I_j=\frac{S_j}{\sqrt{3}U_j}=\frac{100}{\sqrt{3}\times10.5}\text{kA}=5.5\text{kA}$$

$$X_{*5}=x_0L\frac{S_j}{U_p^2}=0.078\times1.5\times\frac{100}{10.5^2}=0.106$$

$$R_{*5}=r_0L\frac{S_j}{U_p^2}=0.294\times1.5\times\frac{100}{10.5^2}=0.4$$

X_{*2}和X_{*3}并联后的值为：

$$X_{*2,3}=\frac{X_{*2}}{2}=\frac{2.18}{2}=1.09$$

于是：

$$X_{*\Sigma}=X_{*1}+X_{*2,3}+X_{*4}+X_{*5}$$
$$=0.292+1.09+1.04+0.106=2.528$$
$$R_{*\Sigma}=R_{*1}+R_{*2}=0.263+0.4=0.663$$

此时，$\frac{R_{*\Sigma}}{X_{*\Sigma}}=\frac{0.663}{2.528}=0.262<\frac{1}{3}$，电阻值可忽略不计。那么，$d$ 点短路时：

由式（6-30）得：$I_d=I_{*d}I_j=\frac{1}{X_{*d}}\frac{S_j}{\sqrt{3}U_j}=\frac{1}{2.528}\times\frac{100}{\sqrt{3}\times10.5}\text{kA}=2.18\text{kA}$

由式（6-9）得：$i_{sh}=\sqrt{2}I_dK_c=2.55I_d=(2.55\times2.18)\text{kA}=5.56\text{kA}$

由式（6-12）得：$I_{ch}=1.51I_d=(1.51\times2.18)\text{kA}=3.3\text{kA}$

由式（6-31）得：$S_d=\sqrt{3}I_dU_p=(\sqrt{3}\times2.18\times10.5)\text{MV}\cdot\text{A}=39.56\text{MV}\cdot\text{A}$

或由式（6-32）得：$S_d=S_{*d}S_j=I_{*d}S_j=\frac{1}{2.528}\times100\text{MV}\cdot\text{A}=39.56\text{MV}\cdot\text{A}$

6.3.3　有名值法

有名值法是将系统中各元件的实际阻抗都折算到短路点所在等级平均额定电压下的欧姆值，再按实际电路算出总阻抗，最终完成短路计算。有名值法适用于 1000V 以下低压供电系统的短路电流计算。

1. 1000V 以下低压电网短路电流计算的特点

1）低压供电网络可以看成是由无限大容量电源供电。因为低压网络多为车间变电所以下的配电网络，低压电网中降压变压器的容量远小于高压电力系统容量，降压变压器阻抗和低压短路回路阻抗远大于电力系统的阻抗，所以在计算降压变压器低压侧短路电流时，一般不计电力系统到降压变压器高压侧的阻抗，可认为降压变压器高压侧的端电压保持不变。

2）在低压配电回路中，不能忽略电流互感器、母线、开关等及其连接的各元件的阻抗。只有当各元件的电阻之和满足 $R_\Sigma\leqslant\frac{1}{3}X_\Sigma$ 时，才不计入电阻的影响。

3）在低压网络中的电压只有一级，而且低压配电回路中电气元件的电阻又多以 mΩ（毫欧）计，故采用有名值法比较方便。阻抗用 mΩ、电压用 V、电流用 kA、容量用 kV · A 为单位。

2. 1000V 以下低压电网的短路电流计算方法

（1）三相短路电流 $I_d^{(3)}$ 的计算

低压网络发生的三相短路，是一种对称性短路，此时的短路电流最大，而与网络的中性点是否接地无关，其短路电流的周期分量可按下式计算：

$$I_{\mathrm{d}}^{(3)}=\frac{U_{\mathrm{p}}}{\sqrt{3}Z_{\Sigma}}=\frac{U_{\mathrm{p}}}{\sqrt{3}\sqrt{R_{\Sigma}^{2}+X_{\Sigma}^{2}}}\quad(\mathrm{kA}) \tag{6-33}$$

式中　U_{p}——平均额定线电压（V）；对 380V 网络，$U_{\mathrm{p}}=400\mathrm{V}$，对 220V 网络，$U_{\mathrm{p}}=230\mathrm{V}$；

R_{Σ}，X_{Σ}，Z_{Σ}——短路回路每相的总电阻、总电抗、总阻抗（mΩ）。

（2）两相短路电流 $I_{\mathrm{d}}^{(2)}$ 的计算

工程上两相短路电流可以通过计算三相短路电流而求得，按下式计算：

$$I_{\mathrm{d}}^{(2)}=\frac{\sqrt{3}}{2}I_{\mathrm{d}}^{(3)}=0.87I_{\mathrm{d}}^{(3)} \tag{6-34}$$

（3）单相短路电流 $I_{\mathrm{d}}^{(1)}$ 的计算

低压单相短路电流多用相零回路电流法，其算式如下：

$$I_{\mathrm{d}}^{(1)}=\frac{U_{\phi}}{Z_{\mathrm{xl}\Sigma}}=\frac{U_{\phi}}{\sqrt{R_{\mathrm{xl}\Sigma}^{2}+X_{\mathrm{xl}\Sigma}^{2}}} \tag{6-35}$$

式中　U_{ϕ}——低压网络平均额定相电压（V）；

$Z_{\mathrm{xl}\Sigma}$——单相短路中各元件的相零总阻抗（mΩ），$Z_{\mathrm{xl}\Sigma}=\sqrt{R_{\mathrm{xl}\Sigma}^{2}+X_{\mathrm{xl}\Sigma}^{2}}$；

$R_{\mathrm{xl}\Sigma}$——各元件的相零总阻抗（mΩ），$R_{\mathrm{xl}\Sigma}=\frac{1}{3}(R_{1\Sigma}+R_{2\Sigma}+R_{0\Sigma})$；

$X_{\mathrm{xl}\Sigma}$——各元件的相零总电抗（mΩ），$X_{\mathrm{xl}\Sigma}=\frac{1}{3}(X_{1\Sigma}+X_{2\Sigma}+X_{0\Sigma})$；

下标 1、2、0——表示相零回路正序、负序、零序电阻（电抗）。

三相短路时，短路点电压为零，系统仍是对称的。在发生单相接地（接零）时，短路点电压不为零，出现系统不对称。不对称电流流经回路阻抗时，产生不对称电压降。应用对称分量法，可以将三相不对称电流分解成三个对称的三相系统，即正序、负序、零序电流系统，各相电流则为三个分量之和。由于各序电流流通的路径不同，其相应的各序阻抗也各不相同。

（4）低压网络短路冲击电流 i_{ch} 和冲击电流有效值 I_{ch} 的计算

$$i_{\mathrm{ch}}=\sqrt{2}K_{\mathrm{c}}I_{\mathrm{d}} \tag{6-36}$$

当 $K>1.3$ 时

$$I_{\mathrm{ch}}=\sqrt{1+2(K_{\mathrm{c}}-1)^{2}}I_{\mathrm{d}} \tag{6-37}$$

当 $K\leqslant1.3$ 时

$$I_{\mathrm{ch}}=\sqrt{1+\frac{T_{\mathrm{f}}}{0.02}}I_{\mathrm{d}} \tag{6-38}$$

式中　K_{c}——冲击系数，可按 X_{Σ}/R_{Σ} 比值从图 6-8 中查得；图中，$T_{\mathrm{f}}=\frac{1}{2\pi f}\frac{X_{\Sigma}}{R_{\Sigma}}=\frac{1}{314}\times\frac{X_{\Sigma}}{R_{\Sigma}}$。

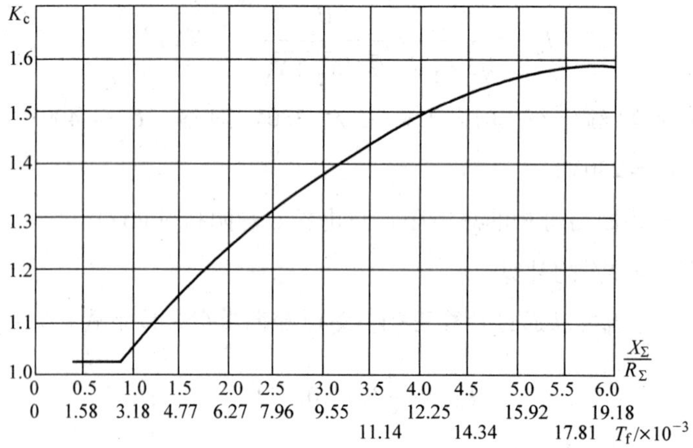

图 6-8 $K_c=f(X_\Sigma/R_\Sigma)$ 和 $K_c=f(T_f)$ 的关系曲线

3. 低压电网短路回路中各元件的阻抗

（1）变压器的阻抗

变压器每相绕组的电阻（mΩ）和电抗（mΩ）为

$$R_b=\frac{\Delta P_d U_{be}^2}{S_{be}^2} \tag{6-39}$$

$$X_b=\sqrt{\left(\frac{U_d\%}{100}\right)^2-\left(\frac{\Delta P_d}{S_{be}}\right)^2}\frac{U_{be}^2}{S_{be}} \tag{6-40}$$

式中 ΔP_d——变压器的额定短路损耗（kW）；

$U_d\%$——变压器短路电压的百分数（%）；

S_{be}——变压器的额定容量（kV·A）；

U_{be}——变压器低压侧的额定电压（V）。

（2）母线阻抗

长度在 10~15m 以上的母线阻抗按下式计算，即

$$R_m=\frac{L}{\gamma S}\times10^3 \tag{6-41}$$

$$X_m=0.145L\lg\frac{4D_{cp}}{b} \tag{6-42}$$

式中 L——母线长度（m）；

γ——电导率 [m/(Ω·mm²)]；

S——母线截面面积（mm²）；

b——母线宽度（mm）；

D_{cp}——母线相间几何间距（mm），与母线排列方式有关。当三相母线水平等间距排列时，$D_{cp}=1.26D$；三角形排列时，$D_{cp}=\sqrt[3]{D_{ab}D_{ac}D_{cb}}$。在实际计算中，当母线截面 $S<500\text{mm}^2$ 时，一般 $X_m=0.17L$（mΩ）；$S>500\text{mm}^2$ 时，$X_m=0.13L$（mΩ）。母线阻抗也可查有关表格。

（3）其他元件的阻抗

在低压电网的短路回路中，还存在着架空线及电缆的阻抗，刀闸及自动开关触头的接触电阻，自动空气开关过流线圈的阻抗，电流互感器原绕组的阻抗等，这些均可查表求得。

在低压电网短路阻抗计算中，还常常遇到从变压器到短路点，由几种不同截面的电缆组成的线路，此时应将它们归算到统一截面，电缆线路的等效计算长度 L 可按下式近似计算：

$$L=L_1+L_2\frac{\rho_2 S_1}{\rho_1 S_2}+L_3\frac{\rho_3 S_1}{\rho_1 S_3} \tag{6-43}$$

式中 L_1，L_2，L_3——不同截面电缆的长度（m）；

S_1，S_2，S_3——不同电缆的截面面积（mm^2）；

ρ_1，ρ_2，ρ_3——不同材料电缆在 20℃ 时的电阻系数（$\Omega\cdot\text{mm}^2/\text{m}$）；其中，铜 $\rho_{Cu}=0.0189\Omega\cdot\text{mm}^2/\text{m}$，铝 $\rho_{Al}=0.031\Omega\cdot\text{mm}^2/\text{m}$。

【例 6-2】 某车间低压配电系统如图 6-9 所示，图中变压器为 SJ-630-10/0.4，Y/Y。-12接线，$U_d\%=4.5$，$\Delta P_d=10W$。试求：

（1）变压器低压侧出线端 d_1 点的三相短路电流 $I_{d_1}^{(3)}$，I_{ch_1}。

（2）电缆头 d_2 点的三相短路电流 $I_{d_2}^{(3)}$，I_{ch_2}。

（3）计算 d_2 点的单相短路电流 $I_{d_2}^{(1)}$。

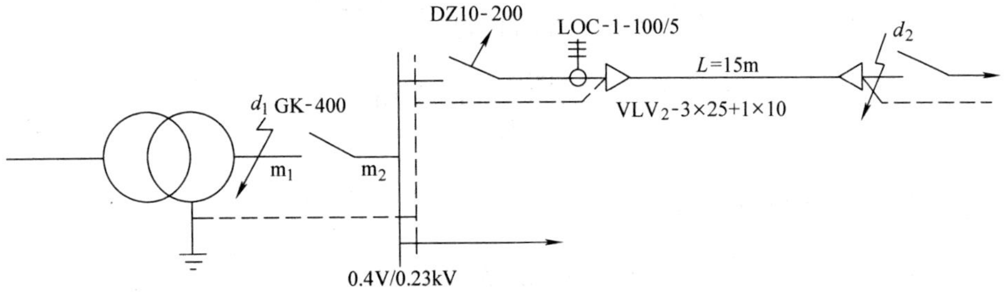

图 6-9 某车间低压配电系统

解：（1）d_1、d_2三相短路电流的计算。

1）车间变电所电源考虑为无限容量。查表可得变压器相关参数。

2）变压器阻抗为

$$R_b=\Delta P_d\frac{U_{be}^2}{S_{be}^2}=10\times\frac{400^2}{630^2}\text{m}\Omega=4.03\text{m}\Omega$$

$$X_b=\sqrt{\left(\frac{U_d\%}{100}\right)^2-\left(\frac{\Delta P_d}{S_{be}}\right)^2}\frac{U_{be}^2}{S_{be}}=\sqrt{\left(\frac{4.5}{100}\right)^2-\left(\frac{10}{630}\right)^2}\times\frac{400^2}{630}\text{m}\Omega=10.69\text{m}\Omega$$

3）查得隔离开关 GK-400 的接触电阻 $R_{GK}=0.2\text{m}\Omega$。

4）查得自动空气开关 DZ_{10}-200 的参数如下：接触电阻 $R_{DZ_1}=0.6\text{m}\Omega$；线圈电阻 $R_{DZ_2}=0.36\text{m}\Omega$，线圈电抗 $X_{DZ_2}=0.28\text{m}\Omega$。

5）查得母线阻抗参数：母线 m_1，m_2，m_3的型号为 TMY80×8，长度均为 6m，且为水平排列。$D=250$，于是 $D_{cp}=1.26D=1.26\times250\approx350$；$R_m=0.039\ \text{m}\Omega/\text{m}$；$X_m=0.19\text{m}\Omega/\text{m}$。

6）查得电流互感器 LQC-1-100/5 的阻抗：$R_{LQ}=1.7\text{m}\Omega/\text{m}$；$X_{LQ}=2.7\text{m}\Omega/\text{m}$。

7）查得电缆 VLV_2-3×25+1×10 的阻抗：$R_{VL}=1.507\text{m}\Omega/\text{m}$；$X_{VL}=0.082\text{m}\Omega/\text{m}$。

于是 d_1 点的总阻抗为：

$$R_{d_1\Sigma}=R_b=4.03\text{m}\Omega,\quad X_{d_1\Sigma}=X_b=10.69\text{m}\Omega$$

$$Z_{d_1\Sigma}=\sqrt{R_{d_1\Sigma}^2+X_{d_1\Sigma}^2}=\sqrt{4.03^2+10.69^2}\text{m}\Omega=11.42\text{m}\Omega$$

d_2点的总阻抗为：

$$R_{d_2\Sigma}=R_b+R_{m_1}+R_{GK}+R_{m_2}+R_{m_3}+R_{DZ_1}+R_{DZ_2}+R_{LQ}+R_{VL}$$
$$=(4.03+0.039\times6+0.2+0.039\times6+0.039\times6+0.6+0.36+1.7+1.507\times15)\text{m}\Omega$$
$$=30.197\text{m}\Omega$$

$$X_{d_2\Sigma}=X_b+X_{m_1}+X_{m_2}+X_{m_3}+X_{DZ_2}+X_{LQ}+X_{VL}$$
$$=(10.69+0.19\times6+0.19\times6+0.19\times6+0.28+2.7+0.082\times15)\text{m}\Omega$$
$$=18.32\ \text{m}\Omega$$

$$Z_{D_2\Sigma}=\sqrt{R_{d_2\Sigma}^2+X_{d_2\Sigma}^2}=\sqrt{30.197^2+18.32^2}\text{m}\Omega=35.32\text{m}\Omega$$

8）d_1，d_2点的三相短路电流为

$$I_{d_1}^{(3)}=\frac{U_p}{\sqrt{3}Z_{d_1}}=\frac{400}{\sqrt{3}\times11.42}\text{kA}=20.22\text{kA}$$

$$I_{d_2}^{(3)}=\frac{400}{\sqrt{3}\times35.32}\text{kA}=6.54\text{kA}$$

根据$\frac{X_{d\Sigma}}{R_{d\Sigma}}$的大小从图 6-8 中查得：

$$K_{c_1}=1.32,\quad K_{c_2}=1.03$$

所以

$$i_{ch_1}=\sqrt{2}K_{c_1}I_{d_1}^{(3)}=(\sqrt{2}\times1.32\times20.22)\text{kA}=37.7\text{kA}$$

$$i_{ch_2}=(\sqrt{2}\times1.03\times6.55)\text{kA}=9.54\text{kA}$$

又

$$K_{c_1}>1.3,\quad K_{c_2}<1.3$$

所以

$$I_{ch_1}=\sqrt{1+2(K_{c_1}-1)^2}I_{d_1}^{(3)}=(\sqrt{1+2\times(1.32-1)^2}\times20.22)\text{kA}=22.19\text{kA}$$

$$I_{ch_2}=\sqrt{1+\frac{T_f}{0.02}}I_{d_2}^{(3)}=\left(\sqrt{1+\frac{0.00193}{0.02}}\times6.54\right)\text{kA}=6.85\text{kA}$$

（2） d_2点单相短路电流 $I_{d_2}^{(1)}$的计算。

1） d_2点以前各元件的正序电抗和电阻（即相电抗和电阻）已求出，分别为：

$$X_b = 10.69\text{m}\Omega,\ X_{GK} = 0\text{m}\Omega,\ X_{DZ_1} = 0\text{m}\Omega,\ X_{DZ_2} = 0.28\text{m}\Omega$$

$$X_m = 0.19\text{m}\Omega/\text{m},\ X_{LQ} = 2.7\text{m}\Omega,\ X_{VL} = 0.082\text{m}\Omega/\text{m}$$

$$R_b = 4.03\text{m}\Omega,\ R_{GK} = 0.2\text{m}\Omega,\ R_{DZ_1} = 0.6\text{m}\Omega,\ R_{DZ_2} = 0.36\text{m}\Omega$$

$$R_m = 0.039\text{m}\Omega/\text{m},\ R_{LQ} = 1.7\text{m}\Omega,\ R_{VL} = 1.507\text{m}\Omega/\text{m}$$

2） 各元件的负序电抗和电阻等于正序电抗和电阻，即相电抗和电阻。

3） 各元件的零序电抗 X_0和零序电阻 R_0分别如下：

变压器，查表得 $X_{0b} = 112.5\text{m}\Omega$，$R_{0b} = 67\text{m}\Omega$

隔离开关，查表得 $R_{0GK} = R_{GK} = 0.2\text{m}\Omega$

自动空气开关，查表得 $R_{0DZ_1} = R_{DZ_1} = 0.6\text{m}\Omega$，$R_{0DZ_2} = R_{DZ_2} = 0.039\text{m}\Omega$，$X_{0DZ_2} = X_{DZ_2} = 0.28\text{m}\Omega$

母线参数，查表并计算如下：

相母线（80×8）　$X_{0Xm} = 0.198\text{m}\Omega/\text{m}$，$R_{0Xm} = R_m = 0.039\text{m}\Omega/\text{m}$

零母线（30×4）　$X_{0Lm} = 0.258\text{m}\Omega/\text{m}$，$R_{0Lm} = 0.185\text{m}\Omega/\text{m}$

母线零序电抗 $X_{0m} = (X_{0Xm} + 3X_{0Lm}) \times 18 = (0.198\times18 + 3\times0.258\times18)\text{m}\Omega = 17.5\text{m}\Omega$

母线零序电阻 $R_{0m} = (0.039 + 3\times0.185) \times 18\text{m}\Omega = 10.69\text{m}\Omega$

电流互感器，查表得 $X_{0Lm} = X_{LQ} = 2.7\text{m}\Omega$，$R_{0Lm} = R_{LQ} = 1.7\text{m}\Omega$

电缆，查表并计算如下：

相线 $X_{0XVL} = 0.101\text{m}\Omega/\text{m}$，$R_{0XVL} = R_{VL} = 1.507\text{m}\Omega/\text{m}$

零线 $X_{0LVL} = 0.137\text{m}\Omega/\text{m}$，$R_{0LVL} = 3.695\text{m}\Omega/\text{m}$

电缆零序电抗 $X_{0VL} = (X_{0XVL} + 3X_{0LVL}) \times 15\text{m}\Omega = (0.101 + 3\times0.137) \times 15\text{m}\Omega = 7.68\text{m}\Omega$

电缆零序电阻 $R_{0VL} = (R_{0XVL} + 3R_{0LVL}) \times 15\text{m}\Omega = (1.507 + 3\times3.695) \times 15\text{m}\Omega = 188.88\text{m}\Omega$

4） d_2点单相短路时短路回路的相零总阻抗为：

$$\begin{aligned}X_{x1\Sigma} &= \frac{1}{3}(X_{1\Sigma} + X_{2\Sigma} + X_{0\Sigma}) = \frac{1}{3}(2X_{1\Sigma} + X_{0\Sigma})\\ &= \frac{1}{3}\times[(10.69 + 0.28 + 0.19\times18 + 2.7 + 0.082\times15)\times2 + (112.5 + 0.28 +\\ &\quad 17.5 + 2.7 + 7.68)]\text{m}\Omega\\ &= \frac{1}{3}\times(36.64 + 140.66) = 59.10\text{m}\Omega\end{aligned}$$

$$\begin{aligned}R_{x1\Sigma} &= \frac{1}{3}(R_{1\Sigma} + R_{2\Sigma} + R_{0\Sigma}) = \frac{1}{3}(2R_{1\Sigma} + R_{0\Sigma})\\ &= \frac{1}{3}\times[(4.03 + 0.2 + 0.6 + 0.36 + 0.039\times18 + 1.7 + 1.507\times15)\times2 + (67 + 0.2 + 0.6 +\\ &\quad 0.36 + 10.69 + 1.7 + 188.88)]\text{m}\Omega\end{aligned}$$

$$=\frac{1}{3}\times(60.394+269.43)\text{m}\Omega=109.94\text{m}\Omega$$

$$Z_{\text{xl}\Sigma}=\sqrt{X_{\text{xl}\Sigma}^2+R_{\text{xl}\Sigma}^2}=\sqrt{59.1^2+109.94^2}\text{m}\Omega=124.82\text{m}\Omega$$

5）d_2 点单相短路电流：

$$I_{\text{d}}^{(1)}=\frac{U_\phi}{Z_{\text{xl}\Sigma}}=\frac{230}{124.82}\text{kA}=1.84\text{kA}$$

计算所用的有关表格，均可在有关电气设计手册中查找，这里不再一一列出。

6.4 电气设备的选择

电力系统中不同类别电气设备的任务和工作条件不同，因此它们的选择方法也不相同。但是，为了保证正常工作时的安全可靠性，设备选择的基本要求是相同的，即按正常工作条件选择，按短路条件校验其动稳定和热稳定。对于熔断器、断路器还要校验其开断电流的能力。

1. 按正常工作条件选择

1）按使用环境选择设备，如温度和湿度、污染情况、海拔高度、安装地点等。

2）按正常工作电压选择设备额定电压。正常工作条件下，设备的额定电压 U_{eg} 必须不低于设备安装地点的电网额定电压 U_{e}：

$$U_{\text{eg}}\geqslant U_{\text{e}} \tag{6-44}$$

3）按正常工作电流选择设备额定电流。正常工作条件下，设备的额定电流 I_{eg} 必须不低于流过设备的最大长期负荷电流 I_{gmax}：

$$I_{\text{eg}}\geqslant I_{\text{gmax}} \tag{6-45}$$

2. 按短路条件校验设备的动稳定和热稳定

对断开短路电流的电器（如断路器、熔断器、自动开关等），要满足一定的断流能力。对可能通过短路电流的电器（如负荷开关、刀开关等）还应按下列公式进行动稳定和热稳定校验：

动稳定校验
$$I_{\text{eg max}}\geqslant I_{\text{ch}}\text{或 }i_{\text{eg max}}\geqslant i_{\text{ch}} \tag{6-46}$$

热稳定校验
$$I_{\text{t}}^2t\geqslant I_\infty^2t_{\text{jx}}\text{或 }I_{\text{t}}\geqslant I_\infty\sqrt{\frac{t_{\text{jx}}}{t}} \tag{6-47}$$

式中　$I_{\text{eg max}}$，$i_{\text{eg max}}$——设备允许通过最大电流的有效值、峰值；

I_{ch}，i_{ch}——短路冲击电流的有效值、峰值；

I_{t}——t 秒内的热稳定电流；

t——与 I_{t} 对应的时间；

t_{jx}——假想时间；

I_∞——稳态短路电流。

6.4.1 熔断器的选择

熔断器是用于保护短路和过负荷的最简单的电器。但其容量小，保护特性差，一般仅适用于 35kV 及以下电压等级，小型变压器和电压互感器等的过载及短路保护，在发电厂中主要用于电压互感器短路保护。

正常情况下熔断器安装在被保护设备或网络的电源端，当发生过流故障时，熔体熔化，使设备与电源断开。要使供电线路按照预期的电流和预定的时间切断，必须选择适当额定电流的熔体，不同熔体在一定电流下，其熔断时间是不一样的，决定熔体熔断时间相通过电流的关系曲线，称为熔断器的保护特性曲线。

一般制造熔体的材料分为两大类，即热惯性较小的和热惯性较大的。前者如铝、锡、锌及其合金，它们熔点低，常用于 500V 以下的网路中（分为 327℃，200℃，420℃），后者如铜、银这类熔体的熔点高（1080℃，960℃），升温高，与前者相比，在同一额定电流下熔体截面小，不易氧化，性能较稳定，因此多在高压熔断器中使用，这种熔体不考虑电动机起动时的起动电流使熔体熔断的可能，而前者则必须考虑这一点。

1. 型号和种类的选择

熔断器的形式可根据安装地点、使用要求选择。作为电力系统，电力变压器的短路或过载保护，可选用 RN1、RN3、RN5、RN6、RW3～RW7、RW9～RW11 等系列；作为电压互感器的短路保护（不能作为过载保护），可选用 RN2、RN4、RW10、RXW0 等系列；作为电力电容器回路短路或过载保护，可选用 BRN1、BRN2、BRW 等系列。

2. 额定电压的选择

对于一般的熔断器，其额定电压 U_N 必须大于或者等于电网的额定电压 U_{Ns}，即 $U_N \geqslant U_{Ns}$。但对于填充石英砂有限流作用的熔断器，因为其熔断时去游离作用很强，电弧电阻很大，在电流未达到 I_{sh} 之前就迅速减小到 0，而电路中总有电感存在，会出现过电压。所以限流熔断器不宜用于低于熔断器额定电压的电网中。

3. 额定电流的选择

额定电流的选择包括熔断器熔管额定电流 I_{Nt} 和熔体额定电流 I_{Ns} 的选择。

（1）熔断器熔管额定电流的选择

为了保证熔断器壳不被损坏，熔断器熔管额定电流应满足 $I_{Nt} \geqslant I_{Ns}$。

（2）熔断器熔体额定电流 I_{Ns} 选择

为了防止熔断器在通过变压器励磁涌流及电动机自起动等冲击电流时误断，保护变压器或电动机的熔断器熔体额定电流 I_{Ns} 应根据电压器回路最大工作电流 I_{max} 选择，即 $I_{Ns}=KI_{max}$。

其中，K 为可靠系数，不计电动机自起动时间时 $K=1.1 \sim 1.3$；计电动机自起动时间时 $K=1.5 \sim 2.0$。

对于保护电力电容器的熔断器，当系统电压升高或波形畸变引起回路电流涌流时不应熔断，其熔体的额定电流 I_{Ns} 应根据电容器回路的额定电流 I_{Nc} 的 K 倍，即 $I_{Ns}=KI_{Nc}$。

对于具有限流作用地熔断器，保护单台电容器时，$K=1.5\sim2.0$，保护一组电容器时，$K=1.3\sim1.8$。

4. 熔断器开断电流校验

1）对于没有限流作用的熔断器，一般在短路电流达到 I_{sh} 之后，其熔体才熔断，所以选择时用冲击电流的有效值 I_{sh} 校验，即 $I_{Nbr}\geqslant I_{sh}$，I_{Nbr} 为开断电流。

2）对于有限流作用的熔断器，一般在短路电流未达到 I_{sh} 之前，其熔体已熔断，故可不计及短路电流非周期分量的影响，选择时可用 I'' 校验，即 $I_{Nbr}\geqslant I''$，I'' 为熔断器安装点的三相次暂态短路电流有效值。

5. 熔断器选择性校验

为了保证前后两级熔断器之间、熔断器与电源或负荷侧保护装置之间动作的选择性，应进行熔体选择性校验。各种型号熔断器的熔体熔断时间可由制造厂提供的安秒特性曲线上查出。保护电压电容器用的熔断器，只需按额度电压及断流容量两项来选择。

6.4.2 断路器的选择

断路器是一种可以用手动或电动分、合闸，而且在电路过负荷或欠电压时能自动分闸的低压开关电器。可用于非频繁操作的出线开关或电动机的电源开关。

1. 断路器的作用

断路器由于其灭弧性能较好，故在正常运行时可接通和切断负荷电流，并具有短路、过负荷和欠压保护特性，因此是在低压配电网络和电力拖动系统中非常重要的一种电器，它集控制和多种保护功能于一身。除了能完成接触和分断电路外，还能对电路或电气设备发生的短路、严重过载及欠电压等进行保护，同时也可以用于不频繁起动的电动机。

2. 断路器的特点

断路器具有操作安全、使用方便、工作可靠、安装简单、动作值可调、分断能力较高、兼有多种保护功能、动作后（如短路故障排除后）不需要更换元件（如熔体）等优点。因此，在工业、住宅等方面获得广泛应用。

3. 断路器的分类

1）按极数分类：单极、两极和三极。

2）按保护形式分类：电磁脱扣器式、热脱扣器式、复合脱扣器式（常用）和无脱扣器式。

3）按全分断时间分类：一般和快速式（先于脱扣机构动作，脱扣时间在 0.02s 以内）。

4）按结构型式分类：塑壳式、框架式、限流式、直流快速式、灭磁式和漏电保护式。电力拖动与自动控制线路中常用的自动空气开关为塑壳式，如 DZ5-20 系列。

4. 断路器的结构

断路器由触头装置、灭弧装置、脱扣机构、传动装置和保护装置五部分组成，如图 6-10 所示。

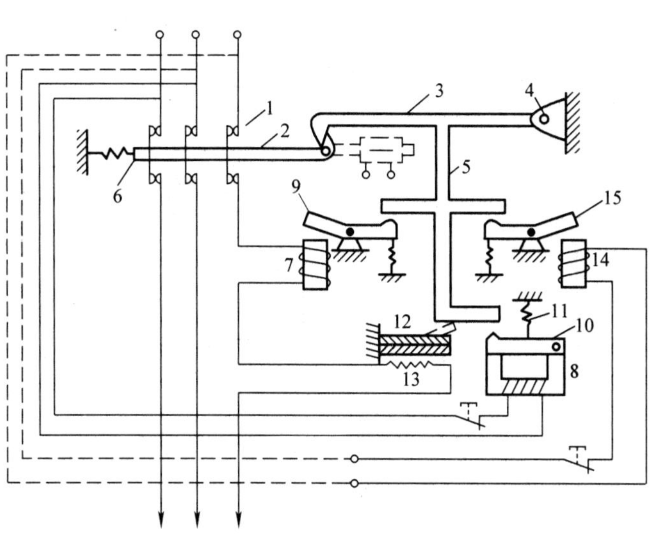

图 6-10 自动空气断路器

1—触头 2—锁链 3—搭钩 4—轴 5—杠杆 6—弹簧 7—过流脱扣器 8—欠压脱扣器 9—衔铁 10—衔铁 11—弹簧 12—双金属片 13—加热电阻 14—分励脱扣器 15—衔铁

5. 断路器的工作原理

断路器的三个触头，分别串在主电路的三相上。如图 6-10 所示，当自动空气开关的操作手柄手动或自动合闸后，触头 1 由锁链 2 保持在合闸状态，锁键 2 由搭钩 3 支持着，搭钩 3 可绕轴 4 转动。假如搭钩 3 被杠杆 5 顶开，触头 1 就被弹簧 6 拉开，电路切断。

搭钩 3 被杠杆 5 顶开，是通过过流脱扣器 7 和欠压脱扣器 8 来实现的，过流脱扣器 7 正常运行时虽然串在电路中，但线圈产生的吸力不能将衔铁 9 吸合，只有当线路发生短路产生大电流使电磁吸力增加时，才能将衔铁 9 吸合，同时撞击杠杆 5，把搭钩 3 顶开，断开触头 1。并联在主电路上欠压脱扣器 8，电压正常时，线圈产生的吸力将衔铁 10 吸合，当线路电压降到一定值，吸力减少，衔铁 10 被弹簧 11 拉开，撞击杠杆 5，将搭钩 3 顶开，也可使触头 1 打开。热脱扣器由双金属片 12 制成，当线路过负荷时，过负荷电流流经加热电阻 13，使双金属片 12 发热弯曲，同样将搭钩 3 顶开，断开触头 1，起到过负荷的保护作用。分励脱扣器 14 和衔铁 15 可做远距离控制用。

断路器都装有操作手柄，作为正常情况下通、断电路和故障后重新接通电路用。

断路器分为断装型（DZ）和断万型（DW）两大类。

断装型（DZ）即装置式自动空气断路器。其优点是导电部分全部装于胶木盒中，使用安全，操作方便，结构紧凑。缺点是因为装在盒中，电弧游离气体不易排除，连续操作次数有限。一般短时内允许“分断”、“接通、分断”各一次。它无延时机构，辅助接点有限，所以保护性能不如断万型。

断万型（DW）即万能式（又称框架式）自动空气断路器。它是开启式的，其体积比断装式的大，但保护性能好。可加装延时机构，电磁脱扣器的动作电流也可以用调节螺钉自由调节（断装型只能选择不同的元件）。此外，断万型开关除可手动操作外还可用电动机或电磁铁操作（部分断装型开关如 DZ10-250 和 DZ10-600 也可用电动机操作）。

6. 自动空气开关选择的原则

自动空气开关的选择除满足电器设备选择的一般原则外，还要注意自动空气开关的三个额定电流：自动开关的额定电流 I_e，电磁脱扣器的额定电流 I_{ez}，热脱扣器的额定电流 I_{er}。如果线路计算电流为 I_j，导线安全允许载流量为 I_{ux}，则它们之间应符合下列关系：

$$I_e \geqslant I_{ez};I_{ez} \geqslant I_{er};I_{er} \geqslant I_j;I_j \leqslant I_{ux} \tag{6-48}$$

（1）断路器过流脱扣器的整定

各种过流脱扣器的整定电流值，必须经过整定计算，然后再考虑各种保护之间的配合后方能决定。

1）瞬时和短延时过流脱扣器的整定。配电用自动空气开关的瞬时或短延时过流脱扣器的整定电流 I_{kzd}，按躲过电路中出现的尖峰负荷电流来整定，即：

$$I_{kzd1} \geqslant K_{z1}(I_{dq\,max}+I_{j(n-1)}) \tag{6-49}$$

式中 K_{z1}——瞬时或短延时脱扣器可靠系数，取 1.2；

$I_{dq\,max}$——线路中起动电流最大的一台电动机的起动电流（A）；

$I_{j(n-1)}$——除起动电流最大的一台电动机以外的线路计算电流（A）。

选择性自动空气开关瞬时脱扣器电流整定值，不仅应躲过被保护电路中的正常尖峰负荷的电流，而且还要满足电路中各级间选择性要求，即大于或等于下一级自动空气开关瞬时动作电流的 1.2 倍，还需躲过下级开关所保护电路短路故障电流的要求。

非选择性自动空气开关瞬时脱扣器电流整定值，只要能躲过电路尖峰负荷电流即可。

短延时脱扣器为满足保护装置动作选择性的要求，其延时断开动作时间分为 0.1s、0.4s、0.6s 三种，可按需要整定。

2）长延时过流脱扣器或热脱扣器的整定。对配电或照明用自动空气开关脱扣器可按下式条件整定：

$$I_{kzd2} \geqslant k_{z2}I_j \tag{6-50}$$

式中　k_{z2}——可靠系数，对长延时考虑开关电流误差和负荷电流计算误差，取 1.1，对带热脱扣器时，取 1.0~1.1（高压水银灯取 1.1，其余照明灯时取 1 即可）。

I_j——负荷计算电流（A）。

（2）自动空气开关灵敏性校验

为保证自动空气开关的可靠动作，必须按短路电流校验其灵敏性。对中性点接地的三相四线制系统，按下式校验，即

$$\frac{I_{dmin}^{(1)}}{I_{kzd}} \geqslant k_{Lx}^{(1)} \tag{6-51}$$

式中 $I_{dmin}^{(1)}$——被保护线段最小单相短路电流（A）；

$k_{Lx}^{(1)}$——单相短路电流灵敏系数；对 DZ 型取 1.5，对 DW 型取 2，安装于防爆车间取 2。

（3）过流脱扣器与导体安全允许载流量的配合

为了保证配电线路在过负荷或短路时，自动空气开关能够可靠动作，保护电缆或导线不致因过热而烧坏，引起火灾。脱扣器的整定电流与电缆或导线的允许载流量，应有下列配合关系：

$$\frac{I_{kzd}}{I_{ux}} \leqslant 4.5 \tag{6-52}$$

6.5 防止电气线路短路的措施

1）根据具体环境选用适当的导线类型。通常要考虑防湿、防热、防腐，避免绝缘层失效。

2）要定期检查、更换线路。避免线路年久失修，绝缘层陈旧或受损，使线芯裸露。

3）一旦发生过电流、过电压时，要及时检测线路绝缘强度，防止电线绝缘被击穿。

4）安装、修理人员要谨慎作业，防止接错线路，或带电作业时造成人为碰线短路。

5）安装裸电线要把握好高度和电线间距，避免搬运金属物件时不慎碰到电线，或线路上有金属物件跌落而发生电线之间的短路。

6）架空线路一定要根据规范要求，防止出现电线间距太小、档距过大、电线松弛，造成导线相碰。架空线与建筑物、树木距离要符合标准要求，以免因刮风使电线与建筑物或树木接触。

7）要选择有一定机械强度的电线，避免因电线断落接触大地，或断落在另一根电线上。

8）高压架空线的支持绝缘子要保证足够的耐压强度，否则会引起线路对地短路。

9）安装电线或装接临时线路，要按照规程行事。私拉乱接、盲目蛮干也常常会导致短路的发生。临时线路使用完毕后应及时拆除。

10）要对电气线路采取技术保护措施，通常主要选用熔断器和断路器等。

复 习 题

1. 电路短路的主要原因是什么？

2. 电路短路的主要危害是什么？

3. 计算短路电流的目的是什么？

4. 熔断器的选择原则是什么？

5. 断路器的选择原则是什么？

6. 电力系统中什么是无限大系统？

7. 短路的形式有几种？

8. 断路器的分类方式有哪些？

9. 常用的短路电流计算方法是什么？

10. 已知一电力系统出口断路器为SN10-10Ⅱ型（$S_{OC}=500\text{MV}\cdot\text{A}$；$S_d=100\text{MV}\cdot\text{A}$），电源电压为10.5kV，试用欧姆法和标幺值法分别计算在5km（$X_0=0.35\Omega/\text{km}$）处的三相短路电流和短路容量。

第6章练习题

扫码进入小程序，完成答题即可获取答案

第7章 用电设备的防火

内容提要

本章主要介绍电动机、照明装置、家用电器、开关装置等几种常用电气设备的火灾危险性和安全防火要求。

本章重点

电动机防火、照明装置防火、家用电器防火。

7.1 电动机防火

电动机是把电能转换成机械能的设备，它是利用通电线圈在磁场中受力转动的现象制成的。电动机按使用电源不同分为直流电动机和交流电动机，电力系统中的电动机大部分是交流电动机，可以是同步电动机也可以是异步电动机（电动机定子磁场转速与转子旋转转速不保持同步速）。电动机主要由定子与转子组成，当三相电源通入定子的三相对称绕组中时，进而产生电磁转矩，使电动机旋转，其旋转方向与电流方向和磁场方向有关。

通常电动机的做功部分做旋转运动，这种电动机称为转子电动机；也有做直线运动的，称为直线电动机。电动机能提供的功率范围很大，从毫瓦级到万千瓦级。它的使用和控制非常方便，具有自起动、加速、制动、反转等能力，能满足各种运行要求；电动机的工作效率较高，又没有烟尘、气味，不污染环境，噪声也较小。由于它的一系列优点，所以在工农业生产、交通运输、国防、商业及家用电器、医疗电器设备等各方面广泛应用。由于现实生活中使用最多的是异步电动机，本节主要讨论异步电动机的防火。

交流电动机分为异步电动机和同步电动机。异步电动机在固定电网频率下，其转速随负载大小而改变，即转速与电网频率无严格不变的关系；同步电动机的转速则与电网频率保持严格不变的关系。

异步电动机是各类电动机中应用最广、需要量最大的一种。各国以电为动力的机械中，有90%左右为异步电动机，其中小型异步电动机约占70%以上。在电力系统的总负荷中，异步电动机的用电量占相当大的比重。在我国，异步电动机的用电量约占总负荷的60%多。

异步电动机的基本特点是，转子绕组不需与其他电源相连，其定子电流直接取自交流电力系统；与其他电动机相比，异步电动机的结构简单，制造、使用、维护方便，运行可靠性高，重量轻，成本低。以三相异步电动机为例，与同功率、同转速的直流电动机相比，前者的重量只有后者的1/2，而成本仅有后者的1/3。异步电动机还容易按不同环境条件的要求，派生出各种系列产品。它还具有接近恒速的负载特性，能满足大多数工农业生产机械拖动的要求。

异步电动机的主要缺点是：启动电流大，转矩小，效率低，运行温升高，线路损耗大，调速性能差，在要求有较宽广的平滑调速范围的使用场合（如传动轧机、卷扬机、大型机床等），不如直流电动机经济、方便。此外，异步电动机运行时，从电力系统吸取无功功率以励磁，这会导致电力系统的功率因数变低，因此在大功率、低转速场合（如拖动球磨机、压缩机等）不如用同步电动机合理。

7.1.1 异步电动机的火灾危险性及其分析

电动机是常用的动力机械，在机电系统安全运行中起主要作用。据报道，电动机被烧毁的实例中约95%是由电动机过负荷造成的。这些故障主要有机械过载、断相运行、三相不平衡、电压过低、频率升高、散热不良、环境温度过高等。为防止电动机在运行中发生火灾事故，需要认真分析火灾的危险性，针对起火原因，采取防火措施。

1. 电动机的危险温度

电动机的允许温升是与所用绝缘材料的绝缘等级相适应的，运行中若长时间超出正常允许温度将会引发事故。当环境温度为35℃时，电动机的允许温升可参考表7-1。

表7-1　电动机的允许温升　（单位：℃）

部位	绝缘等级					测量方法
	A	E	B	F	H	
绕组	70	85	95	105	130	电阻法
铁心	70	85	95	105	130	温度计法
集电环	70					温度计法
滚动轴承	60					温度计法
滑动轴承	45					温度计法

2. 单相起动

三相异步电动机缺少一相电源时不能起动。无论电动机的定子绕组是星形联结还是三角形联结，均相当于把交流电源的线电压加在电动机的定子绕组上，如图7-1所示。此时，电动机成了单相电动机，由电动机学原理知道，只要在空间上不同相位的绕组中接入时间上不同相位的电流，就能产生旋转磁场，因此电源在绕组内部产生一个交变脉动磁场。这个交变脉动磁场可分解为两个转速相同、旋转方向相反的旋转磁场，当转子静止时，这两个旋转磁场在转子中产生两个大小相等、方向相反的转矩，使得合成转矩为零，所以电动机无法旋转。其中，与电动机转向相同的正向旋转磁场对转子的作用和三相异步电动机一样，它对转子的转差率为

$$S_+=\frac{n_0-n}{n_0} \tag{7-1}$$

式中 S_+——正向旋转磁场对转子的转差率；

n_0——旋转磁场的转速；

n——转子的转速。

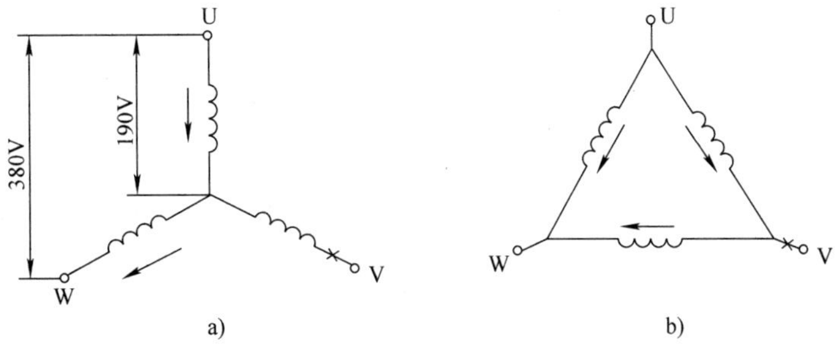

图 7-1 三相异步电动机一相断线

a）星形联结的异步电动机绕组一相断线 b）三角形联结的异步电动机绕组一相断线

因此，正向转动电磁转矩 M_+对电动机来说是拖动转矩，它与 S_+之间满足函数关系，即 $M_+=f(S_+)$。相反，反向转动电磁转矩 M_-是制动转矩。由反向旋转磁场对转子的转差率可得到如下的关系式：

$$\begin{aligned} S_- &= \frac{-n_0-n}{-n_0}=\frac{n_0+n}{n_0} \\ &= \frac{2n_0-(n_0-n)}{n_0} \\ &= 2-S_+ \end{aligned} \tag{7-2}$$

$$M_-=f(S_-)$$

式中 S_-——反向旋转磁场对转子的转差率；

M_-——反转电磁转矩。

综上，若电动机起动前发生断相，正向旋转磁场对转子的转差率和反向旋转磁场对转子的转差率均为 1，合成转矩为 0，如不采取措施，电动机不能起动。此时，电源电压无反电动势抵消，全部消耗在定子绕组上，会在其上产生大电流。电动机也会振动，若不及时施加外力使电动机转动，也不拔掉电源，则会使电动机绕组烧毁造成火灾隐患。图 7-2 为转矩-转差率曲线。

3. 单相运行

如果三相异步电动机在运行的过程中发生断相（即一相电源线断开），此时电动机仍继续运行，另外两相流过单相电流，这种运行状态称为断相运行或单相运行。

但这时的断相和起动前是不相同的，此时，三相异步电动机变成了单相电动机，如图 7-2 所示。由理论可知，若有 $M=M_{+}+M_{-}>M_{f}$，电动机则可继续运行，但此时电动机的出力大为降低。此外，由于三相电源变为一相线电压供电，其电流增大很多，电动机会发生振动，而因反相旋转磁场也会产生大量的热，若不采取措施，会造成火灾隐患。

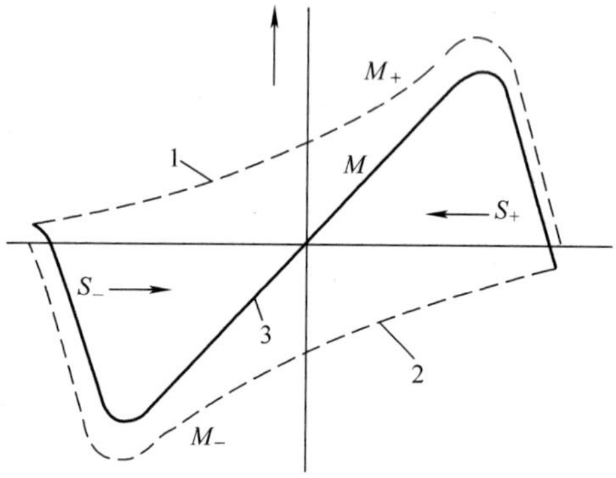

图 7-2　普通三相异步电动机单相运行时的转矩-转差率曲线
1—曲线 $M_{+}=f(S_{+})$　2—曲线 $M_{-}=f(S_{-})$
3—合成磁矩曲线 $M=M_{+}+M_{-}$

1）电动机单相运行有多种原因，一般分为电源方面和设备本身。

① 电动机上熔断器的熔体压接不良或已被熔断。

② 电源本身断相：上一级电源断相，本级电源因熔断器或接触处断路而断相。

③ 控制开关一相虚接。

④ 气候或机械损伤等原因造成一相电源线断线。

⑤ 电动机定子绕组连接时有一相未接牢，图 7-1 中所示即为此类。

⑥ 电动机起动设备本身损坏造成一相断电。

⑦ 定子绕组内脱焊、断路。

2）电动机在单相运行时，若所驱使的负载不大，且满足 $M \geqslant M_{f}$，则可以在短期内继续运行，但这样做势必造成很大的危害，即会烧毁电动机，甚至造成火灾。

电动机单相运行时，有些绕组电流会增大为正常时的 1.73 倍，而此时熔体不会断开（一般熔断器的熔体是按额定电流的 2 倍选取的），如不及时采取措施，势必会产生隐患。要鉴别火灾是否由电动机单相运行造成的，只需检查绕组烧毁痕迹即可。图 7-3 是两极异步电动机采用星形联结时，发生单相运行时的线路示意图及绕组烧毁情况。其必然是两份烧毁、一份完好，按照 2∶1、2∶1、…顺序排列（此规律也适用于多极电动机）。

若采用三角形联结，单相运行时的烧毁情况则有所不同，如图 7-4 所示。因两相正常而一相过电流，则烧毁规律变为一份烧毁、两份完好，按 1∶2、1∶2、…顺序排列（此规律也适用于多极电动机）。

一般电动机烧毁可以分为两种情况，即内部升温和外部火灾。如果电动机单相运行或匝间短路时，由于有的绕组的阻抗减小，因此致使电流增大，导线会发热。又由于槽内空间很小，导致空气不流通，造成热量积聚，使槽内线严重损坏；而槽口的绕组外露部分，因有较好的散热条件，则烧毁较轻。如因外部火灾烧毁电动机，则因为槽口绕组部分直接接触火源，故其烧毁情况比较严重；而外部火焰又由于电动机的外部结构不易窜入槽内，故烧毁情况比较轻微（可抽出导体加以鉴别）。根据上述两种不同情况的对比分析，可以得出两种截然相反的结论。因此，通过上述特征可以对火灾的判断有重要的指导意义。

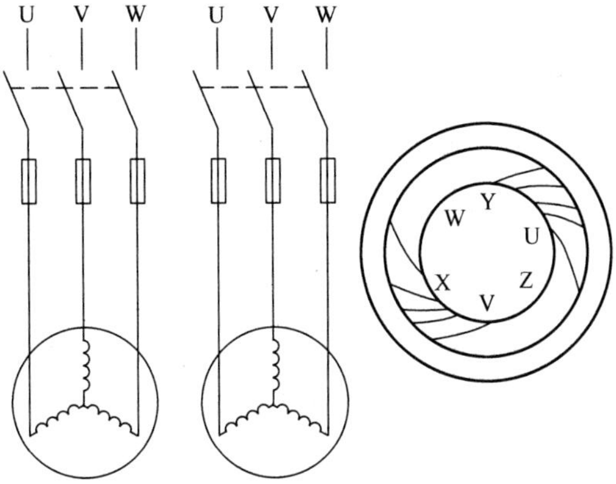

图 7-3 电动机单相运行时绕组烧毁情况（星形联结时）

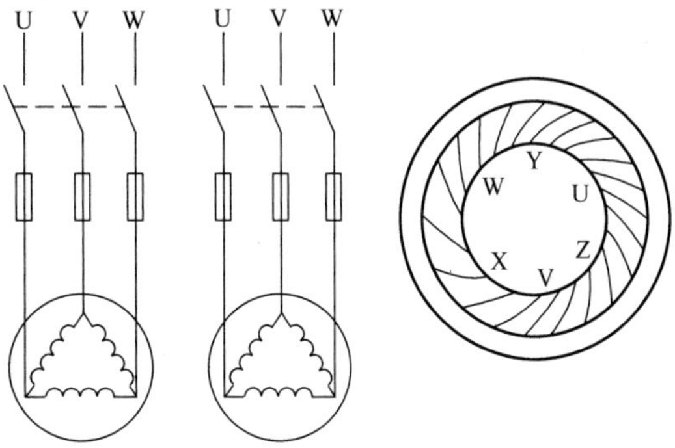

图 7-4 电动机单相运行时绕组烧毁情况（三角形联结时）

4. 电源电压波动

（1）电源电压升高

电动机旋转磁场的每极磁通量 Φ 是由定子电流所产生的，定子电流除了要产生磁场外，还要提供负载电流分量，只是在不同的运行条件下它们所占定子电流的比例不同。

电动机在空载运行时，无功率输出，定子三相绕组中通过的电流即是空载电流，这时 $\dot{I}_1=\dot{I}_0$。空载电流又是由两部分组成的，一部分是产生旋转磁场的主磁通量 Φ，这是 $\dot{I}_0$ 的主要部分，称为空载励磁电流分量。由于它是用于建立磁场的，故又称为无功电流分量。另一部分是用以产生一定的有功功率，去补偿电动机空载运行时的诸如摩擦、通风（风耗）和铁损等，称为 $\dot{I}_0$ 的有功分量，因空载时各种损耗较小，故一般可以忽略不计。这样可以认为 $\dot{I}_0$ 基本上是无功性质的。实际运行中，希望 $\dot{I}_0$ 越小越好，否则因功率因数太低，电动机的运转性能会变坏。在正常情况下电动机铁心磁场基本处于饱和状态，这时空载电流 $\dot{I}_0=(0.2\sim0.5)I_{1e}$，数值较大，其中 I_{1e} 为电动机的额定电流。当电源电压 U_1 增加时，将导致 $\dot{I}_0$ 增加很多，$\dot{I}_0$ 占 I_{1e} 的比重就会更大，这是相当危险的。

另一方面，当电动机带负载运行时，定子电流包含励磁空载电流 $\dot{I}_0$ 和负载分量电流 $\dot{I}_{1f}$ 两个分量，则有 $\dot{I}_1=\dot{I}_0+\dot{I}_{1f}$ 成立。可见，这两个分量中任何一个增大都会导致定子电流的增加。当电源电压增大时，必然导致定子电流增加，可能超过额定电流使电动机绕组过热。

当异步电动机由星形联结错接成三角形联结后，定子每相绕组所承受的电压为原电压的 $\sqrt{3}$ 倍，使电动机铁心高度“饱和”，$\dot{I}_0$ 急剧增加，铁心损耗也大大增加，必将引起铁心过热。起动电流增大为原来的3倍，定子相电流为原来（星形联结时）的$\sqrt{3}$倍，与励磁分量之和要比电动机额定电流I_{1e}大好几倍。如此之大的定子电流将使绕组铜损猛烈增加，导致绕组严重过热。由于铁心和绕组都严重过热，将使电动机被烧毁。

（2）电源电压降低

电动机电压应与电源电压相符，电动机的电磁转矩与电源电压U_1^2成正比，即$M \propto U_1^2$。可见，电源电压如有变动，对转矩的影响很大。图7-5可形象地描绘出这种影响。

当电源电压降低时，由于$M \propto U_1^2$，所以M急剧下降，特性曲线发生偏移，转速降低（S上升），致使定子电流I_1增加。这时，电动机可能因转矩太小而起动困难。电动机若在轻载运行时，可能影响不大；但在重载下，尤其是满载运行时，U_1过低将引起负载电流分量增大的数值大于励磁电流分量减少的数值。这使定子电流增大、功率损耗加大，时间太长会烧毁电动机。如果电压降低到使$M_f > M_{max}$时，则发生闷车，电动机被烧毁。

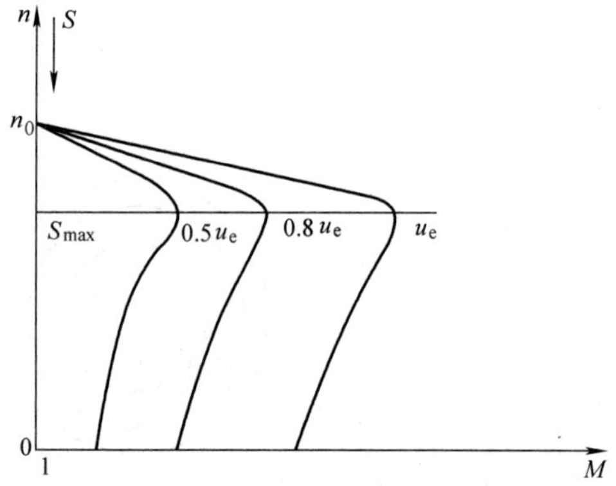

图7-5　不同电源电压U_1时的$M=f(S)$

5. 电动机的起动方式

三相异步电动机分为笼型异步电动机和绕线转子异步电动机两大类。由于它们的结构、性能不同，起动方式也不尽相同。

（1）笼型异步电动机起动方式的选择

笼型异步电动机有直接起动与减压起动两种方式。笼型电动机在满足机械能承受电动机全压起动时的冲击转矩和起动时不影响其他负荷正常运行情况下可采用全压起动，否则应采用减压起动。

1）全压起动方式。全压起动即直接起动。电动机直接起动，起动转矩大，而起动转矩与起动电流成正比，因此，直接起动时，起动电流也大，可达电动机额定电流的4~7倍，在电动机直接起动时，对机械造成冲击，使电网电压波动，影响其他负荷正常使用，故直接起动电动机的容量受到限制。当异步电动机的功率低于7.5kW时允许直接起动，功率大于7.5kW，而电源总容量（kV·A）较大，能符合下式起动倍数的要求者，也可直接起动：

$$K_1=\frac{I_{1Q}}{I_{1e}} \leqslant \frac{1}{4}\left[3+\frac{\text{电源总容量}}{\text{起动电动机容量}}\right] \tag{7-3}$$

式中　I_{1Q}——起动电流；

　　　I_{1e}——额定电流。

如果不能满足式（7-3）的要求时，则需采用减压起动的方式。

2）减压起动方式。

① 电阻或电抗减压起动。为减小起动电流对电网电压引起波动，在起动时将电阻或电抗与定子绕组串联，起动电流在电阻及电抗上产生压降，这就降低了定子绕组上的电压降，起动电流从而减小。这种起动方式具有起动平稳、运行可靠、构造简单等优点，并且电阻起动还有起动阶段功率因数较高等优点。但是，由于起动时电压的降低，会使电动机的起动转矩严重下降（电动机的起动转矩和起动电压的二次方成正比），所以这种减压起动方式一般用于无载或轻载起动的场合。

② 自耦补偿起动。这种方式利用自耦变压器降低电动机定子绕组上的电压，以减小起动电流。自耦补偿起动适用于容量较大的低压电动机做减压起动之用，应用广泛。

③ 星-三角起动也是一种减压起动方式，只能用于正常运转时定子绕组为三角形联结的电动机，而且每相绕组引出两个出线端，即三相共引出 6 个出线端。起动期间绕组为星形联结，转速稳定后由切换装置改换为三角形联结。这样，起动时接成星形联结的定子绕组的电压与电流都只有三角形联结时的 $1/\sqrt{3}$。由于三角形联结时绕组内的电流是线路电流的$1/\sqrt{3}$，而星形联结时两者则是相等的，因此接成星形联结起动时的线路电流只有接成三角形联结直接起动时线路电流的 $1/\sqrt{3}$。因起动转矩 M_Q 与起动电压的二次方成正比，它也降低到直接起动时的 $1/\sqrt{3}$，因此这种方式只适用于空载或轻载起动。

这种起动方式的优点是体积小、重量轻、造价低、运行也可靠，而且检修方便。其缺点是起动转矩小，不利于克服静阻转矩，延长电动机的起动时间，造成电动机过载。当星形转换为三角形的瞬间，转矩突然增大，对机械设备有冲击。

④ 延边三角形起动是在星-三角起动方式基础上加以改进的一种新的起动方式。

延边三角形起动方式利用电动机引出的 9 个出线端（即每相定子绕组多引出一个出线端）的一定接法，就能达到减压起动的目的。在起动时，把电动机定子绕组的一部分接成三角形联结，一部分接成星形联结，如图 7-6a 所示。当起动结束后，把绕组改接成三角形（图 7-6b），电动机就进入正常运转状态。

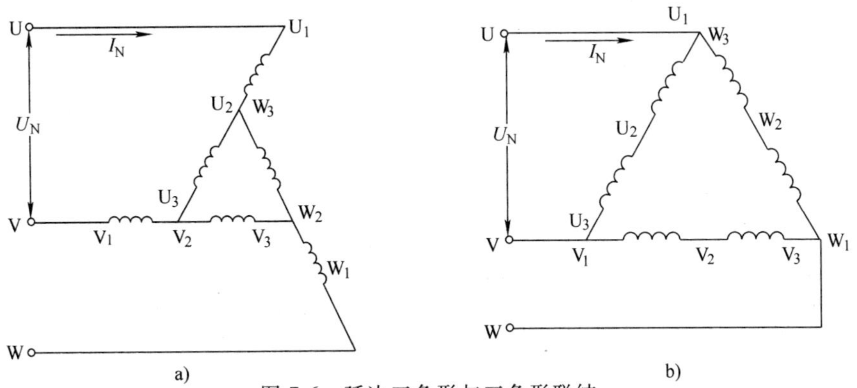

图 7-6 延边三角形与三角形联结

a）延边三角形 b）三角形

在采取延边三角形联结时，它把星形和三角形两种接法结合起来了。当端头 U_1、V_1、W_1 接至电源时，电动机每相绕组（如 U_1U_2）所承受的电压就小于三角形联结时的 380V，而大于星形联结时的相电压 220V。每相绕组电压的大小是随电动机绕组抽头（$U_3V_3W_3$）的位置而改变的。如果接成星形联结部分的绕组（U_1U_3、V_1V_3、W_1W_3）的匝数越多，电动机的相电压就越低。

为了比较延边三角形起动与三角形直接起动时电流的大小，根据电工理论中星形-三角形转换公式，可以将图 7-6a 中延边三角形联结转换为图 7-7 中的等效星形联结，其中与三角形 $U_1V_1W_1$ 等效的星形 $U_1V_1W_1$ 的每相参数为 $Z_2/3$。

由图 7-7 可粗略估算延边三角形起动时的线电流：

$$I_{Q\triangle}=\frac{U_1/\sqrt{3}}{Z_1+Z_2/3} \tag{7-4}$$

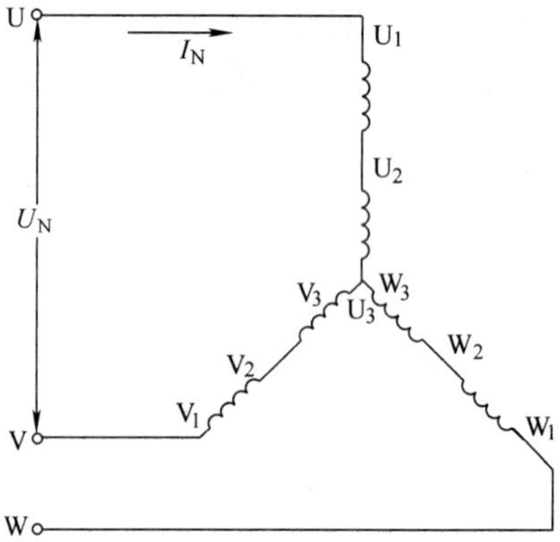

图 7-7　延边三角形转换为等效的星形

三角形直接起动时的电流估算如下：

$$I'_{Q\triangle}=\frac{\sqrt{3}\,U_1}{Z_1+Z_2} \tag{7-5}$$

比较这两种情况，它们的起动电流之比为

$$\frac{I_{Q\triangle}}{I'_{Q\triangle}}=\frac{Z_1+Z_2}{3Z_1+Z_2} \tag{7-6}$$

设 $K_c=Z_1/Z_2$ 为星形联结部分的抽头（U_1U_3）与三角形联结部分的抽头（U_3U_2）间阻抗之比，将其代入式（7-6）可得：

$$\frac{I_{Q\triangle}}{I'_{Q\triangle}}=\frac{K_c+1}{3K_c+1} \tag{7-7}$$

同样可得延边三角形起动时的转矩与三角形直接起动时的转矩之比为

$$\frac{M_{Q\triangle}}{M'_{Q\triangle}}=\frac{K_c+1}{3K_c+1} \tag{7-8}$$

可见，采用延边三角形起动的优点是不用自耦变压器，只要调节定子绕组的抽头比 K_c，就可以得到不同数值的起动电流和起动转矩，以适应不同的使用要求。但其有 9 个接线端子，切换开关比较复杂。

总之，减压起动减小了起动电流，但起动转矩也相应降低，只适用于轻载或空载起动。表 7-2 列出了各种减压起动方式与直接起动相比较的不同特点，以供参考。

表 7-2　电动机减压起动方式的比较

项目名称	电抗器减压起动	自耦变压器减压起动	星-三角起动	延边三角形减压起动		
				抽头比例 K_c		
				$K_c=1:2$	$K_c=1:1$	$K_c=2:1$
起动电压	KU_e	K_xU_e	$\frac{1}{\sqrt{3}}U_e$	$0.78U_e$	$0.71U_e$	$0.66U_e$
起动电流	KI_{qx}	$K_x^2I_{qx}$	$\frac{1}{\sqrt{3}}I_{qx}$	$0.6I_{qx}$	$0.5I_{qx}$	$0.43I_{qx}$
起动转矩	K^2M_{qx}	$K_x^2M_{qx}$	$\frac{1}{\sqrt{3}}M_{qx}$	$0.6M_{qx}$	$0.5M_{qx}$	$0.43M_{qx}$
起动方法的优缺点	起动电流较大，起动转矩较小	起动电流较小，起动转矩较大，有抽头可调节起动电流和转矩的大小，起动设备较贵	只适用于定子绕组为三角形联结的电动机，设备简单，可以频繁起动	只适用于定子绕组为三角形联结的电动机，设备简单，可以频繁起动，可以调节抽头比例 K_c，调节起动电流和转矩的大小，以适应不同的要求		

（2）绕线转子异步电动机起动方式的选择

1）转子串接电阻起动。绕线式转子串接电阻起动可以减小起动电流和增大起动转矩，从而减少起动时间。绕线转子异步电动机比笼型异步电动机有较好的起动特性，并适用于重载起动。

2）转子串接频敏变阻器起动。转子串接电阻起动绕线转子电动机，电阻逐段变化，转矩每段变化也较大（即变化突然不平滑），这样对机械负载冲击较大，所需控制设备复杂，操作维护不便。采用频敏变阻器代替起动电阻，则可克服上述缺点。频敏变阻器的特点是其电阻值随转速上升而自动减小，其电阻值连续变化，因此能使电动机平稳起动。

电动机起动电流大是一个不安全因素，这就要求必须根据电动机的型式、容量、电源情况、电网情况合理地选择其起动方式。否则，会使运行条件变坏，影响同一电网上其他负荷的正常供电，或使电动机使用寿命缩短，甚至烧坏。必须注意，不仅电动机本身能成为火源，有时起动和控制电器（如刀开关、接触器、断路器、变阻器等）也有可能成为发生火灾的根源。

6. 正确选择电动机的保护方式

（1）短路保护

短路保护电器宜采用熔断器（三相装设）、断路器的瞬动过电流脱扣器和带瞬动元件的过电流继电器（至少装两相），且短路保护电器的分断能力不应小于保护电器安装处的预期短路电流，电动机正常

电动机防火

运行、正常起动或自动起动时，短路保护器件不应误动作。

（2）失电压保护

利用磁力起动器的线圈在起动电动机的控制回路中起失电压保护作用。断路器、自耦降压补偿器一般也装有失电压脱扣装置，主要用于防止电动机在低于额定电压情况下长期运行。

（3）过负荷保护

连续运行的电动机应装设过负荷保护。过负荷保护宜动作于断开电源，特殊电动机可动作于报警；过负荷保护器件宜采用电子式的热继电器、控制与保护开关电器（CPS）、过负荷继电器。

电动机正常运行、正常起动或自动起动时，过负荷保护器件不应误动作；整定电流应接近并不小于电动机的额定电流；过负荷电流继电器的整定值应按下式确定：

$$I_{zd}=K_kK_{jx}I_{ed}/K_hn \tag{7-9}$$

式中 I_{zd}——过电流继电器的整定电流（A）；

K_k——可靠系数，动作于断电时取1.2，作用于信号时取1.05；

K_{jx}——接线系数，接于相电流时取1.0，接于相电流差时取1.73；

I_{ed}——电动机的额定电流（A）；

K_h——继电器的返回系数，取0.85；

n——电流互感器电流比。

（4）断相运行保护

当连续运行的三相电动机采用熔断器（断路器）保护时，应（宜）装设断相保护；断相保护器件宜采用带断相保护的热继电器，也可采用温度保护或专用的断相保护装置。

反映电压变化的保护装置有欠电压继电器、零序电压保护器、断线电压保护器、负序电压过滤器，可视需要加以采用。

断相运行的电路保护方案是较好的，原因是断相故障发生时，至少有一根供电导线里的电流等于零。就是说，电流的变化较电压的变化更剧烈。例如，断相故障发生时，不对称电流达100%，而空载不对称电压只有6%~7%。

（5）电动机主回路保护

交流电动机的主回路由隔离电器、短路保护电器、控制电器、过负荷保护电器、附加保护器件、导线等组成。每台电动机主回路上应装设隔离开关，电动机主回路宜采用控制与保护开关电器（CPS），除应按其功能选择外，还应符合对保护电器的相关要求，且技术指标均不得低于分立元器件。

电动机主回路线缆的载流量不应小于电动机的额定电流。严格控制电动机运行温度，运行时温升一般不得超过55℃；严格操作规程，发现不安全因素，及时排除，电动机使用完毕，应及时切断电源。

电动机主回路中可采用电动机综合保护器。电动机综合保护器应具有过负荷保护、断相保护；可增加三相不平衡、过电压、欠电压、剩余电流、温度测试、测量显示功能、控制功能、通信功能等附加保护功能。

7. 正确选择电动机的容量和型式

电动机容量和型式的选择既关系到安全问题又涉及经济问题，如果设计不当，不是造成浪费，就是造成事故、毁坏设备、酿成火灾。

1）合理地选择电动机的功率。电动机的功率一般是指其输出的机械功率。若功率选得太小，会造成“小马拉大车”现象，使之长时间过载运行，会加速电动机绝缘老化甚至损坏，导致烧毁电动机。若功率选得太大，会使出力得不到充分利用而浪费，使电动机功率因数和效率降低，不仅增加了设备费用，同时运行也不经济。一般电动机的容量应大于所带机械功率的 10%左右。

2）合理地选择电动机的型式。三相异步电动机的选型关系到电动机在运行中能否安全。如果在易燃易爆场合下选择了一般防护式电动机，当电动机发生故障时产生的高温、火花、电弧将会引燃物质或引爆爆炸性混合物。所以，宜根据安装地点和工作环境选用不同型式的电动机，具体请参考表 7-3 和表 7-4。

表 7-3 不同安装场所与电动机型式的选择

电动机的安装场所	电动机的型式
潮湿场所	有耐湿绝缘的防滴型电动机
有粉尘，但为不良导体，无腐蚀和易于吹洗的场所	开启型电动机
有粉尘，且对线圈的冷却不利或能腐蚀绝缘的场所	封闭型电动机
潮湿而又有粉尘的场所，有导电粉尘或易燃粉尘的场所	封闭型电动机
有腐蚀性气体或蒸汽的场所	密封型电动机或用于耐酸绝缘的封闭型电动机
有爆炸性气体和液体的场所	防爆型电动机

表 7-4 常用三相异步电动机的型号和用途

序号	产品名称	产品代号	代号汉字意义	用途
1	三相异步电动机	Y(YS)	异三	水泵、风机、机床等场所
2	电梯用三相异步电动机	YTD/YTTD	异梯电/异梯调电	电梯拖动与调速
3	防爆型三相异步电动机	YB	异爆	容易发生爆炸的领域
4	管道泵用三相异步电动机	YGB	异泵	液压或液压管道泵
5	冶金起重用三相异步电动机	YZ	异重	冶金起重机

注：此表仅为选型示例，更多选型详见《旋转电机产品型号编制方法》（GB/T 4831—2016）。

7.1.2 电动机引发火灾的原因

1. 过载

当电动机所带机械负载超过额定负载或者电源电压过低时，会造成绕组电流增加，绕组和铁心温度上升，严重时会引发火灾。

2. 内部短路

由于受潮、绝缘老化、过电压击穿、机械性损伤等原因，电动机绕组及端子处发生相间、匝间或对地短路时，温度急剧升高，甚至打火放电，可引起电动机着火。

3. 断相运行

处于运转中的三相异步电动机，如因电源缺相、接触不良、内部绕组断路等原因而造成断相，电动机虽然还能运转，但绕组电流会增大为正常值的$\sqrt{3}$倍，造成烧毁电动机并引发火灾。

4. 接地不良

当电动机绕组发生短路时，如果接地保护不良，会导致电动机外壳带电，一方面可引起人身触电事故；另一方面致使机壳发热，严重时还会因引燃周围可燃物而引发火灾。

5. 绝缘损坏

由于长期过载使用、受潮湿环境或腐蚀性气体侵蚀、金属异物掉入机壳内、频繁起动、雷击或瞬间过电压等原因，造成电动机绕组绝缘损坏或绝缘能力降低，形成相间和匝间短路，从而引发火灾。

6. 机械性堵转

如因安装不好或有异物进入，电动机起动时被卡死，形成比额定电流高达6~7倍的堵转电流引起电动机着火；当电动机轴承损坏时，出现局部过热现象，润滑脂变稀溢出轴承，进一步加速轴承温度升高，轴承损坏严重时可造成定子、转子摩擦增大或者电动机轴被卡住，产生高温或绕组短路而引发火灾。

7. 电压波动太大

电压过高将使铁心发热增加；电压过低，对于恒值负载，电流将明显增大，也将使发热增加。二者都可能使电动机产生危险温度，引起燃烧。

8. 散热失效或环境温度过高

电动机外风扇或外风扇罩拆卸后未予安装或环境温度超过40℃，都可能导致电动机温度过高并引起燃烧。

9. 铁心短路铁损过大

电动机铁心的硅钢片由于质量、规格、绝缘强度等不符合要求，运行中会使涡流损耗过大而造成铁心发热和绕组过载；铁心短路时，铁心涡流损耗大大增加，使铁心过热，也可能导致电动机着火，严重时可引发火灾。

10. 选型不当

应根据不同的使用场所选择不同类型的电动机。如果在易燃易爆场所使用了一般防护式电动机，当电动机发生故障时，产生的高温或火花可引燃可燃或可爆炸物质，引发火灾或者爆炸。

7.1.3　电动机的防火措施

预防电动机火灾应从选择、安装和运行保护三个方面入手，忽视任一方面都可能引起事故，造成火灾。因此，只有把关好每一个环节，才有可能避免烧毁电动机和由此引起的火灾事故。

1. 电动机安装

电动机应安装在不燃材料制成的机座上，电动机机座的基础与建筑物或其他设备之间应留出距离不小于 1m 的通道。电动机与墙壁之间，或成列装设的电动机一侧已有通道时，另一侧的净距离不应小于 0.3m。电动机与其他设备的裸露带电部分的距离不应小于 1m，电动机及联动机械至开关的通道应保持畅通，急停按钮应设置在便于操作的地方，以便于紧急事故时的处置。电动机及电源线管均应接地，接地线应牢固地固定在电动机螺栓上，每台电动机宜分别装设接地故障保护电器。电源线靠近电动机一端必须用金属软管或塑料套管保护，保护管与电源线之间必须用夹头扎牢并固定；另一端要与电动机进线盒牢固连接并做固定支点。电动机及起动装置周围严禁堆放可燃或易燃物，附近地面不应有油渍、油棉纱等易燃物。

2. 合理选择功率和类型

电动机的功率必然与生产机械载荷的大小及其持续和间断的规律相适应。电动机的功率应稍大于生产机械的功率，选择时可根据实际情况，事先计算好所需电动机的功率。选用电动机功率还应考虑周围环境温度，此外还应正确选择配用导线。选用电动机时，除要考虑环境和功率的要求之外，还要考虑到转速、起动、调速、机械特性、安装的要求及其他要求。

在潮湿、多灰尘的场所，应选用封闭型电动机。在比较干燥、清洁的场所，可选用防护型电动机，在易燃、易爆场所，应采用防爆型电动机。

3. 起动与保养检查

电动机起动前应按照规程进行试验和外观检查，机械及电动机部分应完好无异状。长期没有运行的电动机，在起动前应测量绝缘电阻和空载电流。电动机的绝缘电阻应符合要求，380V 及以下电动机的绝缘电阻不应小于 0.5MΩ，6kV 高压电动机的绝缘电阻不应小于 6MΩ。

注意接线端子的接触情况，特别是振动较大的地方，应防止因接触不良而导致发热过多引起燃烧。加强电动机的运行维护，电动机在运行中应做好防雨、防潮、防尘和降温等工作，应保持轴承润滑良好，电动机周围应保持环境整洁，对开启型电动机应定期进行吹扫。

电动机要经常检查保养，及时清扫保持清洁；润滑系统要保持良好状态；散热用风叶要完好；电刷要完整。

4. 合理选择起动方式

在使用电动机时应根据电动机的形式、功率、电源等情况选择合适的起动方式。起动操作符合规范要求，电动机不允许频繁起动，冷态下起动次数不应超过5次，热态下起动次数不应超过2次。三相异步电动机的启动方式包括直接起动、减压起动两种。其中，直接起动适用于功率较小的异步电动机；减压起动包括星-三角起动、定子串电阻起动、自耦变压器起动、软起动器起动、变频器起动等，适用于各种功率的电动机。对于直接起动小型电动机的刀开关，应保证各级动作的同步性且接触良好，避免引起电动机因断相运行而损坏的事故。

笼型电动机在电源或变压器容量许可的情况下，应优先采用全压起动；当其功率大于变压器容量的20%或其功率超过14kW时，应采用减压起动。绕线转子电动机起动时，在其转子绕组的回路中接入变阻器。起动变阻器的起动，对于功率较小的电动机，可采用一般三相变阻器或油浸起动变阻器；较大功率的电动机则采用水阻器。

5. 加强运行监视

对运转中的电动机应加强监视，注意声响、温升和电流、电压变化情况，以便及时发现问题，防止事故发生。合闸后，如电动机不转，应立即拉闸，切断电源，检查和排除故障，避免因起动电流过大导致发热过多烧毁电动机。电动机在运行中应对电流、电压、温升、声音、振动的状况等进行严格监视，当上述参数超出允许值或出现异常时，应立即停止运行，检查原因，排除故障。

长期运行中，工作电流不应超过额定电流，电压不应低于额定电压的5%和超过10%。绕组/铁心、集电环和轴承的温度不应超过允许温升。电动机停止运行或检修时断开电源。

6. 过负荷保护

每台电动机必须安装独立的操作开关和适当的热继电器作为过负荷保护，电动机电源回路选用的熔丝应适当，过小容易熔断而断相，过大不能很好地起到保护作用；对容量较大的电动机，在三相电源线上宜安装指示灯，当发生一相断电时，便于立即发现并立即断电，防止断相运行；对生产要求不允许立即停机的电动机，断相运行时间不得超过2h。

7. 应设置符合要求的保护装置

不同类型的电动机应采用适合的保护装置，例如，中、小功率低压感应电动机的保护装置应具有短路保护、堵转保护、过载保护、断线保护、低压保护、漏电保护、绕组温度保护等功能。

8. 防止电动机内部绕组短路故障

1）电动机绕组短路的危害：电动机的绕组一般是用漆、纱、丝包的（铜或铝）导线绕制而成的。这些导线任一处的绝缘如果破坏，就会造成相间、匝间或局部短路。匝间短路时将会发热、冒烟并发出焦臭气味，当短路匝数多时，会导致熔丝熔断，这时由于电动机转子承受的电磁转矩不平衡而发生振动，同时发出不正常的嗡嗡声响；相间短路则会烧毁电动机。局部短路会造成起动困难。

2）避免高温运行。如果使用环境温度过高或受腐蚀性气体的侵蚀，会使绕组绝缘强度急剧下降。有时电动机绝缘强度下降后在电网内发生瞬时过电压或大气过电压（雷击），可能在某薄弱环节被击穿，也可能同时将几处或整个绕组绝缘击穿而发生短路起火。

3）防止电动机的电火花。电动机各电气连接处松脱时可能产生电火花；绝缘击穿时也可能产生电火花；异物造成短路时也可能产生电火花；电动机转动部分与固定部分摩擦或碰撞时可能产生机械碰撞火花；直流电动机和绕线转子电动机电刷后方总会有或小或大的电火花。除上述原因之外，还有接触不良、选型不当、机械摩擦、铁损过大等其他原因，也会造成电动机起火。

9. 电动机与电源线管均应有有效的保护接地

接地线应固定在电动机的螺栓上。接地线的截面作为干线时，一般为电动机进线的30%；但最大截面铝芯不超过35mm^2，铜芯不超过25mm^2。如采用橡胶绝缘导线并作为支线时，最小截面铝芯为4mm^2，铜芯为2.5mm^2。接地电阻不应大于4Ω；但如供给这些电动机的变压器或发电机的容量在100kV·A以下时，则允许在10Ω以下。电动机接地保护装置的安装应符合相关规定的要求，严禁用铁钎插入地下作为保护接地。

7.2 照明装置防火

电气照明装置是利用电能发光的一种光源，在工业生产、居民生活中得到广泛的应用。使用电气照明装置会产生大量的热和高温，如果安装、使用不当，维修不及时，将会引起灯具附近的可燃物起火燃烧，酿成火灾。一旦发生火灾，除了造成经济财产损失外，还会导致人员伤亡。

7.2.1 常用照明灯具的火灾原因和火灾危险性

1. 照明灯具的火灾原因

（1）表面温度

白炽灯、高压汞灯、卤钨灯等照明灯具工作时，其灯泡玻璃或灯管的表面有很高的温度，可能引燃周围的易燃、可燃物品。

照明装置防火

（2）灯具电压

供电电压超过灯泡（灯管）额定电压、振动或玻璃表面遇水滴溅在点燃的灯泡上都有可能引起灯泡爆碎，使火花落在可燃物上而引起火灾。

（3）灯具接线

灯座与灯头接触部分或接线头，由于腐蚀或接触不良而会发热和产生火花。

（4）过负荷运行

过负荷或散热不好，会使温度过高，将破坏带有镇流器灯具的线圈的绝缘性，造成匝间短路起火。

（5）年久失修

灯具导线年久失修，绝缘老化或受机械损伤，使导线绝缘破坏造成短路，引起导线绝缘层和易燃物起火。

2. 照明灯具的火灾危险性

照明灯具包括室内各类照明及艺术装饰用的灯具、室外照明及建筑物景观照明、投光照明等 。常用的照明灯具有白炽灯、荧光灯、LED 灯、卤钨灯、高压汞灯、高压钠灯和霓虹灯。

（1）白炽灯

白炽灯的表面温度较高，靠近易燃物品时灯泡极易烤燃周围可燃物，引发火灾事故。目前大功率的白炽灯已被淘汰，但 40W 以下的小功率白炽灯仍在使用，试验证明：25W 的灯埋入棉被套中通电 15min 时的阴燃温度为 319℃。在散热不良时，灯泡表面温度升温速度很快，可燃物上也会引起火灾。

（2）荧光灯

荧光灯的火险隐患主要在镇流器上，荧光灯主要由灯管、启动器、镇流器三部分组成，电感式镇流器已被淘汰。电子荧光灯由整流电路、高频发生器及高频电抗器三部分组成，因灯管工作电压明显低于普通荧光灯，火灾危险性大大降低，但由于采用电子元件的自身质量和耐压问题，故存在一定的火灾隐患，特别是整流电路的电子元件一旦击穿短路，将会引发电源线路短路事故从而发生火灾。

（3）LED 灯

LED 灯（发光二极管）具有节能、环保、寿命长、免维护、易控制等特点，与传统的白炽灯、荧光灯光源相比，有着无可比拟的优越性。LED 灯珠不仅可以组成圆形（代替白炽灯）、条状形（代替荧光灯），而且还可以组成方形、丽彩灯带取代传统的镁氖灯带，在室内装饰和建筑照明中广泛应用。

1）由于 LED 光源的单管驱动电压仅为 1.5~3.5V，必须配置一个电压转换装置，电压转换装置故障时会发热，并有可能发生火花，LED 照明均自带的公母接头接触不良时就会造成虚接，从而产生电火花，引燃周围可燃物。

2）LED 照明在散热条件良好情况下，背部温度始终维持在 30℃左右，如果散热不良的条件下，温度就会逐步上升，火灾危险性骤然增大。

3）产品质量差或长时间使用会导致总线电线老化，会造成绝缘损坏，绝缘性能降低，造成电路短路，发生火灾。

（4）卤钨灯

填充气体内含有部分卤族元素或卤化物的充气白炽灯称为卤钨灯。卤钨灯工作时，维持灯管点燃的最低温度为 250℃；1000W 的卤钨灯石英玻璃管外表面温度则可高达 500～800℃，而其内壁温度可达 1600℃，很容易烤燃与其靠近的纸、布、木构件等可燃物。它的火灾危险性是照明灯具中最危险的一种。

（5）高压钠灯（高压汞灯）

高压钠（汞）灯属于气体放电灯。高压钠灯使用时发出金白色光，它具有发光效率高、耗电少、寿命长、透雾能力强和不诱虫等优点，广泛应用于道路、车站、码头、广场、公园、庭院等场所照明，高显色高压钠灯主要应用于体育馆、展览厅、娱乐场、百货商店和宾馆等场所照明，是取代高压汞灯的一种新颖、高效节能的新光源。

常用的高压钠（汞）灯功率都比较大，正常工作时，其灯泡表面温度虽比白炽灯略低，但温升速度快，且发出的热量仍然较大。试验表明：100W 的高压汞灯表面温度为 180～250℃，同样会烤燃周围可燃物。高压钠（汞）灯的镇流器线圈匝间短路也会造成火灾事故。

（6）霓虹灯

霓虹灯是一种特殊的低气压冷阴极辉光放电发光的电光源，其工作电压在 10000V 以上，需要用专门的霓虹灯变压器配套使用。连接变压器与金属电极的导线若绝缘老化或超负荷运行，则容易造成导线短路而发生火灾。新型霓虹灯带的工作电压虽然较低，但所使用的电压转换装置故障时也会发热，并有可能发生火花或导线短路引发火灾。

（7）特效舞厅灯

常用的特效舞厅灯种类较多，比如有蜂巢灯、扫描灯、太阳灯、宇宙灯、双向飞碟灯等，其火灾危险性主要是因为这些灯具附带有驱动灯具旋转用的电动机，电动机或旋转装置发生机械故障等原因时，会使电动机绕组线圈出现匝间或相间短路，电流增大发热，甚至燃烧起火。

（8）投光灯

投光灯是同属于白炽灯类型的特种灯具，又分为定向投光灯和压封式投光灯。它们主要作为各种展览、舞台、摄影场和照相馆的照明灯具。投光灯的功率较大，工作时外表面温度较高，也会烤燃一定距离内的可燃物。

7.2.2 照明器具的防火措施

照明器具的防火主要应从灯具选型、安装、使用维护等方面采取相应的措施。

1. 电气照明灯具的选型

1）储存可燃物的仓库及类似场所不得采用碘钨灯、卤素灯、60W 以上的白炽灯等高温光源灯具，灯具应有防护罩，不得采用移动式灯具，灯具下方不得放置可燃物品。

2）人防工程、潮湿的厂房内应采用防潮型灯具，有可燃或腐蚀性气体的场所必须采用封闭型灯具，柴油发电机房的储油间、蓄电池室等房间应采用密闭型灯具。在连续出现或长期出现气体混合物的场所和连续出现或长期出现爆炸性粉尘混合物的场所应选用防爆灯具。

3）可能直接受外来机械损伤的场所及移动式和携带式灯具，应采用有保护网（罩）的灯具；振动场所（如有锻锤、空气压缩机、桥式起重机等）的灯具应具有防振措施（如采用吊链等软性连接）。

2. 照明灯具的安装要求

1）灯具上所装光源的功率不得超过灯具的额定功率；灯饰所用材料的燃烧性能等级不得低于 B1 级。

2）明装吸顶灯具采用木制底台时应在灯具与底台中间铺垫石板或石棉布。附带镇流器的各式荧光吸顶灯，应在灯具与可燃材料之间加垫瓷夹板隔热，禁止直接安装在可燃吊顶上。可燃吊顶上所有暗装、明装灯具，舞台暗装彩灯，舞池脚灯的电源导线，均应穿钢管敷设。暗装灯具及其发热附件，周围应用不燃材料（石棉板或石棉布）做好防火隔热处理，安装条件不允许时，应将可燃材料刷上防火涂料。

3）各种特效舞厅灯的电动机，不应直接接触可燃物，中间应铺垫防火隔热材料；聚光灯、回光灯、炭精灯灯头的接线应采用瓷套管保护。

4）照明与动力合用同一电源时，照明灯具的配电线路应采用独立回路，所有照明线路均应有短路保护装置。配电盘盘后接线尽量减少接头，接头应采用锡焊焊接并应用绝缘布包好，金属盘面、金属灯具外壳应可靠接地，灯泡需加网罩防护。

5）携带式照明灯具（俗称行灯）的供电电压不应超过 36V；如在金属容器内及特别潮湿场所内作业，行灯电压不得超过 12V；36V 以下照明供电变压器严禁使用自耦变压器。36V 以下和 220V 以上的电源插座应有明显区别，低压插头应无法插入较高电压的插座内；220V 插座不宜和照明灯接在同一分支回路。

6）每一照明单相分支回路的电流不宜超过 16A，所接光源数不宜超过 25 个；连接建筑组合灯时，回路电流不宜超过 25A，光源数不宜超过 60 个；连接高强度气体放电灯的单相分支网路的电流不应超过 30A。

7）舞台暗装彩灯灯泡、舞池脚灯灯泡的功率一般宜在 40W 以下，最大不应超过 60W。彩灯之间的导线应焊接，所有导线不应与可燃材料接触。

8）超过 60W 的白炽灯、卤钨灯、荧光高压汞灯、聚光灯、追光灯、炭精灯等照明灯具（含镇流器）不得直接安装在可燃材料或构件上，聚光灯的聚光点不得落在可燃物上。

9）照明灯具与可燃物、可燃结构的安全距离：普通灯具，小于 0.3m；高温灯具（聚光灯、碘钨灯等）、影剧院、礼堂用的面光灯、聚光灯、功率为 60～500W 的灯具，不小于

0.5m；功率为 501～2000W 的灯具，不小于 0.7m；功率为 2000W 以上的灯具，不小于 1.2m。

3. 灯具使用维护措施

1）灯具的结构和材质应便于维护、清洁和更换光源；灯具及其配件不得有明显的机械损伤、变形、涂层剥落或者灯罩破裂等现象。

2）室外的某些特殊场所的照明灯具应有防溅设施，防止水滴溅射到高温的灯泡表面，使灯泡炸裂。灯泡破碎后，应及时更换或将灯泡的金属头旋出。

3）建议推荐使用电子镇流器的荧光灯。荧光灯电感镇流器（电子镇流器）外壳的最高允许温度不得超过给定温度标定值，如没有标注温度标定值时不得超过 85℃（40℃）；镇流器安装时应注意通风散热，不准将镇流器直接固定在可燃顶棚、吊顶或墙壁上，应用隔热的不燃材料进行隔离。镇流器与灯管的电压与容量必须相同，配套使用。

4）可燃吊顶内暗装的灯具（全部或大部分在吊顶内）功率不宜过大，并应以节能灯或荧光灯为主，灯具上方应保持一定的空间，以利散热。

5）嵌入顶棚内的灯具和可燃吊顶上所有暗装、明装灯具，舞台暗装彩灯，舞池脚灯的电源导线，均应穿钢管保护。舞台暗装彩灯、舞池脚灯彩灯的功率均宜在 40W 以下。彩灯之间的导线应焊接，所有导线不应与可燃材料直接接触。

6）大型舞厅中在轻钢龙骨上以线吊方式安装的彩灯，导线穿过龙骨处应穿绝缘胶管保护，以免导线绝缘破损造成短路。用于舞台效果的高温灯具，其灯头引线应采用耐高温导线或穿瓷管保护，或直接经接线柱与灯具连接，导线不得靠近灯具表面或敷设在高温灯具附近。

7）霓虹灯的安装必须由专业经营单位进行，霓虹灯专用变压器应采用双绕组式，变压器必须安放在不燃的基座或铁架上，装在室外的变压器应对绝缘接线柱上的污物定期清扫，重要场所的大型霓虹灯装置要有专人负责启闭电源。

8）霓虹灯、节日灯灯具及其附件的防护等级应符合设置场所的环境要求；灯具及其附件、紧固件、底座和与其相连的导管、接线盒应有防腐蚀和防水措施；灯具及其配件不得有明显机械损伤、变形、涂层剥落或者灯罩破裂等现象。灯管及管线应采用专用绝缘支架安装，与建筑物表面的距离小于 20mm。

9）霓虹灯、节日灯灯具应由低压配电柜的单独回路供电，且应在配电柜处安装避雷器保护，配电线路应穿钢管敷设；每个支路应设置单独控制开关和熔断器保护；彩灯线路导线的截面应满足载流量要求，不应小于 $2.5mm^2$；灯头线不应小于 $1.0mm^2$。

7.2.3 照明供电设施的防火措施

照明供电系统包括照明总开关、熔断器、照明线路、灯具开关、接线盒、灯头线（是指接线盒到灯座的一段导线）、灯座等。如果这些零件和导线的电压等级及容量选择不当，都会因超过负荷、机械损坏等而导致火灾的发生，因此必须采取以下防火措施：

1）在火灾和爆炸危险场所安装使用的照明用灯开关、灯座、接线盒、插头、按钮及照明配电箱等，其防火、防爆性能应符合《爆炸危险环境电力装置设计规范》（GB 50058—2014）的要求。各种照明灯具安装前，应对灯座、接线盒、开关等零件进行认真检查。

2）照明线路应采取过载和短路保护措施，照明线路的中性线截面不应小于相线。

3）开关应装在相线上，螺口灯座的螺口必须接在零线上。开关、插座、灯座的外壳均应完好无损，带电部分不得裸露在外。

4）功率在150W以上的开启式和100W以上其他类型灯具，不准使用塑胶灯座，而必须采用瓷质灯座。

5）各零件必须符合电压、电流等级要求，不得过电压、过电流使用。

6）灯头线在顶棚接线盒内应做保险扣，以防止接线端直接受力拉脱，产生火花。

7）质量在1kg以上的灯具（吸顶灯除外），应用金属链吊装或用其他金属物支持（如采用铸铁底座和焊接钢管），以防坠落；质量超过3kg时，应固定在预埋的吊钩或螺栓上。轻钢龙骨上安装的灯具，原则上不能加重钢龙骨的荷载，凡灯具质量在3kg以下的，必须在主龙骨上安装；质量在3kg及3kg以上的，必须以铁件做固定。

8）灯具的灯头线不得有接头；接地或接零的灯具金属外壳，应有接地螺栓与接地网连接。

9）各式灯具、灯座应连接良好，并装在易燃结构部位或暗装在木制吊平顶内时，在灯具周围应做好防火隔热处理。

10）用可燃材料装修墙壁的场所，墙壁上安装的灯具开关、电源插座、电扇开关等应配金属接线盒，导线穿钢管敷设，要求与吊顶内导线敷设相同。

11）特效舞厅灯安装前应进行检查。各部分接线应牢固；通电试验所有灯泡，确认无接触不良现象；电动机应运转平稳，温升正常，旋转部分无异常响声。

12）聚光灯和投影仪应在距可燃材料以下最小距离进行安装：≤100W，0.5m；100～300W，0.8m；300～500W，1.0m；>500W的应大于1.0m以上。

13）凡重要场所的暗装灯具（包括特制大型吊装灯具），应在全面安装前做出同类型“试装样板”（包括防火隔热处理的全部装置），然后组织有关人员核定后再全面安装。

7.3 家用电器防火

在家庭及类似场所中使用的各种电器称为家用电器，又称民用电器、日用电器。家用电器的分类方法在世界上尚未统一，但按产品的功能、用途分类较常见，大致分为八类：

1）制冷电器，包括家用冰箱、冷饮机等。

2）空调电器，包括房间空调器、电扇、换气扇、冷热风器、空气去湿器等。

3）清洁电器，包括洗衣机、干衣机、电熨斗、吸尘器、地板打蜡机等。

4）厨房电器，包括电灶、微波炉、电磁灶、电烤箱、电饭锅、洗碟机、电热水器、食物加工机等。

5）电暖器具，包括电热毯、电热被、电热服、空间加热器。

6）洗理保健电器，包括电动剃须刀、电吹风、整发器、超声波洗面器、电动按摩器、空气负离子发生器等。

7）声像电器，包括电视机、家用 CD、功放设备、专业录摄像机、组合音响等。

8）其他电器，如烟火报警器、电铃等。

7.3.1　空调器与电取暖设备

1. 火灾危险性

空调安装或使用不当，将会引发火灾。日常生活中，由于使用空调不当引起的火灾，在电气火灾中所占的比例日渐增大，分析其中原因，主要是：

家用电器防火

1）安装时，未考虑电路、电表的承载能力，“小马拉大车”，严重超负荷。

2）制冷、制热时突然停机或停电，电热丝与风扇电动机同时切断或风扇发生故障，热元件余热聚积，使周围温度上升，引发火灾。

3）电器设备发热、受潮，绝缘性能降低，导致发生击穿故障，再引燃机内垫衬的可燃材料造成起火。

4）轴流或离心风扇因机械故障被卡住，风扇电动机温度上升，过热导致短路起火。

5）安装时将设备直接接入没有保险装置的电源电路。

6）空调油浸电容器质量太差，或者在制造过程中电容介质受过损伤，经长时间工作后被击穿起火。

7）操作不当。关掉电源后，未开启风扇让其转动，电阻丝仍保留着高温，导致周围可燃构件分解、炭化起火。

2. 防火措施

1）配电线路应单独敷设，最好采用铜导线，其截面面积应不小于 $4mm^2$；柜式空调导线的截面面积应不小于 $6mm^2$；接线端子板处接线要牢固不得松动；每台空调器应单独设置控制开关和短路、过载保护装置；必须采取接地或接零保护，热态绝缘电阻不低于 $2M\Omega$ 时才能使用，对全封闭压缩机的密封接线座应经过耐压和绝缘试验，以防止起火。

2）空调不可直接安装在可燃性的材料和可燃构件上，也不要放置在可燃的地板或地毯上；分体式空调穿墙管路应采用不燃或难燃材料套管保护；空调电源线绝缘护套不得有破损、老化等现象。

3）安装空调的场所，如果安装有火灾报警器探头，其空调的送风口距火灾报警器探头的水平距离不应小于1.5m，否则其设备将会失控。

4）插头、插座和开关各端子处的温升超过45K时，不得同家用电器等共用一个插座。

5）电气设备0.5m范围内不得有可燃物堆放（包括窗帘等可燃饰物），以免悬挂物卷入电动机而使电动机发热起火；遇有雷雨天气时，最好关闭空调器。

6）长时间停运的空调，在重新起动前，先要进行一次检查保养；空调器具使用后要切断电源。

7）压缩机、风扇电动机运行中不得有异响、明显火花电弧放电现象。

8）不得使用不符合国家标准和市场准入制度设备、小太阳等电热丝取暖器和使用无过热保护装置的电热毯；电热毯使用时不得与人体直接接触。

9）公共场所的空调附近应当配备两个不小于2kg容量的干粉灭火器。

7.3.2 洗衣器具

洗衣器具用于各类纤维织品的洗涤、脱水、烘干和熨烫，主要包括洗衣机、甩干机、干衣机和电熨斗等。

1. 电熨斗的着火原因

电熨斗表面温度可达到600~1000℃，将正在通电使用的电熨斗放置在可燃物体上，只要稍一疏忽或临时有事离开，往往仅几分钟，就能引起火灾。电熨斗断电后在一定的时间内仍有较高的余热，电熨斗从高温降至100℃最低需要30min以上，普通型电熨斗的升温和降温曲线如图7-8所示。此时电熨斗若碰到可燃物，仍能引发火灾，再者，电熨斗的电源线为插接式，若插头或插口受潮、接触松动，会造成漏电、发热、绝缘材料损坏，引起插件和导线燃烧。

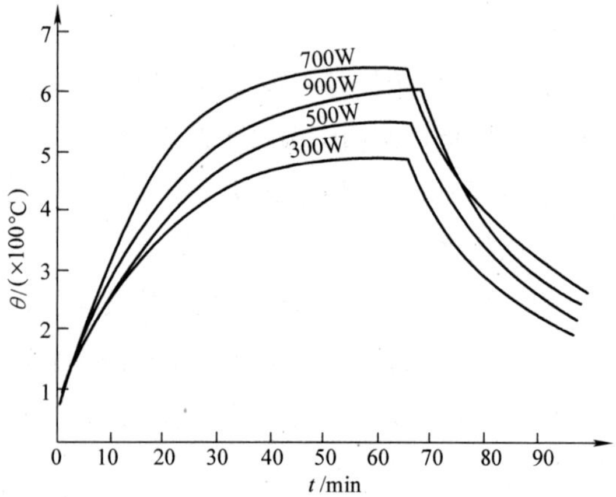

图7-8　普通型电熨斗的升温和降温曲线

2. 熨烫设备防火措施

1）电熨斗使用过程中操作人员不要轻易离开，使用间歇和使用后放置在不燃材料制作的专用架上，切不可放在易燃的物品上，也不要把电熨斗放在下面有可燃物质的铁板或砖头上。

2）电熨斗使用后，应及时切断设备电源；应待其完全冷却后再放存起来。

3）使用普通型电熨斗时切勿长时间通电，以防电熨斗过热，烫坏衣物，引起燃烧。

4）插头、插座和开关各端子处的温升超过45K时；不要使电熨斗的电源插口受潮，并应保证插头与插座接触紧密。

5）功率大于 3kW 的电熨斗和其他用电设备配电线路应采用单独的回路并装设短路、过载及接地故障保护装置；配电线路导线的截面面积应符合要求，电热器具的引入线应采用石棉、瓷管等耐高温绝缘套予以保护；电源引线绝缘护套不得有破损、老化等现象；绝对不能与其他家用电器合用一个插座，也不要与其他耗电功率大的家用电器（如电饭锅、洗衣机等）同时使用，以防线路过载引起火灾。

6）功率大于 3kW 的电热器具周围 0.5m 范围内不得有可燃物堆放（包括窗帘等可燃饰物）。

功率小于 3kW 的电热器具周围 0.3m 范围内不得有可燃物堆放（包括窗帘等可燃饰物）。

7）电熨斗、电烙铁的工作温度高达 500~600℃，能直接引燃可燃物；电褥子通电时间过长，将使电热元件受损，如电热丝发生短路，也会因过热而引起火灾。

3. 洗衣机着火的原因

1）使用极易挥发的汽油、酒精、香蕉水之类的易燃品去除洗衣物上的斑渍，这些易燃品在高速旋转的水缸中与空气充分混合，形成一定浓度的混合气体，碰到洗衣机部件运转时摩擦产生的静电火花，便能导致洗衣机爆炸起火。

2）超负荷使用洗衣机，使电动机持续发热达到一定温度，烤焦电动机导线或传动带，导致起火。

3）蒸汽、冷凝水或者起泡外溢的碱水，是洗衣机电气系统绝缘性能降低引起短路或击穿起火的主要原因。

4. 洗衣设备防火措施

1）在使用洗衣机前，应接好地线，预防漏电触电，保护人身安全。

2）放入衣物前，应检查衣服口袋，看是否有钥匙、小刀、硬币等物品，这些硬东西不要随衣服放进洗衣机内。

3）洗涤衣物的重量不超过洗衣机的额定容量，否则由于负荷过重可能损坏电动机。

4）严禁将刚使用汽油等易燃液体擦过的衣服，立即放入洗衣机内洗涤。更不能为除去油污，向洗衣机内倒汽油。

5）接通电源后，如果电动机不转，应立即断电检查，排除故障后再用，如果定时器、选择开关接触不良，应停止使用。

6）要经常检查洗衣机电源引线的绝缘层是否完好，如果已经磨破、老化或有裂纹，应及时更换。经常检查洗衣机是否漏水，如发现漏水，应停止使用，尽快维修。洗衣机应放在比较干燥、通风的地方。

7.3.3　洗理器具防火措施

洗理器具主要包括电吹风机、电热梳子、电卷发器和电推子等。洗理器具的功率都比较小，因此火灾危险性较小，在使用洗理器具时应采取以下防火措施：

1）电源插座及导线要符合防火安全要求，随时检验插座、插头的绝缘体是否脱落损坏，连接要紧密牢靠。

2）谨防敲打、跌碰和拆卸洗理器具，以免损坏发热元件及绝缘装置，造成漏电甚至短路，引起火灾。

3）使用的洗理器和移动照明的设备不可置放于易燃物旁。更不能将其随意放置在台凳、沙发、床垫等可燃物上。

4）要定期对使用的设备和设备电线进行检修，如有老化线路必须及时更换，使用完毕一定要及时切断电源。

5）室内设立紧急出口及安全门，要确保有安全的出口及疏散的通道，禁止在安全出口处堆杂物，阻塞通道。另外室内要有火灾事故的应急照明灯。

6）设置灭火器，依有关消防规定置于各室内的明显处。确保有充足的灭火器，并定期检查。

7）洗理场所的装修设计要符合建筑技术规范的要求，装饰材料要符合耐火等级要求，在清理垃圾的时候，应确定其中无火种及易燃的物品。

8）工作场所禁止存放任何易燃易爆物品，严禁私拉乱接电气线路、使用大功率电器，严禁在经营场所内使用明火。

7.3.4　厨房器具

1. 厨房器具的火灾危险性

厨房器具主要用于日常饮食的加工和制作，主要包括电灶、电饭锅、电水壶和电烤炉等，由于都是大功率用电器，因此火灾隐患很大，其火灾危险性是：

1）选用的电源线截面面积过小，或维修后换成功率较大的元件，造成导线过负荷。

2）厨房器具外壳温度较高，直接放在可燃物上或距可燃物品过近容易引起燃烧起火。

3）油锅使用中油温过高，操作不当导致热油溅出油锅碰到火源引发火灾。在高温和油污环境下，引起配电回路电路绝缘下降或电气连接接触不良引发火灾。

4）电炉电阻丝的工作温度高达800℃，电烤箱内物品烘烤时间太长、温度过高可能引起火灾。使用红外线加热装置时，如果误将红外光束照射到可燃物上，可能引起燃烧。

5）电冰箱压缩机接线盒故障，压缩机接线盒的线路如果老化或者虚接就会导致线路中某些地方电阻过大，引起接线盒的温度上升，从而使电路板起火，引燃周边的保护塑料，导致冰箱着火。连接冰箱的电线短路会在瞬间引燃电路，使冰箱着火，大多是由于老鼠或其他小动物进入了冰箱的内部，将电线咬断，造成冰箱内部的线路短路。

2. 厨房器具的防火措施

1）电烤箱、电磁炉等大功率电器要选择相对应容量的插座，功率大于3kW电热器具配电线路应采用单独的回路并装设短路、过载及接地保护装置。电源引线绝缘护套不得有破损、老化等现象；功率大于 3kW 的电热器具应固定安装在不燃材料上。

2）安全用气：定期检查天然气管道、煤气瓶管道的法兰接头、阀门、炉灶、热水器连接软管等是否固定牢，有无漏气点。如发现问题及时通知修理。如发现燃气燃油泄漏，首先应关闭阀门，及时通风，并严禁使用任何明火和开启排风机、照明电源开关。

3）厨房门窗保持通风。一旦室内有天然气和一氧化碳等有害气体，能及时排出，从而消除爆炸隐患和中毒等危险。

4）厨房灶具旁的墙壁、抽油烟罩等容易污染处应定时清洗。保持厨房电器放置环境干爽，发现电器用品周边有水迹，要立即擦干，特别电饭煲周边，容易有水迹。

5）炉灶周围禁止堆放易燃物。厨房炉灶周围不要放塑料品、干柴、抹布等易燃可燃物品。

6）工作结束后，应及时关闭所有的燃气燃油阀门，切断气源、火源后方可离开。

7）正确使用厨房电器，厨房用电的安全需确保家电能正确操作使用。空转（如榨汁机）、空烧（如微波炉、电饭煲）会加快电器的磨损和老化。

8）厨房电气线路定期检查。对厨房电气应定期检查，避免电线裸露、潮湿等情况，同时，尽可能不同时使用大功率电器，避免超负荷用电。

9）厨房电器要及时关闭电源。电饭煲、电炒锅、电磁炉等可移动的电器，用完后除关掉开关，还应把插头拔下，以防开关失灵，因为长时间通电会损坏电器，造成火灾。

10）厨房内使用的电器开关、插座等电器设备，以封闭式为佳，防止水从外面渗入，并应安装在远离煤气、液化气灶具的地方，以免开启时产生火花引起外泄的煤气和液化气燃烧。酒店厨房内运行的各种机械设备不得超负荷用电，并应时刻注意在使用过程中防止电器设备和线路受潮。

11）厨房内使用的各种炊具，应选用经国家质量检测部门检验合格的产品。使用中应严格按规定进行操作，严格控制火势、火苗，避免热油溢出。

12）做到厨房整洁，定期清洗抽油烟机、排气扇。经常检查抽油烟机里的油垢，当油杯所盛污油达六分满时应及时倒掉，对油烟机、排气扇的油垢要定期清洗，以免油污遇明火引起火灾。

13）确保电冰箱后部通风、干燥，电冰箱与墙、橱柜等小于 100mm 的散热距离，严禁在其后部存放可燃物。防止电冰箱电源线与压缩机、冷凝器接触。

14）不要用水冲洗电冰箱，防止温控开关进水受潮；定期清洗电冰箱里存水，防止电气开关进水引起短路。

15）特殊场合需要电冰箱内储存乙醚等低沸点化学危险物品时，一定要把温度控制器改装到外面。

16）插头、插座和开关各端子处的温升不得超过 45K；电源线插头与插座间的连接要紧密，接地线的安装要符合要求，切勿将接地线接在煤气管道上。

7.3.5 电声映像设备

电声映像设备中使用最广泛且火灾危险性最大的是电视机。

1. 电视机的火灾危险性

1）关机不彻底。目前电视机都配置具有开、关机功能的遥控器。但是，遥控关机又分交流关机和直流关机两种。交流关机的方式，在遥控关机后，交流电源被彻底关断，便再不能用遥控器开机，这种关机方式虽然给使用者带来不便，但关机后不会引发火灾。然而目前大部分电视机都是直流关机，关机后不能彻底脱离交流电源，其实就是只关断了电视机的主电源，仍然保留了辅助电源，且电源电压出现异常偏高，此时会造成辅助电源故障起火。

2）交流供电电压异常。电压突然增高造成电视机内部线路和元件的绝缘损坏引发火灾。有些电视机用户使用了伪劣的稳压器，常常因为稳压器自身的故障导致供电电压过高或过低，这样可能造成电视机故障引发火灾。

3）使用环境恶劣。使用环境的温度过高和湿度过大都会对电视机内部元件造成损坏或绝缘能力降低，引发故障导致火灾，如看电视时仍使用电视罩遮盖通风散热孔道，使机内温度积累升高。再如，北方冬季的低温环境下，电视机搬入温暖潮湿的室内后，机内挂霜结露，绝缘能力降低，这时如开机可能造成电视机故障引起火灾。有时电源开关本身都会因潮湿发生弧光放电而起火。

4）雷电导致电视机火灾。农村室外天线架设得过高，有的还加装了比天线更高的避雷针（当然不是正规设计的），这些都有可能变成“引雷器”，导致电视机故障性火灾和直雷击引起火灾。

5）“带病”使用导致火灾。电视机已到报废年限仍继续使用或已发现故障不及时检修“带病”使用，这些都将增加电视机火灾的发生率。

2. 防火措施

1）电视机要放在通风良好的地方，不要放在柜、橱中，如果要放在柜、橱中，柜、橱上应多开些孔洞（尤其是电视机散热孔的相应部位），以利通风散热。

2）电视机不要靠近火炉、散热器管。连续收看电视时间不宜过长，一般连续收看4~5h后应关机一段时间，高温季节尤其不宜长时间收看。

3）保证电视机电源线完好，若出现老化、外绝缘层破损等现象，应及时更换。看完电视后，要切断电源。

4）电视机应放在干燥处，在多雨季节，应注意电视机防潮；若长期不用，应每隔一段时间开机使用几小时。电视机在使用过程中，要防止液体进入机内。

5）室外天线或共用天线要有防雷设施。避雷器要有良好的接地，雷雨天尽量不用室外天线。

6）电视机冒烟或发出焦味，要立即关机。若是电视机起火，应先拔下电源插头，切断电源，用干粉灭火器灭火；没有灭火器时，可用棉被、棉毯将电视机盖上，隔绝空气，窒息灭火。切记不可用水浇，因为电视机此时温度较高，显像管骤然受冷会发生爆炸。

7.4 电气装置防火

电气装置包括用电设备、保护设备、开关设备、保护线路、供电线路等。在众多组成之中，开关设备是最为常见和广泛应用的控制设备。所谓的开关设备就是接通和切断或隔离电源的装置。开关设备一般可分为高压开关设备和低压开关设备。

在日常生产中，电能的生产、输送、分配都离不开电气开关。电气开关的规格型号、性能参数等选用不当，元件失灵，操作失误，都会导致设备不能有效地投入运行或不能充分发挥效能，也会导致整个系统故障，甚至引起火灾或触电等重大事故。

7.4.1 开关防火安全措施

1. 开关防火

1）开关应设在开关箱内，开关箱应加盖，木制开关箱宜在表面钉上薄钢板，以防止开关起火引起开关箱燃烧，金属开关箱应设置接地。

2）开关箱应安装在干燥地点，不应安装在易燃、受振、潮湿、高温、多尘的场所。

3）开关的额定电流和额定电压均应和实际使用情况相适应。

4）潮湿场所应选用拉线开关。

5）有化学腐蚀、火灾和爆炸危险的房间，应把开关安装在室外或合适的地方，否则应采用相应型式的开关，例如在有爆炸危险的场所采用隔爆型、防爆充油型的防爆开关。

6）在中性点接地的系统中，单极开关必须接在相线上，否则开关虽断，电气设备仍然带电，一旦相线接地，有发生接地短路引起火灾的危险。

7）开关箱内不准存放任何物品，应保持清洁，开关周围 1.0m 之内不应存放可燃物质。

8）照明开关的选型应符合市场准入制度要求，开关所控灯具的总额定电流值不得大于该开关的额定电流；建筑物室内开关的通断位置应一致。

9）开关应接在 N 线上；开关不得放置在可燃物上或被可燃物覆盖；导线与开关连接处不得松动或破损，如有损坏应及时更换；开关在工作时不应出现过热或打火、放电现象，开关端子处的温升不应超过 45K。

2. 熔断器防火

1）选用熔断器的熔体时，熔体的额定电流应与被保护的设备相适应，且不应大于熔断器、电度表、线路等的额定电流。

2）保证保护电器可靠动作的电流应小于或等于 1.45 倍熔断器熔体额定电流。

3）一般应在电源进线、线路分支和导线截面面积改变的地方安装熔断器，尽量使每段线路都能得到可靠的保护。为避免熔件爆断时引起周围可燃物燃烧，熔断器宜装在具有火灾危险厂房的外边，否则应加密封外壳，并远离可燃建筑物件。

3. 启动器防火

启动器起火主要原因是分断电路时接触部位的电弧飞溅，以及接触部位的接触电阻过大而产生的高温烧毁开关设备并引燃可燃物，因此启动器附近严禁存有易燃易爆物品。

4. 剩余电流保护装置防火

剩余电流保护装置的火灾危险在于发生漏电事故后没有及时动作，不能迅速切断电源而引起人身伤亡事故、设备损坏，甚至火灾。

1）应按使用要求及规定位置进行选择和安装，以免影响动作性能。在安装带有短路保护的剩余电流保护装置时，必须保证在电弧喷出方向有足够的飞弧距离；不得私自拆、改、更换大容量保护装置。

2）接线时应注意分清负载侧与电源侧，应按规定接线，切忌接反。注意分清主电路与辅助电路的接线端子，不能接错。注意区分中性线和保护线。

3）应注意剩余电流保护装置的工作条件，在高温、低温、高湿、多尘及有腐蚀性气体的环境中使用时，应采取必要的辅助保护措施。

4）剩余电流保护器（RCD）外观不得有明显破损或有过热迹象。

5）装设剩余电流保护器的末端回路，剩余电流保护器的额定动作保护时间应符合设计文件的要求。

5. 断路器的防火措施

断路器主要用于分合和保护交直流电气设备、低压供电系统，如果选型不当、操作失误、缺乏维护，会出现机构失灵、接触不良。当发生断相运行或因整定值过大使被保护设备过载或不能动作等现象时，开关会失去保护作用，而导致电气设备的损坏，并且伴随有电气设备烧毁、爆炸等现象，还会引燃可燃物，酿成火灾。此外，断路器一般控制着一定范围内的整个用电系统，因此，开关故障造成的损失和灾害一般会比较大。为了避免火灾事故的发生，一般要做到：

1）断路器的型号应根据使用场所，额定电流与负载，脱扣器的额定电流，长、短延时动作电流值大小等参数来选择。

2）断路器不应安装在易燃、受振、潮湿、高温、多尘的场所，而应装在干燥、明亮，便于维修和施工的地方，并应配备电柜（箱）。安装完毕、启用前要保证电磁铁接触良好。

3）触点和转动部分是断路器易出故障的部位，在使用1/4机械寿命时，必须进行润滑、清除毛刺灰垢、补焊触点、紧固螺钉等维护工作。

6. 刀开关

刀开关又称隔离开关，它是手控电器中最简单而使用又较广泛的一种低压电器。刀开关在电路中的作用是隔离电源，以确保电路和设备维修的安全；分断负载，如不频繁地接通和分断容量不大的低压电路或直接起动小容量电动机。刀开关是带有动触点——闸刀，并通过它与底座上的静触头——刀夹座相楔合（或分离），以接通（或分断）电路的一种开关。其中，以熔断体作为动触头的，称为熔断器式刀开关，简称刀熔开关。

如果刀开关一旦发生超载发热、绝缘损坏、断相运行、机构故障等引起短路、电击，或由于刀口接触不良、刀开关与导线连接松弛，都将引起局部升温、电弧等现象，会对电力系统造成损害，甚至会引起火灾。另外，在分合刀开关时，还会出现火花和电弧，也会造成火灾或引起爆炸。

为防止火灾的发生，刀开关应根据额定电流和额定电压合理选用，一般其额定电流应为线路计算电流的 2.5 倍以上。安装时，应选择干燥明亮处，并配备专用配电箱。电源接在静触点上，刀开关按规定安装成正装形式，而且应保证拉、合闸刀的动作方便灵活。使用过程中应定期检查各开关刀口与导线及刀触点处是否接触良好，开关胶盒、瓷底座、手柄等处有无损坏等。要注意，拉开或推合时动作要迅速，以减弱电弧，并且接合紧密。为保证人身安全，操作人员在操作刀开关时不可面对开关，以防电弧伤人。

7. 继电器

继电器由主触头、辅助触头、电磁系统、外壳、灭弧装置和支架等组成，可快速切断交流或直流主回路，适用于远距离、频繁接通和分断电路及大容量控制电路，并可以实现自动或联锁控制。

继电器在选用时，除线圈电压、电流应满足要求外，还应考虑被控对象的延误时间、脱扣电流倍数、触点个数等因素。继电器要安装在少振、少尘、干燥的场所，现场严禁有易燃易爆物品存在。

8. 控制继电器

在日常自动化生产中，随处都可以看到控制继电器的身影，其最大的特点就是以小电流控制大电流。其分类、用途及动作特点见表 7-5。

表 7-5 控制继电器的分类、用途及动作特点

名称	动作特点	主要用途
电压继电器	电压达到规定值时动作	电动机失压或欠电压保护及制动等自动控制系统
电流继电器	通过的电流达到规定值时动作	电动机或供电系统的过载及短路保护，直流电动机磁场控制系统
中间继电器	达到规定值时动作	控制电路中增加回路数量、改变信号参数
时间继电器	自得到动作信号起至触头动作有一定延时	控制交直流电动机的起动、制动时间及各种自动控制系统的时间程序
热继电器	过电流通过双金属片制成的热元件时发热弯曲推动微动开关动作	电气设备的过载保护
温度继电器	温度达到规定值时动作	温度控制系统

由于控制继电器在电气控制系统中处于重要的地位，所以它的稳定性影响整个系统，一旦误动作或失灵，其后果不堪设想，所以在使用过程中要非常小心。要根据实际情况选取合适规格的继电器，要安装在干燥的环境中，使用期内要定期检查和维修。此外，还应考虑被控对象的延时时间、脱扣电流倍数、触点个数等因素。

7.4.2 插座和插座排的防火措施

电源插座和插座排是日常生活中最常见的设备，用以连接移动式电器设备。插座引起的事故，往往是由于被易燃品堆垛压住或粉尘落入，造成短路发热燃烧。

1. 火灾危险因素

1）插座的选型不符合市场准入制度要求，同一场所中，交流、直流或不同电压等级的插座没有明显区别，插头互换使用；落地插座未采用专用插座，面板松动。

2）用裸线头代替插头插入插座，会产生火花，甚至会造成短路，容易发生火灾危险。

3）插入或拨出插头时会产生火花，当周围有可燃物时，会引起火灾。

4）插座被易燃物覆盖，粉尘或潮湿物进入插座内部引发电源短路起火。

2. 防火措施

1）应选取与电器容量相符且符合国家标准的插座，不得超负荷使用。

2）插座靠近高温物体、可燃物或安装在可燃结构上时，应采取隔热、散热和阻燃等保护措施，不应使插座上落入粉尘等异物。

3）插座暗装时应采用专用盒，面板应紧贴墙面，四周不得有缝隙，安装应牢固，表面不应有碎裂、划伤现象；地插座面板应与地面齐平并紧贴地面，盖板固定不松动。

4）在有爆炸危险的场所应安装防爆插座。

5）插座应安装在干燥的环境中，以免受潮短路。在潮湿的环境中，必须用密封型并带保护接地线触头的保护型插座。

6）插座接线应牢固正确，保护接地导体（PE）端子、中性导体端子在插座之间不得串联连接；相线不得用中性线导体（N）、保护接地导体（PE）端子转接供电；三孔单相插座的保护接地线（PE）的接线端子不得悬空。

7）插座面板不得有破损、烧蚀、变色、熔融痕迹；不得在工作时有过热或打火、放电现象；插头、插座的温升不得超过45K。

8）插座排严禁放置在可燃物上或被可燃物覆盖，其连线长度需符合产品出厂规定，不得任意加长。

9）插座排的电源线不得采用铝芯电缆或护套软线，其导线截面面积必须与插排额定值匹配。

7.4.3 其他用电设备的防火措施

其他用电设备包括电表箱、配电箱、开关板、按摩椅、电动床和电动汽车充电桩等。

1）产品的选型应符合市场准入制度的要求，电气装置的种类和性能参数应符合设计文件的规定。

2）电表箱应安装在干燥、明亮、不易受损（受振、受潮）、便于抄表、便于操作、便于维修的屋内；不应安装在室外（在室外应有防止雨雪风沙浸入的措施）、寝室、诊病室、病室、暗室、浴室、厕所、水池和水门的上下侧（如安装在水池、水门左右侧时，其垂直距离不应小于 1m）及经常锁门的房间里；用于仓库的配电箱应安装在库外。

3）配电箱要保持清洁，有专人管理，箱内外不准放任何杂物，附近不可堆放可燃物品。

4）在火灾危险场所应用金属制品箱、盒，有可燃粉尘或纤维场所，除金属制品外，箱体和门应有封闭措施。

5）爆炸危险场所应采用防爆配电箱。

6）电动汽车充电桩等大功率充电设备及集中放置的按摩椅、电动床应采用独立的配电回路且配电线路应设置短路、过载保护装置；电源引线绝缘护套不得有破损、老化等现象。

7）电动汽车充电桩、电动自行车充电器等充电设备不得直接安装、放置在可燃材料上或周边有可燃物；设置在建筑内部时应与建筑其他区域进行有效的防火分隔。

8）为了防止配电箱、控制面板、接线盒、开关、插座等可能产生的火花或高温金属熔渣引燃周围的可燃物和避免箱体传热引燃墙面装修材料，建筑内部的配电箱、控制面板、接线盒、开关、插座等不应直接安装在低于 B1 级的装修材料上。

9）照明灯具的高温部位靠近非 A 级装修材料时，应采取隔热、散热等防火保护措施，灯饰所用材料的燃烧性能等级不应低于 B1 级。灯饰应至少选用 B1 级材料，若由于装饰效果的需要必须采用 B2 或 B3 级材料时，应对其进行阻燃处理使其达到 B1 级的要求。

7.4.4 低压配电柜（箱）防火措施

配电柜应固定安装在干燥清洁的地方，以便于操作和确保安全。配电柜上的电气设备应根据电器等级、负荷容量、用电场所和防火要求等进行设计或选定。配电柜中的配线应采用绝缘导线和合适的截面面积。配电柜的金属支架和电气设备的金属外壳必须进行保护接地或接零。

1）低压配电柜（箱）的选型符合市场准入制度的要求，设备铭牌标志齐全、清晰，进线电压、各回路输出电压/电流不得超过其允许范围和额定值；各种仪器指示应正常。

2）低压配电柜（箱）应设置完善的短路、过载、防浪涌保护和接地故障保护装置，防护等级应满足设置场所的环境要求。

3）配电柜（箱）的进出线孔处不得有毛刺，且应装设绝缘护套。

4）配电柜（箱）不得直接安装在可燃材料上，周围 0.5m 范用内不得堆放可燃物；安装在室内时，安装区域不得有渗水、漏水现象。

5）配电柜（箱）内部进出线接线应正确；导线不得存在明显老化、腐蚀和损伤现象；

内部电接点不得存在明显的锈蚀、烧伤、熔焊等痕迹；使用中内部电器间、不同相线的接线端子间、相线对地间不得有明显火花放电痕迹；内部控制电器的灭弧装置不得有破损现象。

6）连接到发热元件（如管形电阻）上的绝缘导线，应采取隔热措施；同一端子上的导线连接应多于2根，防松垫圈等零件不得缺失。

复 习 题

1. 简述电动机的火灾原因和防火措施。
2. 常用照明灯具有哪几种？其火灾危险性分别是什么？
3. 照明装置应采用哪些防火措施？
4. 简述照明供电设施应符合的防火安全要求。
5. 列举几种常见的家用电器，并分别说明所应采取的防火措施。
6. 开关设备有哪几种？其防火措施分别是什么？
7. 插座的火灾危险性有哪些？怎样防止插座发生火灾？
8. 电视机内部线路短路的原因是什么？
9. 照明供电设施的防火措施是什么？
10. 空调设备的防火措施是什么？

第7章练习题

扫码进入小程序，完成答题即可获取答案

第 8 章 接地、接零安全与防火

内容提要

本章主要介绍电气设备保护接地、保护接零、剩余电流保护的基本概念、基本原理和技术措施，以及带电灭火技术及其安全措施。

本章重点

TT 系统、IT 系统、TN 系统的原理及应用；剩余电流保护装置的原理及应用；带电灭火技术及其安全措施。

8.1 基本概念

接地和接零是电气安全技术中最重要的措施之一，是关系到设备和人身安全的关键。在日常生活和生产中，为了保障人身安全和一些设备的正常工作及电力系统的安全运行，根据不同的情况，所选取的接地和接零的作用也是不一样的，因此接零和接地有多种的形式。对于高压电气设备，都必须采取保护接地、重复接地和保护接零等安全措施；对于由于静电感应有火花放电现象的设备中，应采取防雷接地和防静电接地。因此，正确地选择接地和接零的方式及其安装方法对供电所电气工作者来说是非常重要的工作任务。

8.1.1 接地装置

所谓接地装置是指人为设置的接地体与接地线的总称，如图 8-1 所示。

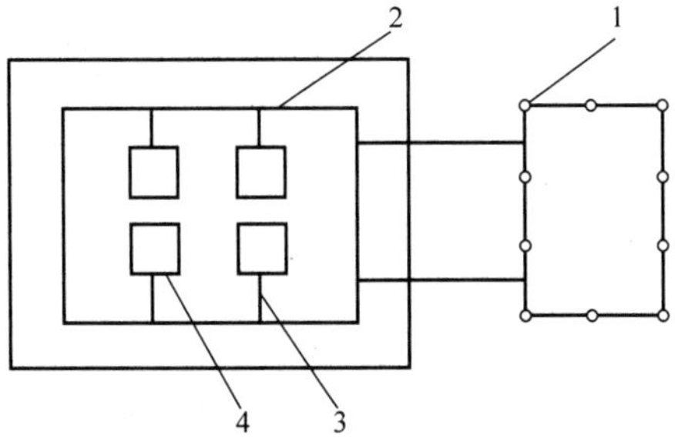

图 8-1 接地装置示意图

1—接地体 2—接地干线 3—接地支线 4—电气设备

通过一个具有很小或几乎为零电阻（阻抗）的导线或其他导体与地连接，称为接地。埋入地中并且与大地直接相接触的金属体或金属体组，称为接地体或接地极。它按设置结构可分为人工接地体与自然接地体两类，按具体形状可分为管形与带形等多种。连接电气设备与接地极之间的金属导线，称为接地线。它同样有自然接地线与人工接地线之分，且通常又可分为接地干线和接地支线。

8.1.2 接触电压与跨步电压

什么是接触电压与跨步电压呢？首先，假定接地体是一个与地面齐平的半径为 r 的半圆形球体（图 8-2），并且接地体周围的土壤电阻率是一恒值 ρ。

当使用设备的带电部分与大地或金属架形成接地短路时，电流 I_{d} 将通过半球接地体向周围大地呈半球形均匀地流散。此时，在距离球心 x 处的半圆球表面上的电流密度（$\mathrm{A/cm^2}$）为

$$j_{\mathrm{x}}=\frac{I_{\mathrm{d}}}{2\pi x^2} \tag{8-1}$$

x 处的电场强度为

$$E=-\frac{\mathrm{d}u}{\mathrm{d}x} \quad 或 \quad E=j_{\mathrm{x}}\rho \tag{8-2}$$

将式（8-1）、式（8-2）整理并积分，则得 $r\rightarrow x$ 间的电位差为

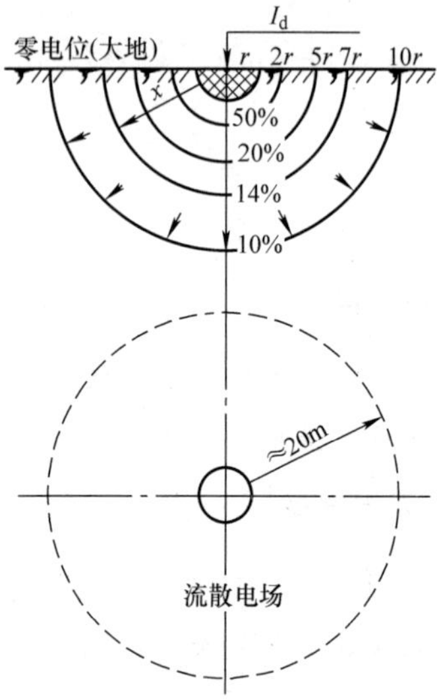

图 8-2 接地体的电位分布

$$U=\int_r^x \frac{I_{\mathrm{d}\rho}}{2\pi x^2}\mathrm{d}x=\frac{I_{\mathrm{d}\rho}}{2\pi}\left(\frac{1}{r}-\frac{1}{x}\right) \tag{8-3}$$

$r\rightarrow x$ 等位面之间的电阻为

$$R_{\mathrm{r-x}}=\frac{U}{I_{\mathrm{d}}}=\frac{\rho}{2\pi}\left(\frac{1}{r}-\frac{1}{x}\right) \tag{8-4}$$

当 $x\rightarrow\infty$ 时，则

$$R_{\mathrm{r-x}}=\frac{\rho}{2\pi r} \tag{8-5}$$

式（8-5）中的 $R_{\mathrm{r-x}}$ 就是半圆球接地体的接地电阻 R_{d}。那么，任意 x 处的电阻与 R_{d} 的比值就可用下式表示：

$$\frac{R_{\mathrm{r-x}}}{R_{\mathrm{d}}}=\left(1-\frac{r}{x}\right)\times 100\% \tag{8-6}$$

由式（8-6）计算可知，R_{d} 有一半集中在接地体附近，即距球心为 r 和 $2r$ 的两半球面之间。r 和 $10r$ 两半球面之间的电阻则占 R_{d} 的 90%。其原因是接地体附近电流密度特别大，距接地体越远电流密度越小，电阻也越小。实验证明，在距接地体 2.5m 处或距电源碰地点 20m 远的地方，球面已经很大，电阻已不存在，也不再有什么电压降，即该处的电位趋近于零，通常把电位趋近于零的这个地方，称为电气上的“地”或“大地”。

电气设备的接地部分，如接地外壳、接地线、接地体等，与大地零电位点之间的电位差，称为接地部分的对地电压，用 U_d 表示，它在数值上等于接地电流与接地电阻的乘积，即：

$$U_d = I_d R_d \tag{8-7}$$

一般电气设备的外壳都是通过接地线与接地体连接在一起的，使电气设备的外壳保持和大地同为零电位，当电气设备内有一相绝缘破坏时，则有接地电流入地。由于接地体附近存在着对地电位分布，电气设备外壳上也就存在着对地的最高电压 U_d，如图 8-3 所示。

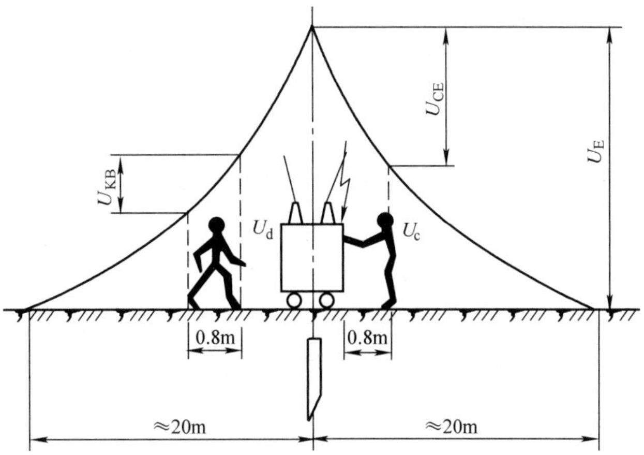

图 8-3 接触电压和跨步电压示意图

1. 接触电压

接触电压是指加于人体某两点之间的电压。如图 8-3 所示，当设备剩余电流，电流 I_d 自接地体入地时，剩余电流设备对地电压为 U_d，此时电源电压 U_s 对地电压 U_d 呈双曲线形状，至离开接地体 20m 处，对地电压接近零。图 8-3 中，当人触及剩余电流设备的外壳，其接触电压即其手和脚间的电位差。如果忽略人的双脚下土壤的流散电阻，接触电压与接触电动势相等，则图中人的接触电压为 U_{CE}。接触电压通常按人体离开设备 0.8m 考虑。接触电压在越靠近接地体处或碰地处越小，反之越大。为安全起见，在任何情况下都不允许超过允许接触安全电压（≤50V）。

2. 跨步电压

跨步电压是指人站立在流过电流的大地上，加于人的两脚之间的电压，如图 8-3 中的 U_{KB}。人的跨步一般按 0.8m 考虑，大牲畜的跨步通常按 1.0～1.4m 考虑。跨步电压的大小，随着与接地体的距离的变化而变化。当人的一只脚离接地体越近、踏在接地体上时，跨步电压最大；反之，距接地体越远越小。图 8-3 中，人紧靠接地体位置，所以承受的跨步电压最大；离接地体越远，承受的跨步电压就越小。对于垂直埋设的单一接地体，离开接地体 20m 以外，跨步电压接近于零。如果考虑人脚底下的流散电阻，实际的跨步电压应该会降低一些。

3. 流散电阻、接地电阻和冲击电阻

1）接地电流流入地下以后，是自接地体向四周流散的，这个自接地体向四周流散的电流就称为流散电流（图 8-2），流散电流在土壤中遇到的全部电阻称为流散电阻。

2）接地体的流散电阻与接地线的电阻之和称为接地电阻。接地线的电阻一般很小，可以忽略不计，因此可以认为流散电阻就是接地电阻。

3）通常说的接地电阻都是对于工频电流而言的，当接地装置通过雷电流时，由于雷电流有强烈的冲击性，接地电阻发生很大的变化。为了与工频接地电阻区别，将通过接地体流入地中的冲击电流求得的电阻称为冲击接地电阻，简称冲击电阻。

8.1.3 低压配电系统的接地形式

低压配电系统的接地形式

在不同的应用环境中，电源中性点接地的方式也有所不同，据此可分为中性点不直接接地系统和中性点直接接地系统两类。这两类接地系统的应用范围有所不同，中性点不直接接地系统多用在 35kV 以下的供电系统；而中性点直接接地系统，则多用在高压或超高压电力系统，此时中性点接地的目的是降低电气设备的绝缘水平，抑制因故障接地而引起的过电压。在一般要求的 380V/220V 低压配电系统（如工业与民用建筑）中，多用中性点直接接地系统，而此时中性线接地的目的和上述用在高压及超高压系统中的目的完全不同，此时是为了防止用电设备因绝缘损坏，而造成人员触电的危险。

按照国际电工委员会（IEC）的规定，低压配电系统常见的接地形式实际有三种，即 TT 系统、IT 系统和 TN 系统。

1. TT 系统

电力系统电源端有一点直接接地，电气设备的外露可导电部分通过保护线接至与电力系统接地点无关的接地极。TT 系统如图 8-4 所示。

2. IT 系统

电力系统与大地间不直接连接，电气设备的外露可导电部分通过保护接地线与接地极连接。IT 系统如图 8-5 所示。

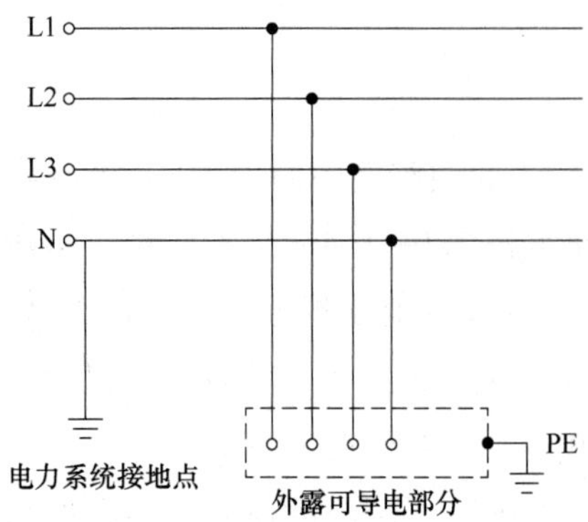

图 8-4 TT 系统

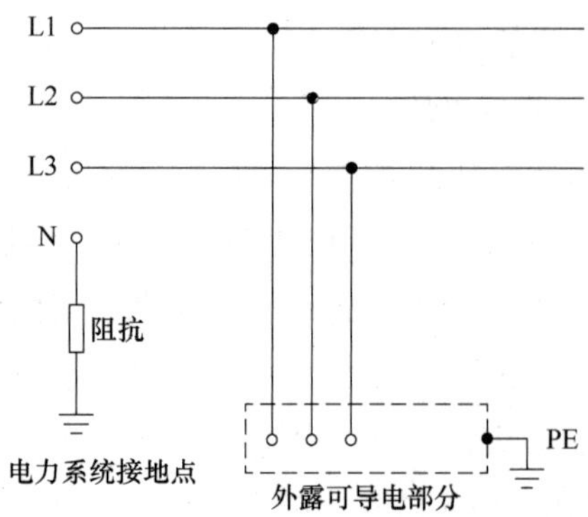

图 8-5 IT 系统

3. TN 系统

根据中性导体和保护导体的组合情况，TN 系统的形式有以下三种。

（1）TN-S 系统

整个系统的中性导体 N 和保护导体 PE 是分开的，如图 8-6 所示。

（2）TN-C 系统

整个系统的中性导体 N 和保护导体 PE 是合一的，如图 8-7 所示。

（3）TN-C-S 系统

系统中一部分线路的中性导体 N 和保护导体 PE 是合一的，如图 8-8 所示。

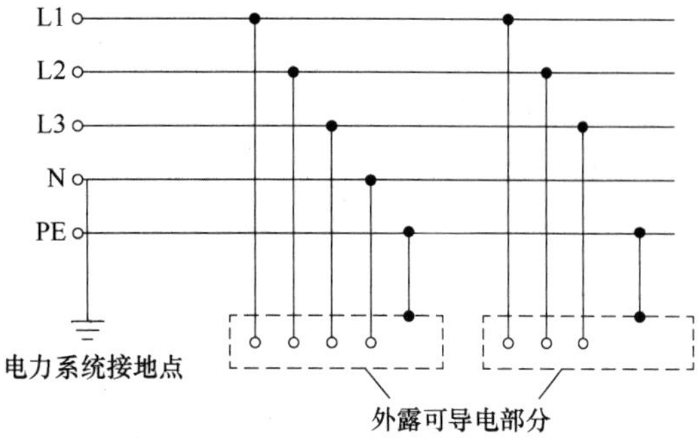

图 8-6　TN-S 系统

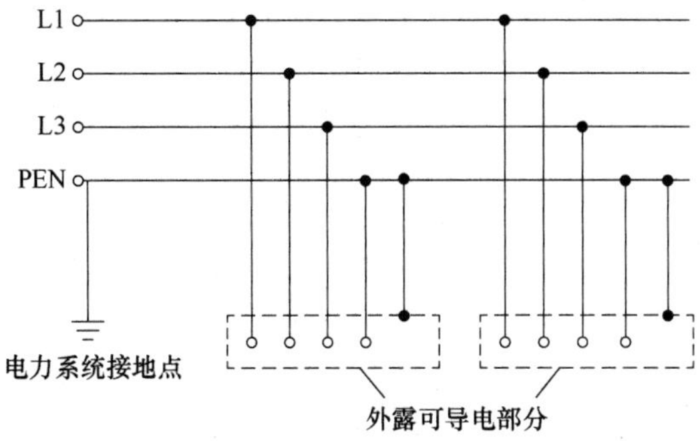

图 8-7　TN-C 系统

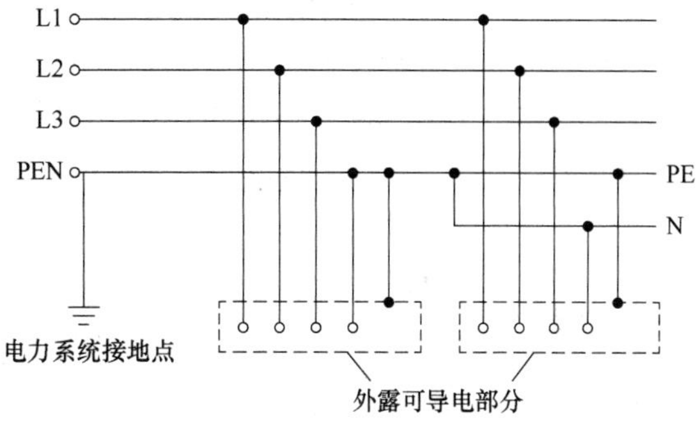

图 8-8　TN-C-S 系统

8.2 接地系统的安全与火源分析

8.2.1 TT 系统

我国绝大部分地区企业的低压配电网都采用星形联结的、低压中性点直接接地的三相四线配电网，如图 8-9 所示。这不仅是为了这种配电网能提供一组线电压和一组相电压，便于动力和照明由同一台变压器供电，而且还在于这种配电网具有较好的过电压防护性能、一相故障接地时单相电击的危险性较小、故障接地点比较容易检测等优点。低压中性点的接地常称为工作接地，中性点引出的导线称为中性线，由于中性线是通过工作接地与零电位大地连在一起的，因而中性线也称为零线。这种配电网的额定供电电压为 0.23kV/0.4kV（相电压为 0.23kV，线电压为 0.4kV），额定用电电压为 220V/380V（相电压为 220V，线电压为 380V）。220V 用于照明设备和单相设备，380V 用于动力设备。

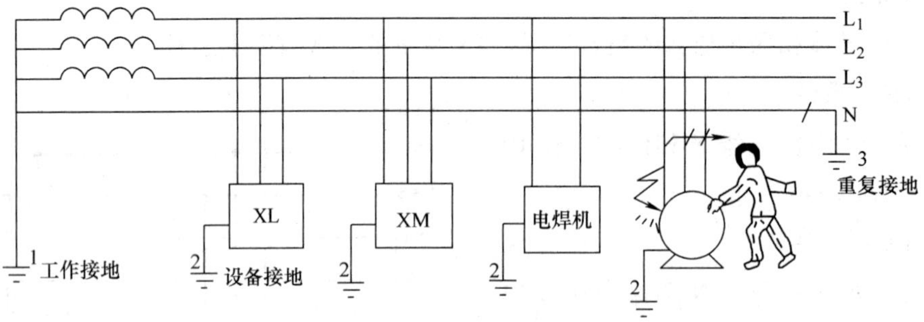

图 8-9　TT 系统接地原理图

接地的配电网发生单相电击时，人体承受的电压接近相电压。也就是说，在接地的配电网中，如果电气设备没有采取任何防止间接接触电击的措施，则剩余电流时触及该设备的人所承受的接触电压可能接近相电压，其危险性大于不接地的配电网中单相电击的危险性。图 8-7所示为设备外壳采取接地措施的情况。这种配电防护系统称为 TT 系统。第一个字母 T 表示电源是直接接地的。如有一相剩余电流，则故障电流主要经接地电阻 R_e 和工作接地电阻 R_N 构成回路。剩余电流设备上的对地电压和中性线的对地电压分别为

$$U_E=\frac{R_ER_r}{R_NR_E+R_NR_r+R_ER_r}U \tag{8-8}$$

$$U_N=\frac{R_NR_E+R_NR_r}{R_NR_E+R_NR_r+R_ER_r}U \tag{8-9}$$

式中　U——配电网的相电压；

R_r——人体电阻。

一般情况下，$R_N \ll R_r$，$R_E \ll R_r$，式（8-8）和式（8-9）可化简为

$$U_E \approx \frac{R_E}{R_N+R_E}U \tag{8-10}$$

$$U_E \approx \frac{R_N}{R_N+R_E}U \tag{8-11}$$

显然，$U_E+U_N=U$，且 $U_E/U_N=R_E/R_N$。与没有接地相比较，剩余电流设备上的对地电压有所降低，但零线上却产生了对地电压。而且，由于 R_E 和 R_N 同在一个数量级，二者都可能远远超过安全电压，人触及剩余电流设备或触及中性线都可能受到致命的电击。

另一方面，由于故障电流主要经 R_E 和 R_N 构成回路，如不计带电体与外壳之间的过渡电阻，其大小为

$$I_E \approx \frac{U}{R_N+R_E} \tag{8-12}$$

由于 R_E 和 R_N 都是欧姆级的电阻，因此 I_E 不可能太大。这种情况下，一般的过电流保护装置不起作用，不能及时切断电源，故障将长时间延续下去。例如，当 $R_E=R_N=4\Omega$ 时，

故障电流只有 27.5A，能与之相适应的过电流保护装置是十分有限的。

对于 TT 系统，单相接地故障电流较小（数安培），需要加装 RCD 来进行故障保护，考虑到兼顾电气火灾防护的功能，故在此规定选用灵敏度为 300mA 的剩余电流保护器进行防止间接接触电击防护（故障防护）。正因为如此，一般情况下不能采用 TT 系统，除非采用其他防止间接接触电击的措施确有困难，且土壤电阻率较低的情况下，才可考虑采用 TT 系统。而且在这种情况下，还必须同时采取快速切除接地故障的自动保护装置或其他防止电击的措施，并保证中性线没有电击危险。

8.2.2 IT 系统

如果电气设备没有接地，且电气设备的一相绝缘损坏，则此时外壳就会带电（图 8-10）。

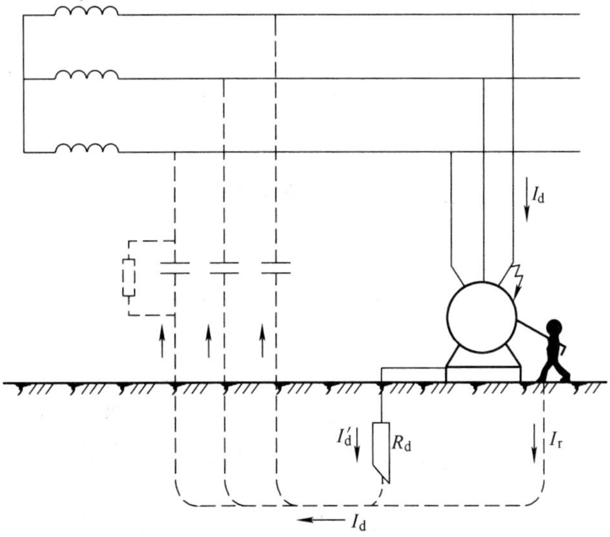

图 8-10 IT 系统接地原理分析图

一般情况下，电路对地存在着绝缘电阻和分布电容，绝缘电阻和分布电容的并联状态就构成了线路对地的总阻抗。如果电气设备没有接地，当人接触到剩余电流的设备外壳时，电流就会流过人体，使人体触电。相反，如果设备接地，则接地电流也会同时流过人体和接地装置，且流经人体和接地装置电流的大小，与电阻成反比关系，即：

$$\frac{I_r}{I'_d}=\frac{R_d}{R_r} \tag{8-13}$$

式中 I_r、R_r——沿着人体流过的电流和人体电阻；

I'_d、R_d——沿接地体流过的电流和电阻。

当 $R_d \ll R_r$ 时，则可将通过人体的电流限制到安全值以内，甚至减到零，从而使人体避免遭受触电的危险。

关于总的接地电流 I_d 的大小：在 1000V 以上的系统中，由于容抗 $X_c \ll R$，绝缘电阻可以忽略，此时主要是电容电流对人体的危害；而在1000V以下的系统中，当电源容量较小（1000kV·A以下）时，线路不太长，此时主要是流经绝缘体的剩余电流。在电源容量较大的情况下，线路比较长导线的对地电容电流和绝缘剩余电流就不能忽略。

8.2.3 TN系统

在TN系统中，电气设备在采取保护接零的同时，必须与熔断器或断路器等保护配合应用，才能起到保护作用。

1. TN-C系统

TN-C系统是我国电力系统广泛采用的系统，在这个系统中，由于中性线与保护线是合一的，为了防止触电事故，必须将电气设备外壳与PEN线做良好的电气连接。如果电气设备外壳既不与PEN线连接，又不与大地做良好的电气连接时，则是不安全的。TN-C系统如图8-11所示。

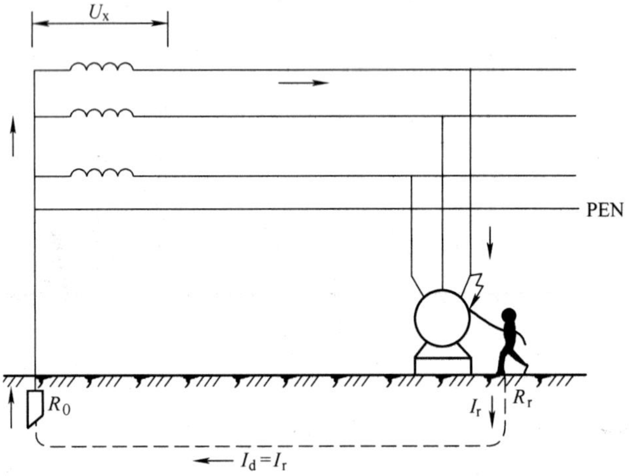

图8-11 无重复接地的TN-C系统

当电气设备绝缘损坏使外壳带电时，剩余电流很小，不足以使熔断器熔丝熔断，设备外壳也将长期存在电压，当人体触及该外壳时，就会有电流（A）流过人体，其值为

$$I_r=\frac{U_x}{R_r+R_0} \tag{8-14}$$

式中 U_x——相电压，220V；

R_r——人体电阻，一般为800~1000Ω；

R_0——工作接地电阻，一般为4Ω。

若取$R_r=1000\Omega$，则$R_0 \ll R_r$，可忽略，那么$I_r=\frac{220}{1000}\text{A}=0.22\text{A}$。很明显，0.22A已经明显超过了人体的安全电流值。

TN-C 系统常常接有大量三相和单相负载，当单相负载过多，使三相负载运行中出现不平衡时，PEN 线中就会有不平衡电流 I_0 流过，并在 PEN 线上形成电压降，其值为

$$U_N=(R_N+jx_N)I_N \tag{8-15}$$

式中 R_N、x_N——PEN 线上的电阻和电抗。

该电压实际就是加在电气设备外壳上的电压，有时可达到 10~40V 以上，当人体接触到带电的设备外壳时，不但会使人感到麻木，而且还可能对附近的金属构件放电，形成火花，特别在易燃易爆环境是很危险的。

此系统只接地、不接 PEN 线的情况，与 TT 系统的分析是一样的。

2. TN-S 系统

TN-S 系统的中性线与保护线是分开的（图 8-6）。正常运行时，保护（PE）线上没有工作电流流过，即使有也只能是电气设备的泄漏电流和线路分布电容电流流过，其值也只有毫安级。这就使电气设备外壳与变压器中性点基本上处于同电位状态，而且对地电压均为零。

中性线流过电流时形成的电压降，并没有加到电气设备的外壳上，故无论从防触电或防火角度看都是安全的。

3. TN-C-S 系统

TN-C-S 系统（图 8-8）多用在民用建筑中，其优缺点或利害关系与 TN-C、TN-S 系统相同。

8.2.4 重复接地

电气设备外壳与中性线连接虽然可以使剩余电流设备从线路中迅速切除，但并不能避免剩余电流设备对地危险电压的存在，并且当中性线断线的时候外壳还存在着承受接近相电压的对地电压，继电保护的动作时间也不是达到了最低程度。为了降低剩余电流设备外壳的对地电压，减少中性线断线时的触电危险，缩短碰线或接地短路持续的时间，通常要采用重复接地。

所谓重复接地就是除中性点必须良好接地外，还要将中性线重复接地，即将中性线的一处或多处通过接地体与大地再次连接。中性线重复接地能够缩短故障持续时间，降低中性线上的压降损耗，减轻相线、中性线反接的危险性。在保护中性线发生断路后，当电器设备的绝缘损坏或相线碰壳时，中性线重复接地还能降低故障电器设备的对地电压，减小发生触电事故的危险性。因此，中性线重复接地在供电网络中具有相当重要的作用，图 8-11 所示是一个无重复接地的 TN 系统，有重复接地的 TN-C 系统如图 8-12 所示。

当接零电气设备发生单相短路时，从短路发生到保护装置动作完毕，切断电源的短时间内，其对地电压（即短路电流）在 PEN 线上产生的电压降为

$$U_d=U_L=I_{dL}Z_L=\frac{U_x}{Z_x+Z_L}Z_L \tag{8-16}$$

式中 I_{dL}——单相短路电流；

Z_x——相线阻抗；

Z_L——PEN 线阻抗；

U_L——PEN 线电压降。

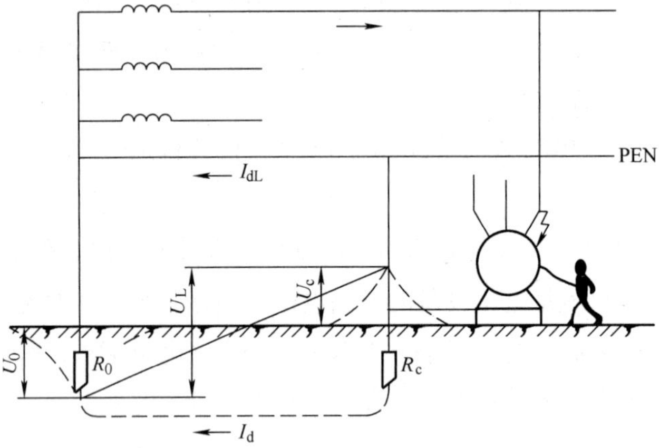

图 8-12 有重复接地的 TN-C 系统

由此看出，PEN 线阻抗越大，设备对地电压越高（通常这个电压远高于安全电压），如果用增加 PEN 线截面面积、降低电阻的办法来换取设备的安全电压是很不经济的。一般规定 PEN 线的导电能力不应低于相线导电能力的 1/2，依此原则，可取 $Z_x = 0.5Z_L$，代入式（8-16）则有：

$$U_d = U_L = \frac{U_x}{0.5Z_L + Z_L} Z_L = \frac{U_x}{1.5} = \frac{220}{1.5}\text{V} \approx 146.7\text{V}$$

可见，单纯接零的措施，仍有触电危险。

在采用图 8-12 中重复接地的措施时，短路电流大部分通过 PEN 线，只有小部分电流通过重复接地电阻 R_c 和工作接地电阻 R_0，此时接地电流在 R_0 上的电压降，就是设备的对地电压，即：

$$U_d = U_L = I_d R_e = \frac{U_L}{R_c + R_0} R_c \tag{8-17}$$

U_d 只占 PEN 线电压降的一部分是显而易见的。若取 $R_c = 10\Omega$，$R_0 = 4\Omega$，则有：

$$U_d = \frac{146.7}{10+4} \times 10\text{V} \approx 104.8\text{V}$$

实际上，由于 R_c、R_0 与 PEN 线是并联的，U_d 比 104.8V 还要低一些，但这个电压对人的危险仍然存在，可与纯接零相比，重复接地的安全性却提高了，如果能使重复接地电阻 R_c 降低，则安全性更高，所以在线路中多处重复接地可以降低总的重复接地电阻值。

采用重复接地，还可以减轻由于 PEN 线断线带来的危险性，如图 8-13 所示。

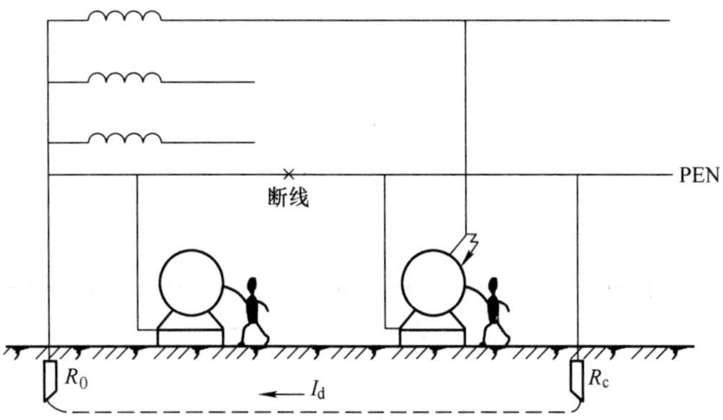

图 8-13 有重复接地的 PEN 线断线

接在 PEN 线断线处后面的电气设备外壳上存在的对地电压为

$$U_d = U_c = \frac{U_x}{U_0 + U_c} R_c \tag{8-18}$$

在断线前面设备外壳上的对地电压为

$$U_d = U_0 = \frac{U_x}{U_0 + U_c} R_0 \tag{8-19}$$

当 $R_c = R_0$ 时，$U_d = U_c = U_0 = 0.5U_x$，即断线前后电气设备外壳上的对地电压均为 $U_x/2$。实际上 $R_c > R_0$，故 $U_c > U_0$，即 $U_d = U_c > 0.5U_x$，与无重复接地时发生断线后人体承受的近似相电压相比，危险性是减轻了，但仍不是安全电压。一般 $R_c = 10\Omega$，在 1000V 以下的 TN 系统中，它只能起到平衡电位的作用，而不能完全排除危险。因此，要提高对 PEN 线的施工质量，加强维护，防止断线。

重复接地可以从 PEN 线上直接接地，也可以从设备外壳上接地。户外架空线宜在线路终端接地，分支线宜在超过 200m 的分支处接地，高压与低压线路宜在同杆敷设段的两端接地。以金属外皮作中性线的低压电缆，也要重复接地。车间内宜采用环形重复接地，中性线与接地装置至少有两点连接。

8.2.5 采用 IT 系统或 TN 系统时应注意的问题

1. IT 系统设备接地

在 IT 系统中，将设备外壳接地。若用同一台变压器供电的两台电气设备同时发生碰壳接地时，由图 8-14 可看出，无论 R_{d1} 和 R_{d2} 怎样变化，两台设备外壳都要承受大于 $\frac{\sqrt{3}}{2}U_x$ 的电压，该电压对人是不安全的，而且容易对周围金属构件（如电线管）发生火花放电，引起火灾。解决办法是，采用金属导线将两个接地体直接连接起来的共同接地方式，使两相分别接地变成相间短路，促使保护装置迅速动作，切除设备电源，以达安全目的。

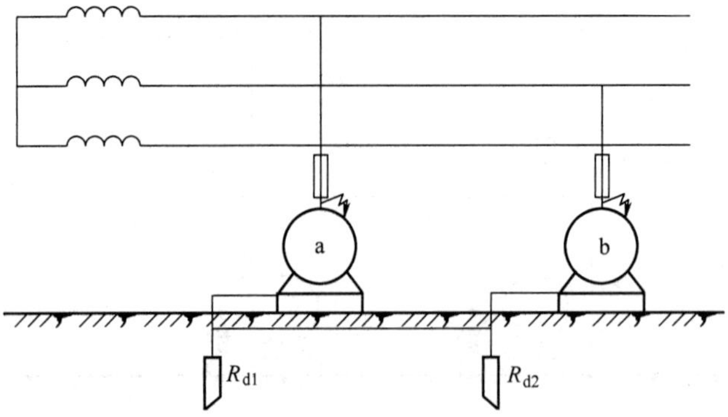

图 8-14　双碰壳时共同接地

再一个问题是，这种系统单相电流比较小，三相电压的对称性并不被破坏，单相短路持续时间可达 2h，在此时间内由短路电流形成的间歇电弧，以及由间歇电弧产生的过电压使绝缘的击穿，都将产生点火源，从而扩大事故，形成火灾。

2. TN 系统的设备接地

在 TN 系统中，不能采用有的设备接地、有的设备接零的不合理接地方式。由同一台发电机、同一台变压器、同一段母线供电的线路也不应采用两种接地方式。不合理的接地方式如图 8-15 所示。

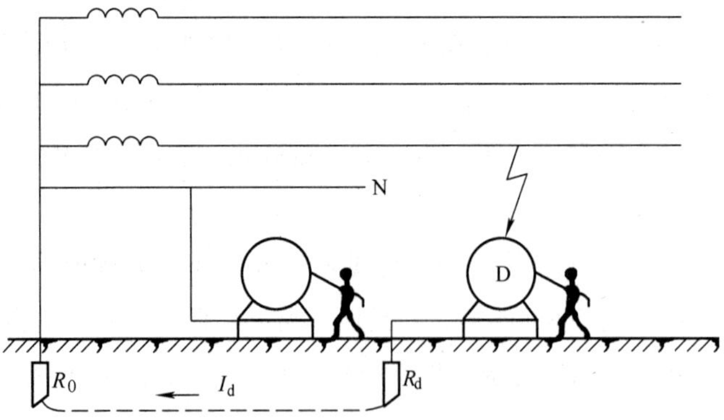

图 8-15　不合理的接地方式

如果采用保护接地措施的 D 设备发生碰壳接地，则 I_d 很小，保护装置不能及时动作，设备外壳和接地线上，就会长期存在危险电压。该电压不但危及人身安全，而且在车间还会向金属构件放电，形成火花。另外，凡是与中性线连接的设备，其外壳电压也都升高，从而使故障范围扩大。

3. TN-C 系统中的设备接地

TN-C 系统中的中性线是兼做保护线的，在线路上接有很多三相对称负荷和单相负荷，这些负荷很容易造成系统三相负荷的不平衡。正常时，PEN 线中除有不平衡电流通过外，还有剩余电流和电容电流，因此 PEN 线上有电压降，为 10~40V。该电压就是与 PEN 线连接的各设备的对地电压。它虽对人不会造成危险，但在有易燃易爆物的地方，产生火花放电却是危险的。尤其在 PEN 线断线的情况下，会构成潜在的电点火源。

例如，如图 8-16 所示，某油库车站靠装卸台停有一列载有五节汽油、两节机油的列车。当工作人员连接好管道，将 1 号泵房鹤管与油槽车罐口相碰时，突然发出长达 10cm 的强烈火花，幸好油槽车内装的是机油，才未酿成事故。该强烈火花是由于 PEN 线断线造成的。

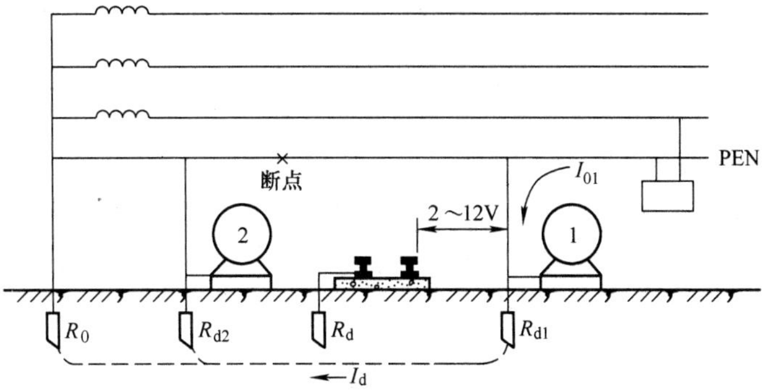

图 8-16　油库区供电与接地示意图

油库区所有电气设备和输油管道均应采用保护接零并有重复接地。

由于铁轨也是接地的，可视轨道对地电位为零。输油管（鹤管）与铁轨油槽车之间电压就是 PEN 线与大地间的电压，经实测为 2～12V。当用金属导线将输油管与铁轨连接，立即产生与卸油时同样的火花。这个电压是由于三相负荷不平衡引起 PEN 线电位偏移造成的。不同负载下 PEN 线与铁轨间的电压见表 8-1。

表 8-1　不同负载下 PEN 线与铁轨间的电压

负载情况	PEN 线与铁轨间的电压/V
全相运行	5. 2
V 相断开	6. 2
W 相断开	11

正常时 PEN 线电阻远小于接地电阻，三相不平衡电流绝大部分通过 PEN 线回到变压器，通过接地装置的分流近于零。当 PEN 线断线时，不平衡电流被迫经接地装置和大地回到变压器。不平衡电流 I_{01} 就在 1 号泵房电动机的接地电阻 R_{d1} 上产生电压降 $I_{01}R_{d1}$，该电压就是鹤管与铁轨间形成异常火花的电压。

4. 允许切断中性线的有关范围

严格来讲，PEN 线断开会使接零设备上呈现危险的对地电压，所以在 PEN 线上装设开关和熔断器是不允许的，如在 380V/220V 系统中的 PEN 线和具有接零要求的单相设备上，就不允许装开关和熔断器。如果装设断路器，只有当过电流脱扣器动作后能同时切断相线时，才允许在 PEN 线上装设过电流脱扣器。

而对于分布很广的单相线路，如果用电环境正常，没有保护接零要求（如宿舍、办公楼、商店和仓库等)，就可以在 PEN 线和相线上同时装设开关与熔断器，由于相线和 PEN 线容易互相接错，而使相线处于无保护状态，当都接上后就减少了这种危险。就是在 PEN 线熔断器熔断、相线带电的情况下，由于设备外壳不接零，故不会带电（但绝缘损坏时有危险)。为了提高安全可靠性，PEN 线用绝缘导线；为达其 PEN 线、相线都切断的目的，可采用双极刀开关，以避免 PEN 线切断而相线未断的情况。

5. 中性线的选择

变压器中性点引出的中性线可用钢母线；车间内若为 TN-C-S 系统，则行车轨道、金属结构构架可选作保护接地线，设备外壳都与它相连接，外壳不会有危险电压；专用中性线的截面面积应大于相线截面面积的一半；四芯电缆的中性线与电缆钢铠焊接后，也可作为 TN 系统的 N（PEN）线；金属钢管也可作为中性线使用，但爆炸危险环境中 N 线和 PE 线必须分开敷设。

8.3 接地电阻的计算

8.3.1 土壤电阻率

决定接地电阻的主要因素是土壤电阻。土壤电阻的大小一般以土壤电阻率来表示。土壤电阻率是以每边长 1m 的正立方体的土壤的电阻来表示的。土壤电阻率根据土壤性质、含水量、温度、化学成分、物理性质等情况而有所变化，因此在设计时要根据地质情况，并考虑到季节影响，选取其中最大值作为设计依据。各种土壤性质的季节系数见表 8-2。影响土壤电阻率的主要因素有下列几个：

表 8-2　各种土壤性质的季节系数

土壤性质	深度/m	ψ_1	ψ_2	ψ_3
黏土	0.5~0.8	3	2	1.5
砂质黏土	0.8~3	2	1.5	1.4
陶土	0~2	2.4	1.36	1.2
砂砾盖以陶土	0~2	1.8	1.2	1.1
园地	0~3	—	1.32	1.2
黄沙	0~2	2.4	1.56	1.2
杂以黄沙的砂砾	0~2	1.5	1.3	1.2
泥炭	0~2	1.4	1.1	1.0
石灰石	0~2	2.5	1.51	1.2

注：在测量前数天下过较长时间的雨时使用 ψ_1；在测量时土壤具有中等含水量时使用 ψ_2；测量时，可能为全年最高电阻，即土壤干燥或测量前降雨不大时使用 ψ_3。

1. 土壤性质

土壤性质对土壤电阻率影响最大，不同性质的土壤其电阻率可以相差几千到几万倍。不同性质的土壤和水的电阻率参考值见表 8-3。

表 8-3 土壤和水的电阻率参考值 （单位：Ω · m）

类别	名称	电阻率近似值	电阻率变化范围		
			较湿时（一般地区，多雨区）	较干时（少雨区，沙漠区）	地下水含碱盐时
土	陶黏土	10	5～20	10～100	3～30
	泥炭、泥炭岩、沼泽地	20	10～30	50～300	3～30
	捣碎的木炭	40	—	—	—
	黑土、田园土、陶土	50			
	白垩土				
	黏土	60	30～100	50～300	10～30
	砂质黏土	100	30～300	80～1000	10～30
	黄土	200	100～200	250	30
	含砂黏土、砂土	300	100～1000	>1000	30～100
	河滩中的沙	—	300	—	—
	煤	—	350	—	—
	多石土壤	400	—	—	—
	土层红色风化黏土、下层红色页岩	500（30%湿度）	—	—	—
	表层土夹石、下层砾石	600（15%湿度）	—	—	—
砂	砂、砂砾	1000	250～1000	1000～2500	—
	砂层深度>10cm、地下水较深的草原	1000	—	—	—
	地面黏土深度<1.5m、底层多岩石				
岩	砾石、碎石	5000	—	—	—
	多岩山地	5000	—	—	—
	花岗岩	200000	—	—	—
混凝土	在水中	40～55	—	—	—
	在湿土中	100～200	—	—	—
	在干土中	500～1300	—	—	—
	在干燥的大气中	12000～18000	—	—	—
矿	金属矿石	0.1～1	—	—	—
水	海水	1～5	—	—	—
	湖水、池水	30	—	—	—
	泥土、泥炭中的水	15～20	—	—	—
	泉水	40～50	—	—	—

（续）

类别	名称	电阻率近似值	电阻率变化范围		
			较湿时（一般地区，多雨区）	较干时（少雨区，沙漠区）	地下水含碱盐时
水	地下水	20~70	—	—	—
	溪水	50~100	—	—	—
	河水	30~280	—	—	—
	污秽的水	300	—	—	—
	蒸馏水	1000000	—	—	—

2. 含水量

含水量对电阻率也有很大影响。绝对干燥的土壤电阻率可以认为接近无穷大。含水量增加到15%左右时，电阻率改变很小；当含水量超过75%时，土壤电阻率反而增加。含水量对土壤电阻率的影响，不仅随土壤种类不同而有所不同，而且与所含的水质也有关系。例如，在电阻率较低的土壤中，加上比较纯洁的水，会增大电阻率。因此在采用加水改良土壤时，也要注意这一点。

3. 温度

当土壤温度在0℃及以下时，由于其中水分结冰，土壤冻结，电阻率突然增大，因此一般都将接地体放在冰冻层以下，以避免产生很高的流散电阻。温度自0℃继续上升时，由于其中溶解盐的作用，电阻率逐渐减小。温度到达100℃时，由于土壤中水分蒸发，电阻率又增大。

4. 化学成分

当土壤中含有盐、酸、碱成分时，电阻率会显著下降。一般即利用这种特性来改变土壤电阻率。

由于影响土壤电阻率的因素很多，因此在设计时最好选用实测的数值。因为测量时的具体情况不同，土壤电阻率也有所改变。为了能使测量所得的值反映最不利情况时的土壤电阻率，必须将所测得的土壤电阻率根据测量时的具体情况，乘以表8-2中的换算系数ψ，则得到设计时所采用的土壤电阻率ρ，即$\rho=\psi\rho_0$。

8.3.2 自然接地体

在一定区域内，土壤电阻率为固定值。自然接地体埋在地下，纵横交错，除易燃液体、易燃气体或易爆管道外，大多数电气设备都与它相连接，如一些金属工艺管道、金属水管和电缆外皮等。使用自然接地体的优点是经济、安全，且可等电位。但是，有些管道由于使用了法兰垫圈，而起到绝缘作用，故必须用跨接导线将法兰或管接头跨接起来。

自然接地体的接地电阻，一般可用简化的表格进行计算，见表8-4、表8-5和表8-6。

表 8-4 直埋铠装电缆金属外皮的接地电阻

电缆长度/m	20	50	100	150
接地电阻/Ω	22	9	4.5	3

注：1. 土壤电阻率 $\rho=100\Omega\cdot m$，深埋 0.7m。

2. 当 n 根截面面积相近电缆埋在同一壕沟内时，若单根电缆接地电阻为 R_0，则总接地电阻 R 为

$$R=\frac{R_0}{\sqrt{n}} \tag{8-20}$$

表 8-5 直埋金属水管的接地电阻

长度/m		20	50	100	150
接地电阻/Ω	公称口径为 25~50mm 时	7.5	3.6	2	1.4
	公称口径为 70~100mm 时	7.0	3.4	1.9	1.4

注：土壤电阻率 $\rho=100\Omega\cdot m$，深埋 0.7m。

表 8-6 当 $\rho\neq100\Omega\cdot m$ 时对表 8-4、表 8-5 的修正系数

土壤电阻率 $\rho/\Omega\cdot m$	30	50	60	80	100	120	150	200	250	300	400	500
修正系数	0.54	0.7	0.75	0.89	1	1.12	1.25	1.47	1.65	1.8	2.1	2.35

8.3.3 基础接地体

利用建、构筑物基础的金属结构作为接地体，就称为基础接地体。近年来国内外利用钢筋混凝土基础作为自然接地体，已经取得了比较成功的经验。地面以下的混凝土由于毛细管作用，经常保持潮湿状态，与当地中等的低电阻率土壤一样，是良好的导电体。由于接地体是包在混凝土中的，可使金属结构免受腐蚀损坏。在土壤导电性差的区域，这层外包混凝土除有助于降低接地电阻外，还可使钢材免受腐蚀损坏。例如铜与钢在潮湿混凝土中即使相互接触，钢构件也不会发生破坏性的腐蚀。

基础支墩中的钢筋一般有四组或更多的垂直构件，用水平的隔圈方环等距离固定，垂直构件与基础支墩底座内的大型水平构件相连。据国外有关资料报道，利用基座中的钢筋作为接地体，工频接地电阻可达 1Ω。这在工程实践中是能满足要求的，不必计算。利用垂直构件作接地线，还有很好的分流效果，经试验流过钢筋柱的最大冲击电流为总电流的 2.36%。

要注意的是，当利用钢筋混凝土构件和基础内钢筋作为接地装置时，构件或基础内钢筋的接点应焊接，各构件或基础之间必须连接成电气通路，进出钢筋混凝土构件的导体与其内部的钢筋体的第一个连接点必须焊接。

建筑物中的上下水管、采暖通风管、电线管和电缆外皮，都难免和建筑物的钢筋碰接，因此建筑物的防雷系统、保护接地系统和工作接地系统也就难以分开，而是连接在一起的。所以，高层建筑的接地系统应满足如下要求：

1）凡是进入高层建筑的电源线，宜采用两端外皮接地的电缆，最好将电缆直埋。

2）沿建筑物纵向布置的电线或电缆，宜敷设在有屏蔽的竖井中。竖井可用 3~4mm 的钢板或钢筋混凝土板制作。竖井钢筋接头应紧密连接，确保竖井纵向电阻最小，这是决定竖井屏蔽效果好坏的关键。

3）同层敷设的电线宜穿管，且将两端接地。电缆外皮两端也应接地。

4）建筑物内的电力设备、电器用具和照明灯具等，宜采用接零保护。

5）伸缩缝处的断开钢筋宜用软导线连接起来，以提高分流、均压效果。

8.3.4 人工接地体

在接地电阻达不到要求或没有自然接地体时，应增敷人工接地体进行补救。人工接地体又可分为钢材制品和铜板制品。自然界的各项因素（如气候等）对接地流散电阻都有一定的影响，为了消除气候的影响，接地体的顶端要和地面保持一定的距离（一般为 0.7m 以上）。

1. 垂直接地极的接地电阻

垂直接地极的接地电阻可利用下式计算（图 8-17），当 $d \ll 1$ 时，有

$$R_V = \frac{\rho}{2\pi l}\left(\ln\frac{8l}{d}-1\right) \tag{8-21}$$

式中 R_V——垂直接地极的接地电阻（Ω）；

ρ——土壤电阻率（Ω·m）；

l——垂直接地极的长度（m）；

d——接地极用圆钢时，圆钢的直径（m）。

当选用不同型式的钢材时，等效直径 d 的取值（图 8-18）：钢管，$d=d_1$；扁钢，$d=0.5b$；等边角钢，$d=0.84b$；不等边角钢，$d=0.71\sqrt[4]{b_1 b_2(b_1^2+b_2^2)}$。

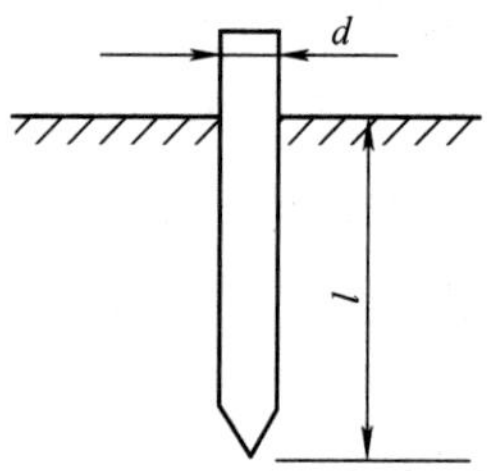

图 8-17 垂直接地极的示意图

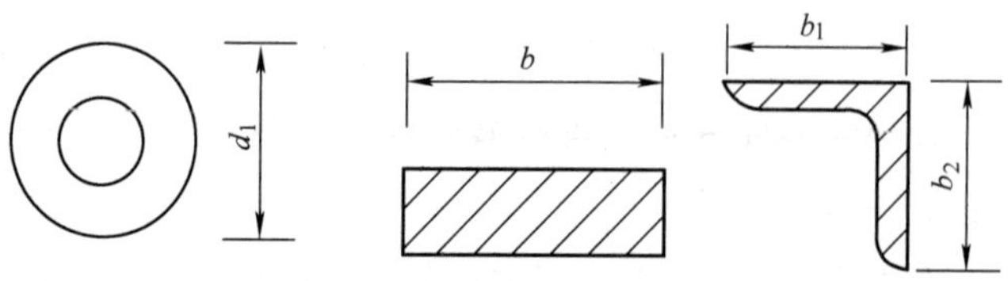

图 8-18 几种型式钢材的计算用尺寸

2. 水平接地体的接地电阻

水平接地体的接地电阻可利用下式计算：

$$R_h = \frac{\rho}{2\pi l}\left(\ln\frac{l^2}{hd}+A\right) \tag{8-22}$$

式中 R_h——水平接地极的接地电阻（Ω）；

l——水平接地极的总长度（m）；

h——水平接地极的埋设深度（m）；

d——水平接地极的直径或等效直径（m）；

A——水平接地极的形状系数，可采用表 8-7 所列数值。

表 8-7 水平接地极的形状系数 A 的取值

水平接地极的形状	—	L	⅄	○	+	□				
形状系数 A	-0.6	-0.18	0	0.48	0.89	1	2.19	3.03	4.71	5.65

3. 复合接地体的接地电阻

复合接地体的接地电阻可利用下式计算：

$$\left.\begin{aligned} R_n &= a_1 R_e \\ a_1 &= \left(3\ln\frac{l_0}{\sqrt{S}} - 0.2\right)\frac{\sqrt{S}}{l_0} \\ R_e &= 0.213\frac{\rho}{\sqrt{S}}(1+B) + \frac{\rho}{2\pi l}\left(\ln\frac{S}{9hd} - 5B\right) \\ B &= \frac{1}{1+4.6\dfrac{h}{\sqrt{S}}} \end{aligned}\right\} \tag{8-23}$$

式中 R_n——任意形状边缘闭合连接接地网的接地电阻（Ω）；

R_e——等值（即等面积、等水平接地极总长度）方形接地网的接地电（Ω）；

S——接地网的总面积（m^2）；

l_0——接地网的外缘边线总长度（m）；

l——水平接地极的总长度（m）；

h——水平接地极的埋设深度（m）；

d——水平接地极的直径或等效直径（m）。

4. 人工接地体的冲击接地电阻

雷电流的幅值大，会使地中的电流密度增大，因而提高地中的电场强度，在接地体表面附近尤为显著。地电场强度超过土壤击穿场强时会发生局部火花放电，使土壤电导增大。试验表明，当土壤电阻率为 500Ω · m、预放电时间为 3~5μs 时，土壤的击穿场强为 6~12kV/cm。因此，同一接地装置在幅值很高的雷电冲击电流作用下，其接地电阻要小于工频电流下的数值，它们之间的比值为 1~2.3。因此，每根放射形接地体的最大长度与土壤电阻率之间有如下关系：当土壤电阻率 $\rho \leqslant$ 100Ω · m、500Ω · m、1000Ω · m、2000Ω · m 时，其相应的最大长度为 20m、40m、60m、80m。

8.4 剩余电流动作保护装置及其防火功能

低压配电系统中装设剩余电流动作保护装置（简称 RCD）是防止直接和间接接触导致的电击事故的有效措施之一，也是防止电气线路或电气设备接地故障引起电气火灾和电气设备损坏事故的技术措施之一。安装剩余电流动作保护装置后，仍应以预防为主，同时采取其他防止电击事故、电气火灾和电气设备损坏事故的技术措施。

8.4.1 防护类别

1. 对直接接触电击事故的防护

在直接接触电击事故的防护中，RCD 只作为直接接触电击事故基本防护措施的补充保护措施（不包括对相与相、相与 N 线间形成的直接接触电击事故的保护），应选用无延时的 RCD，其额定剩余动作电流不超过 30mA。直接接触保护用的 RCD 的最大分断时间见表 8-8。

表 8-8 RCD 的最大分断时间

保护类别	$I_{\Delta n}$/A	$I_{\Delta n}$/A	最大分断时间/s			
			$I_{\Delta n}$	$2I_{\Delta n}$	$5I_{\Delta n}$	0.25A
直接接触保护	任何值	任何值	0.1	0.08		0.04
间接接触保护	>0.03	任何值	0.3	0.2	0.15	

注：$I_{\Delta n}$为剩余动作电流。

2. 对间接接触电击事故的防护

间接接触电击事故防护的主要措施是采用自动切断电源的保护方式，以防止由于电气设备绝缘损坏发生接地故障时，电气设备的外露可接近导体持续带有危险电压而产生有害影响或电气设备损坏事故。其接地故障电流值小于过电流保护装置的动作电流值时应安装 RCD。间接接触保护用的 RCD 的最大分断时间见表 8-8。

3. 线路保护

低压配电线路根据具体情况采用二级或三级保护时，其最小分断时间见表 8-9、表 8-10，在电源端、负荷群首端或线路末端（农业生产设备的电源配电箱）安装 RCD。

表 8-9 两级保护的最小分断时间

二级保护	一级保护	
	延时级差为 0.1s	延时级差为 0.2s
最大分断时间	0.2s	0.3s

注：延时型 RCD 的延时时间的延时级差不小于 0.1s。

表 8-10 三级保护的最小分断时间

三级保护	总保护		中级保护	
最大分断时间	延时级差为 0.2s	延时级差为 0.1s	延时级差为 0.2s	延时级差为 0.1s
	0.5	0.3	0.3	0.2

注：1. 延时型 RCD 只适用于间接接触保护，$I_{\Delta n}>0.03$。

2. 延时型 RCD 延时时间的优选值为：0.2s，0.3s，0.4s，0.5s，0.8s，1.0s，1.5s，2.0s。

4. 对 TT 系统的防护要求

TT 系统的电气线路或电气设备应装设 RCD 作为防电击事故的保护措施。采用 RCD 的 TN-C 系统，应根据电击防护措施的具体情况，将电气设备外露可接近导体独立接地，形成局部 TT 系统。在 TN-C-S 系统中，RCD 只允许使用在 N 线与 PE 线分开部分。

8.4.2 分级保护

低压供用电系统中为了缩小发生人身电击事故和接地故障切断电源时引起的停电范围，RCD 应采用分级保护；根据用电和线路具体情况、建筑物的类别、被保护设备和场所的需要设置，选择由电源侧总保护、中级保护、末端保护组成两级或三级保护；除末端保护外，各级 RCD 的动作电流值与动作时间应协调配合，实现具有动作选择性的分级保护。在采用分级保护方式时，上下级 RCD 的动作时间差不得小于 0.1s，上一级 RCD 的极限不驱动时间应大于下一级 RCD 的动作时间，且时间差应尽量小。配电线路分级保护图如图 8-19 所示。

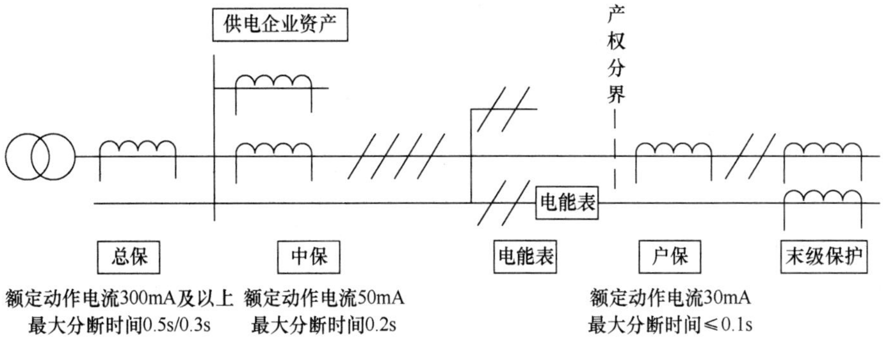

图 8-19 配电线路分级保护图

1. 电源侧总保护

安装在配电台区低压侧的第一级剩余电流动作保护器，也称总保（一级保护）。

2. 中级保护

安装在总保和户保之间的低压干线或分支线的剩余电流动作保护器，也称中保（二级保护）。中保因安装地点、接线方式不同，可分为“三相中保”和“单相中保”。

3. 末端保护

末端保护是指住宅配电保护（或称户保）或单台用电设备的保护（三级保护）。

（1）应安装末端保护 RCD 的设备和场所

下列设备和场所应安装末端保护 RCD：Ⅰ类的移动式电气设备及手持式电动工具，工厂用的电气设备，工地的电气机械设备，临时用电的电气设备，机关、学校、宾馆、饭店、企事业单位和住宅等除壁挂式空调电源插座外的其他电源插座或插座回路（家用带过电流保护的剩余电流动作断路器 RCBO（RCCB）的分断时间和不驱动时间的标准值见表 8-11），游泳池、喷水池、浴室、浴池的电气设备，安装在水中的供电线路和设备，医院中可能直接接触人体的医用电气设备，农业生产用的电气设备，水产品加工用电及其他需要安装 RCD 的场所。

（2）末端 RCD 的要求

1）线路末端装设的 RCD，通常为瞬动型，动作电流一般取为 30mA（安全电流值）。

2）对手持式用电设备，RCD 动作电流取为 15mA。

3）对医疗电气设备，RCD 动作电流取为 10mA。

4）线路末端为低压开关柜、配电箱时，RCD 动作电流也可取 100mA。

表 8-11　家用带过电流保护的剩余电流动作断路器 RCBO（RCCB）的实验标准值

型号	$I_{\Delta n}$/A	$I_{\Delta n}$/A	剩余电流 I_{Δ} 等于下列值时的分断时间和不驱动时间的标准值/s					
			$I_{\Delta n}$	$2I_{\Delta n}$	$5I_{\Delta n}$	5A，10A，20A，50A，100A，200A，500A	$I_{\Delta t}$	分断时间
一般型	任何值	任何值	0.3	0.15	0.04	0.04	0.04	最大
S 型	≥25	>0.03	0.5	0.2	0.15	0.15	0.15	最大
			0.13	0.06	0.05	(0.04)	0.04	最小不驱动时间（不脱扣）

注：1. 对 $I_{\Delta n}$≤0.03A 的一般型 RCBO（RCCB）可用 0.25A 代替 $5I_{\Delta n}$。
2. 5A，10A，20A，50A，100A，200A，500A 的实验仅在突然施加剩余电流时测量分断时间，但任何情况下对大于过电流瞬时脱扣范围下限的电流值不进行实验。
3. $I_{\Delta t}$栏仅用于 RCBO；在等于 B/C 型或 D 型-实用时的过电流瞬时脱扣范围下限的电流值进行实验。

8.4.3　RCD 的选择

1. 一般负荷和场所的 RCD 的选择

1）RCD 的技术条件；具体参见相关产品样本

2）RCD 的技术参数；具体参见相关产品样本

3）按电气设备的供电方式选用 RCD：

① 单相 220V 电源供电的电气设备，应选用二极二线式 RCD。

② 三相三线式 380V 电源供电的电气设备，应选用三极三线式 RCD。

③ 三相四线式 220V 电源供电的电气设备，三相设备与单相设备共用的电路应选用三极四线或四极四线式 RCD。

4）RCD 的额定动作电流选择。

① 要充分考虑电气线路和设备的对地泄漏电流值，必要时可通过实际测量取得被保护线路或设备的对地泄漏电流。

② 因季节天气变化引起对地泄漏电流值变化时，应考虑采用动作电流可调式 RCD。

③ 当使用在有电力线载波应用等对线路漏电流有影响的场合时，应考虑非工频泄漏电流的影响因素。

5）根据电气设备的工作环境条件选用 RCD：

① RCD 应与使用环境条件相适应。

② 对电源电压偏差在标准范围内的地区的电气设备应选用动作功能与电源电压有关的 RCD，否则应优先选用动作功能与电源电压无关的 RCD。

③ 对于家用电器保护的 RCD 必要时可选用满足过电压保护的 RCD。

6）RCD 动作参数的选择。应考虑如下因素：

① 手持式电动工具、移动电器、家用电器等设备应优先选用额定剩余动作电流不大于 30mA 无延时的 RCD。

② 单台电气机械设备，可根据其容量大小选用额定剩余动作电流 30mA 以上 100mA 及以下无延时 RCD。

③ 电气线路或多台电气设备（或多住户）的电源端，其动作电流和动作时间应按被保护线路和设备的具体情况及其泄漏电流值确定。必要时应选用动作电流可调和延时动作型的 RCD。

④ 选用的 RCD 的额定剩余不动作电流，应不小于被保护电气线路和设备的正常运行时泄漏电流最大值的 2 倍。

⑤ 一般情况下，选用 AC 型 RCD 对应用电子元器件较多的电气设备，电源装置故障含有脉动直流分量时，应选用 A 型 RCD 对负荷带有变频器、三相交流整流器、逆变换器、UPS 装置及特殊医疗设备（如 X 射线设备、CT 设备）等产生平滑直流剩余电流的电气设备，应选用特殊的对脉动直流剩余电流和平滑直流剩余电流均能动作的 B 型 RCD。

2. 特殊负荷和场所的 RCD 选用

1）医院中的医用设备安装 RCD 时，应选用额定剩余动作电流为 10mA 无延时的 RCD。

2）安装在易燃、易爆或有腐蚀性气体等恶劣环境中的 RCD，应根据有关标准选用特殊防护条件的 RCD，或采取相应的防护措施；安装在潮湿场所的电气设备应选用额定剩余动作电流小于 30mA 无延时的 RCD。

3）安装在游泳池、水景喷水池、水上游乐园、浴室、温室养殖与育苗、水产品加工区等特定区域的电气设备应选用额定剩余动作电流为 10mA 无延时的 RCD。

4）在金属物体上工作，操作手持式电动工具或使用非安全电压的行灯时，应选用额定剩余动作电流为 10mA 无延时的 RCD。

5）连接室外架空线路的电气设备，可能发生冲击过电压时可采取特殊的保护措施（例如：采用电涌保护器等过电压保护装置），并选用增强耐误脱扣能力的 RCD。

6）对弧焊变压器应采用专用的防电击保护装置。

7）各级RCD可有条件选配具有信息（如运行时间、停运时间、运行参数、剩余电流值等）显示、测量、存储或通信功能的RCD。

8.4.4 剩余电流动作保护装置工作原理及设备选型

1. 工作原理

电流动作型剩余电流保护器利用零序电流互感器来反映接地故障电流，以动作于脱扣机构。它按脱扣机构的结构分，又有电磁脱扣型和电子脱扣型两类。

（1）电磁脱扣型剩余电流动作保护装置的工作原理

设备正常运行时，穿过零序电流互感器TAN的三相电流相量和为零，TAN二次侧不产生感应电动势，因此，极化电磁铁YA的线圈中没有电流通过，其衔铁依靠永久磁铁的磁力保持在吸合位置，使开关维持在合闸状态。当设备发生剩余电流或单相接地故障时，就有零序电流穿过TAN的铁心，使其二次侧感生电动势，电磁铁YA的线圈中有交流电流通过，使电磁铁YA的铁心中产生交变磁通，与原有的永久磁通叠加，产生去磁作用，使其电磁吸力减小，衔铁被弹簧拉开，使自由脱扣机构YR动作，开关跳闸，断开故障电路。

（2）电子脱扣型剩余电流动作保护装置的工作原理

电子脱扣型剩余电流动作保护器是在零序电流互感器TAN与自由脱扣机构YR之间接入一个电子放大器AV。当设备发生剩余电流或单相接地故障时，互感器TAN二次侧感生的电信号经电子放大器AV放大后，接通脱扣机构YR，使开关跳闸，从而也起到剩余电流保护的作用。

2. 剩余电流动作保护装置的分类

（1）剩余电流动作保护装置保护开关

具有剩余电流保护及手动通断电路的功能，但不具有过负荷和短路保护的功能。这类产品主要应用于住宅。

（2）剩余电流动作保护装置

具有剩余电流保护及过负荷和短路保护的功能，就是在低压断路器之外拼装剩余电流保护附件而成。例如C45系列小型断路器拼装剩余电流脱扣器后，就成了家用及类似场所广泛应用的剩余电流断路器。

（3）剩余电流动作保护继电器

具有检测和判断剩余电流和接地故障的功能，由继电器发出信号，并控制断路器或接触器切断电路。

（4）剩余电流动作保护插座

由剩余电流开关或剩余电流断路器与插座组合而成，使插座回路连接的设备具有剩余电流保护功能。

3. 剩余电流动作保护装置设备类型

（1）电磁脱扣型剩余电流动作保护装置

电磁脱扣型剩余电流动作保护装置如图8-20所示。这种保护装置以极化电磁铁YA作为中间机构，这种电磁铁由于有永久磁铁而具有极性。在正常情况下，永久磁铁的吸力克服弹簧的拉力使衔铁保持在闭合位置。图 8-20 中，三相电源线穿过环形的零序电流互感器 TA 构成互感器的一次侧，当设备正常运行时，互感器一次侧的三相电流在其铁心中产生的磁场相互抵消，互感器二次侧不产生感应电动势，电磁铁不动作。当设备发生剩余电流时，互感器二次侧产生感应电动势，并出现电流，电磁铁线圈 YA 中有电流流过，并产生交变磁通。这个磁通与永久磁铁的磁通叠加，产生去磁作用，使吸力减小，衔铁被反作用弹簧拉开，脱扣机构 Y 动作，并通过开关设备断开电源。

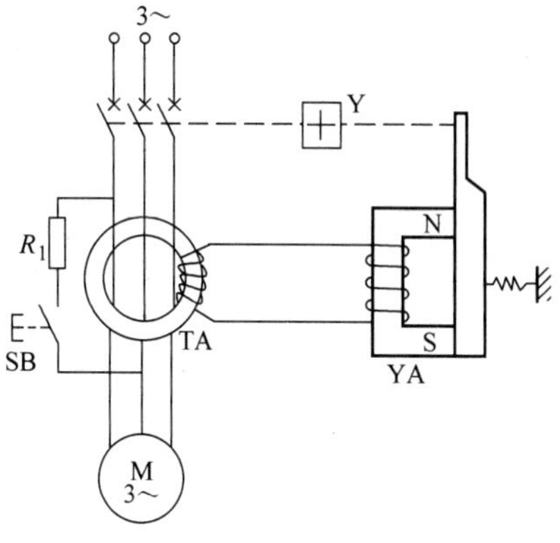

图 8-20 电磁脱扣型剩余电流动作保护装置

电磁脱扣型剩余电流动作保护装置使用元件较少，结构简单。为防止剧烈振动造成误动作，在有剧烈振动的地方，安装时要采取防振措施。

（2）电子式剩余电流保护装置

电子式剩余电流保护装置如图 8-21 所示。

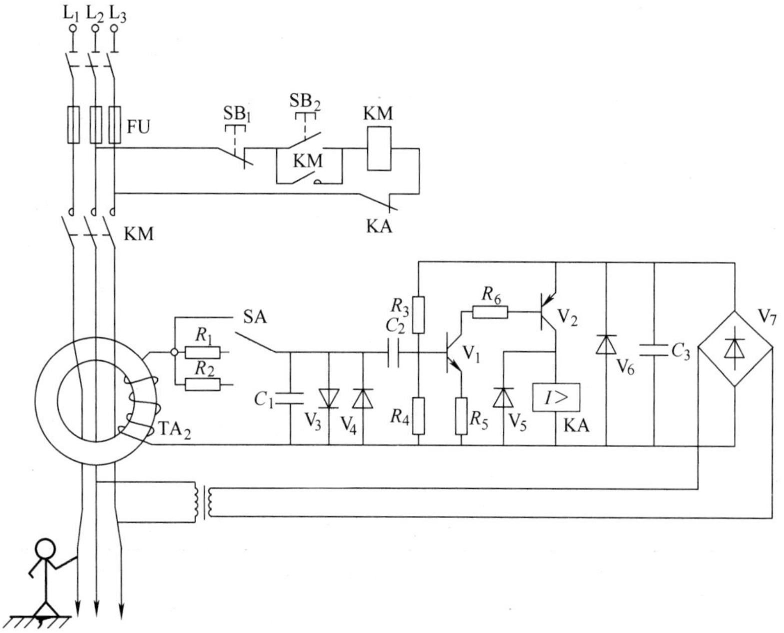

图 8-21 电子式剩余电流保护装置

主要优点是灵敏度很高，其额定剩余电流动作电流可设计到 6mA；动作电流整定误差小，动作准确，工艺制作比较简单。其不足之处是应用电子元件较多，可靠性较低；电子元件承受冲击能力较弱，抗过电流和过电压的能力较差；当主电路断相时，电子式剩余电流保护装置可能失去电源而丧失保护性能。

DZL18—20 型是一款高灵敏度（比快速型剩余电流动作时间<0.2s 还快）有过压保护的剩余电流断路器。采用专用规模集成电路 M54123L 装配而成，其电路原理图如图 8-22 所示，性能参数和动作时间见表 8-12 和表 8-13。适用于交流 50Hz，额定工作电压 220V，额定电流为 32A 及以下的线电路中，主要作为人身触电保护之用，也可用来防止设备绝缘损坏、产生错接故障电流而引起的火灾危险。当加装热脱扣器后还可作为线路过载保护之用。带过电压保护的剩余电流断路器除了具有触电剩余电流保护功能外，还能对由于电网故障引起电压过度升高（例如，由于中性线错接、断开，三相负载严重不平衡引起的电压升高）进行保护。

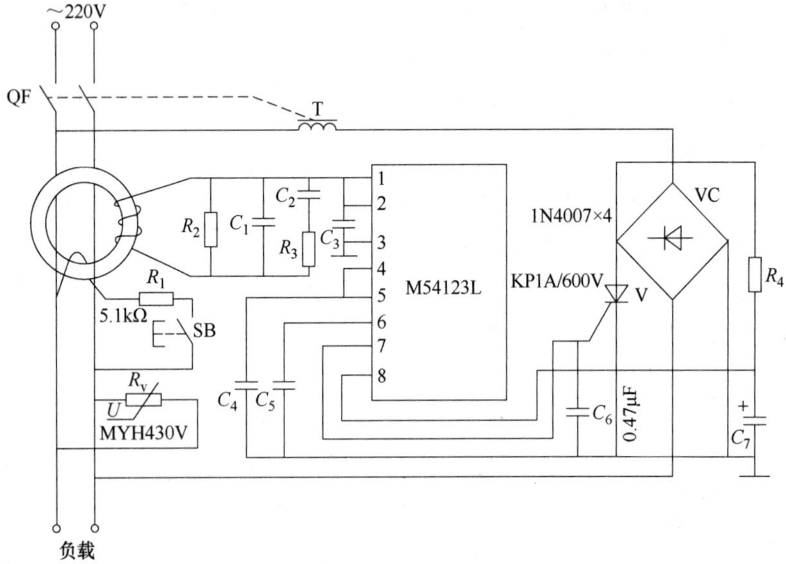

图 8-22 DZL18—20 型剩余电流断路器的电路原理图

DZL18—20 型零序电流互感器的工作原理是：正常时互感器一次侧中瞬时电流的矢量和为零，当被维护的电路呈现绝缘缺陷或有人触电时，负载侧有对地泄载电流，零序电流互感器二次绕组中的矢量和不为零，集成模块 1 端有电压信号生成，该信号经过运算操控器运算后，当 7 端电流抵达整定动作值时，驱动晶闸管 V 导通，接通电磁脱扣器电源，电磁脱扣器 T 吸合，使断路器 QF 跳闸切断负载电源。

表 8-12 DZL18—20 型剩余电流断路器的性能参数

额定电压/V	额定电流/A	频率/Hz	极数	过电流脱扣额定电流/A	额定剩余电流动作电流/mA	额定剩余电流不动作电流/mA
220	20	50	2	10、16、20	10、15、30	6、7.5、15

表 8-13 DZL18—20 型剩余电流断路器的动作时间

剩余电流动作电流	$I_{\Delta n}$	$2I_{\Delta n}$	0.25A
最大分断时间/s	≤0.2	≤0.1	≤0.04

（3）剩余电流动作保护断路器

剩余电流动作保护断路器由零序电流互感器、电子放大器漏电脱扣器及带有过载的短路保护的断路器组成。具备检测、判断和分断电路的功能。剩余电流保护插座是将剩余电流断路器和插座组合在一起的剩余电流保护装置，特别适用于移动式、携带式用电设备和家用电器保护。

剩余电流动作保护断路器主要的作用就是当人发生漏电或者是触电事故之时，剩余电流动作保护断路器的装置就会马上切断电源，保障人们的安全，防止触电事故的发生。此外还有一些剩余电流动作保护断路器接线图之中，还设置了一些其他设备，让剩余电流断路器兼有短路、过载功能。剩余电流动作保护断路器原理图如 8-23 所示。

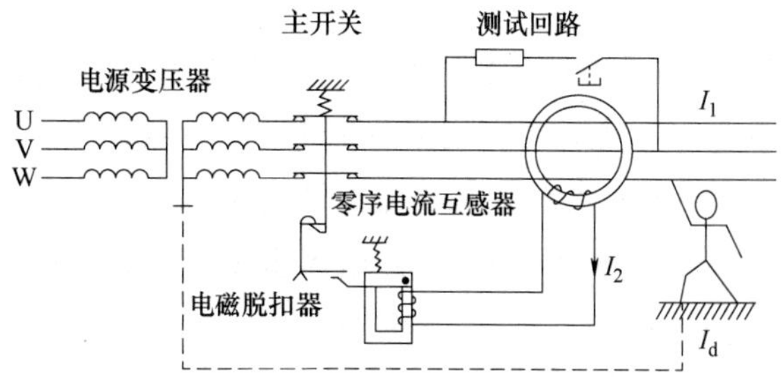

图 8-23　剩余电流动作保护断路器原理图

（4）剩余电流继电器

剩余电流继电器由检测装置、试验装置、脱扣机构、触头部分和固定部分组成。该三部分组装在一个绝缘外壳中的产品称为组装式剩余电流继电器。将零序电流互感器和其余两部分分别安装在两个绝缘外壳中的产品称为分装式剩余电流继电器。剩余电流继电器工作原理如图 8-24 所示。

剩余电流继电器通常与带有分励脱扣器的断路器或交流接触器组成分装式的剩余电流断路器。剩余电流继电器检测到剩余电流信号后，辅助接头动作，断开断路器分励脱扣器电磁线圈或交流接触器吸引线圈的供电回路，使断路器或交流接触器动作，切断主电路，从而达到剩余电流保护的目的。

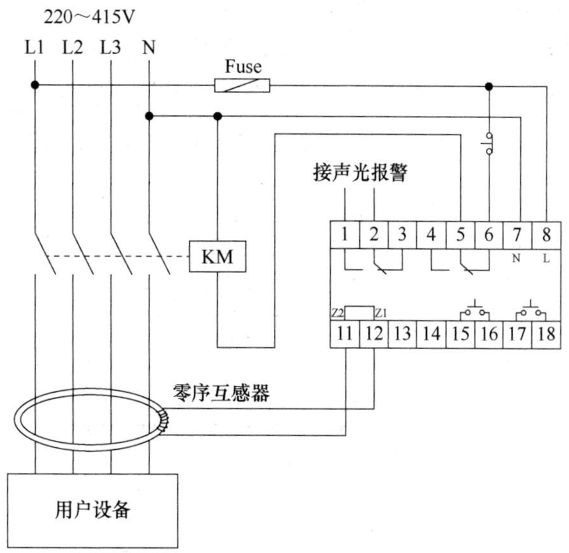

图 8-24　剩余电流继电器工作原理

剩余电流继电器也可以根据需要设置为只报警不切断主电路的形式，当发生剩余电流时，不断开主电路，只发出声、光指示，告诉值班人员应及时寻找原因，加以处理。这种剩余电流报警装置通常用在要求连续供电的流水工艺过程中，或一些重要负载（如消防设施、石油、化工等）的供电回路上。

常用剩余电流继电器按其动作原理可分以下三类：

1）普通电流动作型继电器。普通电流动作型继电器即数值型剩余电流继电器，其工作原理比较简单。当线路中触（漏）电电流信号的三相合成矢量值超过了剩余电流继电器的额定动作值时，继电器发出信号切断电源。

2）脉冲电流动作型剩余电流继电器。脉冲电流动作型剩余电流继电器即差值型剩余电流继电器。此产品是根据线路中接地电流的瞬间变化量大小来判别工作的，对非突变电流信号，如线路本身固有的一定值的泄剩余电流，只要不超过产品设定的动作上限值，继电器就不会动作。

3）鉴相鉴幅电流动作型剩余电流继电器。此型产品利用三相电流相位差 120°的特性，对触（漏）电信号固定某一相角进行采样跟踪，通过鉴相鉴幅电路比较判定方法，对三相线路中任何一相的突加电流信号均能做出正确的反应，其动作与线路中剩余电流相位无关。对于线路总的剩余电流，继电器也设置了上限值，超过上限值，也会动作跳闸。

（5）中性点型剩余电流保护装置

中性点型剩余电流保护装置的工作原理如图 8-25 所示。其检测机构接在配电变压器中性点与接地装置之间，实现低压配电网的总保护，用于电网两级剩余电流保护的第一级。

图 8-25a 中电源中性点通过击穿熔断器 4 接地，作为检测机构和中间机构的高阻抗线圈，并联在击穿电容器的两端。系统正常运行时，零序电流可以忽略不计，高阻抗线圈 3 产生的电磁力很小，脱扣装置不动作。当有人单相触电或一、两相接地或一、两相对地绝缘能力降低到一定程度时，有零序电流通过高阻抗线圈，产生足够的电磁力使脱扣装置脱扣，线路开关 1 切断电源，起到安全保护作用。图 8-25b 中电源中性点通过零序电流互感器一次绕组接地，二次绕组并联高灵敏电磁线圈或放大器，其工作原理与图 8-25a 相似。

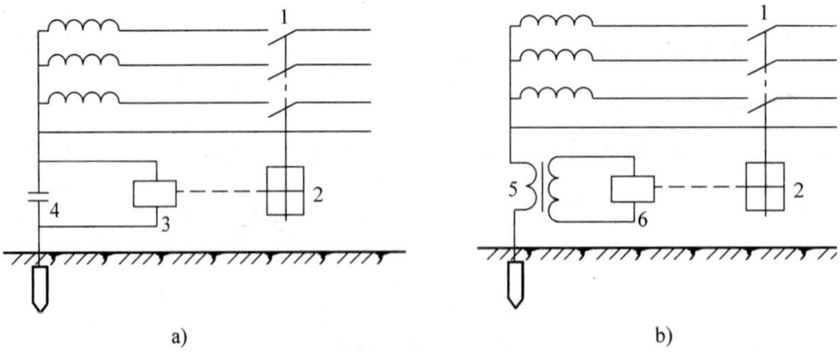

图 8-25　中性点型剩余电流保护装置的工作原理

1—线路开关　2—脱扣装置　3—高阻抗线圈　4—电容器

5—电流互感器　6—高灵敏电磁线圈或放大器

中性点型剩余电流保护装置对配电网中发生的间接接触电击和直接接触电击都有安全防护作用，但误动作和拒动作的问题比较突出。特别是高阻抗型保护装置，误动作和拒动作问题很难解决，而且过电压防护问题也难以彻底解决。

为了提高剩余电流保护装置的灵敏度和动作可靠性，可采用直流检测线圈代替交流检测线圈。这时应当加上整流元件把零序电流变成直流，检测线圈的连接可以根据具体情况做相应的改变。对于中性点接地电网，为了不破坏电网的运行方式，应采用低阻抗型保护装置。

（6）防雷剩余电流断路器

雷电及操作过电压会造成电子设备、信息产品及家电的损坏，也会破坏线路的绝缘，甚至引发火灾事故。防雷断路器能有效吸收雷电浪涌，保护线路和用电设备的安全，并且提高断路器保护功能的可靠性。保护能力强：最大通流量高，残压低。内置的雷电浪涌保护器，响应速度快、吸收能力强、限制电压低、无续流。安装简便：防雷开关的外形尺寸、电流等级均与普通漏电开关相同，便于安装和更换，不需要更改电线线路结构，即可直接替换普通开关。

BLLI—20 型防雷剩余电流保护装置是根据国家有关标准研制的新型保护装置，是对家用电器和人身安全进行保护的重要装置。与其他同类产品比较，该产品具有功能多、耗电少、技术先进、工作可靠等优点。其主要保护功能如下：

1）感应雷击保护。该产品采用了专门研制的微型陶瓷避雷管，设计了三级防雷保护电路。陶瓷避雷管体积小、重量轻，具有优越的防雷性能，能有效地保护用电设备免遭感应雷电袭击和其他浪涌过电压的破坏。

2）剩余电流保护。家用电器或室内配电线路，由于绝缘老化或其他原因而产生剩余电流时，能可靠切断电源，避免引起电气火灾及电能的浪费。

3）触电保护。当电器绝缘损坏或其他原因而发生人、畜以外触电时，能在 0.1s 内迅速切断电源，使人、畜免遭伤亡。

4）过电压保护。由于输电线路误接、暴风雪吹袭或其他人为因素而引起电源发生工频过电压时，能立即断开电源，避免用电设备损坏。

（7）剩余电流保护插座

剩余电流保护插座内置了漏电保护开关，通过检测火线（L）和零线（N）的电流失衡来判断是否发生漏电。当发生漏电时，由于部分电流流入大地，通过火线（L）和零线（N）的电流会产生微小的差异。控制芯片检测到这种电流失衡的差异后，就会触发脱扣，断开电源。

8.5 接地装置的安全措施

8.5.1 接地故障

与一般短路相比，接地故障在发生火灾时具有更大的危险性和复杂性。一般短路起火主要是短路电流作用在线路上产生高温引起火灾，而接地故障则有以下三个原因引起火灾：

接地装置的安全措施

1. 由接地故障电流引起火灾

接地故障电流通路内有设备外壳和接地回路的多个连接端子等，

TT系统还以大地为通路。大地的接地电阻大，PE（PEN）线连接端子的电阻值也较大，主要还有电弧的高阻抗限制了故障电流，所以接地故障电流比一般短路电流小，常不能使过电流保护装置及时切断故障，且故障点多不熔焊而出现电弧和电火花。0.5A电流的电弧和电火花的局部高温即可烤燃可燃物质。

2. 由PE（PEN）线端子连接不紧密引起火灾

设备接地的PE线平时不通过负荷电流，只在发生接地故障时才通过故障电流。如果受到振动或腐蚀等影响，将导致连接松动和接触电阻增大等现象，一般情况下是不易察觉的。一旦发生接地故障，故障电流需通过PE线返回电源时，PE线的大接触电阻限制了故障电流，使保护装置不能及时动作，连接端子因接触电阻大而产生的高温或电弧和电火花却能导致火灾的发生。

3. 由故障电压引起火灾

TN系统中电气设备金属外壳通过PE（PEN）线连接在同一个接地极上。当未装剩余电流保护装置的电气设备发生接地故障时，出现危险的对地电压，通过PE（PEN）线传导至其他装有剩余电流保护装置的电气设备上，但因为线路内未出现剩余电流，所以保护装置不能动作。但这四处传导的故障电压是危险的起火源，会通过对地的电火花和电弧而导致火灾。另外，TN-C和TN-C-S系统中PEN线完好时，负荷侧中性点电位接近电源中性点电位和地电位。如果PEN线折断，负荷侧各相电压将按照各相负荷的阻抗分配。如果三相负载严重不平衡或电动机断相运行时，负荷侧中性点电位将发生漂移，与PEN线相连接的电气设备内的外露导电部分的对地电压随之升高，当达到一定的危险值时，可能引起电气火灾或电击伤人。

8.5.2 降低接地电阻的措施

为了降低接地电阻，使之满足防雷保护设计的要求，可以采取以下措施。

1. 更换土壤

在接地体周围，用电阻率较低的土壤（如黏土和黑土等）替代原先此处电阻率较高的土壤。这种更换土壤的施工一般是在接地体上部三分之一处及其周围1m范围内进行。

2. 延长接地体的长度

延长水平接地体，增加其与土壤的接触面积，可以降低接地电阻，如图8-26所示。但考虑到接地体分布参数效应的影响，增加接地体长度应限制在其有效范围之内，而不能超出这一范围。否则，超出这一有效范围后，接地体的长度再增加，不仅达不到减小接地电阻的目的，反而会增加工程费用。

3. 深埋法

在不能用增大接地网水平尺寸的方法来降低流散电阻的情况下，如果周围土壤电阻率不均匀，可在土壤电阻率较低的地方深埋接地体以减小接地电阻。深埋接地体具有流散电阻稳定、受地面施工影响小、地面跨步电动势低、便于土壤化学处理等优点。

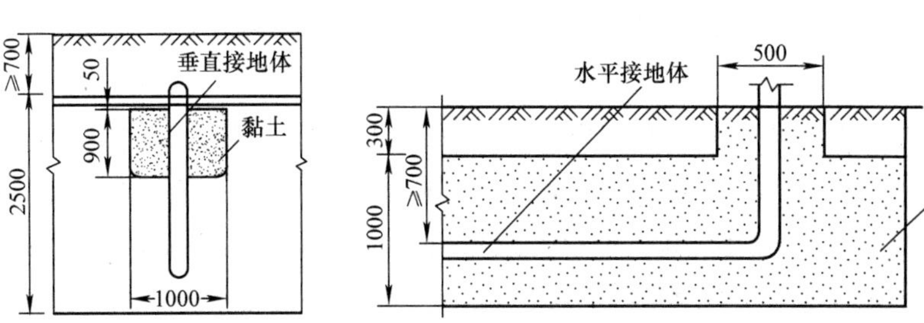

图 8-26　延长接地体长度

4. 对土壤进行化学处理

对于临时使用的接地体，当接地体所在地点的土壤电阻率较高（$\rho>5\times10^4\Omega\cdot m$）时，可对接地体周围的土壤进行化学处理，如在接地体周围的土壤中掺入炉渣、煤粉、氮肥渣、电石渣、石灰、木炭或食盐等，将这类化学物与土壤混合后填入坑内夯实，如图 8-27 所示。由于这种方法所使用的化学物大多具有腐蚀性，且易于流失，因此在永久性的工程中不宜使用，只能作为在不得已情况下的临时措施。

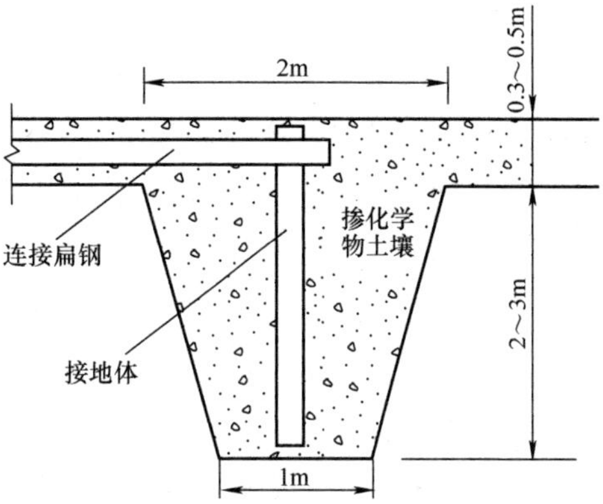

图 8-27　化学处理降低电阻法

5. 长效降阻剂

使用长效降阻剂是一种比较新的方法。长效降阻剂由几种物质配制而成，具有较为可靠和稳定的降阻性能。

它通常由三部分组成，即接地体自身电阻、接地体与土壤之间的接触电阻和电流从接地体泄散入地。长效降阻剂采用非电解质的碳素粉末做导电材料，其导电性不受酸、碱、高低温、干湿度所限。因碳素导电物不溶于水，与金属也不会发生化学反应，浆液与土壤是有限渗混，凝固后不因地下水位下降、天气干旱、雨水季节而流失，克服了化学降阻剂和液体降阻剂普遍存在的电阻率随其含水率减少而增大及降阻剂受地下水侵蚀易流失的缺点。因此，长效降阻剂性能更稳定、更长效。

6. 增加接地极根数

当原来每组接地极为一根且不能满足接地电阻要求时，可用增加每组接地极的根数来解决，但每组根数不宜超过 5 根，每根接地极顶端用接地线与接地极焊接，如图 8-28 所示。当增加接地极根数后仍达不到接地电阻要求时应增加引下线数量，直到满足要求为止。

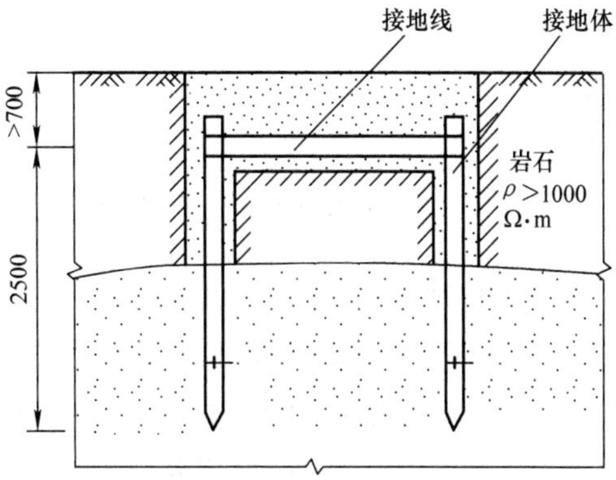

图 8-28　增加接地极根数

8.5.3　接地电阻的测量

接地电阻的数值等于接地装置对地电压与通过接地体流入地中电流的比值。因此，用万用表或直流电桥测量接地电阻都是错误的，对不同的对象应用不同的方法测量接地电阻，并且所用电源应是交流电源。接地电阻可用电流表-电压表法或接地电阻测量仪法测量，本书仅介绍接地电阻测量仪法，如图8-29所示。

接地电阻测量仪本身能产生交变的接地电流，不需外加电源，电流极和电压极也是配套的，使用简单，携带方便，而且抗干扰性能较好，因此应用十分广泛。这种测量仪的本体由手摇发电机（或电子交流电源）和电位差计式测量机构组成，其主要附件是3条测量电线和两支辅助测量电极。测量仪有E、P、C三个接线端子或C_2、P_2、P_1、C_1四个接线端子。测量时，在离被测接地体一定的距离向地下打入电流极和电压极。E端或C_2、P_2端并接后接于被测接地体，P端或P_1端接于电压极，C端或C_1端接于电流极。选好倍频，以120r/min左右的转速转动摇把时，即可产生110~115Hz的交流电流，沿被测接地体和电流极构成回路；同时调节电位器旋钮，使仪表指针保持在中心位置，即可直接由电位器旋钮的位置（刻度盘读数）结合所选倍频读出被测接地电阻值。

测量仪的内部接线如图8-30所示。测量过程中，当电位计取得平衡，即检流器指针指向零位时，B点与P点或E点间电位相等，即$U_{E\text{-}P}=U_{E\text{-}B}$。由此得到$I_1R_E=I_2R_{0\text{-}B}$。如电流互感器的电流比为$K_1=I_1/I_2$，则$R_E=R_{0\text{-}B}/K_1$。因为$K_1$为仪器给定的某一固定值，所以可直接由$R_{0\text{-}B}$按比例给出$R_E$。

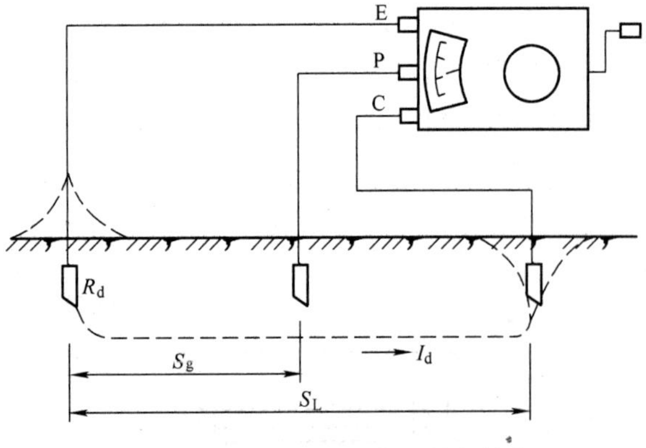

图8-29　接地电阻测量仪的外部接线

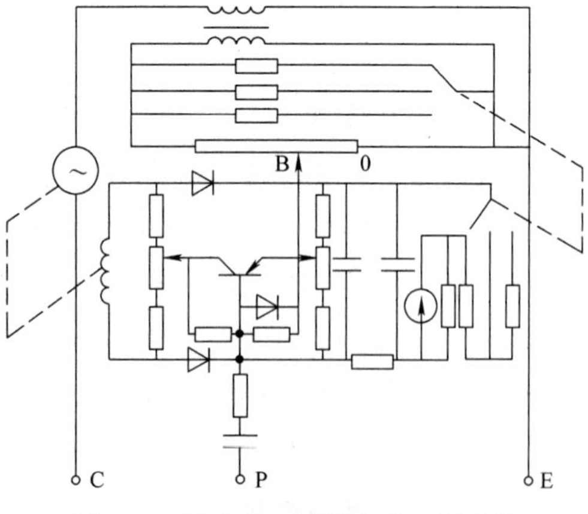

图8-30　接地电阻测量仪的内部接线

如被测接地电阻很小，且接线很长，接线电阻可能带来较大的误差时，应将仪器上的C_2、P_2端子拆开，分别接向被测接地体。

不论用哪种方法测量接地电阻，均应将被测接地体与其他接地体分开，以保证测量的正确性。测量接地电阻应尽可能把测量回路同电网分开，以有利于测量的安全，也有利于消除杂散电流引起的误差，还能防止将测量电压反馈到与被测接地体连接的其他导体上而引起的事故。

8.5.4 爆炸性环境接地系统防爆措施

1）当爆炸性环境电力系统接地设计时，1000V 交流/1500V 直流以下的电源系统的接地应符合下列规定：

① 爆炸性环境中的 TN 系统应采用 TN-S 型。

② 危险区中的 TT 型电源系统应采用剩余电流动作的保护电器。

③ 爆炸性环境中的 IT 型电源系统应设置绝缘监测装置。

2）爆炸性气体环境中应设置等电位联结。

所有裸露的装置外部可导电部件应接入等电位系统，本质安全型设备的金属外壳可不与等电位系统连接，制造厂有特殊要求的除外。具有阴极保护的设备不应与等电位系统连接，专门为阴极保护设计的接地系统除外。

3）爆炸性环境内设备的保护接地应符合下列规定：

① 按照现行《交流电气装置的接地设计规范》（GB/T 50065—2011）的有关规定，下列不需要接地的部分，在爆炸性环境内仍应进行接地：

A. 在不良导电地面处，交流额定电压为 1000V 以下和直流额定电压为 1500V 及以下的设备正常不带电的金属外壳。

B. 在干燥环境，交流额定电压为 127V 及以下，直流电压为 110V 及以下的设备正常不带电的金属外壳。

C. 安装在已接地的金属结构上的设备。

② 在爆炸危险环境内，设备的外露可导电部分应可靠接地。爆炸性环境 1 区、20 区、21 区内的所有设备及爆炸性环境 2 区、22 区内除照明灯具以外的其他设备应采用专用的接地线。该接地线若与相线敷设在同一保护管内时，应具有与相线相等的绝缘。爆炸性环境 2 区、22 区内的照明灯具，可利用有可靠电气连接的金属管线系统作为接地线，但不得利用输送可燃物质的管道。

③ 在爆炸危险区域不同方向，接地干线应不少于两处与接地体连接。

4）设备接地。设备的接地装置与防止直接雷击的独立避雷针的接地装置应分开设置，与装设在建筑物上防止直接雷击的避雷针的接地装置可合并设置，与防雷电感应的接地装置也可合并设置。接地电阻值应取其中最低值。

5）金属部件保护。0 区、20 区场所的金属部件不宜采用阴极保护，当采用阴极保护时，应采取特殊的设计。阴极保护所要求的绝缘元件应安装在爆炸性环境之外。

8.6 带电灭火的方法与安全措施

带电灭火是指采用不导电的灭火剂或水在带电设备着火或火场临近存在带电设备的环境中进行扑救火灾的工作。电气火灾着火后电气装置可能仍带电，且因电气绝缘损坏或带电线路断落发生接地短路，在一定范围内存在着危险的接触电压和跨步电压。在灭火剂和烟熏火烤的作用下，原来不导电的物质可能导电，使扑救人员受到接触电压或跨步电压而触电。为保证灭火人员人身安全，在灭火前必先切断火灾现场的电源，然后进行一般性火灾扑救。但有时因为情况紧急，为了争取灭火时机、防止火灾蔓延扩大、减少财产损失，必须在带电的情况下进行扑救；有时因为生产需要，或遇其他原因无法切断电源时，也需要带电灭火。

当采取了带电灭火的各种安全措施后，对电气设备或其他带电设备的火灾扑救方法就和扑救断电后的电气设备的方法相同。

带电灭火可以使用各种灭火器，也可使用水。

8.6.1 用灭火器带电灭火

对于起初的电器火灾和一些带电设备的小面积燃烧，如发电机、发动机的线圈和电气线路的初级燃烧，到场扑救时应优先考虑用灭火器灭火。因为灭火器使用方便，机动灵活，安全系数大。

带电灭火方法

带电灭火时常用二氧化碳、1211和干粉灭火剂，因为这些灭火剂都是不导电的。也就是说，用灭火器带电灭火时，不用采取什么安全措施，但需要注意灭火器和消防员对带电体的距离。在用灭火器灭火时，灭火器的本体、喷嘴及人体各部分与高压带电体的距离见表8-14。对于低压带电体，还要防止与带电体接触。

表8-14 带电作业的最小距离

电压/kV	10	35	60	110	220
距离/m	0.4	0.6	0.7	1.0	1.8

8.6.2 用水带电灭火

水是一种常用而又廉价的灭火剂，它冷却效果好，灭火效率高。但是用水进行带电灭火时，在许多情况下，有一定的漏泄电流通过水柱入地；而且在某些条件下，漏泄电流还比较大，这对扑救人员来说是不安全的。为了保证扑救人员的安全，就要基本上保证没有漏泄电流通过人体入地，或漏泄电流不超过1mA，为此可以采取导和堵的办法。导，指的是在水枪喷嘴上安装接地线或人员穿戴均压服，漏泄电流可以顺利地通过接地线而不通过人体入地，因此可保证扑救人员的安全。堵，指的是加强人体绝缘强度。扑救人员穿戴绝缘手套和绝缘胶鞋，就可以堵住漏泄电流，使漏泄电流不能通过人体入地。另一种方法就是设法提高水柱电阻值，使通过水柱的漏泄电流基本上接近于零，为此可以增加水枪喷嘴至带电体之间的距离，或采取增加水柱长度的方法。

1. 带电灭火时的简易安全措施

1）在金属水枪的喷嘴上安装接地线。接地线可用截面面积为2.5~6mm^2、长为20~30m

的软铜线；接地棒可用 1m 左右的钢管或铁棍。进行扑救时，水枪手可将接地线的一端与接地棒连接，将另一端固定接在水枪喷嘴上（但不能使用塑料水枪和塑料喷嘴）。接地棒应打入地下。如果与其他接地装置，如避雷器引下线、自来水管道、供暖管道、电线杆拉线等连接，则必须接触良好。连接好接地线后，根据电压高低选好距离，然后出水施救。

在不适于使用接地棒的地方，可以用粗铜线编成 0.6m×0.6m 左右的网络作为接地板，扑救人员在接地板上站好后，才能出水施救。水枪手在转移水枪阵地时，应先停止射水，之后才能离开网络接地板。

2）穿戴绝缘手套和绝缘靴。如果只穿戴绝缘手套和绝缘靴，而不采用金属水枪喷嘴上安装接地线的方法，在用水带电灭火时，应尽可能地扩大水枪喷嘴至带电体之间的距离，而且要采取措施防止水滴流入手套和胶靴而使绝缘强度降低。

2. 水枪喷嘴直径和水压

众所周知，水枪喷嘴直径不同，它所喷出的水柱的截面面积也是不同的（一般成正比），进而导致水柱电阻的变化。若灭火对象电压一定，漏泄电流大小又遵从欧姆定律，则对于固定型号的水枪（即喷嘴直径一定），当漏泄电流不超过 1mA 时，则每对应一个喷嘴直径，就有一个最小水柱安全距离，如图 8-31 所示。

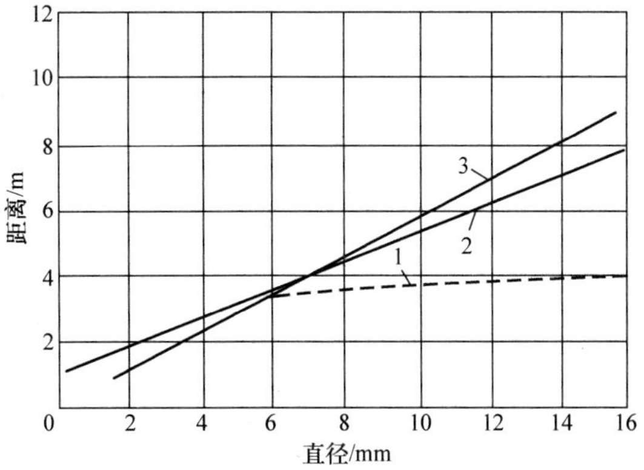

图 8-31 喷嘴直径与安全距离的关系

1—按操作过电压提出 2—喷嘴不接地，且泄漏电流小于 1mA 时 3—喷嘴接地，且泄漏电流小于 1mA 时

从直流水枪射出的充实水柱，在水泵压力增大时，且喷嘴一定的情况下，水柱更密实，因而电流更易通过，此时漏泄电流会随水泵压力的增大而增大。而若水流是呈雾状向外喷出时，水的雾化程度会随水泵压力的增大而逐渐增大，水雾中的气泡也会增多，导致电阻增大，漏泄电流减小。

3. 雾状水射流的安全性

水射流发生装置将水加压至数百个大气压以上，再通过具有细小孔径的喷射装置转换为高速的微细“水射流”，目前常用的是直流水柱，在增压过程中由于漏泄电流也会增大，所以会对人造成危险。按照细水雾灭火系统细水雾喷头计算公式，雾状射流的平均雾粒直径为

$$d=0.45\frac{1}{V_0^2} \tag{8-24}$$

式中 V_0——射流速度（m/s）。

通过实践可以知道，各种雾状水柱都可以安全地对电气设备进行灭火，因此应尽量避免使用充实水柱。110kV 电绝缘性能实验见表 8-15。

表 8-15 110kV 电绝缘性能实验

序号	水枪型号	水枪至高压线的距离/m	喷射压力/（kgf/cm²）	枪口漏泄电流/μA		备注
				喷射前	喷射后	
1	QXG20	5	25	60	95	做雾化喷射 1kgf=9.807N
2	QXG20	3	23	100	200	
3	QWb50	4.5	7	40	60	
4	QWb65	7	7	未测	55	
5	QXG20	4.4	23	105	115	做直流喷射

4. 喷嘴与带电体的安全距离

水柱漏泄电流与电压在一定条件下成正比关系，见表 8-16。

表 8-16 不同电压下通过水柱的漏泄电流

电压/kV	水柱漏泄电流/mA	备注
12	0.0045	水电阻率为 1270Ω·cm
20	0.012	距离为 3.048m
40	0.030	水柱喷嘴直径为 6.25mm
70	0.045	
125	0.065	水压为 7.5kgf/cm²①

① 1kgf=9.807N。

在灭火时，喷嘴与带电体之间的距离，可按表 8-17 取值。

表 8-17 喷嘴与带电体之间的安全距离 （单位：m）

喷嘴直径/mm	4~6		9~12		13~18	
喷嘴接地方式	接地	不接地	接地	不接地	接地	不接地
35~60kV 时	2	3	4	5	6	8
110kV 时	3	4	5	6	7	9
220kV 时	4	5	6	7	8	10

8.6.3 用不导电的灭火剂灭火

1. 二氧化碳灭火剂

二氧化碳灭火剂具有降温和隔绝空气的作用，是一种最常用的灭火剂之一。二氧化碳灭火剂已经被人类使用了一百多年，仍然没被人们抛弃，因为其价格低廉，容易制备，并且二氧化碳灭火器也很容易使用。

二氧化碳是一种高密度的气体，密度约为空气的 1.5 倍，液态的二氧化碳会很容易气化，一般 1kg 的液态二氧化碳可产生约 $0.5m^3$ 的气体。灭火时，液化的二氧化碳气体可以包围在燃烧物的周围以隔绝空气，使物体周围的氧气浓度降低，从而使火焰熄灭。另外，二氧化碳喷出时，会由液体迅速气化成气体，这一过程又是吸热的，从而起到冷却的作用。但使用时应注意，二氧化碳是窒息性的气体，使用时人应站在上风侧；同时手应握住灭火器手柄，防止干冰接触人体造成冻伤。

2. 干粉灭火剂

干粉灭火剂是由灭火基料和适量润滑剂、少量防潮剂（如硅胶）混合后共同研磨制成的细小颗粒，不导电。干粉灭火剂与燃烧物接触时受热而产生溴离子，它与燃烧物产生的氢自由基化合，使燃烧的链反应迅速中止，把火扑灭。干粉灭火剂适用于扑灭可燃气体、液体、油类等忌水物质（如电石）及除旋转电动机以外的其他电气设备的初起火灾，它的灭火效率高于二氧化碳 4 倍多。干粉灭火器有人工投掷和压缩气体喷射两种。

3. 四氯化碳灭火剂

当四氯化碳落到火区时，会迅速吸热气化，由于其蒸气密度约为空气的 5.5 倍，四氯化碳就密集在火源四处包围着正在燃烧的物质，起到了隔绝空气的作用。四氯化碳受热到 250℃以上时，能与水蒸气等物质作用产生剧毒气体，使用时应戴防毒面具；如与赤热的金属（尤其是铁）相遇时则生成的光气更多，与电石、乙炔气相遇也会发生化学变化，放出光气。四氯化碳灭火剂适于扑灭大面积可燃液体、油类和电气设备火灾，但不能用于扑灭电力、乙炔气体和部分金属的火灾，因为四氯化碳与这些物质作用时，能产生剧毒气体，危及人身安全。

4. 二氟一一氯一溴甲烷（1211）灭火剂

二氟一一氯一溴甲烷灭火剂即 1211 灭火剂，其液态为筒装，有手提式和固定喷嘴式两种。1211 灭火剂是一种低沸点的液化气体，具有灭火效率高、毒性低、腐蚀性小、久储不变质、灭火后不留痕迹、不污染被保护物、绝缘性能好等优点。1211 灭火器主要适用于扑救可燃液体、气体及带电设备的火灾；扑救贵重的物资、珍贵文物、图书档案等火灾；扑救飞机、车辆、油库等场所固体物质的表面初起火灾。1211 灭火剂的灭火作用和干粉灭火剂相似，都能阻止燃烧连锁反应并有一定的冷却和窒息效果。

现在，1211 灭火器还常与火灾探测器和报警装置组成固定灭火系统，对部分火灾可实现自动灭火。

8.6.4 带电灭火的技术安全措施

在掌握上述知识的情况下，具体实施带电灭火时，还应采用下列技术措施。

1）扑救人员及所使用的消防器材与带电部分应保持足够的距离，见表 8-18。

表 8-18　带电作业时接地体对带电体的最小距离

电压/kV	10	35	66	110	151	220	330
距离/cm	40	60	70	100	140	180	240

2）高压电气设备或线路发生接地时，在室内，扑救人员不得进入距故障点 4m 以内范围；在室外，扑救人员不得接近距故障点 8m 以内范围。进入上述范围时，必须穿绝缘鞋；接触设备外壳和构架时，应戴绝缘手套。

3）扑救架空线路火灾时，人体与带电体导线之间的仰角不应大于 45°，并应站在线路外侧，以防导线断落后触及人体。图 8-32 为灭火角度示意图。

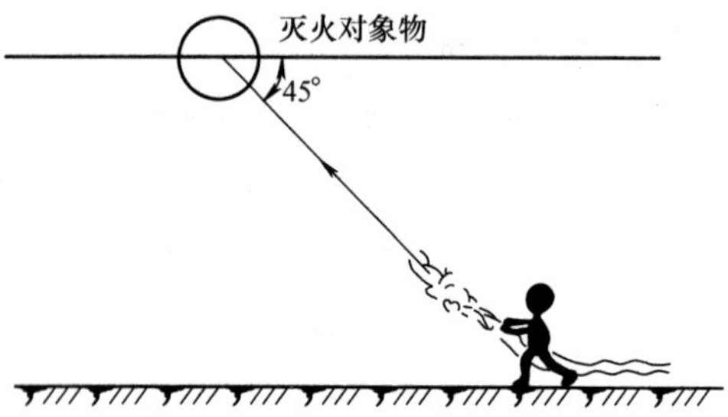

图 8-32　灭火角度示意图

4）使用水枪时，扑救人员应穿绝缘鞋、戴绝缘手套，并应将水枪金属喷嘴接地，接地线可采用截面面积为 2.5～6mm^2、长为 20～30m 的编织软铜导线，接地极采用暂时打入地下的 1m 长左右的角钢、钢管或铁棒。接地线和接地极之间应连接可靠，有条件时带电灭火应穿均压服。

5）当充油电气设备油箱破裂喷油时，应将油设法放入储油坑，要防止燃油流入电缆沟，使火势扩大。

复　习　题

1. 什么是接地？什么是接地装置？接地极的分类有哪些？

2. 什么是跨步电压和接触电压？

3. 低压配电系统的接地形式有哪几种？分别简述其原理。

4. 采用 IT 系统或 TN 系统应注意哪些问题？

5. 某变电所装有 1000kV · A、10kV/0.38kV 变压器。高压侧线路为中性点不接地系统，单相接地电容电流为 40A；低压侧为中性点接地系统。该地区土壤为黏土，在夏季雨后实测土壤电阻率为 40Ω · m。求接地体数目。

6. 降低接地电阻的措施有哪些？

7. 接地电阻测量仪法的原理是什么？

8. 简述剩余电流保护装置的类型及其原理。

9. 用灭火器进行带电灭火应如何操作？不导电灭火剂有哪几种？其适用范围分别是什么？

10. 实施带电灭火时，应采取哪些技术安全措施？

第 8 章练习题
扫码进入小程序，完成答题即可获取答案

第9章 爆炸和火灾危险环境电气设备的选择

内容提要

电气防爆基本原理、爆炸和火灾等危险区域等级划分、防爆电气设备的分类爆炸和火灾危险环境的防火防爆措施。

本章重点

1. 爆炸和火灾危险区域的划分。
2. 爆炸和火灾危险环境电气设备的选择。

9.1 基本概念

1. 爆炸危险环境

爆炸危险环境是指在大气条件下，可燃物质以气体、蒸气、尘埃、薄雾、纤维或飞絮等形式与空气混合而成，点燃后仍能继续燃烧自行传播的环境。爆炸性混合物主要包括以下几种：

1）气体爆炸性混合物：可燃气体与空气形成的爆炸性混合物。

2）蒸气爆炸性混合物：易燃蒸气与空气的混合物。

3）爆炸性气体混合物：可燃气体、易燃液体或可燃液体的蒸气与空气混合形成的混合物。

4）爆炸性粉尘混合物：悬浮状可燃粉尘或可燃纤维与空气混合形成的爆炸性混合物。

2. 火灾危险环境

火灾危险环境是指生产、使用、储存或输送火灾危险物质的过程中，分别为有可燃液体、有可燃粉体或纤维和有可燃固体存在，但不能构成爆炸而可能构成火灾的环境。

1）能燃烧但不会形成爆炸性混合物的悬浮状或堆积状的可燃粉尘或可燃纤维，如铝粉、焦炭粉、煤粉等。

2）闪点高于环境温度的可燃液体，在物料操作温度高于可燃液体闪点的情况下，虽不能泄漏但不至于形成爆炸性混合物，如柴油、润滑油、变压器油等。

3）固体状可燃物质，如煤、焦炭、木材等。

生产实践中一定要做好预防工作，采取有效措施防止爆炸与火灾危险物质在生产、运输和使用过程中发生事故，避免造成财产损失和人员伤亡。

9.2 电气防爆原理

9.2.1 电气防爆基本原理

电气设备引燃爆炸混合物有两方面原因：一是电气设备产生的火花、电弧；二是电气设备表面（即与爆炸混合物相接触的表面）发热。电气防爆就是将设备在正常运行时产生火花、电弧的部件放在隔爆外壳内，或采取浇封型、充砂型、油浸型或正压型等其他防爆形式以达到防爆目的；对在正常运行时不会产生火花、电弧和危险高温的设备，如果在其结构上再采取一些保护措施（增安型电气设备），使设备在正常运行或认可的过载条件下不发生火花、电弧或过热现象，这种设备在正常运行时就没有引燃源，设备的安全性和可靠性就可进一步提高，同样可用于爆炸危险环境。

9.2.2 隔爆

隔爆原理一般是将电气设备的带电部件放在特制的外壳内，该外壳具有将壳内电气部件产生的火花和电弧与壳外爆炸性混合物隔离开的作用，并能承受进入壳内的爆炸性混合物被壳内电气设备的火花、电弧引爆时所产生的爆炸压力，而外壳不被破坏；同时能防止壳内爆炸生成物发生爆炸时向壳外传爆，不会引起壳外爆炸性混合物燃烧和爆炸。这种特殊的外壳称为隔爆外壳。隔爆外壳应具有耐爆性和隔爆性两种性能。

1. 耐爆性

耐爆性是指外壳强度，是指壳内的爆炸性气体混合物爆炸时，在最大爆炸压力的作用下，外壳不会破裂，也不会发生永久变形，因而爆炸时产生的火焰和高温气体不会直接点燃壳外的爆炸性混合物。

（1）爆炸性混合物的爆炸压力与温度

爆炸产生后，反应生成物及其残余物会在反应生成热的作用下迅速膨胀，产生机械运动，形成冲击波（即爆炸压力）。不同的爆炸性混合物，具有不同的爆炸压力值。例如甲烷，当其含量为9.5%时，在常温常压下，以密闭容器在绝热状态下试验，最高温度可达2650℃，一般在2100~2200℃。由于高温产生高压，在一定容积下，根据查理定律，理论爆炸压力为

$$p=p_0\frac{T_K+T}{T_K+T_0} \tag{9-1}$$

式中 p——爆炸后最初瞬间压力（大气压，单位为 atm，1atm = 101.3kP，后同）；

p_0——爆炸前压力，一般为 1atm；

T_K——热力学温度与摄氏温度的标差，为 273℃；

T_0——爆炸前气体的温度，常温为 15～17℃；

T——爆炸后的温度，按 2100～2200℃ 计算。

按式（9-1）算出爆炸压力的理论值为 8.3～8.5atm。然而，由于爆炸性生成物的自由扩散，造成瞬间的热损失，爆炸后的温度大致在 1850℃ 左右。因此，实际爆炸压力约为 7.4atm。散热面积不同时，爆炸压力也会不同，会随散热面积的变化而变化。因此，圆球形的爆炸压力最大，长方形最小。

另外，间隙与爆炸压力的关系是，爆炸压力随间隙的增大而降低。因为间隙越大，漏气面积越大，导致爆炸压力减小。在间隙相同时，爆炸压力随容积的增大而增大。

爆炸压力与容积之间也有关系：在 0.5～64L 的不同容积内试验，其爆炸压力相差不到 0.1atm。但容积小于 0.5L 时，爆炸压力显著降低；小到 0.01L 时，其爆炸压力为 4atm 以下。

（2）外壳内绝缘油及有机物分解产生的压力

绝缘油及有机物在强烈电弧作用下，会分解产生大量的气体，因此外壳会受到较大的压力。其压力可按下式计算：

$$p=\frac{CA_g t_g}{V_0}+p_0 \tag{9-2}$$

式中 p——外壳终压力（atm）；

A_g——弧光短路容量（kW）；

t_g——弧光持续时间（s）；

V_0——外壳净容积（L）；

C——常数［L/(kW·s)］，如绝缘油为 0.06，有机塑料为 0.05；

p_0——外壳内初压力（atm）。

根据试验得知，这种过压要比瓦斯爆炸压力还大，如 K21—22 塑料在电弧持续 1s 时所产生的压力可达 11atm。在高压油断路器箱内进行切断三相短路试验，当切断线路电压为 6kV，短路电流为 9.6kA 时，虽然法兰盘具有 0.1～0.15mm 的间隙，但箱内压力仍达 20atm。由式（9-2）可看出，有机绝缘物分解产生的压力，与短路电弧的持续时间成正比关系。

另外，有机物分解产生的氢、乙炔等具有爆炸性。如氢气在含量为 32.5%时，爆炸压力最大，其值比甲烷爆炸压力还高。

（3）多空腔的过压现象

从式（9-2）可知，当初压力为 1atm 时，爆炸压力约为 8atm；若起始压力为 2atm，则爆炸后压力将是16atm。即可得爆炸压力与初压成正比。这种情况可能发生在多空腔的外壳内。如图9-1所示，有两个连通空腔，当A腔内瓦斯被点燃爆炸后，压力波首先通过连通孔，使B腔内未点燃的甲烷受到压缩而压力升高，可达3～4atm。随后，火焰传播过来，引起B腔内甲烷爆炸，因此产生3～4倍的过压，有时甚至可达40atm，这是极其危险的。在细而长的管道中过压现象更为严重。

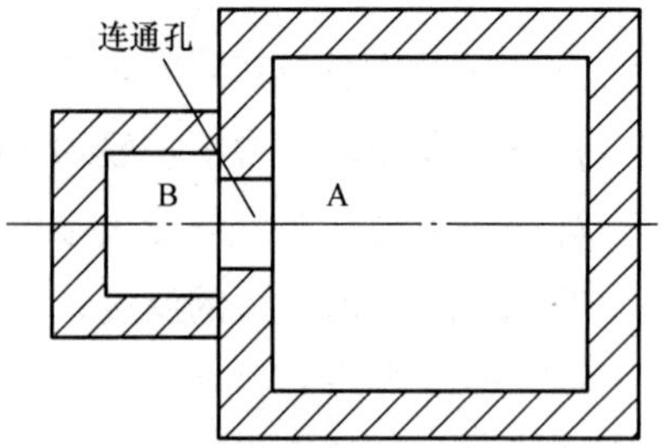

图9-1　多空腔示意图

根据试验，过压的大小与A、B两腔的净容积之比和连通孔断面大小有关。为避免产生过压现象，在设计隔爆外壳时，应尽量缩小两腔容积之差，一般应小于4∶1，连通孔断面面积应大于750mm^2。

（4）隔爆外壳的机械强度

隔爆外壳应采用钢板等强度和韧性较高的材料制成，以承受足够大的压力。若考虑1.5倍的安全系数，应采用能承受8atm的设备外壳，若使用钢板，其最小厚度应为3～4mm，使用铸铁应为6mm。在实际使用时，为切实保证外壳机械强度的可靠性，出厂或检修后，还应按有关试验标准进行水压试验。

2. 隔爆性

隔爆性是指壳体内部规定的爆炸性气体混合物爆炸时，不点燃壳体周围同一爆炸性气体混合物的性能。它是由外壳装配结合面宽度、间隙和表面粗糙度来实现的。结合面可以是法兰对口式，也可以是子口转盖式。

（1）最大试验安全间隙

最大试验安全间隙是指在标准规定试验条件下，壳内所有浓度的被试气体或蒸气与空气的混合物点燃后，通过25mm长的接合面均不能点燃壳外爆炸性气体混合物的外壳空腔两部分之间的最大间隙。间隙值的大小与结合面宽度及爆炸性混合物的种类等因素有关，它可以通过试验来确定。

国家规范规定的试验是在常温常压（20℃，10^5Pa）条件下进行的。具体步骤是，将一个具有规定容积、规定隔爆接合面长度L和可调间隙g的标准外壳置于试验箱内，并在标准外壳与试验箱内同时充入已知的相同浓度的爆炸性气体混合物（以下简称混合物），然后点燃标准外壳内部的混合物，通过箱体上的观察窗观测标准外壳外部的混合物是否被点燃爆炸。通过调整标准外壳的间隙和改变混合物的浓度，找出在任何浓度下都不发生传爆现象的最大间隙，该间隙就是所需要测定的最大试验安全间隙（MESG）。

火焰通过间隙传出时温度降到点燃温度以下，便不致发生传爆，这主要是由间隙间的散热作用实现的。一般情况是相同条件下，结合面间隙越小，壳内因爆炸喷出的爆炸生成物温度越低，也就越不易引燃爆炸性混合物。法兰盘宽度越大，所喷出的生成物温度也越低，这是由于生成物通过路程长、热损大的缘故。法兰盘宽度增大时，安全间隙也相应增大。若壳内发生弧光短路等特殊情况，由于弧光短路造成的灼热金属物从间隙喷出，会造成传爆。

为安全起见，设计外壳时，装配间隙 d 应小于安全间隙 d_0，其关系如下：

$$d=\frac{d_0}{K} \tag{9-3}$$

式中 K——安全系数，一般取 1.6~2.5。

（2）隔爆结合面的要求

隔爆结合面是指隔爆外壳各个部件相对表面配合在一起的接合面。相对表面由于隔爆外壳的不同而不同，如圆筒形结合面等，因此对结合面的间隙宽度和粗糙度的要求也不一样。隔爆结合面应保持光洁、完整，需有防锈措施，如电镀、磷化、涂防锈油等。以法兰结合的法兰盘其强度要求比外壳更高，厚度应更大。图 9-2 为子口转盖式设备隔爆结合面。

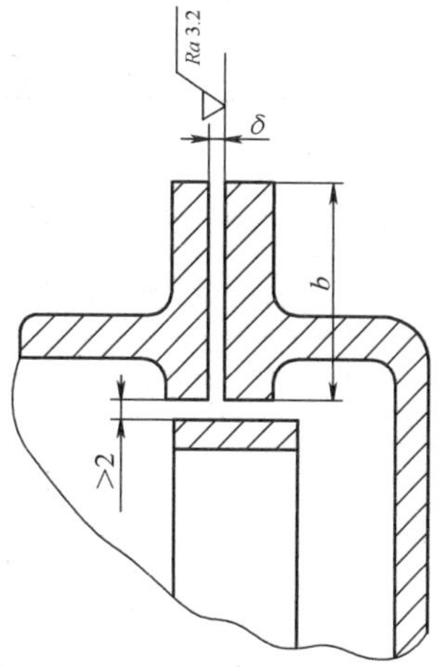

图 9-2 子口转盖式设备隔爆结合面

（3）隔爆外壳的材料

为了满足爆炸时产生的高温高压等条件，通常隔爆外壳应采用以钢和高级铸铁为主，但某些条件下也可用铝合金或高强塑料制作。

（4）防爆建筑结构形式的选择

对于有爆炸危险的厂房和库房，选择正确的结构形式，再选用耐火性能好、抗爆能力强的框架结构，可以在发生火灾爆炸事故时有效地防止建筑结构发生倒塌破坏，减轻甚至避免危害和损失。抗爆框架结构一般有以下三种形式：现浇式钢筋混凝土框架结构、装配式钢筋混凝土框架结构和钢框架结构。

（5）隔爆设施的设置

在容易发生爆炸事故的场所，应设置隔爆设施，如防爆墙、防爆门和防爆窗 等，以局限爆炸事故波及的范围，减轻爆炸事故所造成的损失。

9.2.3 泄压

为了防止爆炸导致建筑物承载能力降低乃至坍塌，必须加强建筑构造的抗爆能力，并采取有效泄压措施降低爆炸的危害程度。

1. 泄压面积计算

爆炸能够在瞬间释放出大量气体和热量，使室内形成很高的压力。为了防止建筑物的承重结构因强大的爆炸力遭到破坏，将一定面积的建筑围护结构做成薄弱泄压设施，其面积称为泄压面积。根据《建筑设计防火规范》（GB 50016—2018），有爆炸危险的甲、乙类厂房，其泄压面积宜按式（9-4）计算，但当厂房的长径比（长径比为建筑平面几何外形尺寸中的最长尺寸与其横截面周长的积和4.0倍的建筑横截面面积之比）大于3时，宜将该建筑划分为长径比小于或等于3的多个计算段，各计算段中的公共截面不得作为泄压面积。

$$A = 10CV^{2/3} \tag{9-4}$$

式中 A——泄压面积（m^2）；

C——泄压比（m^2/m^3），其值可按表9-1选取；

V——厂房的容积（m^2）。

表9-1 厂房内爆炸性危险物质的类别与泄压比规定值

厂房内爆炸性危险物质的类别	泄压比 $C/(m^2/m^3)$
氨、粮食、纸、皮革、铅、铬、制等 $K_{尘}<10MPa·m/s$ 的粉尘	≤0.03
木屑、炭屑、煤粉、锦、锡等 $10MPa·m/s \leqslant K_{尘} \leqslant 30MPa·m/s$ 的粉尘	≤0.055
丙酮、汽油、甲醇、液化石油气、甲烷、喷漆间或干燥室，苯酚树脂、铝、镁、锆等 $K_{尘}>30MPa·m/s$ 的粉尘	≤0.11
乙烯	≤0.16
乙炔	≤0.2
氢	≤0.25

注：$K_{尘}$ 是粉尘爆炸指数。

长径比过大的空间在泄压过程中会产生较高的压力，以粉尘为例，空间过大，在爆炸后期，未燃烧的粉尘-空气混合物受到压缩，初始压力上升，燃气泄放流动会产生紊流，使燃速增大，产生较高的爆炸压力。因此，有可燃气体或可燃粉尘爆炸危险性的建筑物的长径比要避免过大，以防止爆炸时产生较大超压，应保证所设计的泄压面积能有效作用。

2. 泄压设施

1）泄压设施的设置。

当厂房、仓库存在点火源且爆炸性混合物的浓度合适时，就可能发生爆炸，为尽量减轻事故的破坏程度，必须在建筑物或装置上预先开设面积足够大的、用低强度材料做成的压力泄放口，在爆炸事故发生时，及时开启泄压口，使建筑物或装置内由于可燃气体、蒸气或粉尘在密闭空间中燃烧而产生的压力泄放出去，以保持建筑物或装置完好。

一般情况下，同样等量的爆炸介质在密闭的小空间里和在开敞的空地上爆炸，其爆炸威力不一样，破坏强度也不一样。在密闭的空间里爆炸破坏力大得多，因此易发生爆炸的建筑物应设置必要的泄压设施。有爆炸危险的建筑物，设有足够的泄压面积，一旦发生爆炸，就可大幅减轻爆炸时的破坏强度，不致因主体结构遭受破坏而造成重大人员伤亡。

2）泄压设施的选择。

泄压是减轻爆炸事故危害的一项主要技术措施，当发生爆炸时，作为泄压面的建筑构配件首先遭到破坏，将爆炸气体及时泄出，使室内的爆炸压力骤然下降，从而保护建筑物的主体结构，并减轻人员伤亡和设备破坏。泄压设施可为轻质屋面板、轻质墙体和易于泄压的门、窗等，但宜优先采用轻质屋面板，不应采用非安全玻璃。易于泄压的门、窗，由于采用楔形木块固定且向外开启，因门、窗上所选用金属合页、插销固定面较小，这样一旦发生爆炸，因室内压力大，原关着的门、窗上的小五金件可能因冲击波而破坏，门、窗则自动打开或五金件自行脱落以达到泄压的目的。这些泄压构件就建筑整体而言是人为设置的薄弱部位。当发生爆炸时，它们最先遭到破坏或开启，向外释放大量的气体和热量，使室内爆炸产生的压力迅速下降，从而达到建筑物主要承重结构不破坏、整座厂房（库房）不倒塌的目的。对泄压构件和泄压面设置的要求如下：

① 泄压轻质屋面板，根据需要可分别由石棉水泥波形瓦和加气混凝土等材料制成，分为有保温（防水）层和无保温（防水）层两种。

② 泄压轻质外墙分为有保温层、无保温层两种形式。常采用石棉水泥瓦作为无保温层的泄压轻质外墙，而有保温层的轻质外墙则是在石棉水泥瓦外墙的内壁加装难燃木丝板作保温层及采用泄爆螺栓固定的外墙，用于要求供暖保温或隔热的防爆厂房。

③ 泄压窗可以有多种形式。例如轴心偏上中悬泄压窗，抛物线形塑料板泄压窗等，窗户上应采用安全玻璃。要求泄压窗能在爆炸力递增稍大于室外风压时，能自动向外开启泄压。

④ 泄压设施的泄压面积按式（9-4）和表 9-1 中的相关数据计算确定。

⑤ 作为泄压设施的轻质屋面板和轻质墙体的质量每平方米不宜大于 60kg。

3）泄压场所的通风。散发较空气轻的可燃气体、可燃蒸气的甲类厂房（库房）宜采用全部或局部轻质屋面板作为泄压设施。顶棚应尽量平整、避免死角，厂房上部空间应通风良好。

4）泄压面的设置应避开人员集中的场所和主要交通道路或贵重设备的正面或附近，并宜靠近容易发生爆炸的部位。

5）当采用活动板、窗户、门或其他铰链装置作为泄压设施时，必须注意防止打开的泄压孔由于在爆炸正压冲击波之后出现负压而关闭。

6）爆炸泄压孔不能受到其他物体的阻碍，也不允许冰、雪妨碍泄压孔和泄压窗的开启，需要经常检查和维护。当能确定起爆点时，泄压孔应设在距起爆点尽可能近的地方。当采用管道把爆炸产物引导到安全地点时，管道必须尽可能短而直，且应朝向陈放物少的方向设置。因为任何管道泄压的有效性都随着管道长度的增加而按比例减小。

7）泄压面在材料的选择上除了要求质量轻以外，最好具有在爆炸时易破碎成碎块的特点，以便于泄压和减少对人的危害。

8）对于北方和西北寒冷地区，由于冰冻期长、积雪易增加屋面上泄压面的单位面积荷载，使其产生较大重力，从而使泄压受到影响，所以应采取适当措施防止积雪和冰冻。

总之，应在设计中采取措施尽量减少泄压面的单位质量和连接强度。

9.2.4 本质安全电路原理

1. 安全火花原理

安全火花原理是本质安全电路的基本原理。本质安全电路通过合理地选择电气参数，使系统产生的电火花变得相当小，不能点燃周围的爆炸性混合物。如当甲烷的浓度达到最易点燃的8.3%~8.5%时，即使遇到很小能量的电火花（如0.5J），也能发生爆炸。而本质安全电路则能把火花能量降低到安全值。由于它是利用系统或电路电气参数达到防爆要求的，故是一种非常可靠的防爆手段。

电火花有电阻性、电容性和电感性三种。电感电路是由电阻和电感组成的。当其闭合时不产生或产生很小的火花；但当电路断开时，则会发生火花放电，其火花放电波形如图9-3所示。

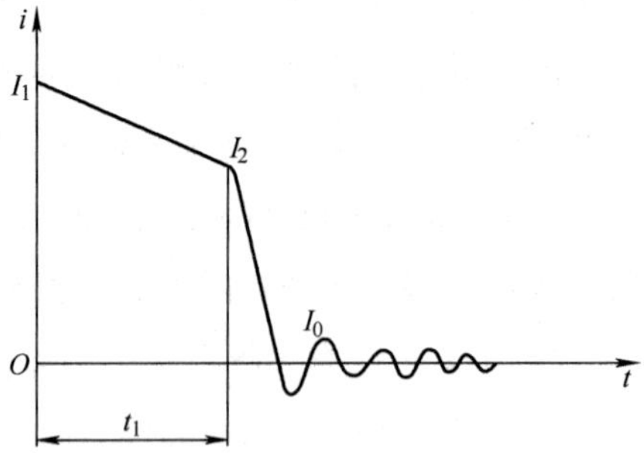

图9-3 断路火花的波形

图9-3中的 $I_1 \sim I_2$ 段，是初始弧光放电阶段，经过时间 t_1，然后进入辉光放电阶段即 $I_2 \sim I_0$ 段，然后经衰减振荡过程而结束。辉光放电阶段，温度较低，在电极上分布面大，故不能点燃爆炸性混合物。而弧光放电阶段则温度较高，能量也集中在电极尖端一个很小的范围内，极容易点燃爆炸性混合物。

根据弧光放电波形图，可计算出弧光放电的火花能量，即：

$$W = \int_0^{t_1} ui\mathrm{d}t \tag{9-5}$$

式中 u——放电电压，$u=U-L\dfrac{\mathrm{d}i}{\mathrm{d}t}-iR$；

i——放电电流，$i=I_1+\dfrac{\mathrm{d}i}{\mathrm{d}t}t$。

将式（9-4）积分并化简后得：

$$W=\frac{1}{2}L(I_1^2-I_2^2)+\frac{1}{6}(I_1+I_2)(U+2I_1R)t_1 \tag{9-6}$$

式中 L——电路的电感量（H）；

U——电源电压（V）；

I——工作电流（A）；

R——回路的电阻（Ω）；

t_1——弧光放电持续时间（s）。

由式（9-5）可以看出，弧光放电火花的能量是由两部分组成的，即磁场能量和电源能量。

除上述因素影响以外，电火花对爆炸性混合物的点燃还与电源频率、电路断开速度、接点形状和材质等因素有关。不过，有些因素在特定的本质安全电路中可以忽略，如对于简单电感电路，安全火花能量的大小，主要取决于电流和电压；对于简单电容电路，火花能量主要取决于电压和电容。为限制火花能量可以采用以下方法：

1）适当增大电路的电阻。

2）合理选择电气元件，降低供电电压。

3）采取消能措施。如可以在电感元件两端并联电阻、电容、电容-电阻或半导体二极管的方法，以减少电感供给断点的火花能量。

2. 电路火花放电的特性

电路在接通、断开的过程中会产生火花放电，这与电路的性质（电阻性、电感性、电容性）密切相关。

图 9-4 为电阻电路最小点燃电流与电压的关系曲线。

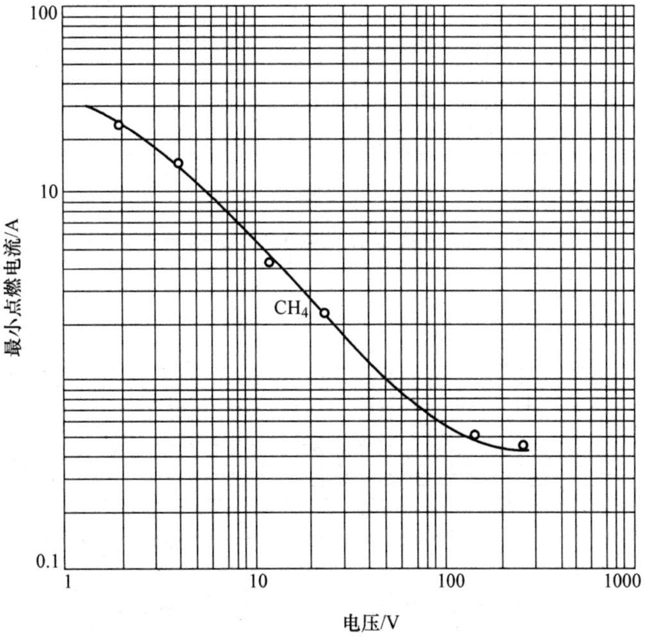

图 9-4 电阻电路最小点燃电流与电压的关系曲线

当电感 $L \leqslant 0.1\text{mH}$ 时，电路可以认为是电阻电路。当有电阻分路，特别是有整流器分路时，就更应视为电阻电路。电阻电路通断时，火花主要来自电源，磁场能量相对很小，当最小点燃能量 W_R 一定时，最小点燃电流 I 与电源电压 U 成反比，其表达式如下：

$$W_R = UI \tag{9-7}$$

图 9-5 是电感电路最小点燃电流与电感的关系曲线。

当 $L \geqslant 1\text{mH}$ 时，电路即可视为电感电路，与电阻电路不同，其最小点燃能量主要来自电感元件的磁场能量，磁场能量 $W_2=\frac{1}{2}LI_0^2$，而此时，电源能量可以忽略。因此，当点燃爆炸性混合物的最小能量一定时，电感值越大，最小点燃电流就越小。因此，电感电路断路火花危险性不容忽视。

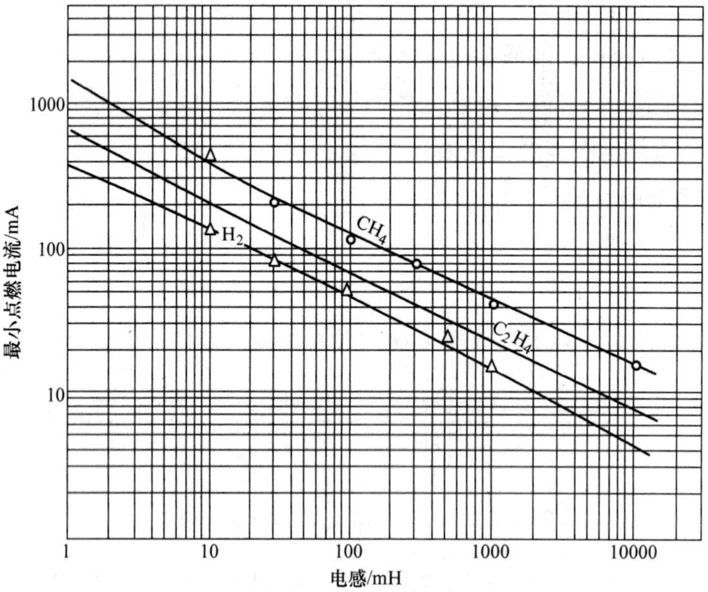

图 9-5　电感电路最小点燃电流与电感的关系曲线

图 9-6 为电容电路最小点燃电压与电容的关系曲线。

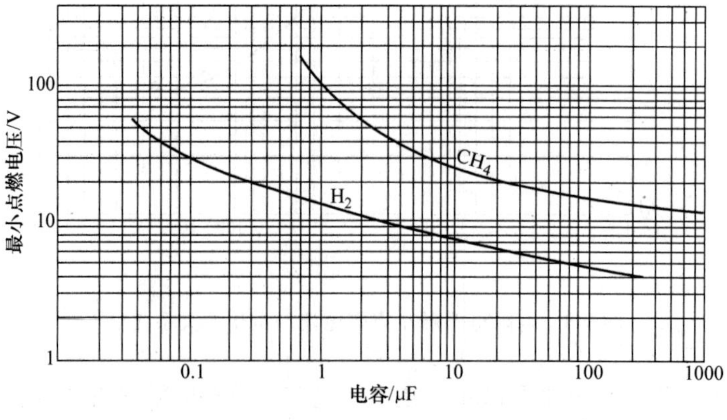

图 9-6　电容电路最小点燃电压与电容的关系曲线

从图 9-6 中可看出，电容越大，最小点燃电压就越低，从电容储能 $W_c=\frac{1}{2}CU^2$ 也可得出结论，在爆炸性混合物点燃能量一定时，电容越大，最小点燃电压就越低。

电容电路闭合时，电源和电容储能元件同时向间隙放电，而且放电迅速，能量集中，点燃能力强，因此危险性很大。

值得注意的是，曲线上查得的最小点燃电流（或电压），仍然存在一定的点燃或然率。影响最小点燃电流（或电压）、影响点燃或然率的主要是火花试验装置、爆炸性混合物和试验环境三个因素。因此在确定本质安全电路参数，即安全电流 I_a（或电压）时，要考虑一个安全系数 K，正常状态时取 2，故障状态时取 1.5。

3. 本质安全电路的安全措施

（1）电源限流

为了保证电源电路的安全，必须对电源采取限流措施，当电源端发生短路时，短路电流不应超过它的安全电流值。在现实生产中，电池和蓄电池多采用串接电阻的方法进行限流，电阻值按电池空载电压和安全电流值计算。然而对于交流整流电源，应当采用隔离变压器，变压器二次绕组采用高阻值的电阻丝绕制，以达到限流作用。

（2）电感元件的消能

本质安全电路中的继电器、变压器和扼流线圈都是电感元件，需要对电感元件进行消磁，方法为设计时在电感元件两端并接半导体二极管、电容或电阻，使断电时其磁场能量不能馈送或少馈送到断路点上去。最常用的是半导体二极管并联分路，如图 9-7 所示。这个方法既能提高安全性能，又能提高输出功率。

（3）安全栅

电气系统的安全电路之间，需要设置保护元件的能量限制器——安全栅，安全栅主要是由限流元件（如金属膜电阻、非线性组件等）、限压元件（如二极管、稳压二极管等）和特殊保护元件（如快速熔断器等）组成的可靠性组件。安全栅可以将本质安全电路的电压或电流限制在一定范围内，以防止非本质安全电路的能量窜入本质安全电路中。图 9-8 是一个稳压二极管安全栅示意图。安全栅是由熔断器 FU、稳压管 VS_1、VS_2 及电阻 R_1 和 R_2 组成的。其中的熔断器是限流熔断器，具有一定的内阻。系统正常运行时，安全栅 1、2 端向 3、4 端传递信号，传递的信号不应过大削弱或失真，幅值应低于 VS_1、VS_2 的电压。当传递交流信号时，两稳压二极管要对头串接。

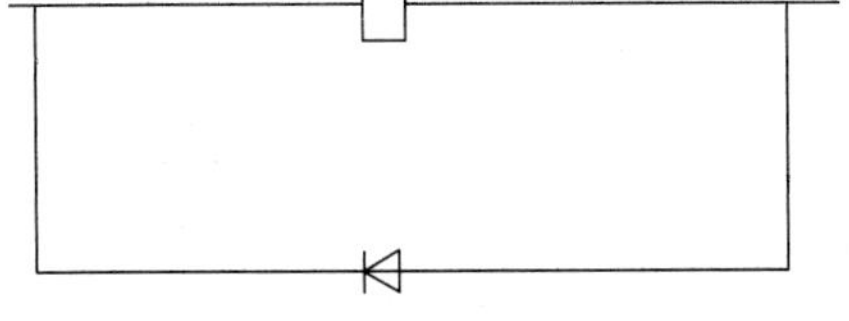

图 9-7 半导体整流器并联分路

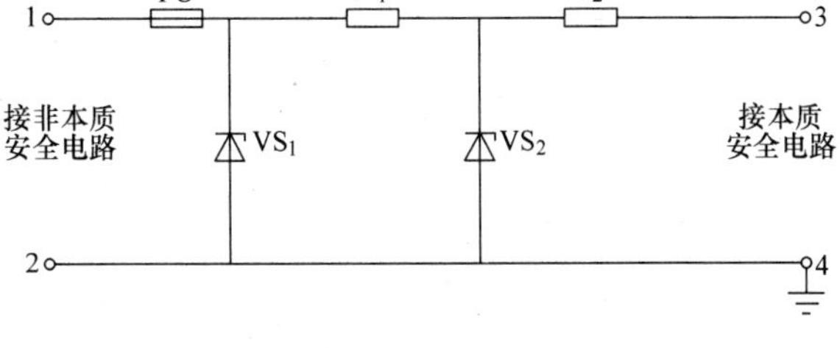

图 9-8 稳压二极管安全栅

出现故障时，从非本质安全电路出来的较高电压，就是通过 VS_1、VS_2、R_1、R_2 的限幅限流作用，被限制在本质安全电路规定范围内的。当有意外高压偶然加到安全栅 1、2 端时，熔断器 FU 在 VS_1 未损坏前就被熔断，从而防止了意外高压窜入本质安全电路，可以保证电路主元件的安全。

9.3 爆炸和火灾危险区域的划分

9.3.1 爆炸危险区域的类别及区域等级

爆炸性危险区域的类别及区域等级

我国现行的爆炸和火灾危险区域类别及其分区方法，是根据国际电工委员会（IEC）的标准并结合我国的实际情况而制定的。

1. 爆炸危险区域的划分

在生产中出现 0 区是在特殊情况下才能发生，一旦发生是最危险的；在设计和生产过程中应重视和采取合理措施尽量减少 1 区情况的发生；同时在生产过程中应对 2 区的环境加强监控，发现危险情况时应及时采取相应措施尽快排除险情。判断一个爆炸危险区域有无爆炸性混合物产生，对危险区域等级的划分，还必须考虑设备运行的实际环境，区域空间的大小、物料的品种与数量、设备运行的实际情况、气体浓度测量的准确性，及物理性质和运行经验及其释放频繁程度等情况，从而来划分区域等级。

图 9-9a、图 9-9b 为爆炸危险区域划分平面图和立面图。

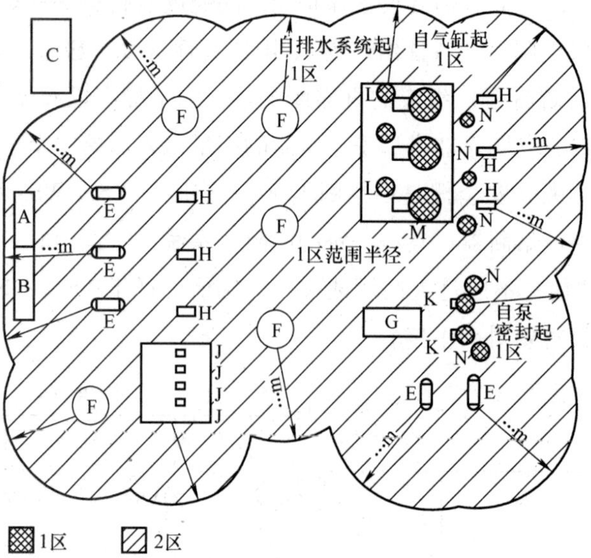

a)

图 9-9 爆炸危险区域划分示例图

a）平面图

A—正压控制室 B—正压配电室 C—车间 E—容器 F—蒸馏塔 G—分析室（正压或吹净）

H—泵（正常运行时不可能释放的密封） J—泵（正常运行时有可能释放的密封）

K—泵（正常运行时有可能释放的密封） L—往复式压缩机 M—压缩机房（开敞式建筑） N—放空口（高处或低处）

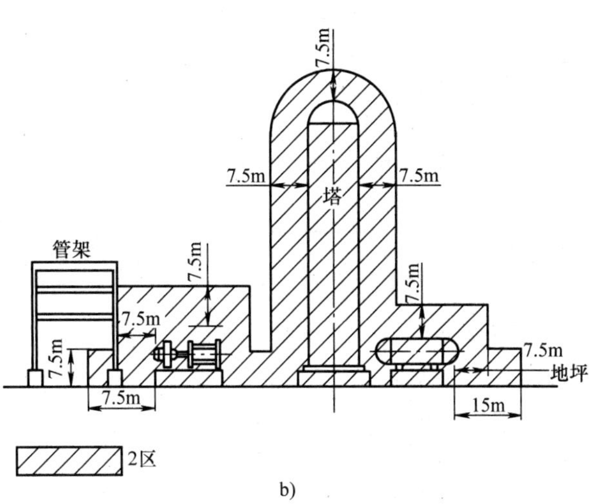

图 9-9 爆炸危险区域划分示例图（续）

b）立面图

2. 火灾危险区域的划分

火灾区域的类别及区域级别划分见表 9-2。

表 9-2 火灾区域的类别及区域级别划分

按火灾事故发生的可能性和后果、危险程度及物质状态划分		
火灾危险区域	21 区	具有闪点高于环境温度的可燃液体，在数量和配置上能引起火灾危险的环境
	22 区	具有悬浮状、堆积状爆炸性或可燃性粉尘，虽不可能形成爆炸性混合物，但在数量和配置上能引起火灾危险的环境
	23 区	具有固体状可燃物质，在数量和配置上能引起火灾危险的环境

对火灾危险区域，首先应看其可燃物的数量和配置情况，然后才能确定是否有引起火灾的可能，切忌只要有可燃物质就划为火灾危险区域的错误做法，这样既不经济也不安全。

9.3.2 爆炸性气体环境危险区域及范围的划分

1. 爆炸性气体环境危险区域的划分

爆炸性气体环境应根据爆炸性气体混合物出现的频繁程度和持续时间分为 0 区、1 区、2 区，释放源按可燃物质的释放频繁程度和持续时间长短分为连续级释放源、一级释放源、二级释放源。存在连续级释放源的区域可划为 0 区，存在一级释放源的区域可划为 1 区，存在二级释放源的区域可划为 2 区，见表 9-3。

表 9-3 爆炸性气体环境危险区域级别划分表

区域	级别	按爆炸性混合物出现的频繁程度和持续时间划分	出现频率/[h/a(年)]
0 区	连续级释放源	连续出现或长期出现的环境	1000h/a 及以上：10%
1 区	一级释放源	在正常运行时可能出现的环境	10~1000h/a：0.1%~10%

（续）

区域	级别	按爆炸性混合物出现的频繁程度和持续时间划分	出现频率/[h/a(年)]
2 区	二级释放源	在正常运行时不可能出现的环境，或即使出现也仅是短时存在的爆炸性气体混合物的环境	1~10h/a：0.01%~0.1%
非危险区			<1h/a：0.01%

表 9-2 中的“正常运行”是指正常的开车、运转、停车，可燃物质产品的装卸，密闭容器盖的开闭，安全阀、排放阀及所有工厂设备都在其设计参数范围内工作的状态。也包括产品从设备中取出和对设备投料、除杂质及安全阀、排污阀等的正常操作。不正常情况是指因容器、管路装置的破损故障和错误操作等，引起爆炸性混合物的泄漏和积聚，以致有可能产生爆炸危险的状态。

表中的“区”可以是爆炸危险场所的全部，也可以是其一部分。在一个区域内，如果爆炸性混合物可能出现的破坏超过了电气设备的结构、安装和使用所能承受的最大极限程度，这个区就必须视为爆炸性危险区域，必须对其进行防火防爆设计。

（1）连续级释放源

连续级释放源应为连续释放或预计长期释放的释放源。

1）没有用惰性气体覆盖的固定顶盖储罐中的可燃液体的表面。

2）油、水分离器等直接与空间接触的可燃液体的表面。

3）经常或长期向空间释放可燃气体或可燃液体的蒸气的排气孔和其他孔口。

（2）一级释放源

一级释放源应为在正常运行时，预计可能周期性或偶尔释放的释放源。

1）在正常运行时，会释放可燃物质的泵、压缩机和阀门等的密封处。

2）储有可燃液体的容器上的排水口处，在正常运行中，当水排掉时，该处可能会向空间释放可燃物质。

3）正常运行时，会向空间释放可燃物质的取样点。

4）正常运行时，会向空间释放可燃物质的泄压阀、排气口和其他孔口。

（3）二级释放源

二级释放源应为在正常运行时，预计不可能释放，当出现释放时，仅是偶尔和短期释放的释放源。

1）正常运行时，不能出现释放可燃物质的泵、压缩机和阀门的密封处。

2）正常运行时，不能释放可燃物质的法兰、连接件和管道接头。

3）正常运行时，不能向空间释放可燃物质的安全阀、排气孔和其他孔口处。

4）正常运行时，不能向空间释放可燃物质的取样点。

（4）爆炸危险区域

1）没有释放源且不可能有可燃物质侵入的区域。

2）可燃物质可能出现的最高浓度不超过爆炸下限值的 10%。

3）在生产过程中使用明火的设备附近，或炽热部件的表面温度超过区域内可燃物质引燃温度的设备附近。

4）在生产装置区外，露天或开敞设置的输送可燃物质的架空管道地带，但其阀门处按具体情况确定。

（5）危险区域调整

爆炸危险区域的划分除按释放源级别划分外，可根据通风条件调整区域划分。

1）当通风良好时，可降低爆炸危险区域等级；当通风不良时，应提高爆炸危险区域等级；在障碍物、凹坑和死角处，应局部提高爆炸危险区域等级。

2）局部机械通风在降低爆炸性气体混合物浓度方面比自然通风和一般机械通风更为有效时，可采用局部机械通风降低爆炸危险区域等级。

3）利用堤或墙等障碍物，限制比空气重的爆炸性气体混合物的扩散，可缩小爆炸危险区域的范围。

2. 爆炸性气体环境危险区域范围的划分

正常情况下，爆炸危险浓度可能形成的区域范围，称为爆炸危险区域范围。爆炸性气体环境危险区域范围应根据释放源的级别和位置、可燃物质的性质、通风条件、障碍物及生产条件、运行经验，经技术经济比较综合确定。

（1）建筑物内部宜以厂房为单位划定爆炸危险区域的范围

可燃物质重于空气、通风良好且为第二级释放源在地坪以上（接近地坪）时主要生产装置区爆炸危险区域的范围划分如图 9-10 所示：

1）在爆炸危险区域内，地坪下的坑、沟可划为 1 区。

2）与释放源的距离为 7.5m 的范围内可划为 2 区。

3）以释放源为中心，总半径为 30m，地坪上的高度为 0.6m，且在 2 区以外的范围内可划为附加 2 区。

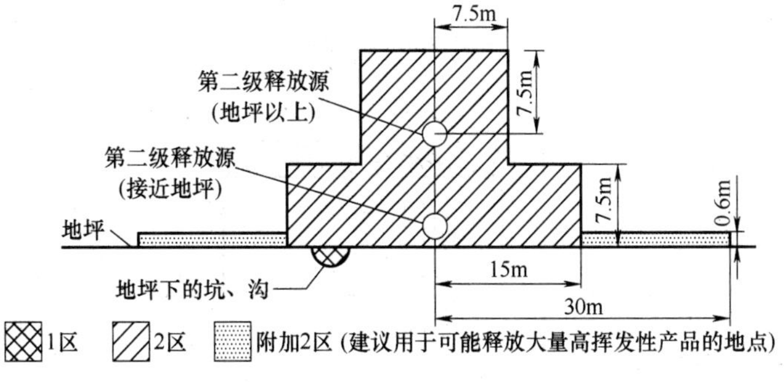

图 9-10　释放源在地坪以上（接近地坪）时的危险区域划分

（2）可燃物质重于空气区域爆炸危险区域的范围划分

可燃物质重于空气，释放源在封闭建筑物内，通风不良且为第二级释放源的主要生产装置区（图9-11），爆炸危险区域的范围划分：

1）封闭建筑物内和在爆炸危险区域内地坪下的坑、沟可划为1区。

2）以释放源为中心，半径为15m，高度为7.5m的范围内可划为2区，但封闭建筑物的外墙和顶部距2区的界限不得小于3m，如为无孔洞实体墙，则墙外为非危险区。

3）以释放源为中心，总半径为30m，地坪上的高度为0.6m，且在2区以外的范围内可划为附加2区。

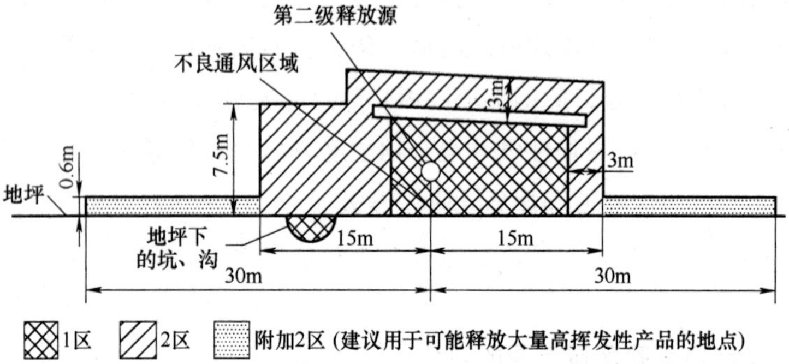

图9-11　可燃物质重于空气、释放源在封闭建筑物内通风不良的生产装置区

注：用于距释放源在水平方向15m，或在建筑物周边3m的范围，取两者中较大者。

（3）储罐爆炸危险区域的范围

对于可燃物质重于空气的储罐（图9-12），爆炸危险区域的范围划分宜符合下列规定：

1）固定式储罐，在罐体内部未充惰性气体的液体表面以上的空间可划为0区，浮顶式储罐在浮顶移动范围内的空间可划为1区。

2）以放空口为中心，半径为1.5m的空间和爆炸危险区域内地坪下的坑、沟可划为1区。

3）距离储罐的外壁和顶部3m的范围内可划为2区。

4）当储罐周围设围堤时，储罐外壁至围堤，其高度为堤顶高度的范围内可划为2区。

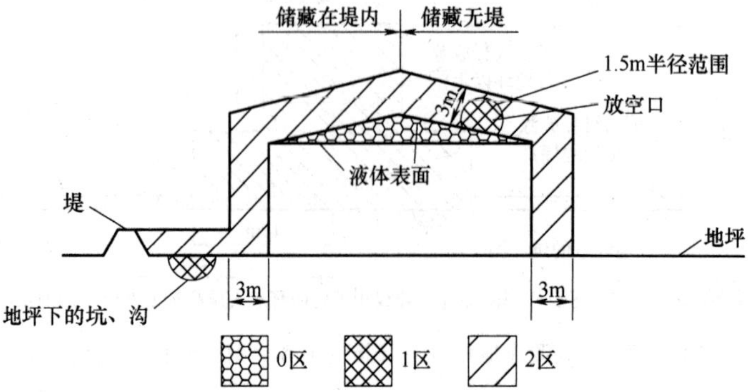

图9-12　可燃物质重于空气、设在户外地坪上的固定式储罐

(4) 可燃物质轻于空气爆炸危险区域的范围划分

对于可燃物质轻于空气、通风不良且为第二级释放源的压缩机厂房（图 9-13），爆炸危险区域的范围划分宜符合下列规定：

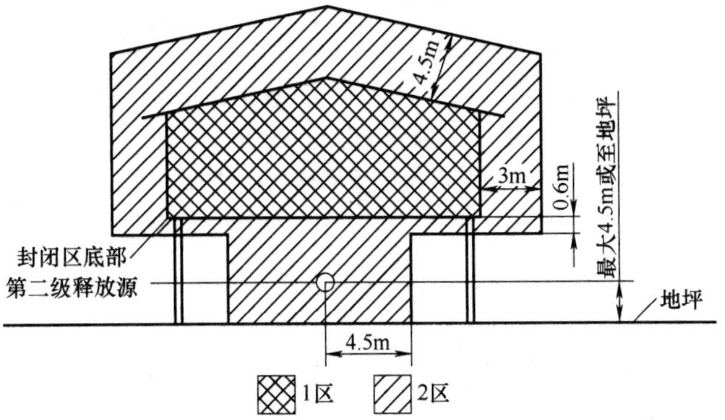

图 9-13 可燃物质轻于空气、通风不良的压缩机厂房

1）封闭区内部可划为 1 区。

2）以释放源为中心，半径为 4.5m，地坪以上至封闭区底部的空间和距离封闭区外壁 3m，顶部的垂直高度为 4.5m 的范围内可划为 2 区。

(5) 使用明火设备的附近区域

一些明火使用设备附近，如燃油、燃气锅炉房的燃烧室或表面温度已超过该区域爆炸性混合物的自燃温度的炽热部件（如高压蒸气管道等），应该采用非防爆电气设备对其进行隔离。因为在这些区域内已有明火或超过爆炸性混合物自燃温度的高温物体，电气设备的防爆已无法起到它应有的作用，在这种情况下必须采用密闭、防渗漏等防火防爆措施。

(6) 与爆炸危险区域相邻的区域

具体环境对与爆炸危险区域相邻的区域的划分具有主导的作用，应根据它们之间的相对间隔、门窗开设方向和位置、通风状况、实体墙的燃烧性能等因素确定，见表 9-4。

表 9-4 用有门的墙隔开的相邻场所的危险等级

危险区域等级		一道有门的隔墙	两道有门的隔墙（通过走廊或套间）	备注
气体或蒸气	0 区		1 区	两道隔墙门之间的净距离不应小于 2m
	1 区	2 区	非危险场所	
	2 区	非危险场所		
粉尘或纤维	10 区		11 区	
	11 区	非危险场所	非危险场所	

易燃物质可能出现的最大体积分数超过 10%，但是爆炸下限不超过图 9-14 限定范围的区域。

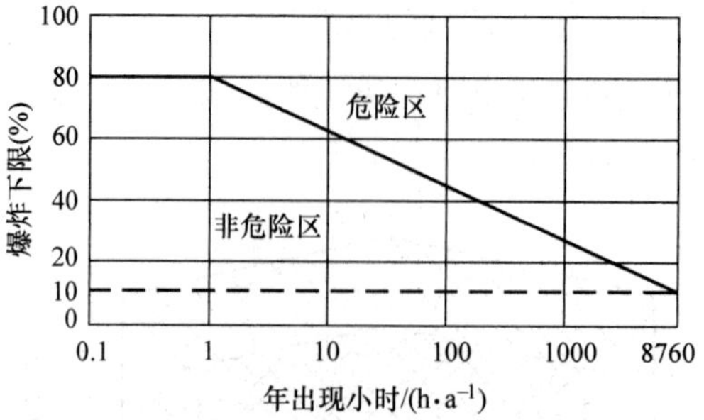

图 9-14 易燃物质环境危险区域的范围

9.3.3 爆炸性粉尘环境危险区域及范围的划分

1. 爆炸性粉尘环境危险区域划分

粉尘释放源按爆炸性粉尘释放频繁程度和持续时间长短分为连续级释放源、一级释放源、二级释放源。连续级释放源应为粉尘云持续存在或预计长期或短期经常出现的部位，一级释放源应为在正常运行时预计可能周期性的或偶尔释放的释放源，二级释放源应为在正常运行时，预计不可能释放，如果释放也仅是不经常地并且是短期地释放。

爆炸危险区域根据爆炸性粉尘环境出现的频繁程度和持续时间分为20区、21区、22区，见表9-5。

表 9-5 爆炸性粉尘环境危险区域类别及分区等级

环境	区域	按爆炸性粉尘环境危险区域的范围通常与释放源级别相关联度划分
爆炸性粉尘环境危险区域	20区	可燃性粉尘云持续地或长期地或频繁地出现于爆炸性环境中的区域
	21区	正常运行时，可燃性粉尘云可能周期性的或偶尔出现于爆炸性环境中的区域
	22区	正常运行时，可燃粉尘云一般不可能出现于爆炸性粉尘环境中的区域，即使出现，持续时间也是短暂的

2. 爆炸性粉尘环境危险区域范围划分

区域的范围应通过评价涉及该环境的释放源的级别，引起爆炸性粉尘环境的可能来规定。

1）20区范围主要包括粉尘云连续生成的管道、生产和处理设备的内部区域。当粉尘容器外部持续存在爆炸性粉尘环境时，可划分为20区。

2）21区的范围应与一级释放源相关联，含有一级释放源的粉尘处理设备的内部可划分为21区。21区的范围应按照释放源周围1m的距离确定。对于受气候影响的建筑物外部场所可减小21区范围。当粉尘的扩散受到实体结构的限制时，实体结构的表面可作为该区域的边界。

爆炸性粉尘环境危险区域范围典型示例如图9-15所示。

3）22区的范围应按超出21区3m及二级释放源周围3m的距离确定。对于受气候影响的建筑物外部场所可减小 22 区范围。当粉尘的扩散受到实体结构的限制时，实体结构的表面可作为该区域的边界。可燃性粉尘特性举例见表 9-6。

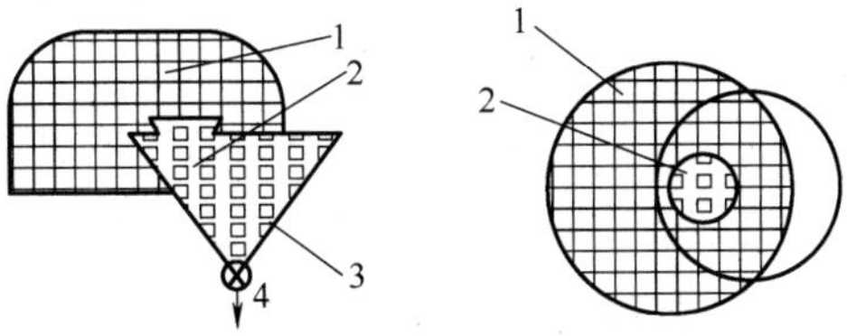

图 9-15 爆炸性粉尘环境危险区域范围典型示例

1—21 区(通常为 1m 半径) 2—20 区 3—袋子排料斗 4—到后续处理

表 9-6 可燃性粉尘特性举例

粉尘种类	粉尘名称	高温表面堆积粉尘（5mm）的引燃温度/℃	粉尘云的引燃温度/℃	爆炸下限浓度/(g/m^3)	粉尘平均粒/μm	危险性质	粉尘分级
金属	铁	240	430	153~204	100~150	导	ⅢC
	镁	340	470	44~59	5~10	导	ⅢC
	锌	430	530	212~284	10~15	导	ⅢC
化学药品	萘	熔融	575	28~38	30~100	非	ⅢB
	醋酸钠脂	熔融	520	51~70	5~8	非	ⅢB
	阿司匹林	熔融	405	31~41	60	非	ⅢB
合成树脂	聚乙烯	熔融	410	26~35	30~50	非	ⅢB
	聚苯乙烯	熔融	475	27~37	40~60	非	ⅢB
	聚氯乙烯	熔融碳化	595	63~86	4~5	非	ⅢB
天然树脂	硬质橡胶	沸腾	360	36~49	20~30	非	ⅢB
	天然树脂	熔融	370	38~52	20~30	非	ⅢB
	含钯树脂	熔融	330	30~41	20~50	非	ⅢB
沥青蜡类	硬蜡	熔融	400	26~36	50~80	非	ⅢB
	硬沥青	熔融	620	—	50~150	非	ⅢB
	煤焦油沥青	熔融	580	—	—	非	ⅢB
农产品	裸麦粉	325	415	67~93	30~50	非	ⅢB
	筛米糠	279	420	—	50~100	非	ⅢB
	砂糖粉	熔融	360	77~107	20~40	非	ⅢB
纤维	烟草纤维	290	485	—	50~100	非	ⅢA
	木质纤维	250	445	—	40~80	非	ⅢA
	软木粉	325	460	44~59	30~40	非	ⅢB
燃料	有烟煤粉	235	595	41~57	5~11	导	ⅢC
	焦炭煤粉	280	610	33~45	5~10	导	ⅢC
	硬木炭粉	340	595	39~52	1~2	导	ⅢC

9.4 爆炸性混合物的分级分组

爆炸性气体、易燃液体和闪点低于或等于环境温度的可燃液体、爆炸性粉尘或易燃纤维等统称为爆炸性物质。在大气条件下，气体、蒸气、薄雾、粉尘或纤维状的易燃物质与空气混合，点燃后，燃烧将在整个范围内迅速传播的混合物，称为爆炸性混合物。

9.4.1 爆炸性气体混合物的分级分组及其防爆措施

爆炸性气体燃爆条件及防爆基本措施

爆炸性气体混合物的分类可分为以下三类：

Ⅰ类：矿井甲烷。

Ⅱ类：爆炸性气体混合物（含蒸气、薄雾）。

Ⅲ类：爆炸性粉尘（含纤维）。

1. 爆炸性气体混合物的分级

爆炸性气体混合物具有极大的危险性，这是由爆炸性混合物的爆炸极限、传爆能力、引燃温度和最小点燃电流决定的。为了配置最合适的电气设备，以达到安全生产的目的，于是对各种爆炸性混合物按最大试验安全间隙（MESG）、最小点燃电流（MIC）和引燃温度分级。

（1）按最大试验安全间隙（MESG）分级

甲烷为Ⅰ级。

爆炸性混合物按最大试验安全间隙（MESG）的大小分为A、B、C三级，A级的代表气体是丙烷，B级的代表气体是乙烯，C级的代表气体是氢气。爆炸气体的安全间隙的大小反映了爆炸性气体混合物的传爆能力。间隙越小，其传爆能力就越强，爆炸的危险性越大；反之，间隙越大，其传爆能力越弱，危险性也越小。

A级安全间隙最大，危险性最小；C级安全间隙最小，危险性最大。

（2）按最小点燃电流（MICR）分级

按照最小点燃电流的大小，Ⅱ类爆炸性气体混合物分为ⅡA、ⅡB、ⅡC三级。最小点燃电流越小，危险性就越大。ⅡA级最大试验安全间隙最大，最小点燃电流最大，危险性最小；反之，ⅡC级危险性最大。爆炸性气体混合物的分级见表9-7。

表9-7 爆炸性气体混合物的分级

级别	最大试验安全间隙 MESG/mm	最小点燃电流比 MICR
ⅡA	≥0.9	>0.8
ⅡB	0.5<MESG<0.9	0.45≤MESG≤0.8
ⅡC	≤0.5	<0.45

爆炸性气体混合物危险性的衡量因素，除最小点燃电流外，还有最小引燃能量。最小引

燃能量是指在规定的试验条件下，能使爆炸性混合物燃爆所需最小电火花的能量。如果引燃源的能量低于这个临界值，一般就不会着火。

爆炸性混合物的最小引燃能量见表 9-8。

表 9-8 爆炸性混合物的最小引燃能量

名称	化学式	体积分数（%）	最小引燃能量/mJ
甲烷	CH_4	9.50	0.33
丙烷	$CH_3CH_2CH_3$	4.02	0.31
乙炔	$HC\equiv CH$	7.73	0.02
乙烯	$CH_2=CH_2$	6.52	0.096
甲醇	CH_3OH	12.24	0.215
丙酮	CH_3COCH_3	4.97	1.15
甲苯	$C_6H_5CH_3$	2.27	2.50
二硫化碳	CS_2	6.52	0.015
氨	NH_3	21.8	680
氢	H_2	29.6	0.02
硫化氢	H_2S	12.2	0.077
甲苯	$C_6H_5CH_3$	2.27	2.50

2. 爆炸性混气体混合物按引燃温度分组

不需要用明火即能引燃的最低温度，称为爆炸性混合物的引燃温度。引燃温度越低的物质，越容易引燃。爆炸性气体混合物按引燃温度的高低，分为 T1、T2、T3、T4、T5、T6 六组。T6 引燃温度最低，危险性相对较高；T1 引燃温度最高，危险性相对较低。

爆炸性气体混合物按引燃温度分组，见表 9-9，常见物质的引燃温度见表 9-10。

表 9-9 爆炸性气体混合物按引燃温度分组

级别	T1	T2	T3	T4	T5	T6
引燃温度 t/℃	$t>450$	$300<t\leqslant 450$	$200<t\leqslant 300$	$135<t\leqslant 200$	$100<t\leqslant 135$	$85<t\leqslant 100$

表 9-10 常见物质的引燃温度

名称	温度/℃	名称	温度/℃	名称	温度/℃
丙酮	535	乙烯	435	黄磷	60
一氧化碳	605	苯	560	纸张	130
甲烷	537	氯苯	637	棉花	150
乙烷	515	乙苯	397	布匹	200
甲醇	455	甲苯	535	焦炭	700
乙醇	422	二甲苯	528	煤	400
硫	260	萘	515	赛璐珞	140
木炭	350	蒽	470	木材	250

爆炸性气体混合物的分级分组举例见表9-11。

表9-11 爆炸性气体混合物的分级分组举例

级别	最大试验安全间隙 MESG/mm	最小点燃电流比 MICR	组别与引燃温度/℃					
			T1	T2	T3	T4	T5	T6
			$t>450$	$450\geqslant t>300$	$300\geqslant t>200$	$200\geqslant t>135$	$135\geqslant t>100$	$100\geqslant t>85$
Ⅰ	MESG=1.14	MICR=1.0	甲烷					
ⅡA	0.9<MESG<1.14	0.8<MESG<1.0	乙烷、丙烷、丙酮、苯乙烯、氯乙烯、氨苯、甲苯、苯、氨、甲醇、一氧化碳、乙酸乙酯、乙酸、丙烯腈	丁烷、乙醇丙烯、丁醇、乙酸乙酯、乙酸戊酯、乙酸酐	戊烷、己烷、癸烷、辛烷、汽油、硫化氢、环己烷	乙醚、乙醛		亚硫酸乙酯
ⅡB	0.5<MESG<0.9	0.45<MESG<0.8	二甲醚、民用煤气、环丙烷	环氧乙烷、环氧丙烷、丁二烯、乙烯	异戊烯			
ⅡC	MESG≤0.5	MESG≤0.45	水煤气、氢、焦炉煤气	乙炔			二硫化碳	硝酸乙酯

注：最小点燃电流比为各种气体和蒸气按照它们最小点燃电流值与实验室的甲烷最小电流值之比。

3. 爆炸性气体燃爆条件及防爆措施

（1）易燃易爆物质的燃爆条件

发生燃爆，必须同时满足以下三个条件：

1）在电气设备周围存在可燃气体、可燃液体的蒸气或薄雾，浓度在爆炸极限以内且达到易燃易爆一定数量。

2）这些易燃易爆物质与空气接触，浓度达到爆炸极限，并具有与电气设备的危险因素相接触的可能性。

3）电气设备的周围存在足以点燃爆炸性气体混合物的火花、电弧或高温。

（2）电气防爆措施

1）在生产环境中把产生爆炸的条件同时出现的可能性应减到最小限度。

2）工艺设计中应采取下列消除或减少可燃物质的释放及积聚的措施：

① 工艺流程中宜采取较低的压力和温度，将可燃物质限制在密闭容器内；或在设备内可采用以氮气或其他惰性气体覆盖的措施。

② 宜采取安全连锁或发生事故时加入聚合反应阻聚剂等化学药品的措施。

③ 工艺布置应限制和缩小爆炸危险区域的范围，并宜将不同等级的爆炸危险区或爆炸危险区与非爆炸危险区分隔在各自的厂房或界区内。

④ 防止爆炸性气体混合物的形成或缩短爆炸性气体混合物在生产环境的滞留时间所采取的措施：

A. 工艺装置宜采取露天或开敞式布置。

B. 设置机械通风装置。

C. 在爆炸危险环境内设置正压室。

D. 当可燃气体或蒸气浓度接近爆炸下限值的 50%时，应能可靠地发出信号或切断电源。

3）在生产区域内应采取消除或控制设备线路产生火花、电弧或高温的措施：

① 防止形成燃爆的介质。防止产生着火源，使火灾、爆炸不具备发生的条件。宜将正常运行时产生火花、电弧和危险温度的电气设备和线路，布置在爆炸危险性较小或没有爆炸危险的环境内。电气线路的设计、施工应根据爆炸危险环境物质特性，选择相应的敷设方式、导线材质、配线技术、连接方式和密封隔断措施等。

② 采用防爆的电气设备。在满足生产工艺及安全的前提下，应减少防爆电气设备的数量。如无特殊需要，不宜采用携带式电气设备。

③ 按有关电力设备接地设计技术规程规定的一般情况不需要接地的部分，在爆炸危险区域内仍应接地，电气设备的金属外壳应可靠接地。

④ 设置漏电火灾报警和紧急断电装置。在电气设备可能出现故障之前，采取相应补救措施或自动切断爆炸危险区域电源。消除或控制电气设备产生火花、电弧和高温的可能性，使其与易燃易爆物隔离，并在低于引燃温度下运行。

⑤ 安全使用防爆电气设备。正确地划分爆炸危险环境类别，正确地选型、安装防火防爆安全装置、正确地维护、检修防爆电气设备。

⑥ 散发较空气重的可燃气体、可燃蒸气的甲类厂房及有粉尘、纤维爆炸危险的乙类厂房，应采用不发火花的地面。采用绝缘材料作整体面层时，应采取防静电措施。散发可燃粉尘、纤维的厂房内表面应平整、光滑，并易于清扫，定期清除沉积粉尘，给物料增湿，防止沉积和悬浮。

9.4.2 爆炸性粉尘的分级分组及其防爆措施

1. 爆炸性粉尘的分级分组

（1）爆炸性粉尘的分级

在工业生产中，当在生产、加工、处理、转运或储存过程中出现或可能出现可燃性粉尘与空气形成的爆炸性粉尘混合物环境时，应进行爆炸性粉尘环境的电力装置设计。

在爆炸性粉尘环境中，爆炸性粉尘分为三级：ⅢA 级为可燃性飞絮；ⅢB 级为非导电性粉尘；ⅢC 级为导电性粉尘。导电性粉尘爆炸危险性最大。

(2) 爆炸性粉尘的分组

按引燃温度的高低，分为T11、T12、T13三组。T13引燃温度最低，危险性相对较高；T11引燃温度最高，危险性相对较低。

爆炸性粉尘的分级、分组举例见表9-12。

表9-12 爆炸性粉尘的分级、分组举例

分级		引燃温度（℃）及组别		
		T11	T12	T13
级别	种类	$T>270$	$200<T\leqslant270$	$140<T\leqslant200$
ⅢA 可燃性飞絮	棉花纤维、麻纤维、丝纤维、毛纤维、木质纤维、人造纤维等	木棉纤维、烟草纤维、纸纤维、亚硫酸盐纤维素、人造毛短纤维、亚麻	木质纤维	
ⅢB 可燃性非导电性粉尘	聚乙烯、苯酚树脂、小麦、玉米、砂糖、染料、可可、木质、米糠、硫黄等粉尘	小麦、橡胶、染料、聚乙烯，苯酚树脂	可可，玉米，砂糖，米糖	
ⅢC 可燃性导电性粉尘	石墨、炭黑、焦炭、煤、铁、锌、钛等粉尘	镁、铝、铝青铜、锌、钛、焦炭	铝（含油）、铁、煤、炭黑、火炸药粉尘：黑火药、TNT	火炸药粉尘：消化棉、吸收药、黑索金、特屈儿、泰安

注：在确定粉尘、纤维的引燃温度时，应在悬浮状态和沉积状态的引燃温度中选用较低的数值。

粉尘与空气爆炸性混合物的最小引燃能量见表9-13。

表9-13 粉尘与空气爆炸性混合物的最小引燃能量 （单位：mJ）

名称	层积状	悬浮状	名称	层积状	悬浮状
铝	1.6	10	聚乙烯	—	30
铁	7	20	聚苯乙烯	—	15
镁	0.24	20	酣醒树脂	40	10
钛	0.008	10	醋酸纤维	—	11
锆	0.0004	5	沥青	4~6	20~25
锰铁合金	8	80	大米	—	40
硅	2.4	80	小麦	—	50
硫	1.6	15	大豆	40	50
硬脂酸铝	40	10	砂糖	—	30
阿司匹林	160	25	硬木	—	20

2. 粉尘环境燃爆条件及防爆措施

(1) 产生爆炸的条件

爆炸性粉尘环境中，产生爆炸的条件包括：

1）在电气设备周围存在爆炸性粉尘混合物，其浓度在爆炸极限以内且达到易燃易爆一定数量。

2）这些易燃易爆的可燃粉尘在环境聚集的条件且达到爆炸极限，并具有与电气设备的危险因素相接触的可能性。

3）电气设备的周围存在足以点燃爆炸性气体混合物的火花、电弧或高温。

为了防止易燃易爆物质的燃烧和爆炸，只要切断上述三个条件中的至少任何一个即可。

（2）防爆措施

1）爆炸性粉尘环境中应采取的防爆措施。

① 应采取有效措施使产生爆炸的条件同时出现的可能性减小到最小限度。

② 防止爆炸危险，应按照爆炸性粉尘混合物的特征采取相应的措施。

2）工程设计中采取的防爆措施。

工程设计中应先采取下列消除或减少爆炸性粉尘混合物产生和积聚的措施：

① 工艺设备宜将危险物料密封在防止粉尘泄漏的容器内。

② 宜采用露天或开敞式布置，或采用机械除尘措施。

③ 宜限制和缩小爆炸危险区域的范围，并将可能释放爆炸性粉尘的设备单独集中布置。

④ 提高自动化水平，可采用必要的安全联锁。

⑤ 爆炸危险区域应设有两个以上出入口，其中至少有一个通向非爆炸危险区域，其出入口的门应向爆炸危险性较小的区域侧开启。

⑥ 应对沉积的粉尘进行有效的清除。

⑦ 应限制产生危险温度及火花，特别是由电气设备或线路产生的过热及火花。应防止粉尘进入产生电火花或高温部件的外壳内。应选用粉尘防爆类型的电气设备及线路。

⑧ 可适当增加物料的湿度，降低空气中粉尘的悬浮量。

9.5 爆炸和火灾等危险环境中电气设备的选择

生产环境恶劣的生产过程要选择合适的电器，特别是爆炸和火灾危险环境电气设备选用的好坏，直接影响着工矿企业的安全生产。

9.5.1 电气设备的防爆途径与要求

1. 防爆途径

1）采用隔爆外壳。当火焰从间隙逸出时，也能受到足够的冷却，不足以引燃壳外的爆炸性混合物，把爆炸限制在壳内，这就是隔爆作用。

2）采用本质安全电路，使设备在正常工作或规定的故障状态下所产生的电火花和热效应均不能点燃规定的爆炸性混合物。本质安全电路的要求包括电动机、低压电器外壳的防护等级为IP20，即能防止固体异物进入壳内；能防止手指触及壳内带电或运动部件。

3）采用超前切断电源。超前切断电源装置是指在电缆或电气设备发生故障时，能在电火花（或高温）点燃爆炸性混合物前将电源切断的保护装置。在设备可能出现故障之前，即自行把电源切除，使热源不至于与爆炸性混合物接触，从而达到防爆目的。

4）隔离法。设备密封与爆炸环境隔离，消除爆炸可能产生的危险。

2. 爆炸性环境的防爆要求

1）爆炸性环境的电力装置设计宜将设备和线路，特别是正常运行时能发生火花的设备布置在爆炸性环境以外。当需设在爆炸性环境内时，应布置在爆炸危险性较小的地点。防爆电气设备应有防爆合格证。

2）在满足工艺生产及安全的前提下，应减少防爆电气设备的数量。

3）爆炸性环境内的电气设备和线路应符合周围环境内化学、机械、热、霉菌及风沙等不同环境条件对电气设备的要求。

4）在爆炸性粉尘环境内，不宜采用携带式电气设备。

5）爆炸性粉尘环境内的事故排风用电动机应在生产发生事故的情况下，在便于操作的地方设置事故启动按钮等控制设备。

6）在爆炸性粉尘环境内，应尽量减少插座和局部照明灯具的数量。如需采用时，插座宜布置在爆炸性粉尘不易积聚的地点，局部照明灯宜布置在事故时气流不易冲击的位置。粉尘环境中安装的插座开口的一面应朝下，且与垂直面的角度不应大于60°。

9.5.2 电气设备的基本防爆类型

1. 隔爆型（标志d）

把设备可能点燃爆炸性气体混合物的部件全部封闭在一个外壳内，其外壳能够承受通过外壳任何接合面或结构间隙渗透到外壳内部的可燃性混合物在内部爆炸而不损坏，并且不会引起外部由一种、多种气体或蒸气形成的爆炸性环境的点燃。该类型设备适用于1区、2区危险环境。

2. 增安型（标志e）

对在正常运行条件下不会产生火花、电弧的电气设备进一步采取一些附加措施，提高其安全程度，减少电气设备产生火花、电弧和危险温度的可能性。它不包括在正常运行情况下产生火花或电弧的设备。该类型设备主要用于2区危险环境，部分种类可以用于1区。

3. 本质安全型（ia、ib、ic、iD）

在设备内部的所有电路都是标准规定条件（包括正常工作或规定的故障条件）下产生的任何电火花或任何热效应均不能点燃规定的爆炸性气体环境的本质安全电路。该类型设备只能用于弱电设备中，ia适用于0区、1区、2区危险环境，ib适用于1区、2区危险环境，ic适用于2区危险环境，iD适用于20区、21区和22区危险环境。

4. 正压型（px、PY、pz、pD）

具有正压外壳，可以保持内部保护气体的压力高于周围爆炸性环境的压力，阻止外部混合物进入外壳。该类型设备按照保护方法可以用于 1 区、2 区、21 区、22 区危险环境。

5. 油浸型（o）

将整个设备或设备的部件浸在油（保护夜）内，使之不能点燃油面以上或外壳外面的爆炸性气体环境。该类型设备适用于 1 区、2 区危险环境。

6. 充砂型（q）

在外壳内充填砂粒或其他规定特性的粉末材料，使之在规定的使用条件下，壳内产生的电弧或高温均不能点燃周围爆炸性气体环境。该类型设备适用于 1 区、2 区危险环境。

7. 无火花型（n、nA）

正常运行条件下，不能点燃周围的爆炸性气体环境，也不太可能发生引起点燃的故障。该类型设备仅适用于 2 区危险环境。

8. 浇封型（ma、mb、mc、mD）

将可能产生引起爆炸性气体环境爆炸的火花、电弧或危险温度部分的电气部件，浇封在浇封剂（复合物）中，使它不能点燃周围爆炸性气体环境。该类型设备适用于 1 区、2 区及爆炸性粉尘危险环境。

9. 特殊型（s）

特殊型设备是指国家标准未包括的防爆形式。采用该类型的电气设备，由主管部门制定暂行规定，并经指定的防爆检验单位检验认可，方可按防爆特殊型电气设备使用。该类型设备根据实际使用开发研制，可适用于相应的危险环境。

10. 外壳保护型（tD）

采用限制外壳最高表面温度和采用“尘密”或“防尘”外壳来限制粉尘进入的方式，以防止可燃性粉尘点燃。根据其防爆性能，可选用于 20 区、21 区或 22 区危险环境。

9.5.3 电气设备的防爆标志与防护等级

1. 电气设备的防爆标志 Ex

防爆电气设备的防爆标志由防爆型式+类别/级别+温度组别+设备保护级别组成。电气设备的防爆标志一般以凸纹标志在铭牌右上方，小型电气设备及仪器、仪表可采用标志牌铆或焊在外壳上，也可采用凹纹标志。防爆性能标志表示方法如图 9-16 所示。

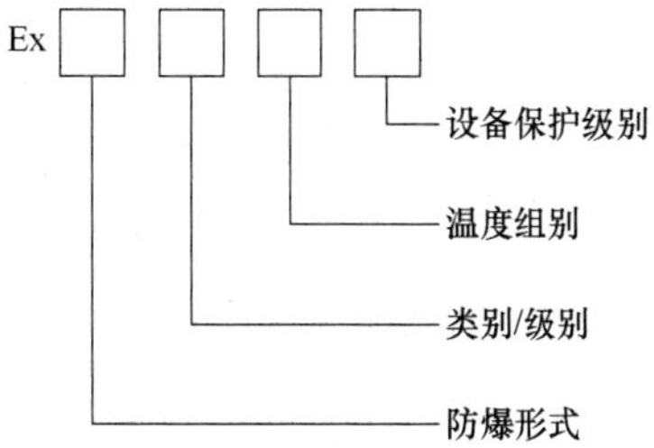

图 9-16 防爆性能标志表示方法

（1）防爆型式

根据所采取的防爆措施，可把防爆电气设备分为隔爆型 d、增安型 e、本质安全型（ia、ib、ic、iD）、正压型（px、PY、pz、pD）、油浸型 o、充砂型 q、浇封型、无火花型（n、nA）、浇封型（ma、mb、mc、mD）、特殊型 s、外壳保护型（tD 粉尘防爆）。此形式符号单独使用时为单一型，采用一种以上使用时为复合型，应先标出主体防爆形式后标出其他防爆形式。

（2）类别/级别

防爆电气设备分为三类与三级，其中，Ⅰ、Ⅱ类为气体环境设备。

Ⅰ类：煤矿井电气设备。矿井下甲烷是最主要的一种危险性气体，没有等级，如 Ex dI、Ex sI。

Ⅱ类：工厂电气设备。爆炸性气体混合物有 155 种，种类繁多，产品制造时，按 MESG（MIC）分为 A、B、C 三级。除煤矿外的其他爆炸性气体环境用电气设备，其中，Ⅱ类隔爆型“d”和本质安全型“i”电气设备又分为ⅡA、ⅡB、ⅡC 类。ⅡC 类无火花型“n”电气设备如果包括密封断路装置、非故障元件或限能设备或电路，该设备应是ⅡA、ⅡB、ⅡC 类。

Ⅲ类：可燃性粉尘环境用电气设备。Ⅲ类又分为ⅢA、ⅢB、ⅢC 三级。ⅢA 类为可燃性飞絮，ⅢB 类为非导电性粉尘，ⅢC 类为导电性粉尘。

（3）温度组别

防爆电气设备温度组别按最高表面温度划分，E 类爆炸性气体环境用电气设备分为 T1、T2、T3、T4、T5、T6 六组，应按对应的 T1～T6 组的电气设备的最高表面温度不超过可能出现的任何气体或蒸气的引燃温度选型。

（4）设备保护级别

Ma 级（EPL Ma）：安装在煤矿甲烷爆炸性环境中的设备，具有“很高”的保护级别，Mb 具有“高”的保护级别。

Ga 级（EPL Ga）：爆炸性气体环境用设备，具有“很高”的保护级别，Gb 级具有“高”的保护级别，Gc 级具有“一般”的保护级别。

Da 级（EPL Da）：爆炸性粉尘环境用设备，具有“很高”的保护级别，Db 级具有“高”的保护级别，Dc 级具有“一般”的保护级别。

应用示例：Ex dⅡBT3Gb，表示：此防爆电气设备为隔爆型Ⅱ类 B 级 T3 组可在温度 200～300℃环境中使用并具有高的防护级别。

2. 电气设备的防护标志 IP

粉尘防爆电气设备是采用限制外壳最高表面温度和采用“尘密”或“防尘”外壳来限制粉尘进入，以防止可燃性粉尘点燃。电气设备的 IP 防护等级是由两个数字所组成，第 1 个数字表示电器离尘、防止外物侵入的等级，第 2 个数字表示电器防湿气、防水侵入的密闭程度，数字越大表示其防护等级越高。其外壳在制造上按一定的防护等级要求标明防护等级代号，如图 9-17 所示。

附加字母 S 表示设备在静止状态下经过了防水试验，在运转状态下经过了防水试验则用字母 M 表示，若无 S 或 M，则表示设备在静止和运转状态下都经过了防水试验。

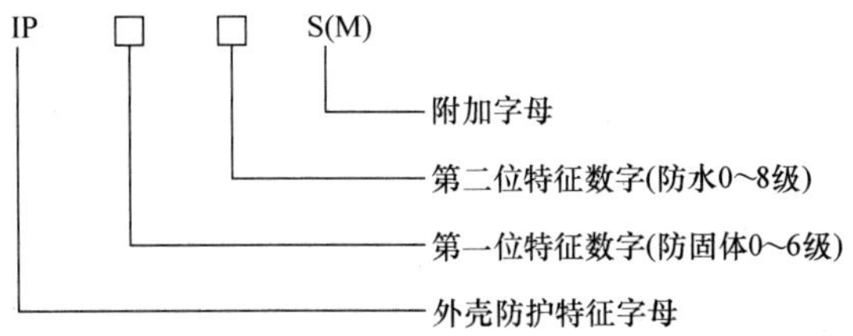

图 9-17 防护等级代号

（1）防尘等级

防尘等级是指电气设备对外界物质的密闭程度，在防尘等级测试实验室中，将灰尘按照一定的密度、时间、温度等条件下进行喷射，以测试电气设备的密闭性。根据国际电工委员会（IEC）制定的标准，防尘等级分为六级，防止固体进入内部的防护等级见表 9-14。

表 9-14 防止固体进入内部的防护等级

第一位特征数字	简短说明	防护等级含义
0	无防护	没有专门防护
1	防大于 50mm 的固体异物	能防止直径大于 50mm 的固体异物进入壳内；能防止人体的某一大面积部分（手）偶然或意外地触及壳内带电部分或运动部件；不能防止有意识的接近
2	防大于 12mm 的固体异物	能防止直径大于 12mm、长度不大于 80mm 的固体异物进入壳内；能防止手指触及壳内带电部分或运动部件
3	防大于 2.5mm 的固体异物	能防止直径大于 2.5mm 的固体异物进入壳内；能防止厚度（直径）大于 2.5mm 的工具、金属线等触及壳内带电部分或运动部件
4	防大于 1mm 的固体异物	能防止直径大于 1mm 的固体进入壳内；能防止厚度（直径）大于 1mm 的工具、金属线等触及壳内带电部分或运动部件
5	防护灰尘	不能完全防止尘埃进入，但进入量不能达到妨碍设备正常运转的程度
6	防尘埃	无尘埃进入

注：1. 第一位特征数字为 1~4 的设备，应能防止三个互相垂直的尺寸都超过第 3 列相应数字、形状规则或不规则的固体异物进入外壳。
2. 对具有泄水孔或通风孔的设备，第一位特征数字为 3 或 4 时，其具体要求由有关专业的相应标准规定。
3. 对具有泄水孔的设备，第一位特征数字为 5 时，其具体要求由有关专业的相应标准规定。

（2）防水等级

防水等级是指用来表示电子设备、灯具、电器设备等产品的防水性能的等级标准。防止水进入内部的防护等级见表 9-15。

表 9-15 防止水进入内部的防护等级

第二位特征数字	简短说明	防护等级含义
0	无防护	没有专门防护
1	防滴	滴水无有害影响
2	15°防滴	当外壳从正常位置倾斜在 15°以内时，垂直滴水无有害影响

（续）

第二位特征数字	简短说明	防护等级含义
3	防淋水	与垂直方向成60°范围以内的淋水无有害影响
4	防溅水	任何方向溅水无有害影响
5	防喷水	任何方向喷水无有害影响
6	防猛烈海浪	猛烈海浪或强烈喷水时，进入外壳水量不致达到有害程度
7	防浸水影响	浸入规定压力的水中经规定时间后，进入外壳水量不致使达到有害程度
8	防潜水影响	能按制造厂规定的条件长期潜水

注：表中数字8，通常是指水密型，但对某些类型设备也可以允许水进入，但不应达到有害程度。

例如，电动机的接线盒，防护等级为IP54，表示5级防尘4级防水。

另外有规定，当设备仅需要用一个特征数字表示防护等级时，则被省略的数字必须用字母X代替，例如，IPX5表示5级防水，IP2X表示2级防尘。

（3）附加字母

附加字母S表示设备的可动部件在静止状态下经过了防水试验，M表示设备的可动部件在运动状态下经过了防水试验，若无S或M，则表示设备在静止和运转状态下都经过了防水试验；H表示该设备为高压设备，W表示在特殊规定的气候条件下使用。

9.5.4 防爆电气设备的选择

1. 电气设备防爆的选用规则

1）电气设备的防爆型式应与爆炸危险区域相适应。当区域内存在两种或两种以上不同级爆炸性混合物时，应按照最大安全系数的原则按危险程度较高的级别和组别选用相适应的防爆设备。

对于非爆炸危险区域，当装有爆炸性物质的容器置于该区域时，在异常情况下也可能发生危险，因此必须考虑意外发生危险的可能性。

2）电气设备的防爆性能应与爆炸危险环境物质的危险性相适应。选用设备时，应根据环境的温度、湿度、海拔、光照度、风沙、水质、散落物、腐蚀物、污染物等客观因素选用满足条件的电气设备。在爆炸性气体环境内，防爆电气设备的类别和温度组别应与爆炸性气体的分类、分级和分组相对应；可燃性粉尘环境内，防爆电气设备的最高表面温度应符合规范规定。

3）应与环境条件相适应。电气设备的选择应符合周围环境内化学作用、机械作用、热、霉菌及风沙等不同环境条件对电气设备的要求，电气设备结构应满足电气设备在规定的运行条件下不降低防爆性能的要求。

4）应符合整体防爆的原则，安全可靠、经济合理、使用维修方便。

2. 爆炸性气体环境电气设备的选型

在爆炸性环境内，电气设备应根据爆炸危险区域的分区、可燃性物质和可燃性粉尘的分级、可燃性物质的引燃温度、可燃性粉尘云、可燃性粉尘层的最低引燃温度进行选择。

爆炸性环境内电气设备保护级别的选择与防爆结构的关系应符合表 9-16 的规定。

表 9-16 爆炸性环境内电气设备保护级别的选择与防爆结构的关系

危险区域	适用的防护等级		
	电气设备类型	设备保护级别（EPL）	对应防爆类型
0 区	本质安全型（ia 级）	Ga	ia
1 区	浇封型	Ga	ma
	光敷设设备和传输系统的保护	Ga	op is
	隔爆型、增安型、油浸型	Gb	d、e、o
	浇封型、充砂型、正压型	Gb	Mb、q、Px py
	本质安全型	Gb	ib
	本质安全现场总线概念（FISCO）	Gb	—
	光辐射设备和传输系统的保护	Gb	Op pr
2 区		Ga、Gb 或 Gc	
	本质安全型、浇封型、正压型	Gc	ic、mc、pz
	限能、限制呼吸	Gc	nL、nR、n
	无火花、火花保护	Gc	nA、nC
	非可燃性现场总线概念（FNICO）	Gc	—
	光辐射设备和传输系统的保护	Gc	Op sh
20 区	本质安全型	Da	iD
	浇封型	Da	mD
	外壳保护型	Da	tD
21 区		Da 或 Db	
	本质安全型、浇封型	Db	iD、mD
	外壳保护、正压型	Db	tD、pD
22 区		Da、Db 或 Dc	
	本质安全型、浇封型	Dc	iD、mD
	外壳保护、正压型	Dc	tD、pD

3. 爆炸性粉尘环境电气设备的选型

爆炸性粉尘环境电气设备的选型，要求除可燃性非导电粉尘和可燃纤维的 11 区环境采用防尘结构（标志为 DP）的粉尘防爆电气设备外，爆炸性粉尘环境 10 区及其他爆炸性粉尘环境 11 区均采用尘密结构（标志为 DT）的粉尘防爆电气设备，并按照粉尘的不同引燃温度选择不同引燃温度组别的电气设备。

1）在爆炸性粉尘环境中，产生爆炸应符合下列条件：存在爆炸性粉尘混合物，其浓度在爆炸极限以内；存在足以点燃爆炸性粉尘混合物的火花、电弧、高温、静电放电或能量辐射。

气体、蒸气或粉尘分级与电气设备类别的关系应符合表 9-17 的规定。

表 9-17　气体、蒸气或粉尘分级与电气设备类别的关系

气体、蒸气或粉尘分级	设备类别	可燃性粉尘分级	设备分类
ⅡA	ⅡA、ⅡB 或ⅡC	ⅢA	ⅢA、ⅢB 或ⅢC
ⅡB	ⅡB 或ⅡC	ⅢA	ⅢB 或ⅢC
ⅡC	ⅡC	ⅢC	ⅢC

当存在有两种以上可燃性物质形成的爆炸性混合物时，应按照混合后的爆炸性混合物的级别和组别选用防爆设备，无据可查又不可能进行试验时，可按危险程度较高的级别和组别选用防爆电气设备。

对于标有适用于特定的气体、蒸气的环境的防爆设备，没有经过鉴定，不得使用于其他的气体环境内。

2）Ⅱ类电气设备的温度组别、最高表面温度和气体、蒸气引燃温度之间的关系符合表 9-18的规定。

表 9-18　Ⅱ类电气设备的温度组别、最高表面温度和气体、蒸气引燃温度之间的关系

电气设备温度组别	电气设备允许最高表面温度/℃	气体/蒸气的引燃温度/℃	使用的设备温度级别
T1	450	>450	T1～T6
T2	300	>300	T2～T6
T3	200	>200	T3～T6
T4	135	>135	T4～T6
T5	100	>100	T5～T6
T6	85	>85	T6

安装在爆炸性粉尘环境中的电气设备应采取措施防止热表面点燃可燃性粉尘层引起的火灾危险。Ⅲ类电气设备的最高表面温度应按国家现行有关标准的规定进行选择。电气设备结构应满足电气设备在规定的运行条件下不降低防爆性能的要求。

3）危险温度。电气设备运行过程中，引发电气火灾与爆炸的直接原因是电火花或电弧及危险温度。

危险温度是因电气设备过热所引起的，而电气设备过热主要是由电流产生的热量所造成的。首先，电流通过导体要消耗一定的电能，其大小用以下公式确定：

$$\Delta W = I^2 Rt \tag{9-8}$$

式中　ΔW——在导体上消耗的电能（W）；

I——流过导体的电流（A）；

R——导体的电阻（Ω）；

t——通电时间（s）。

这部分电能使导体发热，温度升高。其次，对于发动机、变压器等利用电磁感应进行工作的电气设备，由于使用了铁心，交变电流的交变磁场在铁心中产生磁滞损耗和涡流损耗，使铁心发热，温度升高。

电气设备运行时总是要发热的。但是，正确设计、正确施工、正确运行的电气设备稳定运行时，即发热与散热平衡时，其最高温度和最高温升都不会超过某一允许范围。例如，裸导线和塑料绝缘线的最高温度一般不得超过 70℃；橡胶绝缘线的最高温度一般不得超过 65℃；变压器的上层油温不得超过 85℃；电力电容器外壳温度不得超过 65℃；电动机定子绕组的最高温度对应于所采用的 A 级、E 级或 B 级绝缘材料分别为 95℃、105℃或 110℃；定子铁心分别为 100℃、115℃或 120℃等。这就是说，电气设备正常的发热是允许的，但当电气设备的正常运行遭到破坏时，发热量增加，温度升高，在一定条件下会引起火灾。

4. 火灾危险区域电气设备的选择

1）火灾危险区域电气设备的选用原则。

① 符合周围环境条件的要求。

② 设备正常运行发热量大的、出现有火花和外壳表面温度较高的电气设备，安放时应尽量远离可燃物质，必要的时候还应采取一定的隔离措施。

③ 选用设备不宜是电热器具类，不得不使用时，应将其安装在非燃材料底板上。

2）火灾危险区域电气设备的选型。火灾危险区域应根据区域等级和使用条件按表 9-19 选择相应类型的电气设备。

表 9-19 电气设备防护结构的选型

电气设备	防护结构	火灾危险区域		
		21 区	22 区	23 区
电动机	固定安装	IP44	IP54	IP21
	移动式、携带式	IP54	IP54	IP54
电器和仪表	固定安装	充油型 IP56、IP65、IP44	IP65	IP22
	移动式、携带式	IP56、IP65	IP65	IP44
照明灯具	固定安装	防护	防尘	开启
	移动式、携带式	防尘	防尘	防护
配电装置		防尘	防尘	防护
接线盒		防尘	防尘	防护

① 在火灾危险区域 21 区内固定安装的正常运行时有集电环等火花部件的电动机，不宜采用 IP44 型。

② 23 区内固定安装的正常运行时有集电环等火灾部件的电动机，不应采用 IP21 型，而应采用 IP44 型。

③ 21 区内固定安装的正常运行时有火花部件的电器和仪表，不宜采用 IP44 型。

④ 移动式和携带式照明灯具的玻璃罩，应有金属网保护。

3）符合表面温度的要求，电气设备的最高允许表面温度应符合表 9-20 的规定。

表 9-20 电气设备的最高允许表面温度

引燃温度组别	无过负荷的设备/℃	有过负荷的设备/℃
T11	215	195
T12	160	145
T13	120	110

9.6 爆炸性环境电气线路的选择与防火防爆措施

9.6.1 爆炸性环境电缆和导线的选择

1）在爆炸性环境内，低压电力、照明线路采用的绝缘导线和电缆的额定电压应高于或等于工作电压，且 U_0/U 不应低于工作电压。中性线的额定电压应与相线电压相等，并应在同一护套或保护管内敷设。

2）在爆炸危险区内，除在配电盘、接线箱或采用金属导管配线系统内，无护套的电线不应作为供配电线路。

3）在1区内应采用铜芯电缆；除本质安全电路外，在2区内宜采用铜芯电缆，当采用铝芯电缆时，其截面不得小于 $16mm^2$，且与电气设备的连接应采用铜-铝过渡接头。敷设在爆炸性粉尘环境20区、21区及在22区内有剧烈振动区域的回路，均应采用铜芯绝缘导线或电缆。

4）除本质安全系统的电路外，爆炸性环境电缆配线的技术要求应符合表9-21的规定。

表 9-21 爆炸性环境电缆配线的技术要求

爆炸危险区域 技术要求项目	电缆明敷/沟内敷设时的最小截面			移动电缆
	电力	照明	控制	
1区、20区、21区	铜芯 $2.5mm^2$ 及以上	铜芯 $2.5mm^2$ 及以上	铜芯 $1.0mm^2$ 及以上	重型
2区、22区	铜芯 $1.5mm^2$ 及以上， 铝芯 $16mm^2$ 及以上	铜芯 $1.5mm^2$ 及以上	铜芯 $1.0mm^2$ 及以上	中型

5）除本质安全系统的电路外，在爆炸性环境内电压为1000V以下的钢管配线的技术要求应符合表9-22的规定。

表 9-22 爆炸性环境内电压为 1000V 以下的钢管配线的技术要求

爆炸危险区域 技术要求项目	钢管配线用绝缘导线的最小截面			管子连接要求
	电力	照明	控制	
1区、20区、21区	铜芯 $2.5mm^2$ 及以上	铜芯 $2.5mm^2$ 及以上	铜芯 $2.5mm^2$ 及以上	钢管螺纹旋合不应少于5扣
2区、22区	铜芯 $2.5mm^2$ 及以上	铜芯 $1.5mm^2$ 及以上	铜芯 $1.5mm^2$ 及以上	钢管螺纹旋合不应少于5扣

6）在爆炸性环境内，导体允许载流量不应小于熔断器熔体额定电流的 1.25 倍及断路器长延时过电流脱扣器整定电流的 1.25 倍；1000V 以下笼型感应电动机支线的长期允许载流量不应小于电动机额定电流的 1.25 倍。

7）在架空、桥架敷设时电缆宜采用阻燃电缆。当敷设方式采用能防止机械损伤的桥架方式时，塑料护套电缆可采用非铠装电缆。当不存在会受鼠、虫等损害情形时，在 2 区、22 区电缆沟内敷设的电缆可采用非铠装电缆。

8）爆炸性环境线路的保护应符合下列规定：

① 在 1 区内单相网络中的相线及中性线均应装设短路保护，并采取适当开关同时断开相线和中性线。

② 对 3~10kV 电缆线路宜装设零序电流保护，在 1 区、21 区内保护装置宜动作于跳闸。

9）爆炸性环境电气线路的安装应符合下列规定：

① 当可燃物质比空气重时，电气线路宜在较高处敷设或直接埋地；架空敷设时宜采用电缆桥架；电缆沟敷设时沟内应充砂，并宜设置排水措施。

② 电气线路宜在有爆炸危险的建（构）筑物的墙外敷设。

③ 在爆炸粉尘环境，电缆应沿粉尘不易堆积并且易于粉尘清除的位置敷设。

④ 敷设电气线路的沟道、电缆桥架或导管，所穿过的不同区域之间墙或楼板处的孔洞应采用非燃性材料严密堵塞。

⑤ 敷设电气线路时宜避开可能受到的机械损伤、振动、腐蚀、紫外线照射，以及可能受热的地方；不能避开时，应采取预防措施。

⑥ 钢管配线可采用无护套的绝缘单芯或多芯导线。当钢管中含有三根或多根导线时，导线包括绝缘层的总截面不宜超过钢管截面的 40%。钢管应采用低压流体输送用镀锌焊接钢管。钢管连接的螺纹部分应涂以铅油或磷化膏。在可能凝结冷凝水的地方，管线上应装设排除冷凝水的密封接头。

10）在爆炸性气体环境内钢管配线的电气线路应做好隔离密封，且应符合下列规定：

① 在正常运行时，所有点燃源外壳的 450mm 范围内应做隔离密封。

② 直径 50mm 以上钢管距引入的接线箱 450mm 以内处应做隔离密封。

③ 相邻的爆炸性环境之间及爆炸性环境与相邻的其他危险环境或非危险环境之间应进行隔离密封。进行密封时，密封内部应用纤维作填充层的底层或隔层，填充层的有效厚度不应小于钢管的内径，且不得小于 16mm。

④ 供隔离密封用的连接部件，不应作为导线的连接或分线用。

⑤ 在 1 区内电缆线路严禁有中间接头，在 2 区、20 区、21 区内不应有中间接头。

⑥ 当电缆或导线的终端连接时，电缆内部的导线如果为绞线，其终端应采用定型端子或接线鼻子进行连接。

⑦ 铝芯绝缘导线或电缆的连接与封端应采用压接、熔焊或钎焊，当与设备（照明灯具

除外）连接时，应采用铜-铝过渡接头。

⑧ 架空电力线路不得跨越爆炸性气体环境，架空线路与爆炸性气体环境的水平距离不应小于杆塔高度的1.5倍。在特殊情况下，采取有效措施后，可适当减少距离。

9.6.2 电气线路的防爆措施

1）电气线路的敷设要求。敷设电气线路一般选择危险性较小的环境或远离存放易燃、易爆物释放源的地方，或沿建（构）筑物的墙外。

2）电气线路导线材料的要求。一般采用铜芯绝缘导线或电缆，爆炸危险环境的配线，不得采用铝/铝合金导线。导线截面面积1区为$2.5mm^2$以上，2区为$1.5mm^2$以上。

3）电气线路的敷设与配线防爆。电气线路有时应该在高处敷设或埋入地下，特别是在爆炸危险环境当气体、蒸气比空气重的环境中。线路架空敷时应采用电缆桥架，电缆沟敷设时沟内应充砂，并设置有效的排水措施；但当气体、蒸气比空气轻时，电气线路最好在较低处敷设或采用电缆沟敷设。敷设电气线路的沟道，钢管或电缆在穿过不同区域之间墙或楼板处的孔洞时，应用非燃性材料严密堵塞，以防爆炸性混合物气体或蒸气沿沟道、电缆管道滑动。另外，接线时应注意将爆炸性混合物或火焰切断，防止传播到管道的其他部分，所以引向电气设备接线端子的导线，在穿出钢管时应与接线箱保持45cm的距离。

4）电气线路的连接。原则上电气线路之间不允许直接连接，当必须实行连接时，应采用压接、熔焊或钎焊的方法，确保线路接触良好，防止连接点局部过热。线路与电气设备的连接，应采用与线径适当的过渡接头，特别是铜铝线路连接时更应如此。

5）导线的允许载流量。每种导线都会有一个最大允许载流量，绝缘电线和电缆的允许载流量应该大于熔断器熔体1.25倍额定电流和断路器长延时过电流脱扣器1.25倍整定电流。引向电压为1000V以下笼型异步电动机的支线，长时间运行所允许的载流量，不应小于电动机1.25倍额定电流。

6）粉尘环境危险区域内尽量少装插座和局部照明灯具。当必须使用时，插座最好布置在粉尘不易积聚的地点。局部照明灯具宜布置在一旦发生事故时气流不易冲击的位置。

7）防雷和防静电接地的防爆要求见本书其他章节介绍。

9.6.3 变、配电所的防爆措施

一般情况下变、配电所都布置在爆炸危险区域范围以外的区域，但有时受地域条件的限制可能会与爆炸危险区域毗连，这时就要求考虑变、配电所产生火花、电弧和危险温度的电气设备与爆炸危险区域的互相影响。另外，变、配电所的布置和爆炸危险区域的具体位置不同对危险性具有决定性意义，如若将变、配电所布置在爆炸危险区域的正上方或正下方，爆炸性混合物侵入的可能性就大，发生爆炸还有可能会引起连锁反应，使事故后果更加严重。当两者必须毗连时应尽量将变、配电所靠近楼梯间和外墙布置，以防爆炸性混合物侵入，而

且会有利于管理人员的疏散。变、配电所的门、窗和爆炸危险区域的门、窗、洞口的布置，也应尽量加大相互之间的距离，以减小爆炸性混合物侵入的可能性，减小事故发生时的影响。一般情况下爆炸危险区域的正上方或正下方都不应设置变、配电所。

变、配电所与爆炸危险区域的建、构筑物有可能共用墙体，安装时要根据危险区域等级，确定共用的墙面数。共用隔墙和楼板应是实体和非燃烧体，且应抹灰。而且在 1 区、10 区不应有管道穿过；其他区域有管道和沟道穿过时，穿墙孔洞应用非燃烧材料严密堵塞。

变、配电所和控制室为正压室时，变、配电所也可布置在 1 区、2 区内，但要求室内的地面要高出室外地面 0.6m 左右。

9.6.4 其他设备的电气防火措施

为了营造建筑内部舒适的工作、生活环境，建筑内部安装使用了各种设备（如供暖、通风与空调等），这些设备自身具有一定的火灾危险性，如果设计、使用不当，还可能造成火势的蔓延扩大。因此，必须采取相应的防火防爆措施预防和减少火灾与爆炸的危害。

（1）供暖设备

1）电力加热设备与送风设备的电气开关应有联锁装置，以防风机停转时，电加热设备仍单独继续加热，导致温度过高而引起火灾。

2）应在重要部位设置感温自动报警器，必要时加设自动防火阀，以控制取暖温度，防止过热起火。

3）装有电加热设备的送风管道应用不燃材料制成。

4）有电加热器时，电加热器的开关和电源开关应与通风机的起停联锁控制，以防止通风机已停止工作，而电加热器仍继续加热导致过热起火。电加热器前后各 0.8m 范围内的风管和穿过有高温、火源等容易起火房间的风管，均必须采用不燃材料，以防电加热器过热引起火灾。

5）有熔断器的防火阀，其动作温度宜为 70℃。

（2）柴油发电机房

1）供电线路短路或其他电气故障容易引起电气设备着火。

2）应设置火灾自动报警装置。

3）直燃机房应设置火灾自动报警系统。燃油直燃机房应设感温火灾探测器，燃气直燃机房应设感烟火灾探测器及可燃气体报警探测器。应设置与直燃机的容量及建筑规模相适应的灭火设施，当建筑内其他部位设置自动喷水灭火系统时，应设置自动喷水灭火系统及水喷雾灭火装置，两个系统之间应可靠联动，报警探测器探测点不少于 2 个，且应布置在易泄漏的设备或部件上方。当可燃气体浓度达到爆炸下限的 25%时，报警系统应能及时准确报警、切断燃气总管上的阀门和非消防电源，并启动事故排风系统。设置自动喷水灭火系统的直燃机房应设置排水设施。

4）应设置双回路供电，并应在末端配电箱处设自动切换装置。燃气直燃机房使用气体如果密度比空气小（如天然气），机房应采用防爆照明电器；使用气体如果密度比空气大（如液化石油气），则机房应设不发火地面，且使用液化石油气的机房不应布置在地下各层。

5）机房内的电气设备应采用防爆型，溴化锂机组所带的真空泵电控柜，也应采取隔爆措施，保证在运行过程中不产生火花。电气设备应有可靠的接地措施。

（3）锅炉房、厨房

1）锅炉房应设置火灾报警装置和与锅炉容量及建筑规模相适应的灭火设施。

2）锅炉房电力线路不宜采用裸线或绝缘线明敷，应采用金属管或电缆布线，且不宜沿锅炉烟道、热水箱和其他载热体的表面敷设，电缆不得在煤场下通过。

3）厨房电气故障。厨房的使用空间一般都比较紧凑，各种大型厨房电气设备种类繁多，加之厨房高温、高湿及油污的环境特点，极易造成设备配电回路的绝缘老化及电气连接接触不良，从而引发电气火灾，尤其是在吊顶内电气故障引发的火灾，还存在隐蔽不易及时发现的特点。

4）厨房烹饪操作间的排油烟及烹饪部位应设置自动灭火装置，并应在燃气或燃油管道上设置与自动灭火装置联动的自动切断装置。

5）使用燃气的厨房属于建筑内可能散发可燃气体的场所，应设置可燃气体报警装置。

复　习　题

1. 引起电气设备过度发热的不正常运行主要包括哪几种情况？
2. 易燃易爆物质的燃爆条件有哪些？
3. 简述本质安全电路的原理。
4. 危险区域的范围大小受哪些因素的影响？
5. 爆炸性气体混合物有哪些分级、分组方法？
6. 电气设备选择的一般要求有哪些？
7. 应如何选择爆炸性环境的电气设备？
8. 防爆电气设备选用原则是什么？
9. 爆炸性粉尘环境危险区域的分区等级是什么？
10. 本质安全电路的安全措施是什么？

第九章练习题

扫码进入小程序，完成答题即可获取答案

第 10 章 建筑物防雷

内容提要

本章主要介绍雷电的形成原理、种类和雷电的危害，建筑物防雷级别分类，防雷装置的组成，防雷设计要求与材料选择。

本章重点

建筑物接闪杆、接闪线保护范围的计算，各类建筑物防雷措施。

10.1 雷电的种类及危害

10.1.1 雷电的起因

雷电是雷云之间或雷云对地面放电的一种自然现象。在雷雨季节里，地面上的水分受热变成水蒸气，并随热空气上升，在空中与冷空气相遇，使上升气流中的水蒸气凝成水滴或冰晶，形成积云。云中的水滴受强烈气流的摩擦产生电荷，而且微小的水滴带负电，小水滴容易被气流带走形成带负电的云；较大的水滴留下来形成带正电的云。这种带电的云层称为雷云。雷云是产生雷电的基本因素，而雷云的形成必须具有下列三个条件：

1）空气中有足够的水蒸气。

2）有使潮湿的空气能够上升并凝结为水珠的气象或地形条件。

3）具有使气流强烈持久地上升的条件。

雷云放电波形如图 10-1 所示。

10.1.2 雷电的种类

雷电的种类可分为直击雷、感应雷（静电感应、电磁感应）、闪电电涌侵入三种。

雷电的危害与种类

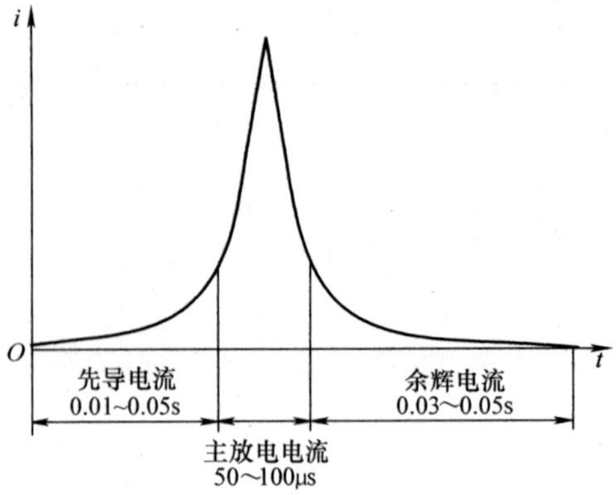

图 10-1 雷云放电波形

1. 直击雷

闪击直接击于建（构）筑物、其他物体、大地或外部防雷装置上，产生电效应、热效应和机械力者。雷电流通过被击物时产生大量的热量，会造成金属融化、树木烧焦，建筑物炸裂。尤其是雷电流流过易燃易爆体时，会引起火灾或爆炸，造成建筑物倒塌、设备毁坏及人身伤害等重大事故，直击雷的破坏最为严重。

2. 感应雷

感应雷是由于雷电流强大的电场和磁场变化产生的静电感应与电磁感应造成的。它能造成金属部件之间产生火花放电，引起建筑物内的爆炸危险物品爆炸或易燃物品燃烧。

1）闪电静电感应。由于雷云的作用，使附近导体上感应出与雷云符号相反的电荷，雷云主放电时，先导通道中的电荷迅速中和，在导体上的感应电荷得到释放，如果没有就近泄入地中就会产生很高的电位。

2）闪电电磁感应。由于雷电流迅速变化在其周围空间产生瞬变的强电磁场，使附近导体上感应出很高的电动势。

3）闪电感应。闪电感应是指闪电放电时，在附近导体上产生的雷电静电感应和雷电电磁感应，它可能使金属部件之间产生火花放电。

3. 闪电电涌侵入

由于雷电对架空线路、电缆线路或金属管道的作用，雷电波即闪电电涌，可能沿着这些管线侵入屋内，危及人身安全或损坏设备。

10.1.3 雷电参数

为了对大气过电压采取保护措施，必须知道雷电参数。但雷电活动是由大自然气象变化所形成的，各次雷云与放电条件千差万别，故其参数只能是多次观测所得的统计数据。现将常用的几种雷电参数介绍如下。

1. 雷电通道的波阻抗

主放电时的雷电通道，是充满离子的导体，可看成和普通导线一样，对电流呈现一定的阻抗，此时雷电压波与电流波幅值之比（u_m/I_m）称为雷电流通道的波阻抗 Z_o。在防雷设计时，$Z_o=300\Omega$。

2. 雷电流幅值

雷电流具有冲击特性。雷电流幅值即雷电冲击电流的最大值，也即放电时雷电流的最大值。雷电流幅值可高达数十千安至数百千安。根据我国各地测得的统计数据绘测出的雷电流概率曲线如图 10-2 所示。

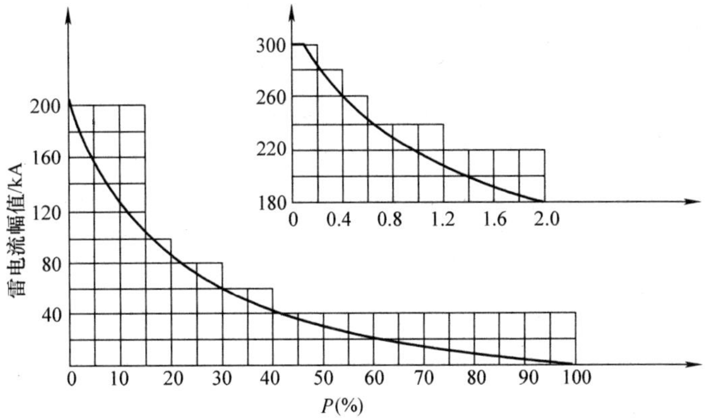

图 10-2　我国的雷电流概率曲线

图 10-2 中所示的概率曲线也可用下式表示：

$$\lg P=-\frac{I}{108} \tag{10-1}$$

式中　P——雷电流幅值概率（%）；

I——雷电流幅值（kA）。

对于 100kA 的雷电流幅值，可用计算或在图中查得，其概率为 11.9%。即每 100 次雷击中，大约有 12 次雷击的雷电流达到 100kA。我国西北地区、内蒙古、西藏、东北边境地区的雷电活动较弱。雷电流幅值的概率可用下式表示：

$$\lg P=-\frac{I}{54} \tag{10-2}$$

3. 雷击电流参数的定义波形与陡度

雷电流是一种冲击波，雷电流 I 随时间 t 上升的速率，称为雷电流陡度。

雷电流的幅值和陡度随各次放电条件而异，一般幅值大的陡度也大。幅值和最大陡度都出现在波头部分，故防雷设计只考虑波头部分。雷击参数的定义如图 10-3 所示。

4. 雷暴日

为了统计不同地区雷电活动的频繁程度，经常采用年平均雷暴日（d/a）来衡量。雷暴日值越大，代表该地区雷电活动越频繁。我国地域辽阔，各地气候特征及雷雨期的长短不同，所以雷电活动频繁程度在不同的地区是不一样的。雷暴日的多少和纬度有关。北回归线（北纬 23.5°）以南一般在 80~133d/a；北回归线到长江流域一带为 40~80d/a；长江以北大部分地区和东北地区多在 20～40d/a；西北地区最弱，大多在 10d/a 左右甚至更少。我国规定平均雷暴日不超过 15d/a 的地区称为少雷区，超过 40d/a 的地区称为多雷区。近 30 年的统计资料显示，我国超过 40d/a 的地区有贵阳、昆明、南宁、广州、海口等。

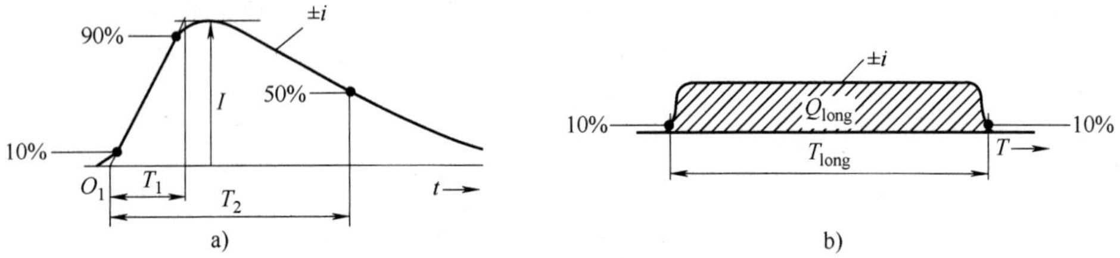

图 10-3　雷击参数的定义

a）短时雷击（典型值 $T_2<2ms$）　b）长时雷击（典型值 $2ms<T_{iog}<1s$）

I—峰值电流（幅值）　T_1—波头时间　T_2—半值时间　T_{long}—波头及波尾幅值尾峰值 10%两点之间的时间间隔

Q_{long}—长时间雷击的电荷量

5. 雷电冲击过电压

雷电时的冲击过电压很高，直击雷的过电压可用下式表达：

$$U=iR+L\frac{di}{dt} \tag{10-3}$$

式中　U——直击雷冲击过电压（kV）；

i——雷电流（kA）；

R——防雷装置的冲击接地电阻（Ω）；

$\frac{di}{dt}$——雷电流陡度（kA/μs）；

L——雷电流通路的电感（μH）。

由此可见，直击雷冲击过电压由两部分组成，前一部分决定于雷电流的大小，后一部分决定于雷电流陡度。应当注意，直击雷冲击过电压除决定于雷电流的特征外，还决定于雷电流通道的波阻抗。

6. 雷击电磁脉冲

雷击电磁脉冲是雷电流经电阻、电感、电容耦合产生的电磁效应，包含闪电电涌和辐射电磁场。

7. 年预计雷击次数

建筑物年预计雷击次数应按下式计算：

$$N=kN_gA_e \tag{10-4}$$

式中　N——建筑物的年预计雷击次数（次/a）；

k——校正系数，在一般情况下取 1，在下列情况下取相应数值：位于河边、湖边、山坡下或山地中土壤电阻率较小处、地下水露头处、土山顶部、山谷风口等处的建筑物，以及特别潮湿的建筑物取 1.5；金属屋面没有接地的砖木结构建筑物取 1.7；位于山顶上或旷野的孤立建筑物取 2；

N_g——建筑物所处地区雷击大地的年平均密度［次/(km² · a)］；

A_e——与建筑物截收相同雷击次数的等效面积（km²）。

雷击大地的年平均密度，首先应按当地气象台、站的资料确定；若无此资料，可按下式计算：

$$N_g = 0.1T_d \tag{10-5}$$

式中 T_d——年平均雷暴日（d/a），根据当地气象台、站的资料确定。

与建筑物截收相同雷击次数的等效面积应为其实际面积向外扩大后的面积，其计算方法应符合下列规定。

1）当建筑物的高度小于 100m 时，其每边的扩大宽度和等效面积应按下列公式计算（图 10-4）：

$$D = \sqrt{H(200-H)} \tag{10-6}$$

$$A_e = [LW + 2(L+W)\sqrt{H(200-H)} + \pi H(200-H)] \times 10^{-6} \tag{10-7}$$

式中 D——建筑物每边的扩大宽度（m）；

L、W、H——建筑物的长、宽、高（m）。

建筑物平面积扩大后的等效面积 A_e 为图 10-4 中的虚线所包围的面积。

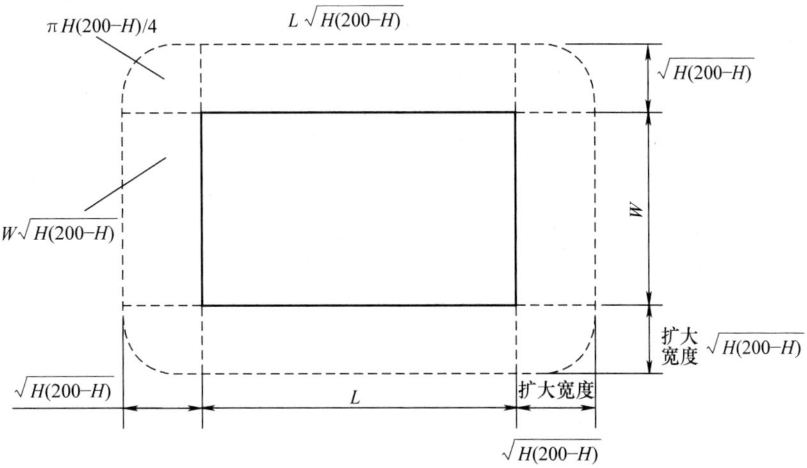

图 10-4 建筑物的等效面积

2）当建筑物的高度等于或大于 100m 时，其每边的扩大宽度 D 应按等于建筑物的高度 H 计算，建筑物的等效面积（km²）应按下式计算：

$$A_e = [LW + 2H(L+W) + \pi H^2] \times 10^{-6} \tag{10-8}$$

3）当建筑物各部位的高度不同时，应沿建筑物周边逐点算出最大扩大宽度，其等效面积应按每点最大扩大宽度外端的连接线所包围的面积计算。

10.1.4 雷电的危害

雷电的危害主要表现在雷电放电时所出现的各种物理效应和作用。

1. 电效应

数十万至数百万伏的冲击电压可瞬间击毁电气设备，击穿绝缘使设备发生短路，导致燃烧、爆炸等直接灾害；强大的雷电流烧断电线或劈裂电杆，造成大规模的停电。巨大的雷电流流经防雷装置时会造成防雷装置电位升高，这样的高电位同样可以作用在电气线路、电气设备或其他金属管道上，使它们之间产生放电。

2. 热效应

巨大的雷电流通过导体，在极短的时间内转换成大量的热能，雷击点的发热量为500~2000J，可造成易爆物品燃烧或金属熔化、飞溅而引起火灾或爆炸事故。雷放电时能产生数万度高温，空气急剧膨胀扩散，产生冲击波，具有一定的破坏力。

3. 机械效应

机械效应主要表现为被雷击物体发生爆炸、扭曲、崩溃、撕裂等现象，导致财产损失和人员伤亡。

4. 静电感应

静电感应可使被击物导体感生出与闪电性质相反的大量电荷，当雷电消失来不及流散时，即会产生很高电压，发生放电现象从而导致火灾。

5. 电磁感应

电磁感应会在雷击点周围产生强大的交变电磁场，处于电磁场中间的导体就会感应出很高的电动势，这种强大的电动势可以使闭合的金属导体产生很大的感应电流引起发热及其他破坏。其感生出的电流可引起变电器局部过热而导致火灾。电磁感应能使导体的开口处产生火花放电，如遇易燃、易爆物品就会引起爆炸或燃烧。

6. 雷电波侵入

雷电波侵入是指雷击发生时，雷电直接击中架空线路或埋地较浅的金属管道、电缆，强大的雷电流沿着这些管线侵入室内。

7. 雷电对人的危害

雷击电流迅速通过人体，可立即使人呼吸中枢麻痹、心室纤颤或心博骤停，致使脑组织及一些主要器官受到严重损害，出现休克或忽然死亡；雷击时产生的电火花，还可使人遭到不同程度的烧伤。当雷电流入地时，在地面上可引起跨步电压，造成人身伤亡事故。

10.1.5 建筑物易受雷击的部位

建筑物易受雷击的部位如图10-5所示，其中，图a为平屋面，图b为坡度不大于1/10的屋面，图c为坡度大于1/10且小于1/2的屋面，图d为坡度不小于1/2的屋面。檐角、女儿墙、屋檐为其易受雷击的部位，当屋脊有接闪带且屋檐处于屋脊接闪带的保护范围内时，屋檐上可不设接闪带。

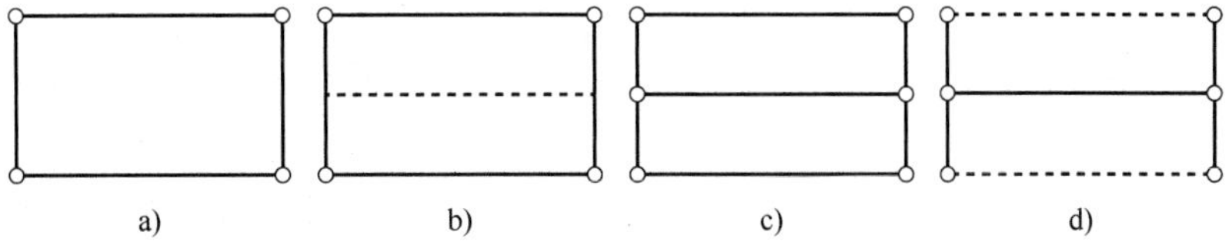

图 10-5　建筑物易受雷击的部位图

注："o" 表示雷击率最高部位，"—" 表示易受雷击的部位，"---" 表示不易受雷击的屋脊或屋檐。

10.2 建筑物防雷分类

建筑物的防雷包括雷电防护系统（LPS）和雷电电磁脉冲防护系统（LPMS），雷电防护系统由外部防雷装置和内部防雷装置组成。建筑物根据其重要性、使用性质、发生雷击事故的可能性及后果不同，可按防雷要求分为三类。现行《建筑物防雷设计规范》（GB 50057—2010）规定，民用建筑物应划分为第二类和第三类防雷建筑物。

10.2.1　第一类防雷建筑物

1）凡制造、使用或储存火炸药及其制品的危险建筑物，因电火花而引起爆炸、爆轰，会造成巨大破坏和人身伤亡者。

2）具有 0 区或 20 区爆炸危险场所的建筑物。

3）具有 1 区或 21 区爆炸危险场所的建筑物，因电火花而引起爆炸，会造成巨大破坏和人身伤亡者。

10.2.2　第二类防雷建筑物

1）国家级重点文物保护的建筑物。

2）国家级的会堂、办公建筑物、大型展览和博览建筑物、特大型、大型铁路旅客站、国际性的航空港（不含停放飞机的露天场所和跑道）、国宾馆、国家级档案馆、大型旅游建筑物；国际港口客运站；大型城市的重要给水泵房等特别重要的建筑物。

3）国家级计算中心、国家级通信枢纽等对国民经济有重要意义且装有大量电子设备的建筑物。

4）国家特级和甲级大型体育馆。

5）高度超过 100m 的建筑物。

6）年预计雷击次数大于 0.05 次的部、省级办公建筑物和其他重要或人员密集的公共建筑物。

7）年预计雷击次数大于0.25次的住宅、办公楼等一般性民用建筑物或一般性工业建筑物。

8）制造、使用或储存火炸药及其制品的危险建筑物，且电火花不易引起爆炸或不致造成巨大破坏和人身伤亡者。

9）具有1区或21区爆炸危险场所的建筑物，且电火花不易引起爆炸或不致造成巨大破坏和人身伤亡者。

10）具有2区或22区爆炸危险场所的建筑物。

11）有爆炸危险的露天钢质封闭气罐。

10.2.3 第三类防雷建筑物

1）省级重点文物保护的建筑物及省级档案馆。

2）省级大型计算中心和装有重要电子设备的建筑物。

3）100m以下，高度超过54m的住宅建筑和高度超过50m的公共建筑物。

4）年预计雷击次数大于或等于0.01次，且小于或等于0.05次的省、部级办公建筑物和其他重要或人员密集的公共建筑物，以及火灾危险场所。

5）年预计雷击次数大于或等于0.05次，且小于或等于0.25次的住宅、办公楼等一般性民用建筑物或一般性工业建筑物。

6）在年平均雷暴日大于15d的地区，高度在15m及以上的烟囱、水塔等孤立的高耸建筑物；平均年雷暴日小于或等于15d的地区，高度在20m及以上的烟囱、水塔等孤立的高耸建筑物。

7）建筑群中最高的建筑物或位于建筑群边缘高度超过20m的建筑物。

8）通过调查确认当地遭受过雷击灾害的类似建筑物；历史上雷害事故严重地区或雷害事故较多地区的较重要建筑物。

10.3 建筑物防雷装置

建筑物的直击雷防护装置由接闪器、引下线和接地装置三部分组成。接闪器高出被保护物，又和大地直接相连，当雷云接近时，它的顶部与雷云之间的电场强度最大，因而可将雷云的电荷吸引到接闪器本身，并经引下线和接地装置将雷电流安全地泄放到大地中去，使被保护物免受直接雷击。

10.3.1 接闪器

接闪器分为接闪杆、接闪带、接闪线、接闪网、用以接闪的金属屋面、金属构件等。

1. 接闪杆

接闪杆最初的形式只是富兰克林所设计的磨尖的铁棒，从 18 世纪中叶雷电科学家发明接闪杆以来，它一直是建筑物防避直击雷的重要手段。

1）独立接闪杆。是用来保护建筑物、高大树木等避免雷击的装置。在被保护物顶端安装一根接闪器，用符合规格导线与埋在地下的泄流地网连接起来。接闪杆规格必须符合国家标准，每一个防雷类别需要的接闪杆高度规格都不一样。接闪杆的防雷作用是它能把闪电从保护物上方引向自己并安全地通过自己泄入大地，因此，其引雷性能和泄流性能是至关重要的。图 10-6 为接闪杆形状图。

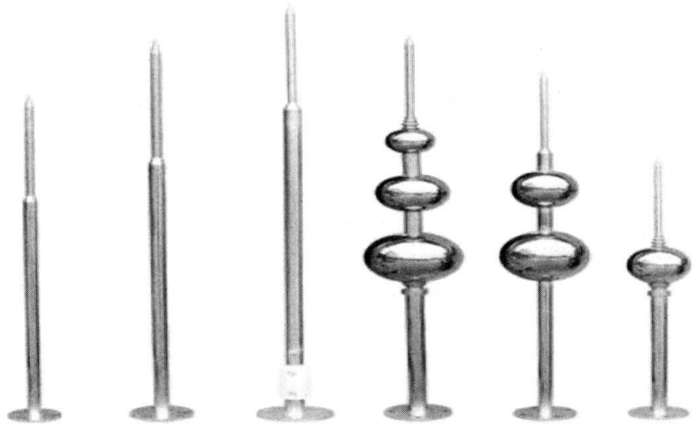

图 10-6 接闪杆形状图

接闪杆宜采用热浸镀锌圆钢、钢管或不锈钢制成，其直径见表 10-1，钢管壁厚不应小于 2.5mm。

表 10-1 接闪杆长对应的材料直径及允许风压 （风压单位：kN/m^2）

材料	针长 1m 以下		针长 1~2m		烟囱顶上的针	
	直径/mm	允许风压	直径/mm	允许风压	直径/mm	允许风压
圆钢直径	≥12	2.66	≥16	0.79	≥20	—
钢管直径	≥20	12.36	≥25	2.43（2m 长）	≥40	5.57（2m 长）

2）特殊场所使用的独立接闪杆的高度应满足保护范围要求，其结构强度应能满足极端允许风压要求。

3）接闪杆的接闪端宜做成半球状，其最小弯曲半径宜为 4.8mm，最大宜为 12.7mm。

4）架空接闪线和接闪网宜采用截面不小于 $50mm^2$ 热镀锌钢绞线或铜绞线。

5）不得利用安装在接收无线电视广播天线杆顶上的接闪器保护建筑物。

2. 接闪网（接闪带）

1）接闪带是指在平顶房子四周的女儿墙用金属连成一周把它与大地良好连接，其保护原理与接闪杆相同。平屋顶接闪带可与房屋的外形较好的配合，既美观防雷效果又好，它的保护范围大而有效，是独立的接闪杆所无法相比的。接闪带的制作，采用扁钢，截面面积不小于 $48mm^2$，其厚度不应小于4mm。平屋顶宽度按照建筑物防雷类别确定。

在坡顶屋的屋脊、屋檐上装上金属带作为接闪器，瓦顶房屋面坡度为27°~35°，长度不超过75m时，只沿屋脊、屋檐敷设接闪带。

2）当屋顶面积非常大时，应敷设金属网格，即接闪网。接闪网分明网和暗网，网格越密，可靠性越好，网格的尺寸视建筑物防雷保护级别确定。

3）接闪线。在电力系统，为了使输电线路少受雷击，采用了在输电线路上方架设平行的钢线避雷的方法，这种架设在输电线路上方的保护钢线，也称为接闪线。架空接闪线一般采用热镀锌钢绞线或铜绞线，截面面积不得小于 $50mm^2$。

4）除第一类防雷建筑物外，金属屋面的建筑物宜利用其屋面作为接闪器，并应符合下列规定：

① 板间的连接应是持久的电气贯通，可采用铜锌合金焊、熔焊、卷边压接、缝接、螺钉或螺栓连接。

② 金属板下面无易燃物品时，铅板的厚度不应小于2mm，不锈钢、热镀锌钢、钛和铜板的厚度不应小于0.5mm，铝板的厚度不应小于0.65mm，锌板的厚度不应小于0.7mm。

③ 金属板下面有易燃物品时，不锈钢、热镀锌钢和钛板的厚度不应小4mm，铜板的厚度不应小于5mm，铝板的厚度不应小于7mm。

④ 金属板无绝缘被覆层。

屋顶上的永久性金属物宜作为接闪器，旗杆、栏杆、钢管直径要符合设计要求；输送和储存物体的钢管和钢罐的壁厚不应小于2.5mm；钢管、钢罐一旦被雷击穿，内部介质对周围环境将造成危险，因而其壁厚不应小于4mm。

5）采用接闪带和接闪网保护时，屋顶上的烟囱、混凝土女儿墙、排气孔、天窗及建筑装饰等凸出于屋顶上部的结构物和其他凸出部分，都要装设短接闪杆或接闪带保护，或暗装防护线，并连接到就近接闪带或接闪网上。对金属旗杆、金属烟囱、钢爬梯、风帽、透气管等必须与就近的接闪带、接闪网焊接。

接闪网、接闪带及在烟囱上接闪环的规格见表10-2。

表10-2　接闪网、接闪带及在烟囱上接闪环的规格

类别	材料及规格		
	圆钢直径/mm	扁钢截面面积/mm^2	扁钢厚度/mm
接闪网、接闪带	≥8	≥50	≥2.5
烟囱上接闪环	≥12	≥100	≥1

10.3.2　引下线

引下线是指连接接闪器与接地装置的金属导体。接闪杆与大地之间的可靠导体，使得接闪杆与大地成为一个等电势体（零电势体），空中的带电电荷与接闪杆之间现成电势差，根据尖端放电原理会首先在尖端聚集相反的电荷形成放电，从而对建筑物形成保护。如果没有引下线，就不能与大地形成回路，接闪杆就不起作用了。

1. 明敷引下线

引下线宜采用热镀锌圆钢或扁钢，宜优先采用圆钢。当采用圆钢时，直径不应小于 8mm。当采用扁钢时，截面面积不应小于 $50mm^2$，厚度不应小于 2.5mm。

1）在易受机械损伤之处，地面上 1.7m 至地面下 0.3m 的一段接地线，应采用暗敷或采用镀锌角钢、改性塑料管或橡胶管等加以保护。

2）专设引下线应沿建筑物外墙外表面明敷，并应经最短路径接地。专设引下线距地面 0.3~1.8m 处设置断接卡。

3）当独立烟囱上的引下线采用圆钢时，其直径不应小于 12mm；采用扁钢时，其截面不应小于 $100mm^2$，厚度不应小于 4mm。

4）建筑物的钢梁、钢柱、消防梯等金属构件，以及幕墙的金属立柱宜作为引下线，但其各部件之间均应保证连成电气贯通。各金属构件可覆有绝缘材料。

5）为防止跨步电压的危害，利用建筑物四周或建筑物内的金属构架和结构柱内的钢筋作为自然引下线时，其专用引下线的数量不少于 10 处，且所有自然引下线之间通过防雷接地网互相电气导通；引下线 3m 范围内土壤地表层的电阻率不小于 50kΩ · m；或敷设 5cm 厚沥青层或 15cm 厚砾石层。

2. 暗装引下线

引下线暗敷时截面面积应加大一级，圆钢直径不应小于 10mm，扁钢截面面积不应小于 $80mm^2$。建筑物防雷装置宜利用钢筋混凝土屋顶、梁、柱、基础内的钢筋作为引下线。

1）敷设在混凝土结构柱中作引下线的钢筋仅为一根时，其直径不应小于 10mm。当利用构造柱内钢筋时，其截面面积总和不应小于一根直径 10mm 钢筋的截面面积，且多根钢筋应通过箍筋绑扎或焊接连通。作为专用防雷引下线的钢筋应上端与接闪器、下端与防雷接地装置可靠连接，结构施工时做明显标记。

2）采用多根专设引下线时，应在各引下线上距地面 0.3~1.8m 处装设断接卡。当利用混凝土内钢筋、钢柱作为自然引下线并同时采用基础接地体时，可不设断接卡，但利用钢筋作引下线时应在室内外的适当地点设若干连接板。当仅利用钢筋作引下线并采用埋于土壤中的人工接地体时，应在每根引下线上距地面不低于 0.3m 处设接地体连接板。采用埋于土壤中的人工接地体时应设断接卡，其上端应与连接板或钢柱焊接。连接板处宜有明显标志。

3）除利用混凝土中钢筋作引下线外，引下线应热浸镀锌，焊接处应涂防腐漆。在腐蚀性较强的场所，还应加大截面面积或采取其他的防腐措施。

4）明敷接闪器导体和引下线固定支架的间距不宜大于表 10-3 的规定，固定支架的高度不宜小于 150mm。

表10-3　明敷接闪器导体和引下线固定支架的间距

布置方式	扁形导体和绞线固定支架的间距/mm	单根圆形导体和固定支架的间距/mm
安装于水平面上的水平导体	500	1000
安装于垂直面上的水平导体	500	1000
安装于从地面至20m垂直面上的垂直导体	1000	1000
安装在高于20m以上的垂直导体	500	1000

5）采用接闪带和接闪网保护时，每一栋房屋至少有两根引下线（投影面积小于 $50m^2$ 的建筑物可只用一根）。避雷引下线最好对称布置，例如两根引下线成“一”字或“Z”字形，四根引下线时按建筑物四个角布置。

6）接闪线（带）、接闪杆和引下线的材料、结构与最小截面面积应满足表10-4规定。

表10-4　接闪线（带）、接闪杆和引下线的材料、结构与最小截面面积

材料	结构	最小截面面积/mm^2	备注
铜，镀锡铜（锡层厚度≥1μm）	单根扁铜	50	厚度2mm
	单根圆铜	50	直径8mm（无机械强度要求时可减为6mm）
	铜绞线	50	每股线直径1.7mm
	单根圆铜	176	直径15mm（仅用于1m长接闪杆，入地处）
铝	单根扁铝	70	厚度3mm
	单根圆铝	50	直径8mm
	铝绞线	50	每股线直径1.7mm
铝合金	单根扁形导体	50	厚度2.5mm
	单根圆形导体	50	直径8mm
	绞线	50	每股线直径1.7mm
	单根圆形导体	176	直径15mm（仅用于1m长接闪杆并增加固定）
	外表面镀铜的单根圆形导体	50	直径8mm，径向镀铜厚度至少70μm，铜纯度99.9%
热浸镀锌钢（圆钢镀锌层至少 $22.7g/m^2$，扁钢 $32.4g/m^2$）	单根扁钢	50	厚度2.5mm
	单根圆钢	50	直径8mm（铜最小截面面积为 $16mm^2$）
	绞线	50	每股线直径1.7mm
	单根圆钢	176	直径15mm（仅用于1m长接闪杆，入地处）
不锈钢（铬含量≥16%，镍含量≥8%，碳含量≤0.08%）	单根扁钢	50	厚度2mm（埋于混凝土内及与可燃材料接触时为3mm，当温升和机械受力时可增大至 $60mm^2$）
	单根圆钢	50	直径8mm（埋于混凝土内及与可燃材料接触时为10mm，当温升和机械受力时可增大至 $78mm^2$）
	绞线	70	每股线直径1.7mm
	单根圆钢	176	直径15mm（仅用于1m长接闪杆，入地处）
外表面镀铜的钢	单根圆钢（直径8mm）	50	镀铜厚度至70μm，铜纯度99.9%
	单根扁钢（厚2.5mm）		

10.3.3 接地装置

接地装置是指埋于地下的接地线和接地体，是防雷装置的重要组成部分，直接向大地均匀泄放雷电流。埋于土壤中的人工垂直接地体宜采用热镀锌角钢、钢管或圆钢；埋于土壤中的人工水平接地体宜采用热镀锌扁钢或圆钢。

1. 单独设置的人工接地体

1）人工钢质垂直接地体的长度宜为 2.5m，其间距及与人工水平接地体的间距均宜为 5m，当受地方限制时可适当减小；埋设深度不应小于 0.5m，并宜敷设在当地冻土层以下，距墙或基础不宜小于 1m；接地线应与水平接地体的截面面积相同；人工接地体宜远离由于烧窑、烟道等高温影响使土壤电阻率升高的地方。

2）在敷设于土壤中的接地体和建筑物混凝土基础内的钢筋或钢材间连接导体可根据具体需要采用钢质、铜质、镀铜或不锈钢导体，其连接宜采用焊接，焊接处做防锈、防腐处理。在腐蚀性较强的土壤中，还应适当加大其截面面积或采取其他防腐措施。

3）在高土壤电阻率的场地，可采用将接地体埋于较深的低电阻率土壤中、换土、敷设水下接地网和降阻剂的方法降低防直击雷冲击接地电阻。采用多支线外引接地装置，其有效长度按规范要求计算确定。

4）人工水平接地体多为放射性布置，也可成排布置或环形布置。

5）防直击雷的专设引下线距出入口或人行道边沿不宜小于 3m。

2. 接地网

1）民用建筑宜优先利用钢筋混凝土基础中的钢筋作为防雷接地网。当需要增设人工接地体时，若敷设于土壤中的接地体连接到混凝土基础内钢筋或钢材，则土壤中的接地体宜采用铜质、镀铜或不锈钢导体。

2）为降低跨步电压，人工防雷接地网距建筑物入口处及人行道不宜小于 3m，当小于 3m 时，水平接地极局部深埋不应小于 1m、水平接地极局部应包以绝缘物或采用沥青碎石地面或在接地网上面敷设 50~80mm 沥青层，其宽度不宜小于接地网两侧各 2m。

3）当基础采用以硅酸盐为基料的水泥和周围土壤的含水量不低于 4%，以及基础的外表面无防腐层或有沥青质的防腐层时，钢筋混凝土基础内的钢筋宜作为接地网，并应符合下列规定：

① 每根专用引下线处的冲击接地电阻不宜大于 5Ω。

② 利用基础内钢筋网作为接地体时，每根专用引下线在距地面 0.5m 以下的钢筋表面积总和，对第二类防雷建筑物不应少于 $4.24K_c^2\text{m}^2$，对第三类防雷建筑物不应少于 $1.89K_c^2\text{m}^2$。

注：K_c 为分流系数，单根引下线应为 1，两根引下线及接闪器不成闭合环的多根引下线应为 0.66，接闪器成闭合环或网状的多根引下线应为 0.44。

4）当采用敷设在钢筋混凝土中的单根钢筋作为防雷装置时，钢筋的直径不应小于 10mm。

5）沿建筑物外面四周敷设成闭合环状的水平接地体，可埋设在建筑物散水以外的基础槽边。

6）防雷装置的接地电阻，应计入雷雨季节土壤干、湿状态的影响。

接地体的材料、结构和最小尺寸见表10-5。

表10-5　接地体的材料、结构和最小尺寸

材料	结构	最小尺寸			备注
		垂直接地体直径/mm	水平接地体/mm^2	接地板	
铜，镀锡铜	铜绞线	—	50	—	每股直径1.7mm
	单根圆铜	15	50	—	—
	单根扁铜	—	50	—	厚度2mm
	铜管	20	—	—	壁厚2mm
	整块铜板	—	—	500mm×500mm	厚度2mm
	网格铜板	—	—	600mm×600mm	各网格边截面25mm×2mm，网格网边总长度不少于4.8m
热镀锌钢（镀锌层应光滑连贯、无焊剂斑点，镀锌层对圆钢至少22.7g/m^2、对扁钢至少32.4g/m^2）	圆钢	14	78	—	—
	钢管	25	—	—	壁厚2mm
	扁钢	—	90	—	厚度3mm
	钢板	—	—	500mm×500mm	厚度3mm
	网格钢板	—	—	600mm×600mm	各网格边截面30mm×3mm，网格网边总长度不少于4.8m
	型钢		—	—	不同截面的型钢，其截面面积不小于290mm^2，最小厚度为3mm，例如可采用50mm×50mm×3mm的角钢
裸钢	钢绞线	—	70	—	每股直径1.7mm
	圆钢	—	78	—	仅埋在混凝土中时允许采用
	扁钢	—	75（厚度3mm）	—	仅埋在混凝土中时允许采用
外表面镀铜的钢	圆钢	14	50	—	镀铜厚度至少应为250μm，铜纯度99.9%；铜与钢结合良好
	扁钢	—	90（厚度3mm）	—	
不锈钢	圆形导体	15	78	—	各元素含量：铬≥16%，镍≥5%，钼≥2%，碳≤0.08%
	扁形导体		100（厚度2mm）		

10.4 接闪杆保护范围的计算

接闪杆的保护范围是根据雷电理论、模拟实验和雷击事故统计等三种研究结果进行分析规定出来的。世界各国关于接闪杆保护范围的计算方法不尽相同，主要有折线法、曲线法、直线法、滚球法等。其中，滚球法是国际电工委员会推荐的接闪器保护范围计算方法，我国的防雷设计规范也推荐使用这种方法。

所谓“滚球法”是指以某一长度 h_r 为半径的球体，在装有接闪器的建筑物上滚过，滚球被装在建筑物上的接闪器撑起，球体只能够触及接闪器，或只能触及接闪器和地面。这时球体滚过的弧线与建筑物之间的范围，便是该接闪器的避雷范围。按建筑物防雷类别确定滚球半径和避雷网格尺寸见表 10-6。

表 10-6　按建筑物防雷类别确定滚球半径和避雷网格尺寸

建筑物防雷类别	滚球半径 h_r/m	接闪网尺寸/m×m
第一类防雷建筑物	30	≤5×5 或≤6×4
第二类防雷建筑物	45	≤10×10 或≤12×8
第三类防雷建筑物	60	≤20×20 或≤24×16

10.4.1 单支接闪杆保护范围的计算

单支接闪杆的保护范围按下列步骤计算。

1）当接闪杆的高度 $h \leq h_r$ 时（图 10-7）：

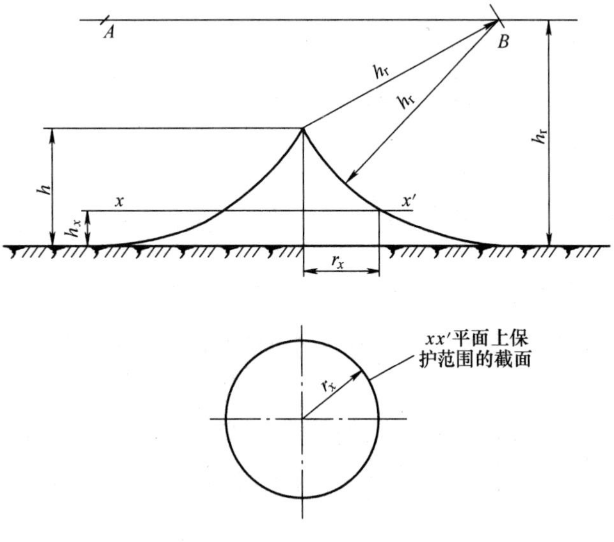

图 10-7　单支接闪杆的保护范围

① 距地面高度 h_r 处作平行于地面的平行线。

② 以针尖为圆心、h_r 为半径作弧线交平行线于 A、B 两点。

③ 分别以 A、B 为圆心，h_r 为半径做弧形，该弧形与针尖相交并与地面相切。从此弧线起到地面的空间就是接闪杆的保护范围。显然，此保护范围是一个对称的锥体（图 10-8）。

④ 计算接闪杆在高度 h_x 的 xx' 平面上的保护半径 r。

画出 r_x 与 h_r、h_x、h 之间的关系图（图 10-9）。

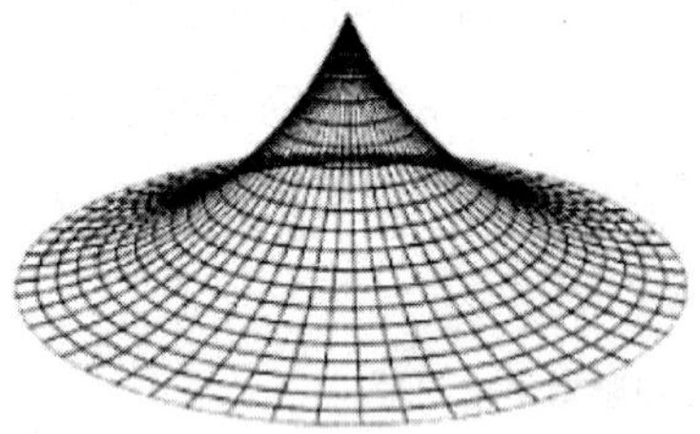

图 10-8　接闪杆保护范围的立体图

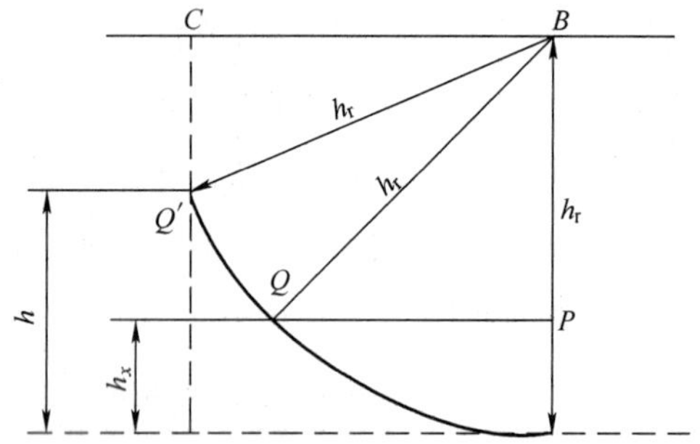

图 10-9　单支接闪杆的 r_x、h_r、h_x、h 的关系图

由图 10-9 可得，在地面上的保护半径 r_x 可按下列计算式来确定，即：

$$r_x=\sqrt{h(2h_r-h)}-\sqrt{h_x(2h_r-h_x)}$$

$$r_0=\sqrt{h(2h_r-h)} \tag{10-9}$$

式中　r_x——接闪杆在高度 h_x 的 xx' 平面上的保护半径（m）；

r_0——接闪杆在地面上的保护半径（m）；

h_r——滚球半径（m）；

h_x——被保护物的高度（m）；

h——接闪杆的高度（m）。

2）当 $h>h_r$ 时，可在接闪杆上取高度为 h_r 的一点代替单支接闪杆针尖作为圆心，其余计算按上述第 1）项计算。

10.4.2　双支等高接闪杆保护范围的计算

双支等高接闪杆的保护范围，在接闪杆高度 h 小于或等于 h_r 的情况下，当两支接闪杆的距离 $D\geqslant 2\sqrt{h(2h_r-h)}$ 时，应按单支接闪杆的方法确定；$D\leqslant 2\sqrt{h(2h_r-h)}$ 时，应按下列方法确定（图 10-10、图 10-11）。

1）$AEBC$ 外侧的保护范围，按照单支接闪杆的方法确定。

2）C、E 点位于两针间的垂直平分线上。在地面每侧的最小保护宽度 b_0 按下式计算：

$$b_0=CO=EO=\sqrt{h(2h_r-h)-\left(\frac{D}{2}\right)^2} \tag{10-10}$$

3）在 AOB 轴线上，距中心任一距离 x 处，其在保护范围边线上的保护高度 h_x 按下式确定：

$$h_x = h_r - \sqrt{(h_r - h)^2 + \left(\frac{D}{2}\right)^2 - x^2} \tag{10-11}$$

该保护范围上边线是以中心线距地面 h_r 的一点 O' 为圆心，以 $\sqrt{(h_r - h)^2 + \left(\frac{D}{2}\right)^2}$ 为半径所做的圆弧 AB。

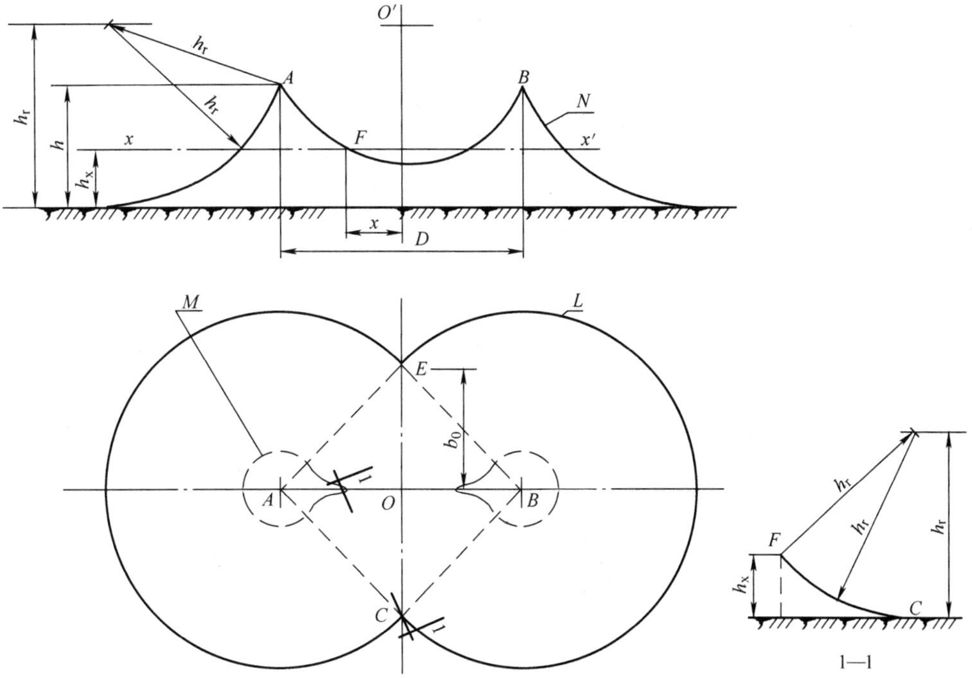

图 10-10　双支等高接闪杆的保护范围图

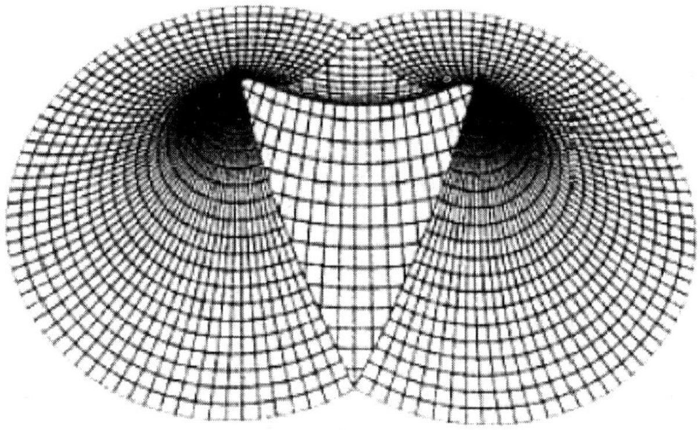

图 10-11　双支等高接闪杆的保护范围的立体图

4）两杆间 $AEBC$ 内的保护范围，ACO 部分的保护范围按以下方法确定：

① 在任一保护高度 h_x 与 C 点所处的垂直平面上，以 h_x 作为假想接闪杆，按单支接闪杆的方法逐点确定（图10-10的1—1剖面图）

② 确定 ACO、AEO、BEO 部分的保护范围的方法与 ACO 部分的相同。

5）确定 xx' 平面上保护范围截面的方法：以单支接闪杆保护半径 r_x 为半径，A、B 为圆心作弧线与四边形 $AEBC$ 相交；以单支接闪杆的（r_0-r_x）为半径，以 E、C 为圆心作弧线与上述弧线相接（见图10-10中的粗虚线）。

10.4.3　双支不等高接闪杆保护范围的计算

双支不等高接闪杆的保护范围，在 $h_1 \leqslant h_r$ 和 $h_2 \leqslant h_r$ 的情况下，当 $D \geqslant \sqrt{h_1(2h_r-h_1)}+\sqrt{h_2(2h_r-h_2)}$ 时，应各按单支接闪杆所规定的方法确定；当 $D<\sqrt{h_1(2h_r-h_1)}+\sqrt{h_2(2h_r-h_2)}$ 时，应按下列方法确定（图10-12）：

1）$AEBC$ 外侧的保护范围，按照单支接闪杆的方法确定。

2）CE 或 HO' 线的位置按下式计算：

$$D_1=\frac{2h_r(h_1-h_2)+h_2^2-h_1^2+D^2}{2D} \tag{10-12}$$

3）在地面上每侧的最小保护宽度 b_0 应按下式计算：

$$b_0=CO=EO=\sqrt{h_1(2h_r-h_1)-D_1^2} \tag{10-13}$$

4）在 AOB 轴线上，A、B 间保护范围上边线按下式确定：

$$h_x=h_r-\sqrt{(h_r-h_1)^2+D_1^2-x_1^2} \tag{10-14}$$

式中　x_1——CE 或 HO' 的距离；

h_x——x_1 点与地面的距离。

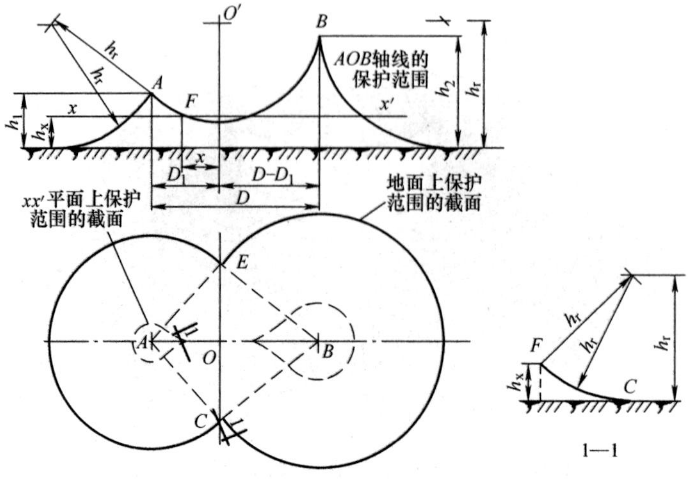

图10-12　双支不等高接闪杆的保护范围

该保护范围上边线是以 HO'线上距地面 h_r 的一点 O'为圆心，以$\sqrt{(h_r-h_1)^2+D_1^2}$为半径所做的圆弧 AB。

5）两杆间 $AEBC$ 内的保护范围，ACO 和 AEO 是对称的，BCO 和 BEO 是对称的。ACO 部分的保护范围按以下方法确定：

① 在 h_x和 C 点所处的垂直平面上，以 h_x 作为假想接闪杆，按单支接闪杆的方法逐点确定。

② 确定 AEO、BCO、BEO 部分的保护范围的方法与 ACO 部分的相同。

6）确定 xx'平面上保护范围截面面积的方法与双支等高接闪杆相同。

10.4.4 四支等高接闪杆保护范围的计算

矩形布置的四支等高接闪杆的保护范围，可以各按双支等高接闪杆的方法两两计算，然后再把每两支的范围叠加起来即可确定。

在接闪杆高度 $h \leqslant h_r$（滚球半径）情况下，当 $D_2 \geqslant \sqrt{h(2h_r-h)}$时，应各按双支等高接闪杆的方法确定；当 $D_3 < \sqrt{h(2h_r-h)}$时，应根据下列方法确定（图 10-13、图 10-14）：

1）四支接闪杆的外侧各按双支接闪杆的方法确定。

2）B、E 接闪杆连线上的保护范围（图 10-13），外侧部分按单支接闪杆的方法确定，两杆间的保护范围按以下方法确定：

① 以 B 和 E 两针针尖为圆心、h_r 为半径作弧相交于 O 点，再以 O 点为圆心、h_r 为半径做弧，与针尖相连的这段圆弧即为针间保护范围。

② 保护最低点的高度 h_0 按下式计算：

$$h_0=\sqrt{h_r-\left(\frac{D_3}{2}\right)^2}+h-h_r \tag{10-15}$$

3）图 10-13 中 2—2 剖面的保护范围的确定。以 P 点的垂直线上的 O 点（距地面的高度为 h_r+h_0）为圆心，以 h_r 为半径作圆弧，与 B、C 和 A、E 双支接闪杆所作在该剖面的外侧保护范围延长圆弧相交于 F、H 点。

F 点的位置及高度可按下列关系式确定：

$$(h_r-h_x)=h_r^2-(b_0+x)^2$$

$$(h_r+h_0-h_x)^2=h_r^2-\left(\frac{D_1}{2}-x\right)^2 \tag{10-16}$$

4）确定图 10-13 中 3—3 剖面保护范围的方法与 2—2 剖面相同。

5）确定四支等高接闪杆中间在 h_0 和 h 之间 h_y高度的 yy'平面上保护截面的方法：以 P 点为圆心、以$\sqrt{2h_r(h_y-h_0)-(h_y-h_0)^2}$为半径作圆或圆弧，与各双支接闪杆在外侧所做的保护范围截面组成该保护范围截面（图 10-13 中虚线）。

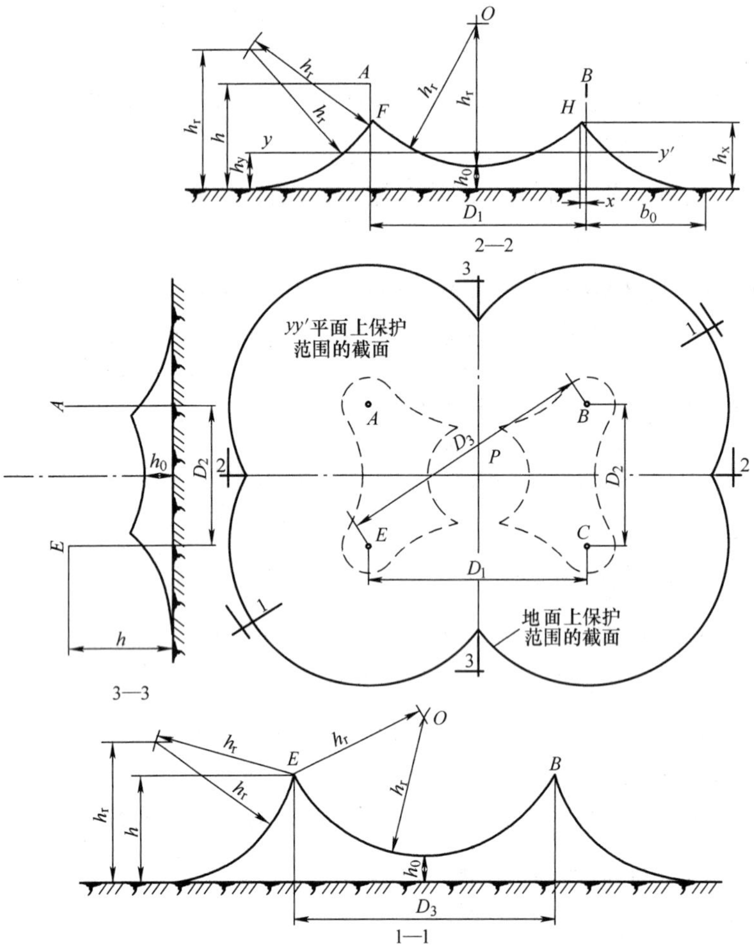

图 10-13　四支等高接闪杆的保护范围及立体图

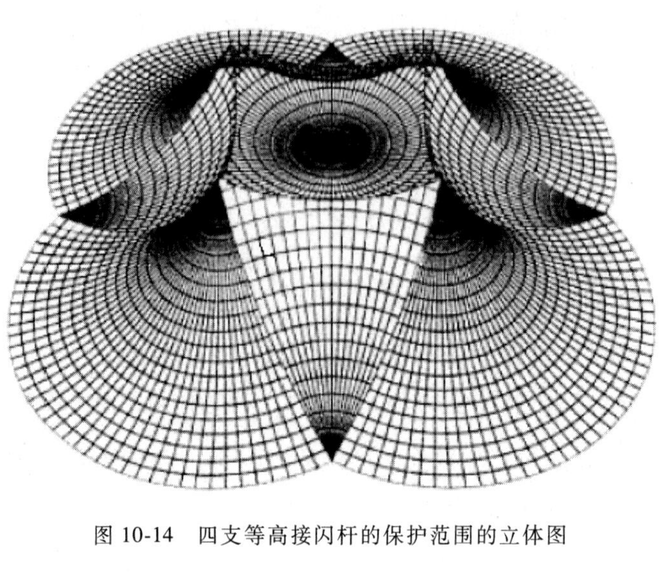

图 10-14　四支等高接闪杆的保护范围的立体图

10.4.5　单根接闪线保护范围的计算

接闪线又称为架空地线，它的保护效果等同于在垂弧上的每一点都是一根等高接闪杆，故只需确定计算点的垂直高度，便可按单支接闪杆计算两侧的保护范围。同样，在接闪线端部的保护范围，则按接闪线端部等高的单支接闪杆计算。

1. 单根接闪线保护范围的计算

当接闪线的高度 h 大于或等于 $2h_r$ 时，应无保护范围；当接闪线的高度 h 小于 $2h_r$ 时，应按下列方法确定（图 10-15）。

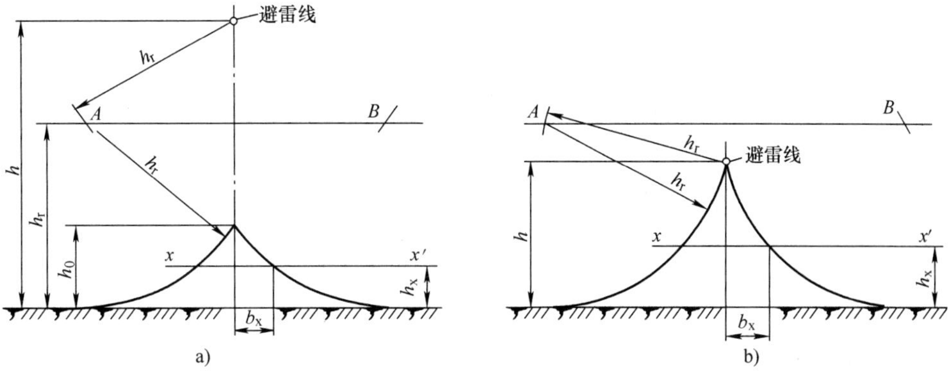

图 10-15　单根架空避雷线的保护范围

确定架空接闪线的高度时应计及弧垂的影响。在无法确定弧垂的情况下，当等高支柱间的距离小于 120m 时架空接闪线中点的弧垂宜采用 2m，距离为 120~150m 时宜采用 3m。

1）距地面 h_r 处作一平行于地面的平行线。

2）以接闪线垂弧上计算点为圆心、h_r 为半径，做弧线交平行线于 A、B 两点。

3）以 A、B 为圆心，h_r 为半径做弧线，两弧线相交或相切，并与地面相切，从该两弧线起到地面止的整个空间就是保护范围。

4）接闪线在 h_x 高度的 xx' 平面上的保护宽度（半径）b_x 为

$$b_x=\sqrt{h(2h_r-h)}-\sqrt{h_x(2h_r-h_x)} \tag{10-17}$$

式中　h——接闪线的高度（m）；

h_r——滚球半径（m）；

h_x——被保护物的高度（m）；

5）接闪线两端的保护范围按单支接闪杆的方法确定。当 $h_r<h<2h_r$ 时，保护范围最高点的高度 h_0 如图 10-16 所示。

2. 两根等高接闪线保护范围的计算

1）在接闪高度 $h\leqslant h_r$ 的情况下，其保护范围按下列方法计算：

当 $D\geqslant\sqrt{h(2h_r-h)}$ 时，各按单根接闪线计算方法确定；

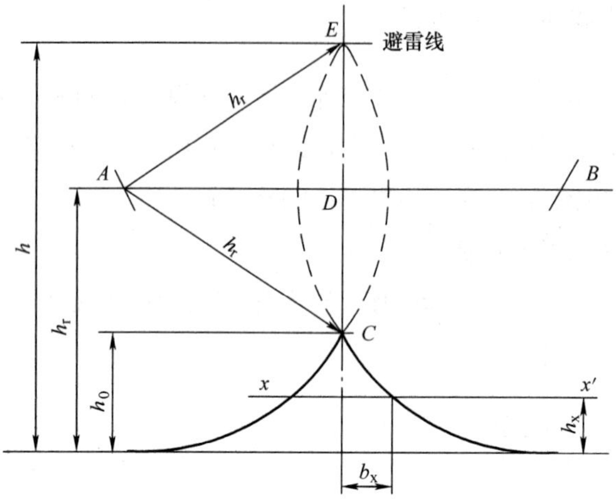

图 10-16　当 $h_r<h<2h_r$ 时单根接闪线的保护范围

$D<\sqrt{h(2h_r-h)}$时，保护范围按下列方法确定（图 10-17）。

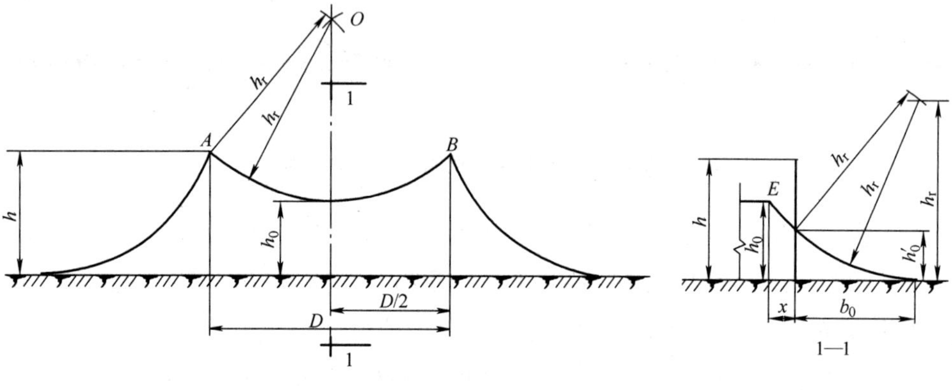

图 10-17　两根等高避雷线在 $h \leqslant h_r$ 时的保护范围

① 两根接闪线外侧的保护范围，各按单根避雷线方法确定。

② 两根接闪线之间的保护范围由以下方法确定：以 A、B 两接闪线为圆心、h_r 为半径作圆弧交于 O 点，再以 O 点为圆心、h_r 为半径作圆弧交于 A、B 两点，则弧线 AB 与地面之间的空间为保护范围。

③ 两根接闪线之间保护范围最低点的高度 h_0 按下列公式计算：

$$h_0=\sqrt{h_r^2-\left(\frac{D}{2}\right)^2}+h-h_r \tag{10-18}$$

④ 接闪线两端的保护范围按两支接闪杆的方法确定，但在中线上 h_0 线的内移位置按以下方法确定（图 10-17 中 1—1 剖面）：以两支接闪杆所确定的保护范围中最低点的高度 $h_0'=h_r-\sqrt{(h_r-h)2+\left(\frac{D}{2}\right)^2}$ 作为假想接闪杆，将其保护范围的延长弧线与 h_0 线交于 E 点。内移位

置的距离也可按下式计算：

$$x=\sqrt{h_0(2h_r-h_0)}-b_0 \tag{10-19}$$

式中 b_0——按式（10-10）计算。

2）接闪线高度满足 $h_r<h<2h_r$，而且接闪线之间的距离 $D<2h_r$，且大于 $2[h_r-\sqrt{h(2h_r-h)}]$ 的情况下，其保护范围按下列方法确定（图 10-18）。

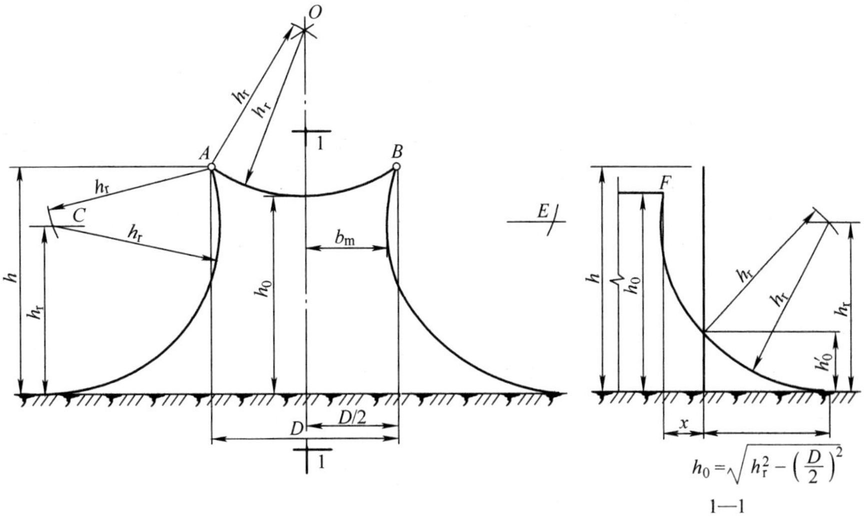

图 10-18 两根等高避雷线在 $h_r<h<2h_r$ 时的保护范围

① 距地面 h_r 处做一与地面平行的线。

② 以接闪线 A、B 为圆心，h_r 为半径作弧线相交于 O 点并与平行线相交或相切于 C、E 点。

③ 以 O 点为圆心、h_r 为半径作弧线交于 A、B 两点。

④ 以 C、E 为圆心，h_r 为半径作弧线交于 A、B 并与地面相切。

⑤ 两根接闪线之间保护范围最低点的高度 h_0 按下式计算：

$$h_0=\sqrt{h_r^2-\left(\frac{D}{2}\right)^2}+h-h_r \tag{10-20}$$

⑥ 最小保护宽度 b_m 位于 h_r 高处，其值按下式计算：

$$b_m=\sqrt{h(2h_r-h)}+\frac{D}{2}-h_r \tag{10-21}$$

⑦ 接闪线两端的保护范围按双支高度 h_r 的接闪杆确定，但在中线上 h_0 线的内移位置按下列方法确定：以双支高度 h_r 的接闪杆所确定的中点保护范围最低点的高度 $h'_0=\left(h_r-\frac{D}{2}\right)$ 作为假想接闪杆，将其保护范围的延长弧线与 h_0 线交于 F 点。内移位置的距离 x 可按下式计算：

$$x=\sqrt{h_0(2h_r-h_0)}-\sqrt{h_r^2-\left(\frac{D}{2}\right)^2} \tag{10-22}$$

10.5 建筑物防雷措施

10.5.1 建筑物防雷要求

1）建筑物的防雷包括雷电防护系统（LPS）和雷电电磁脉冲防护系统（LPMS），雷电防护系统（LPS）由外部防雷装置和内部防雷装置组成。

2）各类建筑物应在建筑物的地下室或地面层处把建筑物金属体构件、电气装置的外露可导电部分、建筑物内布线系统、进出建筑物的金属管线与防雷装置做防雷等电位连接。外部防雷装置与建筑物金属体、金属装置、建筑物内系统之间的间隔应满足距离要求。

3）各类防雷建筑物应设防直击雷的外部防雷装置，并应采取防闪电电涌侵入的措施。

4）不属于第一、二、三类防雷建筑物，可不装设防直击雷装置，但应采取防止雷电波沿低压架空线侵入的措施。

5）新建建筑物防雷宜利用建筑物金属结构及钢筋混凝土结构中的钢筋等导体作为防雷装置；建筑物防雷不应采用装有放射性物质的接闪器。

6）250m 及以上建筑物，宜提高防雷保护的技术要求。

建筑物的防雷措施

10.5.2 第一类防雷建筑物的防雷措施

1. 防直击雷措施

1）装设独立接闪杆或架空接闪线（网），网格尺寸不大于 5m×5m 或 6m×4m。

2）独立接闪杆的杆塔、架空接闪线的端部和架空接闪网的各支柱处，应至少设一根引下线。对用金属制成或有焊接、绑扎连接钢筋的杆塔、支柱，宜利用其作为引下线。其他建筑引下线不应少于 2 根，并应沿建筑物四周和内庭院四周均匀或对称布置，其间距沿周长计算不宜大于 12m。

3）独立接闪杆、架空接闪线（网）应有独立的接地装置，外部防雷的接地装置应围绕建筑物敷设成环形接地体，每一引下线的冲击接地电阻不宜大于 10Ω。

4）排放爆炸危险气体、蒸气或粉尘的放散管、呼吸阀、排风管等的管口外的以下空间应处于接闪器的保护范围以内：当有管帽时为管帽上方 2.5m，无管帽时为管口上方半径为 5m 的半球体。接闪器与雷闪的接触点应设在上述空间之外。

5）独立接闪杆和架空接闪线（网）的支柱及其接地装置至被保护物及其有联系的管道、电缆等被保护物之间的距离不能小于 3m。

6）当树木高于建筑物且不在接闪器保护范围之内时，树木与建筑物之间的净距不应小于 5m。

2. 防雷电感应

1）建筑物内的设备、管道、构架，电缆金属外皮、钢屋架、钢窗等较大金属物和凸出屋面的放散管、风管等金属物，均应接到防雷电感应的接地装置上；金属屋面周边每隔 18~24m应采用引下线接地一次；现场浇制的或由预制构件组成的钢筋混凝土屋面，其钢筋宜绑扎或焊接成闭合回路，并应每隔 18~24m 采用引下线接地一次。

2）平行敷设的管道，构架和电缆金属外皮等长金属物，其净距小于 100mm 时，应每隔不大于 30m 用金属线跨接；交叉净距小于 100mm 时，其交叉处也应跨接；当长金属物的弯头、阀门、法兰盘等连接处的过渡电阻大于 0. 03Ω 时，连接处应用金属线跨接；对有不少于 5 根螺栓连接的法兰盘，在非腐蚀环境下，可不跨接。

3）防雷电感应的接地装置，其工频接地电阻不应大于 10Ω，并应和电气设备接地装置共用；屋内接地干线与防雷电感应接地装置的连接，不应少于 2 处。

3. 防雷电波入侵

1）室外低压配电线路应全线采用电缆直接埋地敷设，在入户处应将电缆的金属外皮、钢管接到等电位连接带或防闪电感应的接地装置上。当全线采用电缆有困难时，应在架空线距建筑物间使用一段金属铠装电缆或护套电缆穿钢管直接埋地引入，距离按有关规定计算不得小于 15m。在电缆与架空线连接处，尚应装设户外型电涌保护器。

2）民用建筑在入户处的总配电箱内是否装设电涌保护器应按有关规范规定设置，但通信系统和电子系统的入户处必须设置。每台电涌保护器的短路电流应等于或大于 2kA；当需要安装电涌保护器时，电涌保护器的最大持续运行电压值、短路电流和接线形式应按有关规范规定确定。

3）架空金属管道，在进出建筑物处，应与防闪电感应的接地装置相连。距离建筑物 100m 内的管道，宜每隔 25m 接地一次，其冲击接地电阻不应大于 30Ω，并应利用金属支架或钢筋混凝土支架的焊接、绑扎钢筋网作为引下线，其钢筋混凝土基础宜作为接地装置。

埋地或地沟内的金属管道，在进出建筑物处应等电位连接到等电位连接带或防闪电感应的接地装置上。

10.5.3 第二类防雷建筑物的防雷措施

1. 防直击雷措施

1）接闪带应装设在建筑物易受雷击的屋角、屋脊、女儿墙及屋檐等部位，建筑物女儿墙外角应在接闪器保护范围之内，并应在整个屋面上装设不大于 10m×10m 或 12m×8m 的网格，所有屋面的接闪杆、接闪带、金属导体或不装接闪器的金属物体必须和防雷装置连接。

2）专设引下线不应少于 2 根，并应沿建筑物四周和内庭院四周均匀对称布置，其间距沿周长计算不应大于 18m；引下线利用建筑物钢筋混凝土中的钢筋或钢结构柱作为防雷装置的引下线时，引下线根数可不限，但截面和直径应符合要求；接地网每根专用引下线在距地面 0.5m 以下的钢筋表面积总和应符合接地网的规定。

3）每根引下线的冲击接地电阻不应大于 10Ω。

4）当建筑物 250m 及以上有燃气、燃油设备等机房时，该机房的屋面及侧壁应采用不大于 5m×5m 的接闪器网格保护。

5）当利用金属物体或金属屋面作为接闪器时，应符合金属屋面接闪器的要求。

6）防直击雷接地宜和防雷电感应、电气设备接地共用一接地装置，并宜与埋地金属管道相连。

2. 防侧雷击措施

1）当建筑物高度大于 45m、小于 250m 时，应沿屋顶周边敷设接闪带，接闪带应设在外墙表面或屋檐边垂直线以外，接闪器之间应互相连接。

2）建筑物内钢构架和钢筋混凝土的钢筋应相互连接，应利用钢柱或混凝土柱内钢筋作为防雷装置引下线。

3）结构圈梁中的钢筋应每 3 层连成闭合环路作为均压环，并应同防雷装置引下线连接。

4）应将 45m 及以上外墙上的栏杆、门窗等较大金属物直接或通过预埋件与防雷装置相连，水平凸出的墙体应设置接闪器并与防雷装置相连。

5）垂直敷设的金属管道及类似金属物除应满足间距要求外，还应在顶端和底端与防雷装置连接。

6）当建筑物高度为 250m 及以上时，除按上述要求采取防侧击措施，还应满足以下要求：

① 结构圈梁中的钢筋应每层连成闭合环路作为均压环，并应同防雷装置引下线连接。

② 垂直敷设的金属管道应每 50m 与防雷装置连接一次。

7）在高度高于 60m 以上露天钢制封闭气罐，壁厚不小于 4mm 时，可不装设接闪器，但应接地且不少于 2 处，间距不大于 30m，接地点冲击电阻不大于 30Ω。

3. 防闪电电涌侵入措施

1）进出建筑物的各种线路及金属管道宜采用全线埋地引入，并应在入户端将电缆的金属外皮、钢导管及金属管道与接地网连接。当采用全线埋地电缆确有困难而无法实现时，可采用一段长度不小于 $2\sqrt{\rho}$（ρ 为埋地电缆处的土壤电阻率）m 的铠装电缆或穿钢导管的全塑电缆直接埋地引入，电缆埋地长度不应小于 15m，其入户端电缆的金属外皮或钢导管应与接地网连通。

2）在电缆与架空线连接处，应装设避雷器或电涌保护器，并应与电缆的金属外皮或钢导管及绝缘子铁脚、金具连在一起接地，其冲击接地电阻不应大于 10Ω。

3）年平均雷暴日在 30d/a 及以下地区的建筑物，可采用低压架空线直接引入建筑物，并应符合下列要求：

① 入户端应装设电涌保护器，并应与绝缘子铁脚、金具连在一起接到防雷接地装置上，冲击接地电阻不应大于 5Ω。

② 入户端的三基电杆绝缘子铁脚、金具应接地，靠近建筑物的电杆的冲击接地电阻不应大于 10Ω，其余两基电杆不应大于 20Ω。

4）当低压电源采用全长架空线转为埋地电缆从户外引入时，应在电源引入处的总配电箱装设电涌保护器。

5）设在建筑物内、外的配电变压器，宜在高压侧装设避雷器、低压侧装设电涌保护器。

4. 防直雷电反击措施

1）在金属框架或主要钢筋可靠连接的钢筋混凝土框架的建筑中，防雷引下线与金属物或线路之间的间隔距离可无要求；在其他情况下，防雷引下线与金属物或线路之间的间隔距离 S 可按下式计算：

$$S \geqslant 0.6K_cL_x \tag{10-23}$$

式中　K_c——分流系数，单根引下线为 1，两根引下线及接闪器不成闭合环的多根引下线为 0.66，接闪器成闭合环或网状的多根引下线为 0.44；

L_x——引下线计算点到连接点长度（m）。

2）当引下线与金属物或线路之间有自然接地或人工接地的钢筋混凝土构件、金属板、金属网等静电屏蔽物隔开时，其距离可不受限制。

3）当引下线与金属物或线路之间有混凝土墙、砖墙隔开时，混凝土墙、砖墙的击穿强度应为空气击穿强度的 1/2。当引下线与金属物或线路之间距离不能满足上述要求时，金属物或线路应与引下线直接相连或通过过电压保护器相连。

4）当整个建筑物全部为钢筋混凝土结构或为砖混结构但有钢筋混凝土组合柱和圈梁时，应利用钢筋混凝土结构内的钢筋设置局部等电位联结端子板。

5）当防雷接地网符合接地网的要求时，应优先利用建筑物钢筋混凝土基础内的钢筋作为接地网，建筑物的防雷接地、保护接地、设备的工作接地等应共用接地网。当为专设防雷接地网时，接地网应围绕建筑物敷设成一个闭合环路，其冲击接地电阻不应大于 10Ω。

6）当在建筑物周边的无钢筋的闭合条形混凝土基础内敷设人工基础接地体时，接地体的规格尺寸：闭合条形基础的周长 <40m 时，钢材表面积总和 $\geqslant 4.24\text{m}^2$；周长为 40～60m 时，扁钢 4×50，圆钢 4×ϕ10 或 3×ϕ12；周长 $\geqslant 60$m 时扁钢 4×25，圆钢 2×ϕ10。

5. 防雷电感应措施

1）建筑物内的设备、管道、构架等主要金属物，应就近接至防直击雷接地装置或电气设备的保护接地装置上，可不另设接地装置。

2）平行敷设的管道、构架和电缆金属外皮等长金属物，其净距小于 100mm 时，应每隔不大于 30m 用金属线跨接；交叉净距小于 100mm 时，其交叉处也应跨接，但长金属物连接处可不跨接。

3）屋内防雷电感应的接地干线与接地装置的连接不应少于2处。

10.5.4 第三类防雷建筑物的防雷措施

1. 防直击雷措施

1）接闪带应装设在建筑物易受雷击的屋角、屋脊、女儿墙及屋檐等部位，建筑物女儿墙外角应在接闪器保护范围之内，并应在整个屋面上装设不大于20m×20m或24m×16m的网格，所有屋面的接闪杆、接闪带、金属导体或不装接闪器的金属物体必须和防雷装置连接。

2）构筑物的引下线可为一根，当其高度超过40m时，应在构筑物相对称的位置上装设两根。利用建筑物钢筋混凝土中的钢筋或钢结构柱作为防雷装置的引下线时，引下线根数可不限；专设引下线不应少于2根，并应沿建筑物四周和内庭院四周均匀对称布置，其间距沿周长计算不应大于25m；防直击雷的接地网应符合接地网的相关要求。

3）每根引下线的冲击接地电阻不宜大于30Ω，但对部、省级办公建筑物及重要公共建筑物不宜大于10Ω。

4）当利用金属物体或金属屋面作为接闪器时，应符合金属屋面接闪器的要求。

5）高度不超过40m的烟囱可设置一根引下线，超过40m时应两根引下线，金属烟囱可做接闪器和引下线。

2. 防侧雷击措施

1）当建筑物高度大于60m应沿屋顶周边敷设接闪带，接闪带应设在外墙表面或屋檐边垂直线以外，接闪器之间应互相连接。

2）当建筑物高度超过60m时，建筑物内钢构架和钢筋混凝土中的钢筋及金属管道等的连接措施，应符合45~250m间防侧雷击的规定。

3）应将60m及以上外墙上的栏杆、门窗等较大的金属物直接或通过预埋件与防雷装置相连。

3. 防闪电电涌侵入措施

1）对电缆进出线，应在进出端将电缆的金属外皮、金属导管等与电气设备接地相连。架空线转换为电缆时，电缆长度不宜小于15m，并应在转换处装设避雷器或电涌保护器。避雷器或电涌保护器、电缆金属外皮和绝缘子铁脚、金具应连在一起接地，其冲击接地电阻不宜大于30Ω。

2）对低压架空进出线，应在进出处装设电涌保护器，并应与绝缘子铁脚、金具连在一起接到电气设备的接地装置上；当多回路进出线时，可仅在母线或总配电箱处装设电涌保护器，但绝缘子铁脚、金具仍应接到接地装置上。

3）进出建筑物的架空金属管道，在进出处应就近接到防雷或电气设备的接地网上或独自接地，其冲击接地电阻不宜大于 30Ω。

4. 防直雷电反击措施

1）在金属框架的建筑物中，或在主要钢筋可靠连接的钢筋混凝土框架的建筑中，防雷引下线与金属物或线路之间的间隔距离可无要求；在其他情况下，防雷引下线与金属物或线路之间的间隔距离可按式（10-23）确定。

2）当利用建筑物的钢筋体或钢结构作为引下线，同时建筑物的钢筋、钢结构等金属物与被利用的部分连成整体时，其距离可不受限制。

3）当引下线与金属物或线路之间有自然地或人工地的钢筋混凝土构件、金属板、金属网等静电屏蔽物隔开时，其距离可不受限制。

4）当在建筑物周边的无钢筋的闭合条形混凝土基础内敷设人工基础接地体时，接地体的规格尺寸：闭合条形基础的周长<40m 时，钢材表面积总和≥1.89m^2；周长为 40~60m 时，扁钢 4×20，圆钢 2×ϕ8；周长≥60m 时，圆钢 1×ϕ10。

5. 防雷电感应措施

1）对电缆进出线，应在进出端将电缆金属外皮、钢管等与电气设备接地相连。

2）进出建筑物的架空金属管道，在进出处应就近接到防雷或电气设备的接地装置上。

10.5.5 其他设施的防雷措施

1. 天线铁塔

1）天线应在接闪杆保护范围内，接闪杆可固定在天线铁塔上，塔身金属结构可兼做接闪器和引下线。

2）当天线铁塔位于机房旁边时，应在塔基四角外敷设铁塔接地网和闭合环形接地体，天线铁塔及防雷引下线应与该接地网和闭合环形接地体可靠连通。

3）天线基础周围的闭合环形接地体与天线机房四周敷设的闭合环形接地体应有两处以上部位可靠连接。

4）天线铁塔上的天线馈线波导管或同轴传输线应采取下列防雷措施：

① 天线馈线波导管或同轴传输线的金属外皮及敷线金属导管，应在塔的上下两端连接，当超过 60m 时，还应在其中间部位与塔身金属结构可靠连接，并应在线缆进出处的外侧与接地网连通。

② 经走线架上塔的天线馈线，应在其转弯处上方 0.5~1m 范围内可靠接地，室外走线架也应在始末两端可靠接地。

③ 塔上的天线安装框架、支持杆、灯具外壳等金属件，应与塔身金属结构用螺栓连接或焊接连通。

④ 塔顶航空障碍灯及塔上的照明灯电源线应采用带金属外皮的电缆或将导线穿入金属导管，电缆金属外皮或金属导管至少应在上下两端与塔身连接。

2. 微波站、电视差转台、卫星通信地球站、广播电视发射台、测试调试场、移动通信基站

1）接在屋面上的接闪杆必须保护到所有设备，屋面应设接闪网，其网格尺寸不应大于3m×3m，且应与屋顶四周敷设的闭合环形接闪带焊接连通；可利用建筑物结构钢筋作为其防雷引下线。当天线安装于地面上时，其防雷引下线应直接引至天线基础周围的闭合形接地体。

2）机房四周应设引下线，引下线应利用机房建筑钢筋混凝土柱内的钢筋或钢结构柱，并应与钢筋混凝土屋面板、梁及基础、桩基内的主钢筋相互连通；当天线铁塔直接位于屋顶上时，天线铁塔四角应在屋顶与雷电流引下线分别就近连通；机房和电力室接地汇集线之间应采用截面面积不小于40mm×4mm的热镀锌扁钢连接导体相互可靠连通，并应对称各引出2根接地引入导体与机房接地网就近焊接连通。机房外应围绕机房敷设闭合环形水平接地体并在四角与机房接地网连通；雷达测试调试场应埋设环形水平接地体，其地面上应预留接地端子，各种专用车辆的功能接地、保护接地、电源电缆的外皮及馈线屏蔽层外皮，均应采用接地导体以最短路径与接地端子相连。

3）站区内严禁布设架空缆线，进出机房的各类缆线均应采用具有金属外护套的电缆或穿金属导管埋地敷设，其埋地长度不应小于50m，两端应与接地网相连接。当其长度大于60m时，中间应接地。电缆在进站房处应将电缆芯线加电涌保护器，电缆内的空线应对应接地。

4）对于钢筋混凝土楼板的地面和顶面，其楼板内所有结构钢筋应可靠连通，并应与闭合环形接地极连成一体；对于非钢筋混凝土楼板的地面和顶面，应在楼板构造内敷设不大于1.5m×1.5m的均压网，并应与闭合环形接地极连成一体。

5）雷达站机房应利用地面、顶面和墙面内钢筋构成网格不大于200mm×200mm的笼形屏蔽接地体。

3. 无线电桅杆天线

1）中波无线电广播台的桅杆天线塔对地应是绝缘的，宜在塔基安装绝缘子，桅杆天线底部与大地之间安装球形放电间隙。

2）短波无线电广播台的天线塔上应装设接闪杆并将塔体接地。

3）桅杆天线必须自桅杆中心向外呈辐射状敷设接地网，接地网相邻导体间夹角应相等；导体的数量及每根导体的长度，应根据发射机输出功率及波长确定。

4）无线电广播台发射机房内应设置高频接地母排。

5）雷达站的天线另设接闪杆以保护雷达天线时，应避免其对雷达工作的影响。

4. 节日彩灯、航空障碍标志灯

1）无金属外壳或保护网罩的用电设备，应处在接闪器的保护范围内。

2）屋面上有金属外壳或保护网罩的用电设备，应将金属外壳或保护网罩就近与屋顶防雷装置相连。

3）从配电箱（柜）引出的线路应穿金属导管，金属导管的一端应与配电箱（柜）外露可导电部分相连，另一端应与用电设备外露可导电部分及保护罩相连，并应就近与屋顶防雷装置相连，金属导管因连接设备而在中间断开时，应设跨接线，金属导管穿过防雷分区界面时，应在分区界面做等电位联结。

4）在配电箱（柜）内，应在开关的电源侧与外露可导电部分之间装设电涌保护器。

5. 粮、棉露天堆场

1）粮、棉及易燃物大量集中的露天堆场，当其年预计雷击次数大于或等于 0.05 时，应采用独立接闪杆或架空接闪线防直击雷。独立接闪杆和架空接闪线保护范围的滚球半径可取 100m。

2）在计算雷击次数时，建筑物的高度可按可能堆放的高度计算，其长度和宽度可按可能堆放面积的长度和宽度计算。

6. 防接触电压、跨步电压的措施

1）利用建筑物金属构架和建筑物互相连接的钢筋在电气上是贯通且不少于 10 根柱子组成的自然引下线，作为自然引下线的柱子包括位于建筑物四周和建筑物内的。

2）引下线 3m 范围内地表层的电阻率不小于 50kΩm，或敷设 5cm 厚沥青层或 15cm 厚砾石层。

3）外露引下线，其距地面 2.7m 以下的导体用耐 100kV 冲击电压（1.2/50μs）的绝缘层隔离，或用至少 3mm 厚的交联聚乙烯层隔离。

4）用护栏、警告牌使接触引下线的可能性降至最低限度。

5）用网状接地装置对地面做均衡电位处理。

7. 其他建（构）筑物防雷措施

1）当防雷建筑物部分不可能遭直接雷击时或不装防雷装置的所有建筑物和构筑物，可不采取防直击雷措施，可仅按各自类别采取防闪电感应和防闪电电涌侵入的措施。应在进户处将绝缘子铁脚连同铁横担一起接到电气设备的接地网上，并应在室内总配电箱（柜）装设电涌保护器。

2）严禁在独立接闪杆、接闪网、引下线和接闪线支柱上悬挂电话线、广播线和低压架空线等。

3）屋面露天汽车停车场应采用接闪杆、架空接闪线（网）做接闪器，且应使屋面车辆和人员处于接闪器保护范围内。

4）建筑物屋面及外立面安装的玻璃幕墙、光伏板等有金属框架的物体，应将其每个单元的金属框架与建筑物防雷装置可靠连接。

复 习 题

1. 雷电的种类有哪些？
2. 雷电的危害有哪些？

3. 防雷装置应该由哪几部分组成？

4. 接闪器有哪几种？

5. 防雷建筑物可分为几类？分别说明，并举例两种有代表性的建筑物。

6. 请说明各类防雷建筑物的滚球半径是多少？

7. 请说明建筑物避雷带（网）宜优先采用何种材料？材料的尺寸有什么要求？

8. 各类建筑物防雷设施引下线的间距是多少？

9. 各类防雷建筑物屋面接闪网的网格间距是多少？

10. 各类防雷建筑物接地装置的超级电阻是多少？

第10章练习题

扫码进入小程序，完成答题即可获取答案

第 11 章 静电危害及其防护

内容提要

本章主要阐述静电的产生机理，固体、粉体等物质在生产加工、储运中静电的产生、积聚和消散的物理过程，并介绍静电的危害及其防护措施。

本章重点

1. 静电的危害。
2. 生产安全与易燃易爆场所。
3. 人体防止静电的具体措施。

随着石化企业及其他工业领域规模和范围的不断扩大，静电事故时有发生，仅一个静电火花，就可能使大型储油罐、炼油装置、油轮或油车毁于一旦。

据有关资料介绍，火灾爆炸事故约有 10% 属于静电事故。为减少或杜绝静电事故的发生，许多国家在进行调查统计、科学研究和试验分析的基础上制定出相应的防静电规范和指导性文件。澳大利亚于 1970 年制定了《静电规范》；国际油罐和中转油库安全小组出版了《国际油罐和中转油库安全指南》；1978 年日本产业安全研究所制定了《静电安全指南》指导性文件；原联邦德国在化学职业工会的倡导下，制定了《静电规范》和《防爆安全准则》。我国于 20 世纪 70 年代末期参考国外和国际 IEC 标准，相继在石油化工、硫化橡胶、油品安全、通信、电子、服装、鞋业和地板等领域就防静电方法发布了许多国家标准、规范，并于 1990 年颁布了《防止静电事故通用导则》（GB 12158）。我国相关国家标准、规范、安全操作规程的发布，对于防止静电事故的发生具有广泛的指导意义。

11.1 静电的特点

1. 静电的电荷少而电压高

生产工艺过程中局部范围内产生的静电的电荷一般都只是微库级的，即电荷很小，但是这样小的静电荷，在一定的条件下会形成很高的静电电压。高静电电压容易产生火花，可能引起火灾或爆炸事故。

平板电容器是由两块极板中间隔以绝缘材料组成的。电容器充电时，一个极板带正电荷，另一个极板带负电荷。而两块材料紧密接触和分离后，也是一边带正电荷，另一边带负电荷，与电容器具有类似的性质。依据电学知识，电容器的电容 C、电容器极板上的电荷 Q、电容器极板之间的电压 V 之间保持如下关系：

$$C = Q/V \tag{11-1}$$

式中 C——电容（F）；

Q——电荷（C）；

V——电压（V）。

如果紧密接触的两种材料分离前后，其上电荷没有消散，即电荷 Q 保持不变，则电容 C 和电压 V 保持反比关系。随着两种材料空间位置发生变化，电容 C 也发生变化，电压 V 发生相应的变化。电容越大，电压越低；电容越小，电压越高。在产生静电的实际场所，电容的变化往往是很大的，这就有可能出现极高的电压。

以两种平面接触的材料为例，两种材料构成平板电容器的两个极板，其间电容为

$$C = \varepsilon S/d \tag{11-2}$$

式中 ε——平板间介质的介电常数（F/m）；

S——平板面积（m^2）；

d——平板间距离（m）。

两种材料紧密接触时，其间距离 d_1 极小，只有 25×10^{-8}cm；假定分离以后，其间距离增大至 $d_2 = 1$cm，则前后电容之比为

$$\frac{C_1}{C_2} = \frac{d_2}{d_1} = \frac{1}{25\times10^{-8}} = 4\times10^6$$

即电容减小为原来的 $1/(4\times10^6)$，而电压则增高为原来的400万倍。如果这两种材料的接触电位差为0.01V，分离1cm后两者之间的电位差骤升40kV。当然，两种材料分离时，其上正、负电荷多少有些回流而中和，电压比上面计算的要小一些。但是，其间电压仍可能有几千伏，还是相当高的。

当人体与大地绝缘时，由于衣服之间、衣服与人体之间、衣服与其他装置或器具之间、鞋与地面之间的接触-分离，人体可带上静电。在不同条件下，人体静电可能达数千至上万伏。此外，人体由静电感应也可能带上静电。

粉体静电也可能达到数千至上万伏。飞机飞行时，静电电压可能高达数万至数十万伏。油料注入罐内时，罐内油的电位可高达数千至数万伏。蒸气和气体的静电比固体、粉体和液体的静电要弱一些，但也可能达到万伏以上。

静电电压虽然很高，但因其电荷很小，所以能量也很小，静电能量一般不超过数焦。

2. 静电放电

静电放电是静电荷消失的主要途径之一，一般是电位较高、能量较小、处于常温常压条件下的气体击穿。电极材料可以是导体或绝缘体，电场多数是不均匀的。如图 11-1 所示，静电放电形式主要有以下三种形式：

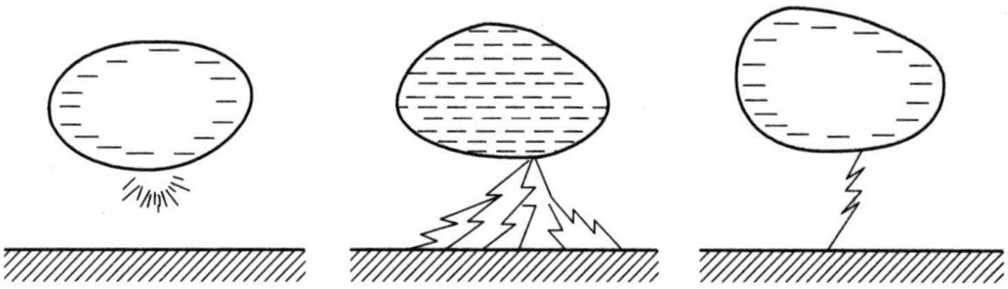

a)　　b)　　c)

图 11-1　静电放电形式

a）电晕放电　b）刷形放电　c）火花放电

（1）电晕放电

电晕放电是指气体介质在不均匀电场中的局部自持放电，是最常见的一种气体放电形式。在曲率半径很小的尖端电极附近，由于局部电场强度超过气体的电离场强，使气体发生电离和激励，因而出现电晕放电。发生电晕时在电极周围可以看到光亮，并伴有咝咝声。电晕放电可以是相对稳定的放电形式，也可以是不均匀电场间隙击穿过程中的早期发展阶段。

（2）刷形放电

刷形放电是指发生于带电荷量大的绝缘体与导体之间空气介质中的一种放电形式。该放电形式放电通道不集中，呈分枝状。刷形放电是火花放电的一种。其一端具有放电集中点，另一端放电通道不集中，呈分枝状，有“啪”的较强破坏声。带电荷量大的非导体与数厘米以上的较平滑的接地导体之间易产生刷形放电。由于绝缘体束缚电荷的能力很强，其上电荷很难移动，于是表面上容易出现刷形放电通道。刷形放电的火花能量比较分散，但对于引燃能量较低的爆炸性混合物，也有引燃的危险性。刷形放电能量密度比电晕放电大，易于成为造成危害的原因。

（3）火花放电

火花放电是指当高压电源的功率不太大时，高电压电极间的气体被击穿，出现闪光和爆裂声的气体放电现象。在通常气压下，当对电极间加高电压时，若电源供给的功率不太大，就会出现火花放电，火花放电时，碰撞电离并不发生在电极间的整个区域内，只是沿着狭窄曲折的发光通道进行，并伴随爆裂声。由于放电能量集中，其引燃危险性大。

除上述几种放电外，对于静电，也可能发生沿绝缘固体表面进行放电，即沿面放电；对于空间电荷，还可能发生云状放电。

静电放电也会受电场均匀程度、电极极性和材料、电压作用时间、气体状态等因素的影响。

静电放电的另一种形式是尖端放电。导体尖端的电荷特别密集，尖端附近的电场特别强时，就会发生尖端放电。它属于一种电晕放电，其原理是物体尖锐处曲率大，电力线密集，因而电势梯度大，致使其附近部分气体被击穿而发生放电。如果物体尖端在暗处或放电特别强烈，这时往往可以看到它周围有浅蓝色的光晕。导体表面有电荷堆积时，电荷密度与导体表面的形状有关。在凹的部位电荷密度接近零，在平缓的部位小，在尖的部位最大。当电荷密度达到一定的量值后，电荷产生的电场会很大，以至于把空气击穿（电离），空气中与导体带电荷相反的离子会与导体的电荷中和，出现放电火花，并能听到放电声。

3. 绝缘体上的静电消散

由于绝缘体的特殊电子排列结构，其对电荷的束缚力很强，若让电荷自行消散，则需要很长的一个过程。一般物体上静电的消散有两种途径：一是与空气中的自由电子或离子互相中和；二是绝缘体直接或间接地和大地或其他物体相连接进行漏电，或与异性电荷中和。

4. 静电屏蔽

静电屏蔽一般对有空腔导体来说，如果其在静电场中达到平衡状态，则其空腔内电场强度为零，如图11-2a所示。而如果空腔内有电荷，且其外表面接地，则其外表面的电荷将流入大地，因此导体外部场强为零，如图11-2b所示。静电屏蔽在实际中有很多用处，如室内高压设备罩上接地的金属罩或较密的金属网罩，电子管用金属管壳等。

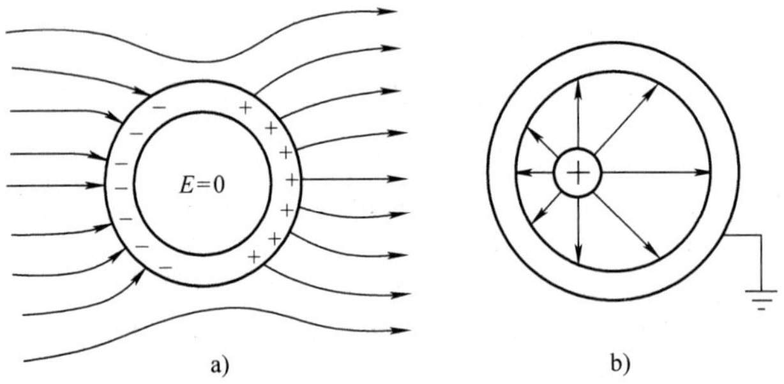

图11-2　静电屏蔽

11.2 静电荷的产生、积聚和消散

11.2.1 静电荷的产生

摩擦能够产生静电是人们早就知道的，但为什么摩擦能够产生静电呢？实验证明，不仅仅是摩擦时，而是只要两种物体紧密接触而后再分离时，都可能产生静电。静电的产生是同接触电位差和接触面上的双电层直接相关的。

1. 静电的起电方式

（1）接触-分离起电

两种物体接触，其间距离小于 25×10^{-8}cm 时，由于不同原子得失电子的能力不同，不同原子（包括原子团和分子）外层电子的能级不同，其间即发生电子的转移。因此，两种物质紧密接触，界面两侧会出现大小相等、极性相反的两层电荷。这两层电荷称为双电层，其间的电位差称为接触电位差。

接触电位差与物质性质及其表面状况有很大的关系。固体物质的接触电位差只有千分之几至十分之几伏，最大的是 1V 左右。

根据双电层和接触电位差的理论，可以推知两种物质紧密接触再分离时，即可能产生静电。两种物质互相摩擦后之所以能产生静电，其中就包括通过摩擦实现较大面积的紧密接触，在接触面上产生双电层的过程。

导体与导体之间虽然也能产生双电层，但由于分离时所有互相接触的各点不可能同时分离，接触面两边的正、负电荷将通过尚未脱离开的那些点迅速中和，致使两导体都不带电。

按照两种物质间双电层的极性，把相互接触时带正电的排在前面，带负电的排在后面，依次排列下去，可以排成一个长长的序列，这样的序列称为静电序列或静电起电序列。静电序列是实验结果，由于实验条件不同，结果不完全一样。同一静电序列中，前后两种物质紧密接触时，前者失去电子带正电，后者得到电子带负电。例如，玻璃与丝绸紧密接触或摩擦时，玻璃带正电，丝绸带负电。应当指出，物质呈现的电性在很大程度上还受到物质所含杂质成分、表面氧化和吸附情况、温度、湿度、压力、外接电场等因素的影响，有可能与序列指示的不相符合。

（2）破断起电

不论材料破断前其内电荷分布是否均匀，破断后均可能在宏观范围内导致正、负电荷的分离，即产生静电，这种起电称为破断起电。固体粉碎、液体分离过程的起电属于破断起电。

（3）感应起电

感应带电一般是指静电场对金属导体的感应带电现象。如果带电体靠近孤立导体时，受外电场的作用，导体靠近带电体的一侧的表面上会感应出与带电体相反极性的电荷，而远离带电体的一侧会感生出与带电体相同极性的电荷。孤立导体表面的电荷发生了重新分布现象，但整个导体的正、负电荷仍然相等呈现电中性，故只能是出现了局部电荷密集的现象，如图 11-3 所示。

（4）电荷迁移

当一个带电体与一个非带电体接触时，电荷将重新分配，即发生电荷迁移而使非带电体带电。当带电雾滴或粉尘撞击在导体上时，会产生有力的电荷迁移；当气体离子流射在不带电的物体上时，也会产生电荷迁移。

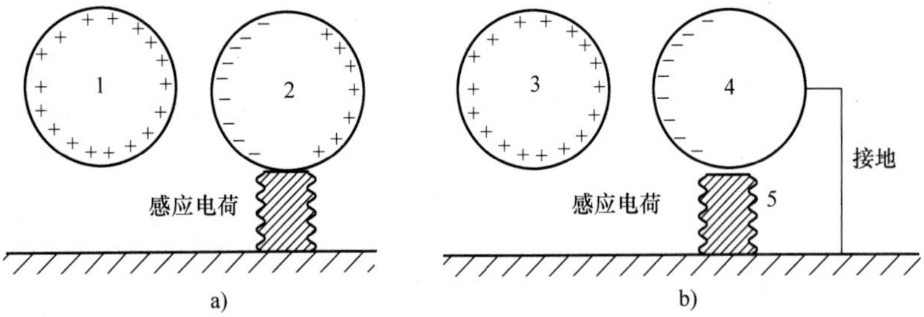

图 11-3 静电感应现象

a）电感应产生的表面带电 b）接地防止感应带电

1、3—带电物体 2—绝缘导体 4—接地导体 5—绝缘体

除上述几种主要的起电方式外，电解、压电、热电等效应也可能产生双电层或起电。

2. 固体静电

固体静电可直接用双电层和接触电位差的理论来解释。双电层上的接触电位差是极为有限的，而固体静电电位高达数万伏以上，其原因不在于静电电荷大，而在于电容的变化。

电容器上的电压 U、电荷 Q、电容 C 三者之间保持 $U=Q/C$ 的关系。对于平板电容器，其电容为

$$C=\frac{\varepsilon S}{D} \tag{11-3}$$

式中 ε——极板间电介质的介电常数；

S——极板面积；

D——极板间距离。

由上述关系可以导出：

$$U=\frac{QD}{\varepsilon S} \tag{11-4}$$

这就是说，当 Q、ε、S 不变时，U 与 D 成正比。将相接近的两个带电面看成是电容器的极板，紧密接触时，其间距离只有 25×10^{-8}cm。若两者分开 1cm，距离即增大为 400 万倍。因此，如接触电位差仅为 0.01V，则在不考虑分开时电荷逆流的情况下，二者之间的电压高达 40000V。应当指出，不仅平面接触产生的静电有这种情况，而且由其他方式静电也有类似的情况。由此不难理解静电电压高的道理。

固体物质大面积的接触-分离或大面积的摩擦，以及固体物质的粉碎过程中，都有可能产生强烈的静电。橡胶、塑料、纤维等行业工艺过程中的静电高达数万伏，甚至数十万伏，如不采取有效措施，很容易引起火灾。

3. 人体静电

在从毛衣外面脱下合成纤维衣料的衣服时，或经头部脱下毛衣时，在衣服之间或衣服人体之间，均可能发生放电。这说明人体及衣服在一定条件下是会产生静电的。

人在活动过程中，人的衣服、鞋及所携带的用具与其他材料摩擦或接触-分离时，均可能产生静电。例如，人穿混纺衣料的衣服坐在人造革面的椅子上，如人和椅子的对地绝缘都很高，则当人起立时，由于衣服与椅面之间的摩擦和接触-分离，人体静电高达 10000V 以上。

液体或粉体从人拿着的容器中倒出来或流出时，带走一种极性的电荷，而人体上将留下另一种极性电荷。

人体是导体，在静电场中可能感应起电而成为带电体，也可能引起感应起电。

如果空间存在带电尘埃、带电水沫或其他带电粒子，并为人体所依附，人体也能带电。

人体静电与衣服料质、操作速度、地面和鞋底电阻、相对湿度、人体对地电容等因素有关。

因为人体活动范围较大，而人体静电又容易被人们忽视，所以，由人体静电引起的放电往往是酿成静电火灾的重要原因之一。

4. 蒸气和气体静电

不但固体会产生静电，蒸气或气体在管道内高速流动或由阀门、缝隙高速喷出时也会产生危险的静电。蒸气产生静电类似液体产生静电，即其静电也是由于接触、分离和分裂等原因产生的。完全纯净的气体是不会产生静电的，由于气体内往往含有灰尘、铁末、干冰、液滴、蒸气等固体颗粒或液体颗粒，通过这些颗粒的碰撞、摩擦、分离等过程可产生静电。喷漆时含有大量杂质的气体高速喷出，会产生比较强的静电。

蒸气和气体静电比固体和液体的静电要弱一些，但也能高达数万伏以上。

11.2.2 静电荷的积聚

静电荷的产生和泄放是相关的两个过程，如果静电的产生量大于静电荷的泄漏量，则在物体上就会产生静电荷的积聚。显然，静电荷的积聚过程为静电荷产生和泄漏的代数和。

起初，静电荷的产生往往大于静电荷的泄漏，呈现线性上升，随后静电荷的泄漏量开始增长，而产生量降低，使静电累积趋于平缓，最后静电荷的产生量与泄漏量达到平衡，使静电荷的累积达到和趋于某一稳定值。

由于静电荷的积聚主要依赖于静电荷的产生，而静电荷的产生主要取决于静电和物体的特性，尤其是电学特性和产生静电荷的条件与环境等有关。

1. 物体的电学特性

（1）固体材料的体电阻率与介电常数

固体材料产生静电的大小主要取决于物体电阻率的大小。通过具体试验表明：在固体材料的使用、摩擦起电的过程中，固体的电阻率越大，产生静电场越高，反之亦然。这个对产生静电的大小的规律性认识，可以通过表 11-1 中得到。

表 11-1　物体起电能力与电阻率之间的关系

物体的起电能力	物体带电的最大电位/kV	物体的表面电阻率/(Ω · m)	物体的起电能力	物体带电的最大电位/kV	物体的表面电阻率/(Ω · m)
不带电体	0.01	10^6 以上	带电体	0.1~1	$10^8 \sim 10^{10}$
微量带电	0.01~0.1	$10^6 \sim 10^8$	高带电体	1 以上	10^{10} 以上

起电与介电常数之间的关系已由柯恩阐述如下：

1）两个物体接触的情况下，介电常数大的那个物体带正电，而另一个物体带负电。

2）电量与它们的介电常数的差值有关。

上述两个问题，究竟是介质电阻率，还是介电常数起主导作用，目前对前者认识比较一致，后者虽不能全部解释实践中所遇到的一些问题，但与事实也有一定的吻合性。

（2）液体材料的主要影响因素

影响液体静电的主要因素是液体介质中的含杂和液体自身的体电阻率。

液体之所以能够产生静电是因为液体中的含杂能离解成正、负离子。这些正、负离子会与导管之间产生偶电层，否则正、负离子含量太少而不容易产生静电。例如在油品中含有水分杂质时，由于水为极性分子，同时在油液中不能共溶呈胶体杂质，这种水分子在下沉过程中，就会吸附油品中的正离子构成带电质点，因此，水在沉降过程中使油品极易产生静电。实验证明，在 JP-4 燃料油中加入少量的沥青杂质时就会呈现明显的带电状态。

实验还证明，在油品中如增加大量的离子杂质时，由于电导率增大，容易产生静电荷的泄漏，故也不会产生大量的静电荷。

杂质含量除可改变液体介质的带电程度外，有时还可以改变带电极性。如往油罐车内加油过程中，曾多次发现静电极性的变化。

液体自身电阻率对产生静电的影响。在一定范围内液体中静电的产生量随液体自身电阻率的增加而增大，但到达某一数值后，它又随电阻率的增加而减小。对于碳氢化合物，通过实验得到：电阻率在 $10^{11} \sim 10^{13}\Omega \cdot cm$ 的范围内，最容易产生静电，因此其静电危险性越大。可由图 11-4 清楚地看出电阻率大小对油品带电的具体影响。

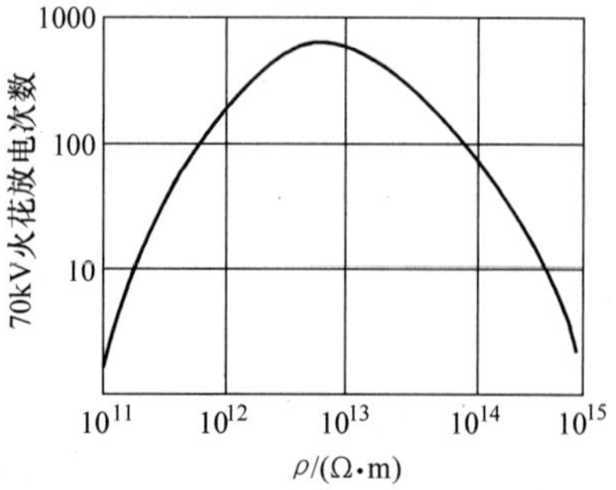

图 11-4　电阻率对油品带电的影响

鉴于上述原因，如果在油品中加入某种静电添加剂改变油品自身的电阻率时，对油品的冲流电流值的影响也是非常明显的。图 11-5 给出了喷气飞机燃料油 JP-4 中加入某种添加剂后，所获得的冲流电流与油品电阻率的关系曲线。

2. 其他影响静电产生的客观因素

（1）紧密接触、快速分离

所谓紧密接触是使两物体间的接触距离小于 25×10^{-8}cm，即接触面积增大；而快速分离就是使两物体间分离速度加快，使单位时间内起电速率加快。许多静电事故往往是突发事件，比如装满爆炸药的漏斗阻塞，突然畅通后，瞬间起电量超过危险值而导致事故突发。又比如气体本来是不易起电的材料，但从高压容器中快速喷出，当速度超过两倍马赫速度时，就会产生十几万伏的静电高压。在排放液氢或石油液化气储罐内的残余气体时，一定要控制排放速度，对于氢气不能超过 10m/s 的流速。

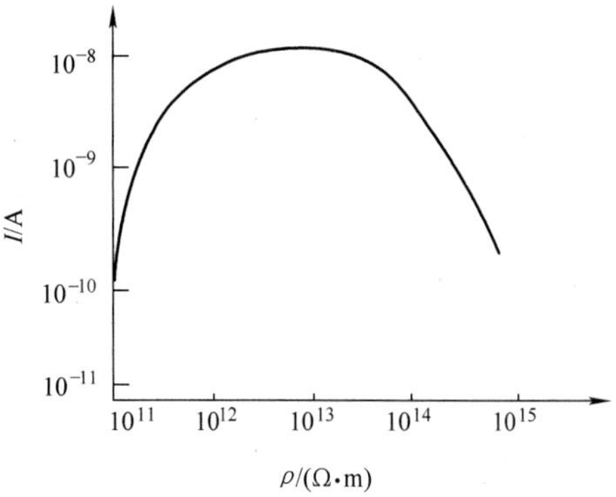

图 11-5 电阻率对冲流电流的影响

（2）被接触物的材质、表面状况和几何尺寸的影响

静电荷的产生与被摩擦物的特性也是有关系的。例如将油品或轻质碳氢化合物通过橡胶或者乳胶管中输送，输送中将会产生很高的静电。因而油轮在装卸油品过程中一般采用导电金属管或导电橡胶或导电型塑料管作为连接的软管，使用绝缘橡胶或塑料管的话，很容易会造成静电事故。因此，特别好的绝缘材料要避免与导体或半导体材料接触。物体表面的粗糙度很大将会使物体间的接触机会增多，因而使得物体间的接触面积增大，产生静电的几率会增大；物体表面平滑，自然接触的紧密程度就会减弱，将不利于静电的产生。同时，物体是亲水性物质时，它的表面容易带有一层很薄的水膜，这也有利于静电的泄漏。

接触物的数量、几何形状等因素对静电影响也较大。试验表明，物体静电产生量与物体的数量（包括重量）基本成正比的关系；而物体带电的密集程度是由物体的几何形状决定的。比如电荷往往在尖端聚集，因此曲率半径越小的物体，表面带电越多，此处的电场强度最大，故容易形成放电现象。此外，物体的几何形状还能影响液体的流动速度，从而影响静电的产生。比如直线管道的流速比弯曲管道的流速快些，直线管道就容易产生静电，而弯曲管道就容易缓和静电的作用。

（3）环境条件的影响

消防部门火灾统计结果表明，大部分静电事故发生在气候比较干燥的冬、春季。所以说，相对湿度对静电的产生有很大的影响。英国炸药发展中心的怀特等人做了一个相关的实验，验证了火炸药生产场合的温、湿度对火药爆炸的影响，结果发现在火炸药和火工品生产的车间如果相对湿度达到 70%±5%时，火药则不会发生爆炸，一般条件下认为这个区间是静电安全区。

静电产生受相对湿度的影响，主要是因为静电存在两个泄漏通道，一是通过吸湿性材料，相对湿度大的物体表面可产生水膜，利于表面导电，从而减小了静电的量；二是空气中的相对湿度大，空气中水分增大，会增加空间的导电性，静电会通过空气泄漏，也会减小。

除此之外，空气中相对湿度大时，摩擦带电物体表面的电学特性会发生改变。如棉布在相对湿度超过50%时，棉布的电阻为$10^8\Omega$，而相对湿度降至30%时，此时棉布的电阻增大到$10^{12}\Omega$，即棉花变成了容易带电的材料。在分析静电事故时，相对湿度对静电荷累积的影响是不能忽略的。

11.2.3　静电荷的消散

物体带有一定数量的静电荷，在不继续供给和产生的情况下，原有的静电荷总量会不断地减少。

一般物体上静电荷的消散主要有两个途径，即自放电和泄漏。

1. 静电放电

静电放电又可以分为两类：一类是强放电现象，其中包括火花放电、刷形放电和电晕放电等；另一类是弱放电现象，是电晕放电之前的现象。弱放电则是中和静电很重要的措施之一。

（1）气体放电的物理过程

空气可看作是绝缘体。在外加电场的作用下，分布在电场内部的带电离子，在电场力的作用下将会沿电场力或电场力的反方向运动，当带电粒子被加速到足够能量时，它们之间就会发生互相碰撞，并与中性粒子碰撞发生游离，继而使电场中带电离子增多，从而使空间电荷被复合的机会也增多，这个过程称为空气的预放电现象，也是中和消除静电的最好途径。但是当电场力继续加速，带电粒子使离子产生的能量远远大于空间的复合量时，自由电子和正离子像雪崩一样急剧增加就会成为电子雪崩。当发生电子雪崩时，两极间的电流可增大数万倍，而自由电子打击在阴极上形成二次电子发射，此时不再依靠空气中自由电子加速运动的结果，这称为自激导电。此时，极间空气形成能够导电的游离气体，这个过程称为气体击穿或气体的放电。实验结果表明，在均匀的电场中，大气压为1atm、温度为20℃时，两极间距为0.01cm时，可以将空气击穿的均匀电场电压确定如下：

$$U_j = 30d + 1.35 \tag{11-5}$$

式中　U_j——空气击穿电压（kV）；

d——两电极间的距离（cm）。

（2）影响气体放电的因素

1）电极形状和极性对击穿电压的影响。两个对称的平滑电极板之间会形成均匀的电场，故气体放电是按式（11-3）的规律进行的。当电极尖端曲率半径变小时，尖端电荷密度增大，形成的电场强度也增大，因此，尖端附近比较容易被击穿，其击穿电压为均匀电场击穿电压的 1/3。因此可以利用尖端放电消除静电，当电极尖端小于 30°，此时最容易产生电晕放电，从而中和静电。

对空气做的实验结果表明，负极性比正极性电极容易击穿。这是因为自由电子由于其质量小，在同样电场力条件下产生的速度比正离子运动要快得多，故阴极比较容易被击穿。

2）气体状态对放电的影响。气体密度小的电子的平均自由程大，易产生碰撞电离，容易产生放电现象。

3）相对湿度对放电的影响。空气的相对湿度增大后，空气中水分增加，电离后在电场中的运动速度降低，使击穿电压增高。

4）电压作用时间对放电的影响。电压作用时间不够、积累的击穿能量不够也不会发生放电现象。

2. 静电的泄漏

（1）对静电泄漏的认识

泄漏发生在绝缘体上主要有两种：一是绝缘体表面泄漏，二是绝缘体内部泄漏。这两个通道均受自身的体、表电阻率的影响。

静电通过绝缘体自身的泄漏，可用以下经验公式来近似表达：

$$Q = Q_0 e^{-1/\tau} \tag{11-6}$$

式中 Q_0——泄漏前存在于绝缘体上的电荷；

e——电子电荷的绝对值；

τ——泄漏时间常数。

由此可见，绝缘材料上所携带的静电，放电时间常数越大，静电累积也越大，且静电荷不能很快泄漏，所以其危险性也越大；反之，物体放电时间常数越小，通过接地方式很快把物体上的静电荷传导给大地，所以通常把导体接地放掉电荷，从而减小危险。

人们对静电泄漏半衰期定义为当绝缘体上的静电荷泄漏一半（即 $Q = Q_0/2$ 时）所消耗的时间，半衰期标志静电荷泄漏的快慢和静电危险性的大小。而半衰期为 $t_{半} = 0.693\varepsilon\rho = 0.693RC$，等式前半部适用于绝缘体，后半部分适用于导体或半导体材料。

（2）影响静电荷泄漏的因素

1）空气相对湿度的影响。亲水性材料表面吸湿后，静电荷可以从吸湿物体表面被泄漏。主要是因为空气中的 CO_2 溶入了吸湿性材料吸湿后表面结成的一层水膜中，并且有可能溶入绝缘体中析出电解质的缘故，致使表面电阻率大大降低，加速了静电荷的泄漏。实验表明，玻璃如果在 100%相对湿度下表面电阻率为 1 时，相对湿度下降到 40%时电阻率将上升到 10^6 倍以上，可见相对湿度的影响还是很大的。

2）气体中带电粒子的影响。利用放射性材料使空气电离，这样为消除绝缘体上的静电荷形成一个空间通道，因而大多数情况下使空气电离可以消除绝缘体上的静电。

11.3 静电的危害

静电作为一种普遍物理现象，近十多年来伴随着集成电路的飞速发展和高分子材料的广泛应用，静电的作用力、放电和感应现象引起的危害十分严重，美国统计，美国电子行业部门每年因静电危害造成损失高达100亿美元，英国电子产品每年因静电造成的损失为20亿英镑，日本电子元器件的不合格品中不少于45%的危害是因为静电放电造成的。据我国相关资料统计，由静电原因引起的火灾所造成的损失也是很大的。

11.3.1 爆炸和火灾

静电的最大危害就是可能因静电火花引起可燃物的起火和爆炸。在化纤纺织工业中，在橡胶制品的生产企业，在石油生产和储运过程中，油罐车在行驶时等，都会产生大量的静电。若防静电措施稍有疏忽，就可能造成不可挽回的损失。

静电能量虽然不大，但因其电压很高而容易发生放电。当带电体与不带电或静电电位低的物体互相接近时，如果电位差达到300V以上，就会出现火花放电。静电放电的火花能量，若已达到周围可燃物的最小着火能量，而且可燃物在空气中的浓度达到爆炸极限，就会立即发生燃烧或爆炸。比如加油站，汽油属于易燃液体，当环境温度升高或出现异常情况时，油品挥发出的可燃蒸气与空气就会形成爆炸性混合物。一旦有火花出现，就可能发生火灾，甚至爆炸，而静电放电则恰恰能够提供火花。

11.3.2 静电对产品的产量质量的危害

静电的第二个危害就是会影响生产效率和产品质量。在印刷厂里，纸页之间的静电会使纸页黏合在一起，难以分开，给印刷带来麻烦；在制药厂里，由于静电吸引尘埃，会影响药品达不到标准的纯度；在化工企业的气流输送工序，管道的某些部位由于静电作用，会积存物料而减小管道的流通面积。

静电可以使生产流程中的粉体沉积，堵塞管道、筛孔等，造成输送不畅引起系统憋压，超压还可导致设备破裂。储运塑料等产品的过程中，静电放电会导致产品熔融、黏结、变色甚至分解变质、报废等。

由于在1~2kV以下的静电放电许多人是感觉不到的，但却能使器件因电击而受到损伤。一般MOS电路和场效应管击穿电压约为300V，因此静电对电子元件的损伤是在人们不知不觉的过程中发生的。有的器件在受静电损伤以后，并不是不能用，而是特性有所下降并不能发现，但已经造成了潜在的失效隐患，在遇到某种特定的条件下，最终会导致器件失效，从而导致设备故障。另外静电吸附灰尘，降低元件绝缘电阻，缩短使用寿命；静电放电破坏，使元件受损不能正常工作；静电放电电场或电流产生的热，使元件受伤。

静电放电能量可能导致计算机、生产控制仪表、安全控制系统中的硅元件损坏，引起误操作而酿成事故。

11.3.3 静电电击对人体的危害

静电电击只发生在瞬间，通过人体的电流为瞬时冲击电流，会对人体造成以下伤害等后果。

1. 导致皮肤病

电视机等荧光屏上有大量的静电荷，能吸附灰尘，灰尘中的细菌侵入、刺激皮肤，可能会导致红斑、痤疮、色素沉淀等皮肤病，常见于计算机工作者。

2. 影响机体生理平衡

人体内含有较多静电时，会引起脑神经细胞膜电流传导异常，影响中枢神经，从而导致血液酸碱度和机体氧特性的改变，使人出现疲惫、头痛、烦躁、失眠等症状。静电产生的磁场作用还可能会引起心率异常和早搏，从而引发心血管疾病。

3. 影响日常生活

静电能量较小时，通常不会给人体带来危害。但静电对人体的电击，可能会导致坠落、摔倒等事故。触碰金属时遭受电击的疼痛感，还可能会导致工作时操作失误而出现较严重的后果。

11.3.4 静电的损害特点

1. 隐蔽性

人体不能直接感知静电除非发生静电放电，但是发生静电放电人体也不一定能有电击的感觉，这是因为人体感知的静电放电电压为 2~3kV，所以静电具有隐蔽性。

2. 潜在性

有些电子元器件受到静电损伤后的性能没有明显的下降，但多次累加放电会给器件造成内伤而形成隐患。因此静电对器件的损伤具有潜在性。

3. 随机性

电子元件从产生到它损坏以前，所有的过程都受到静电的威胁，而这些静电的产生也具有随机性，故其损坏也具有随机性。

4. 复杂性

静电放电损伤的失效分析工作受检测设备、检测条件和技术的限制，难以将静电造成的损伤与其他原因造成的损伤加以区分，使人误把静电损伤失效当作其他失效，从而掩盖了失效的真正原因。所以静电对电子器件损伤的分析具有复杂性。

11.4 静电危害的安全界限

11.4.1 静电放电点燃界限

1）导体间的静电放电能量按下式计算：

$$W=\frac{1}{2}CV^2 \tag{11-7}$$

式中　W——放电能量（J）；

C——导体间的等效电容（F）；

V——导体间的电位差（V）。

当导体间的静电放电能量值大于可燃物的最小点燃能量时，就有引燃危险。

2）当两导体电极间的电位低于1.5kV时，将不会因静电放电使最小点燃能量大于或等于0.25mJ的烷烃类石油蒸气引燃。

3）在接地针尖等局部空间发生的感应电晕放电不会引燃最小点燃能量大于0.2mg的可燃气。

4）危险电压。假定周围环境中可燃物的最小点火能量为W_{min}时，用式（11-7）计算出导体的储能为W，且其中$W \geqslant W_{min}$。如果导体上的储能大于或等于可燃物的最小点火能量，该种放电为危险性放电；而$W<W_{min}$时应为安全性放电。因此，可燃物的最小点火能量就可看作静电放电的危险界限。

同时，还可根据W_{min}按下式计算出导体的危险电位V_{min}：

$$V_{min}=\sqrt{2W_{min}/C} \tag{11-8}$$

11.4.2 物体带电安全管理界限

1）当固体器件的表面电阻率或体电阻率分别在$1\times10^8\Omega$及$1\times10^6\Omega\cdot m$以下时，除了与火炸药有关情况外，一般在生产中不会因静电积累而引起危害。对某些爆炸危险程度较低的场所（如环境湿度较高、可燃物最小点燃能量较高等情况）在正常情况下，表面电阻率或体电阻率分别低于$1\times10^{11}\Omega$和$1\times10^{10}\Omega\cdot m$时，也不会因静电积累引起静电引燃危险。

2）用非金属材料制造液体储存罐、输送管道时，材料表面电阻和体电阻率分别低于$1\times10^{10}\Omega$及$1\times10^8\Omega\cdot m$。

3）气体爆炸危险场所外露静电非导体部件的最大宽度及表面积见表11-2。

表11-2　气体爆炸危险场所外露静电非导体部件的最大宽度及表面积

环境条件		最大宽度/cm	最大表面积/cm^2
0区	Ⅱ类A组爆炸性气体	0.3	50
	Ⅱ类B组爆炸性气体	0.3	25
	Ⅱ类C组爆炸性气体	0.1	4

（续）

环境条件		最大宽度/cm	最大表面积/cm^2
1 区	Ⅱ类 A 组爆炸性气体	3.0	100
	Ⅱ类 B 组爆炸性气体	3.0	100
	Ⅱ类 C 组爆炸性气体	2.0	20

4）固体静电非导体（背面 15cm 内无接地导体）的不引燃放电安全电位对于最小点燃能量大于 0.2mJ 的可燃气是 15kV。

5）轻质油品装油时，油面电位应低于 12kV。

6）轻质油品安全静止电导率应大于 50pS/m。

7）对于采取了基本防护措施的，内表面涂有静电非导体的导电容器，若其涂层厚度不大于 2mm，并避免快速重复灌装液体，则此涂层不会增加危险。

11.4.3 引起人体电击的静电电位

1）人体与导体间发生放电的电荷量达到 2×10^{-7}C 以上时就可能感到电击。当人体的电容为 100pF 时，发生电击的人体电位约 3kV，人体带电电位与静电电击程度的关系见表 11-3。

表 11-3 人体带电电位与静电电击程度的关系

人体电位/kV	电击程度	备注
1.0	完全无感觉	
2.0	手指外侧有感觉，但不疼	发出微弱的放电声
2.5	有针触的感觉，有哆嗦感，但不疼	
3.0	有被针刺的感觉，微疼	
4.0	有被针深刺的感觉，手指微疼	见到放电的微光
5.0	从手掌到前腕感到疼	指尖延伸出微光
6.0	手指感到剧疼，后腕感到沉重	
7.0	手指和手掌感到剧疼，稍有麻木感觉	
8.0	从手掌到前腕有麻木的感觉	
9.0	手腕子感到剧疼，手感到麻木沉重	
10.0	整个手感到疼，有电流过的感觉	
11.0	手指剧麻，整个手感到被强烈电击	
12.0	整个手感到被强烈打击	

2）当带电体是静电非导体时，引起人体电击的界限，因条件不同而变化。在一般情况下，当电位在 30kV 以上向人体放电时，将感到电击。

11.4.4 最小点燃能量

静电放电能够成为引火源，非常重要的依据是其放电能量必须大于等于可燃物的最小点火能量。最小点火能量是引起可燃物或引起爆炸性混合物发生火灾或发生爆炸的静电火花所具有的最小能量。这是评价静电安全和危害的主要标准和依据之一。

1）典型静电放电的特点和其相对引燃能力见表 11-4。

表 11-4 典型静电放电的特点和其相对引燃能力

放电种类	发生条件	特点及引燃性
电晕放电	当电极相距较远，在物体表面的尖端或凸出部位电场较强处较易发生	有时有声光，气体介质在物体尖端附近局部电离，不形成放电通道。感应电晕单次脉冲放电能最小为 20μJ，有源电晕单次脉冲放电能量则较此大若干倍，引燃、引爆能力甚小
刷形放电	在带电电位较高的静电非导体与导体间较易发生	有声光，放电通道在静电非导体表面附近形成许多分叉，在单位空间内释放的能量较小，一般每次放电能量不超过 4mJ，引燃、引爆能力中等
火花放电	要发生在相距较近的带电金属导体间	有声光，放电通道一般不形成分叉，电极上有明显放电集中点，释放能量比较集中，引燃、引爆能力很强
传播型刷形放电	仅发生在具有高速起电的场合，当静电非导体的厚度小于 8mm，其表面电荷密度大于或等于 $2.7\times10^{-6}C/m^2$ 时较易发生	放电时有声光，将静电非导体上一定范围内所带的大量电荷释放，放电能量大，引燃、引爆能力强

在相同带电电位条件下，液体或固体表面带负电荷时发生的放电比带正电荷时发生的放电，对可燃气体的引燃能力可大一个数量级。

2）各种可燃物的点燃危险性举例。

① 爆炸性气体、蒸气的点燃危险性（和空气混合）见表 11-5。

表 11-5 爆炸性气体、蒸气的点燃危险性

物质名称	闪点/℃	点燃极限				点燃/℃	分类和级别
		体积浓度（%）		质量浓度/(mg/L)			
		下限	上限	下限	上限		
乙醛	-38	4.0	60	74	1108	204	ⅡA
乙酸	40	4.0	17	100	428	464	ⅡA
丙酮	<-20	2.5	13	60	316	535	ⅡA
丁酮	-9	1.8	10	50	302	404	ⅡB
丁胺	-12	1.7	9.8	49	286	312	ⅡA
丙烷（气体）	-104	1.7	10.9	31	200	470	ⅡA
丙酸	52	2.1	12	64	370	435	ⅡA

（续）

物质名称	闪点/℃	点燃极限				点燃/℃	分类和级别
		体积浓度（%）		质量浓度/(mg/L)			
		下限	上限	下限	上限		
丙胺	-37	2.0	10.4	49	258	318	ⅡA
1-丙醇	22	2.2	17.5	55	303	405	ⅡB
氢气	—	4	77	3.4	63	560	ⅡC
甲酸	42	10	57	190	1049	520	ⅡA

② 爆炸性气体、蒸气的最小点燃电流（和氧混合）见表 11-6。

表 11-6 爆炸性气体、蒸气的最小点燃电流

物质名称	最小点火电流/mA	分类和级别
乙炔	24	ⅡC
乙烷	70	ⅡA
乙烯	45	ⅡB
乙醚	75	ⅡB
氢气	21	ⅡC
沼气	85	Ⅰ
甲醇	70	ⅡA
戊烷	73	ⅡA
无水乙醇	75	ⅡA
一氧化碳	90	ⅡB

③ 各种爆炸性气体的点燃危险性（和氧混合）见表 11-7。

表 11-7 各种爆炸性气体的点燃危险性

物质名称	爆炸极限体积（%）		最小点火能量/mJ
	下限	上限	
乙炔	2.8	100	0.0002
乙烷	3.0	66	0.0019
乙烯	3.0	80	0.0009
二乙醚	2.0	82	0.0012
氢	4.0	94	0.0012
丙烷	2.3	55	0.0021
甲烷	5.1	61	0.0027

④ 爆炸性悬浮粉尘的点燃危险性见表 11-8。

表 11-8　爆炸性悬浮粉尘的点燃危险性

物品名称	爆炸下限浓度/(g/m^3)	最小点火能量/mJ
小麦	50	50
小麦淀粉	25	20
大米（种皮）	45	40
软木粉	35	35
玉米	45	40
玉米淀粉	45	20
木质素	40	20
棉花	50	25
肉桂皮	60	30
煤	35	30

3）非导体材料静电危害的界限。提供产生静电危害的非导体的危险界限标准，一般很难办到，但以带电电位达30kV以上的非导体材料放电能量可达数百微焦的能量的基础实验为依据，可推断出非导体界面不同电位、电荷密度放电时的引燃能力的大致准则：

① 对于引燃0.01mJ以下的可燃物，带电体危险电位在1kV以上、表面电荷密度在$1\times10^{-7}C/m^2$以上的带电。

② 对于引燃能量在0.01~0.1mJ的可燃物，带电体危险电位在6~10kV、电荷密度在$1\times10^{-6}C/m^2$以上的带电。

③ 对于引燃能量在0.1~1mJ的可燃物，危险电位界限在20~30kV，得出30kV以下的实验结论。

④ 对引燃能量在1mJ以上的可燃物，危险电位界限在40~60kV。

⑤ 紧贴导体而厚度在8mm以下的带电薄膜，表面电荷密度可达$2.5\times10^{-4}C/m^2$，沿面放电能量可达数焦，目前称为传播型刷形放电。

11.5 防止静电危害的措施

静电的危害在某些时候是非常大的，所以要尽力消除。消除静电有两条主要途径，其一是创造条件使物体的静电中和，限制静电的积累，使其不超过安全范围；其二是在工艺过程中进行控制，限制静电的产生。

防止静电危害的措施

消除静电危害的措施大致可以分为三大类。

1. 泄漏法

采取接地、增湿、加入抗静电剂、涂导电涂层等措施，以加快消除生产工艺过程中产生的静电，防止静电的积累。

2. 中和法

采用各种中和器（如感应静电消除器、高压静电消除器、放射线静电消除器），使带静电体附近的空气电离，让电离的空气离子中和物体所带的电荷，从而减少电荷的积累。

3. 工艺控制

这类方法是选择好的材料和制作工艺从而减少电荷的积累，使之不超过危险程度。

而几种常用的消除静电危害的措施主要是静电接地、增湿、加抗静电添加剂、利用静电中和器及工艺控制等。

各种防护措施应根据现场环境条件、生产工艺和设备、加工物件的特性及发生静电危害的可能程度等予以研究选用。

11.5.1　减少静电荷产生控制静电场合的危险程度

可燃物存在是酿成静电灾害的最基本的因素，所以在静电放电发生的场合，必须控制或排除放电场合的可燃物，就可以在一定程度上防止静电灾害。

1. 正确选择材料

1）选择不容易起电的材料。物体的电阻率达到 $10^{10}\Omega$ 以上时很容易由于摩擦带上几千伏的静电高压，因此在工艺和生产过程中，可以选择固体材料电阻率在 10^{10} 以下的物体材料，一定程度上减少摩擦带电。比如在煤矿使用的传输煤的传送带的托辊换成金属或导电塑料就会避免静电荷的产生和积累。

2）根据带电序列选用不同材料。物体摩擦起电，但起电特性和起电的速度还与物质在带电序列中的位置有关，一般在带电序列前面的物质相互摩擦后是带正电荷，而后面的则带负电荷。可根据这个特性，在生产过程选择两种不同材料，这种材料与前者摩擦后带上了正电荷，而与后者摩擦带上了负电荷，最后物料上所形成的正、负静电荷正好可以互相抵消，从而达到消除静电的效果。根据静电序列适当地选用不同的材料而消除静电的方法称为正、负相消法。

3）选用吸湿性材料。吸湿性材料表面带上一层水膜后其导电性能会加强，所以在生产过程中选用吸湿性塑料，或将塑料用表面活性剂转变成吸湿性材料，当人为地增大空气湿度时，可以使绝缘材料上的静电荷沿其表面泄漏掉，从而保证安全。

4）用非可燃物取代易燃介质。油类大多是可燃性物质（比如煤油、汽油和甲苯等），这样在静电放电场合就会埋下很大的安全隐患。油的燃点很低，而且很容易在常温常压条件下，形成爆炸性混合物，易于形成火灾或爆炸事故。例如在清洗机器设备的零件和精密加工机床油污的过程中，用非燃烧性的洗涤剂取代煤油或汽油时，就会大大减少静电危害的可能性。这些可作为替代品的非可燃性洗涤剂，主要有苛性钾（即氢氧化钾）、磷酸三钠、碳酸钠及水玻璃的水溶液。

5）降低爆炸性混合物在空气中的浓度。可燃液体与空气的气体混合物，当达到爆炸极限的浓度范围时，若遇到明火就会发生爆炸事故。而且混合物的爆炸温度也有温度下限和温度上限之分。当温度在此上、下限范围内时，恰好可燃物产生和蒸发的蒸气与空气混合的浓度也在爆炸极限的范围内，这样就可利用控制爆炸温度来限定可燃物的爆炸浓度。

6）降低含氧量或采取通风的措施。燃烧的必要条件之一就是含氧量足够，所以可以通过控制氧气的含量来控制爆炸，而减少空气中的氧含量可以使用惰性气体。此外，增大空气的氧含量，可以减小可燃物与氧气在混合物中的比例，此时可燃物与氧气混合浓度超过爆炸极限的上限也不会使可燃物引起燃烧或爆炸。另外，当可燃物接近爆炸浓度时采用强制通风的办法，使可燃物被抽走，新空气得到补充，也不会引起事故。

7）对接触起电的物料，应尽量选用在带电序列中位置较邻近的，或对产生正负电荷的物料加以适当组合，使最终达到起电最小。静电起电极性序列见《防止静电事故通用导则》（GB 12158—2006）。

8）改进工艺流程和投料顺序可减少静电的产生。在生产过程中，有时必不可少需要搅拌，然而往往搅拌过程会产生大量的静电。但在搅拌过程中，如适当地调整加料顺序，则可降低静电的危险性。

2. 使静电荷尽快消散

在静电危险场所，所有属于静电导体的物体必须接地。把物体与大地相接时，物体上的电荷就会顺着导体流向大地，从而可以减少静电积累。

（1）接地对象

1）各种易燃液体、可燃气体和可燃粉尘的设备在加工、储存、运输过程中一定要接地，如油罐、储存罐、油品的运输装置、过滤器、吸附器等。

2）输送可燃气体或可燃液体的管道必须进行良好的接地。

3）注油漏斗、工作台、磅秤、金属检尺等辅助设备应予接地，并与金属管道互相跨接起来。

4）在可能产生静电和累积静电的固体和粉体作业中，全部金属设备或装置的金属部分，如上光、托辊、磨、筛、混合、风力输送等，均应接地。

5）采用绝缘管运输物料时，为防止静电的产生，管道外部采用屏蔽接地，管道内衬有金属螺旋软管并接地。

6）人体是良好的静电导体，在危险的操作场合，为防止人体带电，对人体必须采取防静电措施。

7）对不是导体的材料采用涂导电涂料接地。另外，为防止绝缘体带电，还可以在绝缘体表面涂上导电涂料，使其达到消除静电的目的。

（2）接地要求

1）静电导体与大地间的总泄漏电阻值在通常情况下均不应大于 $1\times10^6\Omega$。每组专设的静电接地体的接地电阻值一般不应大于 100Ω，在山区等土壤电阻率较高的地区，其接地电阻值也不应大于 1000Ω。

2）对于某些特殊情况，有时为了限制静电导体对地的放电电流，允许人为地将其泄漏电阻值提高到 $1\times10^{6}\Omega\sim1\times10^{8}\Omega$，但最大不得超过 $1\times10^{9}\Omega$。

（3）接地方法

1）固定设备的接地。静电接地与一般电气设备的接地相比，不需要过高的技术，重要的是接地可靠，并满足接地电阻的要求。因此，应连接良好（采用焊接或铆接，也可用压接端螺母紧固），并保证足够的机械强度（要求 $1.25\mathrm{mm}^2$ 截面面积的实心线或绞合线为宜）。

2）移动设备的接地。一般采用鳄鱼嘴夹子、电池夹子或压入式连接器等，也可用导电纤维或导电布接地。

3）采用导电覆盖层。导电覆盖层一般是使用导电涂料或掺有金属粉和石墨粉的聚合材料。覆盖层可以完全覆盖也可不完全覆盖，但应满足未涂覆盖层部分的储能不能成为可燃物引火源的基本要求。

4）采用导电地坪。导电地坪也称为导电平面，是一种消除人体静电的有效措施之一。其方法是人所储存的静电荷通过导电工作服、导电鞋和导电地面，构成一个接地系统，可把人体静电导走。

3. 增湿

局部环境的相对湿度宜增加至 50%以上。增湿可以防止静电危害的发生，但这种方法不得用在气体爆炸危险场所 0 区。

亲水性物体可以通过增湿使表面产生一层水膜，其表面电阻将会减小，从而加快电荷的泄漏，以减小静电电荷。但增湿的作用主要是使静电沿绝缘体表面加速泄漏，而不是增加通过空气的泄漏量。因此，增湿法只对表面易被水润湿的非导体才有效，如醋酸纤维素、硝酸纤维、纸张、橡胶等。对于表面不能形成水膜的物质，增湿是行不通的，如纯涤纶、聚四氟乙烯、聚乙烯等。另外，对于表面水分蒸发很快和孤立的非导体，由于空气增湿后虽然其表面上能形成水膜，但没有静电泄漏的途径，对消除静电也是无效的。而且，在这种情况下，一旦发生放电，由于能量释放比较集中，火花会比较强烈。基于同样理由，增湿对于悬浮粉体消除静电也是无效的。增湿对消除液体静电也是无效的。

增湿可以通过吸收一定的能量，从而提高爆炸性混合物的最小引燃能量，可以减少燃烧或爆炸的几率。然而，对于允许增湿的范围还有一点限制，应根据具体情况具体分析。从消除静电危害的角度考虑，保持相对湿度在 70%以上较为适宜。当相对湿度低于 30%时，产生的静电是比较强烈的。因此，有静电危险的场所，相对湿度不应低于 30%。

增湿的方法对于消除静电的效果还是很显著的。例如，某粉体筛选过程中，相对湿度低于 50%时，测得容器内静电电压为 40kV；相对湿度为 65%～80%时，静电电压降低为 18kV。

4. 使用抗静电添加剂

在某些物料中，可添加适量的抗静电添加剂，以降低其电阻率。抗静电添加剂是化学药剂，在容易产生静电的高绝缘材料中加入抗静电添加剂之后，能降低材料的体积电阻率或表面电阻率，可以加速静电的泄漏，消除静电的危险。

（1）抗静电添加剂的种类

抗静电添加剂因为其良好的使用性能，最近几年发展非常迅速，概括起来可以分成下面的几个类别：

1）无机盐类：包括有碱金属和碱土金属，如硝酸钾、氯化钾等。

2）活化剂：包括硫酸盐、季铵盐、多元醇等。

3）无机半导体盐：包括半导体盐和金属元素的卤化物，这类抗静电添加剂还包括石墨。

4）电解质高分子聚合物类：如苯乙烯季铵化合物等。

5）非离子型抗静电剂：烷基酰胺类 HZ-14（ECH），二乙醇月桂酰胺（LDN），二乙醇椰子酰胺（LDB）。

（2）抗静电添加剂的应用

1）石油抗静电添加剂有油酸盐、油酸、合成脂肪酸盐等。石油中只要增加 1/106 的油酸或油酸盐会产生良好的消除静电的效果。如苯骈三氮唑脂肪胺盐，又称 T406 石油添加剂，是一种多效能石油添加剂，具有抗磨、抗腐、抗氧化、防锈等多种性能，是一种高效复合剂。

2）化纤工业使用的活化剂、季铵盐油剂，可使体表电阻率下降 3～4 个数量级，如十八烷基二甲基羟乙基季铵硝酸盐类（SN）。

3）塑料行业采用的内加型表面活性剂，如酰胺基季铵硝酸盐适用于聚乙烯软质塑料。

4）橡胶行业使用的炭黑和金属粉做抗静电添加剂。胶液中加入 10%～20%的炭黑就会使电阻率控制在 $10^2 \sim 10^4 \Omega \cdot m$ 范围内，抗静电效果很强。

5. 静电消除器防止静电

使用静电消除器迅速中和静电，静电消除器是利用外部设备或装置产生需要的正或负电荷以消除带电体上的电荷。

静电消除器原则上应安装在带电体接近最高电位的部位。

消除属于静电非导体物料的静电，应根据现场情况采用不同类型的静电消除器。

静电危险场所要使用防爆型静电消除器。

静电消除器又称为静电消电器和静电中和器，它由高压电源产生器和放电极组成，通过尖端电晕放电把空气电离为正负离子以中和物体表面的电荷。

（1）静电消除器的分类

根据消除静电的原理和要求不同，静电消除器分为以下三种类型：

1）自感应静电消除器。它利用带电体的电荷与被感应放电针发生的电晕放电使空气被电离产生电荷的方法来中和物体表面的静电。

2）带附加高压的静电消除器。在放电针上加上交、直流高压，使放电针与接地体之间形成强电场，加强电晕放电，增强空气电离，可以达到快速消除静电的效果。

3）放射性除电器。利用放射性材料使空气电离，产生的离子中和物体表面的电荷。放射性材料尤其是 α 射线对空气电离效果极佳，消除静电的效果也很好。

（2）各种消电器特性和使用范围

表 11-9 给出了各种消电器的特性和使用范围，可参照选择和使用。

表 11-9 消电器的特性和使用范围

种类		特征	主要消电对象
附加电压式消电器	标准型	消电能力强、机种丰富	薄膜、纸、布
	送风型	鼓风机型、喷嘴型	配管内、局部（场所）
	防爆型	不会成为引火源，但是机种受限制	可燃性液体
	直流型	消电能力强，但有时产生反放电	单极性薄膜
自身放电式消电器	加入导电性纤维的布、导电性薄膜	使用简单，不易成为引火源，但初期电位低，消电能力弱。在 2~3kV 以下时不能消电	薄膜、纸、布、橡胶、粉体等
放射线式消电器	线源	不会成为引火源，但要进行放射性管理，消电能力弱	密闭空间内

6. 静电屏蔽

在生产现场使用静电导体制作的操作工具应接地。

1）带电体应进行局部或全部静电屏蔽，或利用各种形式的金属网，减少静电的积聚。同时屏蔽体或金属网应可靠接地。

2）在设计和制作工艺装置或装备时，应避免存在静电放电的条件，如在容器内避免出现细长的导电性凸出物和避免物料的高速剥离等。

3）控制气体中可燃物的浓度，保持在爆炸下限以下。

4）限制静电非导体材料制品的暴露面积及暴露面的宽度。

5）在遇到分层或套叠的结构时避免使用静电非导体材料。

6）在静电危险场所使用的软管及绳索的单位长度电阻值应在 $1\times10^{3}\sim1\times10^{6}\Omega/m$。

7）在气体爆炸危险场所禁止使用金属链。

8）对金属物体应采用金属导体与大地做导通性连接，对金属以外的静电导体及亚导体则应做间接接地。

9）生产工艺设备应采用静电导体或静电亚导体，避免采用静电非导体。

10）对于高带电的物料，宜在接近排放口前的适当位置装设静电缓和器。

11.5.2 固态物料防护措施

1）非金属静电导体或静电亚导体与金属导体相互连接时，其紧密接触的面积应大于 20cm^2。

2）架空配管系统各组成部分应保持可靠的电气连接。

室外的系统同时要满足国家有关防雷规程的要求。

3）防静电接地线不得利用电源零线、不得与防直击雷地线共用。

4）在进行间接接地时，可在金属导体与非金属静电导体或静电亚导体之间，加设金属箔，或涂导电性涂料或导电膏以减少接触电阻。

5）油罐汽车在装卸过程中应采用专用的接地导线（可卷式）、夹子和接地端子将罐车与装卸设备相互连接起来。

6）接地线的连接，应在油罐开盖以前进行；接地线的拆除应在拆卸完毕，封闭罐盖以后进行。有条件时可尽量采用接地线路与启动装卸用泵相互间能联锁的装置。

7）在振动和频繁移动的器件上用的接地导体禁止用单股线及金属链，应采用 6mm^2 以上的裸绞线或编织线。

11.5.3　液态物料防护措施

1. 控制烃类液体灌装时的流速

灌装铁路罐车时，液体在鹤管内的容许流速按下式计算：

$$VD \leqslant 0.8 \tag{11-9}$$

式中　V——烃类液体流速的数值（m/s）；

D——鹤管内径的数值（m）。

大鹤管装车出口流速可以超过按上式所得计算值，但不得大于 5m/s。

灌装汽车罐车时，液体在鹤管内的容许流速按下式计算：

$$VD \leqslant 0.5 \tag{11-10}$$

式中　V——烃类液体流速的数值（m/s）；

D——鹤管内径的数值（m）。

在输送和灌装过程中，应防止液体的飞散喷溅，从底部或上部入罐的注油管末端应设计成不易使液体飞散的倒 T 形等形状或另加导流板；或在上部灌装时，使液体沿侧壁缓慢下流。

2. 对罐车等大型容器灌装烃类液体时宜从底部进油

若不得已采用顶部进油时，则其注油管宜伸入罐内离罐底不大于 200mm。在注油管未浸入液面前，其流速应限制在 1m/s 以内。

3. 烃类液体中应避免混入其他不相容的第二物相杂质

烃类液体中应避免混入其他不相容的第二物相杂质如水等，并应尽量减少和排除槽底与管道中的积水。当管道内明显存在不相容的第二物相时，其流速应限制在 1m/s 以内。

1）在储存罐、罐车等大型容器内，可燃性液体的表面，不允许存在不接地的导电性漂浮物。

2）当液体带电很高时，例如在精细过滤器的出口，可先通过缓和器后再输出进行灌装。带电液体在缓和器内停留时间，一般可按缓和时间的 3 倍来设计。

4. 烃类液体的检尺、测温和采样

当设备在灌装、循环或搅拌等工作过程中，禁止进行取样、检尺或测温等现场操作。在设备停止工作后，需静置一段时间才允许进行上述操作。所需静置时间见表 11-10。

表 11-10 静置时间表

液体电导率/(S/m)	液体容积/m^3			
	<10	10~49	50~4999	>5000
$>10^{-8}$	1	1	1	2
$10^{-12}\sim10^{-8}$	2	3	20	30
$10^{-14}\sim10^{-12}$	4	5	60	120
$<10^{-14}$	10	15	120	240

注：1. 若容器内设有专用量槽时，则按液体容积<1×10m^3 取值。
2. 油槽车的静置时间为 2min 以上。

1）对金属材质制作的取样器、测温器及检尺等在操作中应接地。有条件时应采用具有防静电功能的工具。

2）取样器、测温器及检尺等装备上所用合成材料的绳索及油尺等，其单位长度电阻值应为 $1\times10^5\Omega/m\sim1\times10^7\Omega/m$ 或表面电阻和体电阻率分别低于 1×10^{10} 及 $1\times10^8\Omega\cdot m$ 的静电亚导体材料。

3）在设计和制作取样器、测温器及检尺装备时，应优先采用红外、超声等原理的装备，以减少静电危害产生的可能。

4）在可燃的环境条件下灌装、检尺、测温、清洗等操作时，应避开可能发生雷暴等危害安全的恶劣天气，同样强烈的阳光照射可使低能量的静电放电造成引燃或引爆。

5）在烃类液体中加入防静电添加剂，使电导率提高至 250pS/m 以上。

6）当在烃类液体中加入防静电添加剂来消除静电时，其容器应是静电导体并可靠接地，且需定期检测其电导率，以便使其数值保持在规定要求以上。

7）当不能以控制流速等方法来减少静电积聚时，可以在管道的末端装设液体静电消除器。

8）当用软管输送易燃液体时，应使用导电软管或内附金属丝、网的橡胶管，且在相接时注意静电的导通性。

9）在使用小型便携式容器灌装易燃绝缘性液体时，宜用金属或导静电容器，避免采用静电非导体容器。对金属容器及金属漏斗应跨接并接地。

10）容器的清洗过程应该避免可燃的环境条件，并且在清洗后静置一定时间才可使用。

11.5.4 气态粉态物料防护措施

1）在工艺设备的设计及结构上应避免粉体的不正常滞留、堆积和飞扬；同时还应配置必要的密闭、清扫和排放装置。

2）粉体的粒径越细，越易起电和点燃。在整个工艺过程中，应尽量避免利用或形成粒径在75μm或更小的细微粉尘。

3）气流物料输送系统内，应防止偶然性外来金属导体混入，成为对地绝缘的导体。

4）应尽量采用金属导体制作管道或部件。当采用静电非导体时，应具体测量并评价其起电程度。必要时应采取相应措施。

5）必要时，可在气流输送系统的管道中央，顺其走向加设两端接地的金属线，以降低管内静电电位。也可采取专用的管道静电消除器。

6）对于强烈带电的粉料，宜先输入小体积的金属接地容器，待静电消除后再装入大料仓。

7）大型料仓内部不应有凸出的接地导体。在顶部进料时，进料口不得伸出，应与仓顶取平。

8）当筒仓的直径在1.5m以上时，且工艺中粉尘粒径多数在30μm以下时，要用惰性气体置换、密封筒仓。

9）工艺中需将静电非导体粉粒投入可燃性液体或混合搅拌时，应采取相应的综合防护措施。

10）收集和过滤粉料的设备，应采用导静电的容器及滤料并予以接地。

11）对输送可燃气体的管道或容器等，应防止不正常的泄漏，并宜装设气体泄漏自动检测报警器。

12）高压可燃气体的对空排放，应选择适宜的流向和处所。对于压力高、容量大的气体如液氢排放时，宜在排放口装设专用的感应式消电器。同时要避开可能发生雷暴等危害安全的恶劣天气。

11.5.5 人体静电的防护措施

人体是静电体，在不同湿度条件下，人体活动产生的静电电位有所不同。在干燥的季节，人体静电可达几千伏甚至几万伏。实验证明，静电电压为5万V时人体没有不适感觉，带上12万V高压静电时也没有生命危险。不过，静电放电也会在其周围产生电磁场，虽然持续时间较短，但强度很大。假如人体带电超过10000V高压时，人体放电能量就可达到5mJ以上，足以使可燃液体、可燃气体与空气的爆炸性混合物发生燃烧和爆炸。

1. 人体静电的产生

1）鞋子与地面的摩擦带电。鞋子与地面的摩擦可以产生很高的静电。人的绝缘鞋底与绝缘地面摩擦时所产生的静电电位高达2400V。

2）人体与衣服之间的摩擦带电。人体脱衣时的带电属于快速剥离带电，虽然起电时间很短，但由于起电速率很快，而积累电位较高，工作服与人体的带电关系见表11-11。

表 11-11 工作服与人体的带电关系

工作服	工作服的带电/kV		人体的带电/kV
	穿用中	脱下后	脱衣后
锦纶织品	8~12	30~40	11~17
棉织品	4~7	10~20	9~11
脱毛衣温/湿度（20℃/4%）			2.8
脱棉衣温/湿度（20℃/4%）			2.6
脱化纤服温/湿度（20℃/4%）			5

3）带电物之间的感应带电和接触带电。人体是导体，在靠近带电体时，就会发生静电感应现象，结果使人体呈现带电状态；而人体与带电体接触时，自然会发生电荷的转移，也会呈现人体带电状态。

4）吸附带电。人体从带电粉尘、带电云雾等的区域走过，由于带电粉尘吸附在人体上也会呈现强烈的带电现象。例如，当人体走过水蒸气喷出的地方，水蒸气的压力为 $12kgf/cm^2$（1.2MPa），此时人体就会带上 50000V 以上的静电高压。

2. 防止人体带电的方法

1）到自然环境中去。有条件的话，在地上赤足运动一下，因为常见的鞋底都属绝缘体，身体无法和大地直接接触，也就无法释放身上积累的静电。

2）尽量少穿化纤类衣物，或者选用经过防静电处理的衣物。贴身衣服、被褥一定要选用纯棉制品或真丝制品；同时，远离化纤地毯。

3）秋冬季室内要保持一定的湿度，这样静电就不容易积累。室内放上一盆清水或摆放些花草，可以缓解空气中的静电积累和灰尘吸附。

4）长时间用计算机或看电视后，要及时清洗裸露的皮肤，多洗手、勤洗脸，对消除皮肤上的静电很有好处。

5）多饮水，同时补充钙质和维生素 C，减轻静电对人带来的影响。

3. 防人体静电的基本措施

1）对泄漏电阻的要求。为泄放人体静电，一般选择的人体泄漏电阻是在 $10^8\Omega$ 范围以下，同时考虑特别敏感的爆炸危险的场合，避免通过人体直接放电所造成的引燃性，所以泄漏电阻要选在 $10^7\Omega$ 以上。另外，在低压工频线路的场合，还要考虑人身误触电的安全防护问题，故泄漏电阻选择在 $10^6\Omega$ 以上为宜。

2）当气体爆炸危险场所的等级属 0 区和 1 区，且可燃物的最小点燃能量在 0.25mJ 以下时，工作人员需穿防静电鞋、防静电服。当环境相对湿度保持在 50% 以上时，可穿棉工作服。

3）静电危险场所的工作人员，外露穿着物（包括鞋、衣物）应具防静电或导电功能，各部分穿着物应存在电气连续性，地面应配用导电地面。

4）禁止在静电危险场所穿脱衣物、帽子及类似物，并避免剧烈的身体运动。

5）在气体爆炸危险场所的等级属 0 区和 1 区工作时，应佩戴防静电手套。

6）对导电工作服和导电地面等的要求。对于导电工作服，要求在摩擦过程中其带电电荷密度不得大于 $7.0\mu C/m^2$。对于导电地面，一般消电场合选择 $10^{10}\Omega$，爆炸危险场所选择在 $10^6 \sim 10^7\Omega$ 为宜；导电工作鞋以 $1.0\times10^8\Omega$ 以下为标准。

7）对静电电位的要求。在操作对静电非常敏感的化工产品时，按规定人体电位不能超过 10V，最大不能超过 100V。因此，可依据这个具体要求控制操作速度和操作方法。

11.5.6 加强静电防护的管理工作提高监控手段

静电火灾和爆炸危害是由于静电放电造成的。因此，只有产生静电放电，而放电能量等于或大于可燃物的最小点火能量时，才能引发出静电火灾。如果没有放电现象，即使环境中存在的静电电位再高、能量再大也照样不会形成静电灾害。

于是可使用静电场强计或静电电位计，监视周围空间静电荷累积情况，以预防静电事故的发生。

1. 常用的静电检测仪表

常用的静电检测仪表包括：静电电位计、兆欧表（高阻表）、腕带检测仪、连接检测仪。静电电位计适用于导体的接触式（会改变待测物体的导电状况）和绝缘体的非接触式（利用静电感应原理）。非接触式静电计有直接感应式、旋转叶片式、振动电容式和集电式。

静电检测分类方式包括：按时间分有经常性测试、定期性测试和临时性测试；按场所分有现场测试和实验室测试；按测试精度分有定量测试和定性测试。

2. 防静电管理

1）建立完整、严格的防静电控制程序，并贯彻到设计、采购、生产、工艺、质量保证、包装、存储和运输等各环节和部门。

2）张贴醒目的防静电标志，如防静电工作区的标志，防静电容器、元件架、运输车等器材的标记；防静电待处理的物品的标记。

3. 加强防静电防护的培训

做好防静电培训是顺利实施静电防护的前提和基础，对于静电的防护起着相当重要的作用，对所有人员进行周期性培训是静电防护的重要组成部分。同时要求所有人员按岗位分工的不同做好日、周、月检工作，为防止静电事故的发生做好基础保障。

复 习 题

1. 静电有哪些主要特点？

2. 简述静电火灾引燃机理。

3. 如何理解静电危害的危险界限？

4. 静电荷是如何产生的？

5. 简述气体放电的物理过程。
6. 消除静电危害的措施有哪些？
7. 如何减少静电荷的积累？
8. 静电的检测设备有哪些？
9. 发生静电事故的基本条件有哪些？
10. 消除人体静电的措施有哪些？

第 11 章练习题

扫码进入小程序，完成答题即可获取答案

参考文献

[1] 应急管理部消防救援局. 消防安全技术实务：上、下册 [M]. 北京：中国计划出版社，2022.
[2] 郭树林，关大巍，梁慧君，等. 电气消防实用技术手册（精）[M]. 北京：中国电力出版社，2018.
[3] 刘光辉，黄日财. 电气消防技术 [M]. 武汉：武汉理工大学出版社，2016.
[4] 张英华，高玉坤. 防灭火系统设计 [M]. 北京：冶金工业出版社，2019.
[5] 魏立明，孙萍. 建筑消防与安防技术 [M]. 北京：机械工业出版社，2017.
[6] 王铮. 电气消防系统安装与调试 [M]. 西安：西北工业大学出版社，2013.
[7] 侯文宝，李德路，张刚. 建筑电气消防技术 [M]. 镇江：江苏大学出版社，2021.
[8] 吕显智. 消防电工技术 [M]. 北京：机械工业出版社，2014.
[9] 蒋慧灵，张茜. 电气防火 [M]. 北京：应急管理出版社，2022.
[10] 颜峻. 电气防火技术 [M]. 北京：气象出版社，2021.
[11] 韩磊. 建筑电气工程消防 [M]. 北京：清华大学出版社，2015.
[12] 孙景芝. 电气消防技术 [M]. 2 版. 北京：中国建筑工业出版社，2011.
[13] 李明君，董娟，陈德明. 智能建筑电气消防工程 [M]. 重庆：重庆大学出版社，2020.
[14] 郑瑞文，刘振东. 消防安全技术 [M]. 2 版. 北京：化学工业出版社，2011.
[15] 李宏文，沈金波. 电气防火检测技术与应用 [M]. 北京：中国建筑工业出版社，2010.
[16] 罗晓梅，孟宪章. 消防电气技术 [M. 2 版. 北京：中国电力出版社，2013.
[17] 王敏，叶德云. 电气安全技术 [M]. 北京：中国水利水电出版社，2018.
[18] 陈南. 电气防火及火灾监控 [M]. 北京：中国建筑工业出版社，2014.
[19] 包晓晖. 电气安全技术 [M]. 北京：中国水利水电出版社，2016.
[20] 杨有启，钮英建. 电气安全工程 [M]. 2 版. 北京：首都经济贸易大学出版社，2018.
[21] 陈南. 电气防火及火灾监控 [M]. 北京：机械工业出版社，2014.
[22] 刘介才. 工厂供电 [M]. 3 版. 北京：机械工业出版社，2017.
[23] 苏文成. 工厂供电 [M]. 2 版. 北京：机械工业出版社，2016.
[24] 唐定曾，唐海. 建筑电气技术 [M]. 2 版. 北京：机械工业出版社，2013.
[25] 陈晓平，傅海军. 电气安全 [M]. 2 版. 北京：机械工业出版社，2018.
[26] 陈金刚. 电气安全工程 [M]. 北京：机械工业出版社，2016.
[27] 唐志平. 供配电技术 [M]. 北京：电子工业出版社，2012.
[28] 林玉岐，夏克明. 电气安全技术及事故案例分析 [M]. 2 版. 北京：化学工业出版社，2014.
[29] 刘景良，董菲菲. 防火防爆技术 [M]. 北京：化学工业出版社，2021.
[30] 罗晓梅，孟宪章. 消防电气技术 [M]. 2 版. 北京：中国电力出版社，2013.